ANSYS 仿真分析系列丛书

ANSYS 工程结构数值分析方法与计算实例

第 1 分册：
建模方法、结构计算与温度场计算、设计优化

石彬彬　张永刚　等 编著

中国铁道出版社

2015年·北京

内 容 简 介

本书为《ANSYS工程结构数值分析方法与计算实例》的第1分册，包括正文11章及1个附录。本分册的内容涉及ANSYS结构分析的基础知识、建模方法、结构分析、温度场分析及结构优化设计等方面，系统介绍了工程结构分析及热分析的理论背景、ANSYS软件的操作要点和建模方法、各类单元的应用要点、结构分析边界条件及载荷、结构计算结果分析与验证评价、温度场分析的边界条件与载荷、稳态及瞬态温度场分析、热应力分析、结构优化设计等问题。

本书适合作为理工科相关专业的研究生及高年级本科生学习有限元分析及ANSYS数值分析技术课程的参考书，也可作为从事工程结构分析的技术人员学习和应用ANSYS软件的参考书。

图书在版编目(CIP)数据

ANSYS工程结构数值分析方法与计算实例. 第1分册，建模方法、结构计算与温度场计算、设计优化/石彬彬等编著 .—北京：中国铁道出版社，2015. 10

(ANSYS仿真分析系列丛书)

ISBN 978-7-113-20933-9

Ⅰ. ①A… Ⅱ. ①石… Ⅲ. ①工程结构—有限元分析—应用软件 Ⅳ. ①TU3-39

中国版本图书馆CIP数据核字(2015)第212766号

ANSYS仿真分析系列丛书

书　　名：ANSYS工程结构数值分析方法与计算实例
第1分册：建模方法、结构计算与温度场计算、设计优化

作　　者：石彬彬　张永刚　等

策　　划：陈小刚
责任编辑：王　健　　**编辑部电话：**010-51873162
封面设计：崔　欣
责任校对：王　杰
责任印制：郭向伟

出版发行：中国铁道出版社(100054，北京市西城区右安门西街8号)
网　　址：http://www.tdpress.com
印　　刷：北京铭成印刷有限公司
版　　次：2015年10月第1版　2015年10月第1次印刷
开　　本：787 mm×1 092 mm　1/16　印张：21　字数：528千
书　　号：ISBN 978-7-113-20933-9
定　　价：50.00元

前　言

ANSYS 作为著名的大型结构分析软件，因其功能的通用性、建模计算的高效性及计算结果精确可靠等特点，成为目前国内工程计算领域应用最广泛的分析软件，在工程计算及研究领域发挥了重要作用，大部分高校的工科专业都把 ANSYS 作为有限元分析课程的教学软件。但是另一方面，ANSYS 毕竟是一个复杂的工程分析系统，熟练掌握其建模和分析技术并不是一件轻松的事情。很多技术人员感觉在学习 ANSYS 时缺少系统的理论指导和可参考的典型算例，客观上造成学习周期长，使用软件时问题和疑惑较多，对于计算结果的分析和评价也常常缺乏必要的经验。《ANSYS 工程结构数值分析方法与计算实例》正是为了帮助广大技术人员学习和提升 ANSYS 应用水平而编写的参考书，本书结合大量计算实例，系统地介绍了 ANSYS 软件的理论知识和使用要点。

本册为第 1 分册，包含正文 11 章及 1 个附录，主要内容涉及 ANSYS 结构分析的预备知识、建模方法、结构分析、温度场分析及结构优化设计等方面。在预备知识部分，简要介绍了必备的理论背景、数值分析环境操作要点等内容；在结构分析及温度场分析部分，详细介绍了各类单元的使用及建模方法、载荷类型及边界条件的处理、结果的后处理与分析方法；在设计优化方面，重点介绍了基于 ANSYS Workbench 的参数优化方法。此外，本分册还介绍了装配体接触、子模型分析、热应力计算等系列专题内容。本分册的具体内容如下：

第 1 章是 ANSYS 工程结构数值分析预备知识，内容包括 ANSYS 有限元分析的理论基础、一般分析流程及两种数值分析环境的特点等。第 2 章介绍 Mechanical APDL 环境的使用要点，包括建模技术、加载与求解、后处理技术。第 3 章介绍 Workbench 环境的建模及分析技术，系统介绍了 Engineering Data、DM 及 Mechanical 三个组件的操作方法及要点。第 4 章为杆件结构分析，介绍了 ANSYS 的各种杆件单元的使用方法，结合例题介绍了杆件结构的建模和分析方法。第 5 章为二维弹性结构分析，介绍了常用的二维单元，结合例题介绍了平面问题及轴对称问题的处理方法。第 6 章为三维弹性结构分析，介绍了各种体单元的使用，结合例题系统介绍了一般三维结构分析的建模、加载及分析操作要点。第 7 章为板壳结构分析，介绍了壳单元、实体壳单元的用法及建模操作要点，结合例题介绍了板壳结构分析的建模、加载及后处理方法。第 8 章为装配体接触分析,介绍了 ANSYS 处理接触问题及施加螺栓预紧力的方法,提供了典型分析例题。第 9 章为温度场分析及热应力计算,介绍了热传导分析及热应力的基本概念和方程,结合例题全面介绍了稳态、瞬态热分析及热应力分析的实现过程和方法。第 10 章介绍基于 ANSYS Workbench 的结构优化设计方法,结合典型例题全面介绍了 Workbench 的参数管理、DX 优化工具箱的使用等问题。第 11 章介绍 ANSYS 的子模型分析方法,通过典型例题介绍了基于 Workbench 的子模型分析过程,并与网格收敛性分析方法进行了对比。附录 A 介绍 APDL 语言的基础知识,包括标量及数组、循环与分支、数据库访问、宏及简单界面定制等内容。

本分册由石彬彬、张永刚等编著,尚晓江博士对本书内容提出了很有价值的指导意见,特在此表示感谢。此外,参与本书例题测试和文字录入工作的还有王睿、熊令芳、胡凡金、王文强、夏峰、李安庆、王海彦、刘永刚等,是大家的辛勤付出,才使得本书顺利编写完成。

由于本书编写时间较短,涉及内容较多,加之作者认识水平有限,不当之处在所难免,恳请读者批评指正。与本书相关的技术问题的咨询或讨论,可发邮件至邮箱:consult_str@126. com。

作者

2015 年 3 月

目　录

第1章 ANSYS工程结构数值分析预备知识

本章介绍ANSYS工程结构数值分析的有关基础知识。首先简单介绍有限元方法的基本思路和过程，随后介绍了相关算法理论，包括方程导出和计算过程。在此基础上继续介绍了基于ANSYS进行工程结构数值分析的一般流程，最后介绍了ANSYS的两种分析环境。

1.1 ANSYS软件的理论基础简介

1.1.1 有限元方法的基本思路和过程

ANSYS软件的理论基础是有限单元法，这种方法可视为杆件系统矩阵分析法（即用于杆件系统结构的有限单元法）的推广。基于此方法编制的ANSYS分析软件目前可处理各类结构力学、热传导、流场、声学、扩散以及有关的耦合场问题。

工程中的任何物理问题，其基本的控制方程都是连续域上的偏微分方程。要通过数学上的矩阵方法对其进行求解，首先需要把连续的求解域分割为有限数量的元素，这些元素被称为单元。相邻的单元之间仅通过有限个点联系起来，这些点被称为节点。在每个单元内通过节点值和近似函数对场变量进行插值，在各单元上应用变分方法或加权余量法建立离散的单元特性方程。单元特性方程的系数矩阵和常数项经组集后形成离散系统的控制方程（与时间无关的稳态问题为代数方程组，与时间相关的瞬态问题则为常微分方程组），此方程在引入边界条件后即可求得离散系统各节点处的场变量近似值。这就是有限单元法处理问题的基本思路。基于此数值方法，连续的无限自由度的问题经离散化之后，就变成为有限个自由度的问题，连续的偏微分控制方程变成为关于离散节点自由度的代数方程（或常微分方程）。

对于弹性结构分析而言，场变量为结构的位移。有限元方法处理弹性结构受力问题通常包括下面的几个基本步骤。

1. 结构离散化

结构首先被离散为有限数量的单元，单元之间仅通过节点相联系，于是力和变形也仅通过这些节点传递。结构所受到的各种分布载荷（体力和表面力），都按照静力等效的原则移置到节点上，成为节点力。

通过结构的离散化得到由若干单元在节点处连接并受节点荷载作用的结构体系。这一离散化的结构体系就是有限单元法分析的基本数学模型。

2. 元素分析（或单元分析）

对单元选择近似的位移函数，单元内各点位移用节点位移插值来近似。然后通过虚位移原理结合几何关系、物理关系得到单元平衡方程（又称单元刚度方程）。这一步称为单元分析。

3. 整体分析（或结构分析）

通过对各个节点建立受力分析，同时考虑节点外荷载以及包含此节点的各单元对该节点的作用力,得到一组以节点位移为基本未知量的总体平衡方程(又称为总体刚度方程)。这一步称为整体分析。

4. 引入约束条件计算位移解

引入支承条件,求解结构平衡方程,求解节点位移。

5. 计算其他量

最后,基于计算出的节点位移,结合几何关系及物理关系,计算应变、应力等其他关心的量。

以上就是弹性结构分析的有限元方法的基本思路与实施过程。

1.1.2 结构分析有限元方程的导出与求解

本节简单介绍结构分析的有限元方程的导出方法,在本节的相关推导中,不限定具体的结构或单元类型,而是介绍与各种结构和单元类型都相关的基本概念和方程,以帮助读者建立有限单元法最基本的概念体系。

当结构被离散化之后,首先对其每一个元素(即:单元)进行分析。

假设单元的位移向量(包含各位移分量)为$\{u\}$,应变向量(包含各个应变分量)为$\{\varepsilon\}$,则单元应变与位移之间满足如下的几何关系:

$$\{\varepsilon\}=[L]\{u\} \tag{1-1}$$

式中 $[L]$——对整体坐标的微分算子组成的矩阵。

如果单元的节点位移向量为$\{u^e\}$,根据前述有限元方法的基本思路,单元内部位移通过节点位移及近似插值函数(形函数)表示,于是有:

$$\{u\}=[N]\{u^e\} \tag{1-2}$$

式中 $[N]$——形函数矩阵,其展开形式如下:

$$[N]=[N_1[I]_{m\times m},\cdots,N_n[I]_{m\times m}] \tag{1-3}$$

式中 $[I]$——m阶单位矩阵;

m——各节点的位移自由度数,比如:平面应力单元的m为2,弹性力学空间单元的m为3;

n——单元所包含的节点个数。形函数矩阵的非零元素为对应各节点的形函数。

式(1-2)代入式(1-1),得到:

$$\{\varepsilon\}=[L][N]\{u^e\}=[B]\{u^e\} \tag{1-4}$$

式中 $[B]$——应变矩阵,表示节点位移和单元应变向量之间的关系。

如果单元的应力向量为$\{\sigma\}$,则应力与应变之间满足如下的物理关系:

$$\{\sigma\}=[D]\{\varepsilon\} \tag{1-5}$$

式中 $[D]$——材料的弹性矩阵,即应力和应变关系矩阵。

根据结构分析的虚位移原理,在外力作用下处于平衡状态的弹性结构,当发生其约束条件允许的微小虚位移时,外力在虚位移上所作的功等于弹性体内的虚应变能。

如果$\{F^e\}$表示节点载荷向量,则对于单元来说,其所受的外力就是$\{F^e\}$。如果用$\{u^{e*}\}$来表示单元的节点虚位移向量,用$\{\varepsilon^*\}$来表示相对应的虚应变向量,对任意一个单元应用虚位移原理,可以通过下式表示:

$$\iiint_V \{\varepsilon^*\}^{\mathrm{T}}\{\sigma\}\mathrm{d}V = \{u^{e*}\}^{\mathrm{T}}\{F^e\} \tag{1-6}$$

式中　$\{\sigma\}$——意义同前，为实际状态下的单元应力向量；

　　V——所分析的单元的体积。

根据式(1-4)，虚应变(虚位移所对应的应变)向量同样由应变矩阵来表示：

$$\{\varepsilon^*\}=[B]\{u^{e*}\} \tag{1-7}$$

式(1-7)及式(1-5)代入式(1-6)，得到：

$$\{u^{e*}\}^{\mathrm{T}}\iiint_V [B]^{\mathrm{T}}[D][B]\mathrm{d}V\{u^e\} = \{u^{e*}\}^{\mathrm{T}}\{F^e\} \tag{1-8}$$

两边消去节点虚位移，得到：

$$\iiint_V [B]^{\mathrm{T}}[D][B]\mathrm{d}V\{u^e\} = \{F^e\} \tag{1-9}$$

如果令：

$$[k] = \iiint_V [B]^{\mathrm{T}}[D][B]\mathrm{d}V \tag{1-10}$$

则式(1-9)可以改写为如下更简洁的形式：

$$[k]\{u^e\}=\{F^e\} \tag{1-11}$$

式(1-11)被称为单元刚度方程，该方程给出了单元节点载荷向量与单元节点位移向量之间的关系；其中，$[k]$称为单元刚度矩阵，其表达式已经由式(1-10)给出。

对于弹性力学问题的有限元分析而言，节点载荷向量$\{F^e\}$包含由单元所受到的体积力等效载荷$\{F_p\}$以及表面力的等效载荷$\{F_q\}$。按照虚功等效原则，其表达式分别如下：

$$\{F_p\} = \iiint_V [N]^{\mathrm{T}}\{p\}\mathrm{d}V \tag{1-12}$$

$$\{F_q\} = \iint_S [N]^{\mathrm{T}}\{q\}\mathrm{d}S \tag{1-13}$$

式中　$\{p\}$和$\{q\}$——分别表示体力以及表面力向量；

　　S——表面力作用的单元表面区域。

至此，已经完成对弹性结构单元矩阵方程的形式推导。对于各种具体单元类型，有关的向量$\{u\}$、$\{\varepsilon\}$、$\{\sigma\}$以及$\{u^e\}$、$\{F^e\}$可包含不同的分量个数；相关的各个矩阵，如$[L]$、$[N]$、$[B]$、$[D]$、$[k]$等可具有不同的维数，代入具体的量进行推导即可建立具体的单元刚度方程。在这里需要指出的是，在实际程序计算过程中，单元刚度矩阵和等效载荷的各元素实际上均采用了等参变换以及数值积分技术来计算。因此所采用的形函数均是在单元局部坐标系中，ANSYS 理论手册中有各种单元类型形函数的详细描述。

下面继续进行结构的整体分析。

得到单元刚度方程后，进一步集合各单元的刚度方程，即可建立结构的整体平衡方程。在具体集成过程中，各单元刚度矩阵按照节点和自由度的编号在总体刚度矩阵对号入座，单元等效节点载荷也按照节点和自由度编号在结构总体载荷向量中对号入座。这种方法被称为直接刚度法，其原理是节点的平衡条件以及相邻单元在公共节点处的位移协调条件(即相邻单元在公共节点处的位移相等)。此过程即前面所述的结构分析过程。

结构分析中，单元刚度矩阵和单元等效载荷向量按照如下两式进行集成：

$$[K] = \sum_e [k] \tag{1-14}$$

$$\{F\}=\sum_{e}\{F_{\mathrm{p}}\}+\sum_{e}\{F_{\mathrm{q}}\} \tag{1-15}$$

以上两式中的求和符号表示各矩阵或向量元素放到总体矩阵或向量相应自由度位置的叠加,而不是简单的求和。通过单元刚度方程的集成,得到下面的总体刚度方程:

$$[K]\{U\}=\{F\} \tag{1-16}$$

式中 $[K]$——总体刚度矩阵;

$\{U\}$——结构的整体节点位移向量;

$\{F\}$——总体节点载荷向量,集成了各单元分布力的等效载荷,如果在某个节点上作用有集中载荷时,还需要在相应自由度方向上叠加集中载荷。

至此,已经建立了结构的总体平衡方程。由于单元刚度矩阵是奇异的,经过简单叠加集成的总体刚度矩阵也是奇异的,要求解此方程还需引入边界约束条件。通常采用的引入边界的做法是在指定位移节点所对应的刚度矩阵主对角元素乘以一个充分大的数,同时将右端载荷向量的相应元素改为指定节点位移值与同一个大数的乘积。这种处理方式使得$[K]$中被修正行的修正项远大于其他所有非修正项,客观上使得指定位移的节点满足了指定的位移边界条件。这种方式的好处是不仅可以处理零位移边界,也可以处理非零位移边界,且保持了总体刚度矩阵的稀疏和对称等基本特性。

引入了边界条件之后即可求解未知的节点位移,ANSYS 等软件中包含了各种常用的求解器,可根据计算模型的规模选择合适的方程求解器。得到位移解之后,即可按照上面的式(1-4)、式(1-5)根据求得的节点位移计算结构的支反力以及各单元的应变及应力。由于前述的刚度矩阵的计算实际上是采用数值积分的算法,因此计算的$[B]$矩阵各元素以及应变和应力均是积分点处的值。在后处理过程中,计算程序会将这些积分点的计算结果经插值和平均化处理后输出节点处的值。

以上就是有限元方法处理弹性结构静力分析的基本方程导出及求解过程。

在动力分析中,还涉及到惯性力和阻尼力,与之相对应的单元和结构方程中通常均包含惯性项和阻尼项,对于一般载荷作用下的瞬态问题,结构分析方程实际上是一组二阶的常微分方程。相关的内容在第 2 分册的动力学有关章节中再作相应介绍,此处不再展开。

对于非线性分析,结构的刚度在分析过程中是变化的,其分析过程必然包含多次平衡迭代(一次迭代相当于一次线性分析),以能获得收敛解。常见非线性问题包括材料非线性、几何非线性以及接触分析。非线性分析的有关内容将在第 2 分册中加以介绍,此处不再详细展开。

1.2 ANSYS 结构分析的一般流程

本节介绍基于 ANSYS 的结构有限单元分析的一般流程,首先是分析方案的规划,介绍结构分析需要遵循的一系列指导性原则以及相关的注意事项。随后介绍前处理、加载求解以及后处理的三阶段标准分析流程;在各个阶段均涉及到一些相关的基本概念和术语,如:前处理阶段介绍了建立有限元模型的直接法和间接法,在求解阶段介绍了 ANSYS 的求解组织过程以及载荷步、子步等概念。

1.2.1 ANSYS 结构分析方案的规划

在正式开始建模之前,对结构分析的方案进行规划可以起到事半功倍的效果。结构分析方案的规划通常包含如下三个方面的内容。

1. 确定分析问题的性质

在分析之前，需要弄清所分析问题对应的学科领域和物理模型，如：

(1)确定问题的学科领域

判断要分析的问题属于哪一个学科领域，如：结构力学、热传导、耦合场问题等。无论是何种类型的问题，都需要根据确定的问题性质进一步明确结构系统的特性，确定作用于所分析系统的激励情况和问题的边界条件。

(2)确定问题是否考虑时间因素

确定是否需要考虑时间因素。在结构分析中，如加载过程缓慢不至引起显著的动力响应时，采用结构静力分析即可；如果载荷的施加引起了显著的加速度响应，则必须采用动力分析。在温度场分析中，同样要弄清是稳态分析，还是瞬态的传热过程。

(3)确定是否包含非线性效应

在结构分析中，任何刚度的改变都会使得问题包含非线性。在温度场分析中，与温度相关的导热特性或表面换热系数，或模型中有辐射边界，都会引起非线性。如果分析中包含了非线性效应，则其分析过程会变得更加复杂。

2. 规划分析过程

对于复杂结构，其分析过程非常有必要进行事先的规划。

如果对三维结构的受力特点不清楚，可先进行二维或简化结构的快速分析，目的是弄清结构的传力机制和受力特点。在后续的三维结构计算中，即可进行更有针对性的建模和分析。

对于结构的动力计算，一般均需要先进行结构的模态分析，弄清结构的自然振动特性。在后续的结构分析中，一方面能够有助于确定积分时间步长，另一方面也可以帮助分析人员判断结构动力响应的正确与否。

对于结构的非线性计算，建议先进行线性的分析，以便检查模型中各部件的装配连接是否有误，还能预测可能的塑性变形位置，发现结构中的薄弱环节。在此基础上再进行非线性分析，可以显著提高分析的成功率。

对一般的线性分析，也需要结合计算硬件资源选择合适的求解器，对多个工况也需要进行规划，是采用逐个计算的方式，还是采用批量提交的方式等。

3. 规划建模方法

根据问题的性质和分析过程的总体规划，进行建模过程的规划，为建模进行准备。这里介绍一些建模方面的指导原则。

首先根据问题的性质选择适当的单元类型和单元形状和阶次。因为一般来讲，分析所选择的单元类型确定了结构的形式，如PLANE单元构成两维结构，SOLID单元构成实体结构，SHELL单元构成板壳结构，BEAM单元构成梁及框架结构等。在单元的形状和阶次方面，对于一般弹性结构分析来说，高阶单元的精度高于低阶单元，六面体单元的计算效率高于四面体单元。在建模过程中，对于复杂的几何形状，如划分结构化的六面体单元有困难的情况下，采用高阶的四面体单元也能给出令人满意的解答。对于薄壁的实体结构，显然对几何模型进行中面抽取后用SHELL单元计算效率更高些。

无论何种分析，在建模过程中应充分利用结构的对称特点，采用对称性不仅可以降低计算规模，提高分析效率，而且也有助于提高分析的精度。可以利用的对称性包括轴对称、平面对称、循环（或周期）对称。利用对称性，建模过程中只需要建立模型中的对称部分即可。轴对称仅需建立一个结构的对称剖面，平面对称结构仅需建立半个模型，循环对称则只需建立一个扇区模型。在这里需要强调指出的是，几何、材料特性及荷载分布全部满足对称条件才能利用结构的对称性，仅仅几何对称而其他条件不对称则并非对称性结构。

在模型的细节方面，如果是初步的分析，可以采用较为简化的模型，保留结构的整体受力特征即可，一些局部的细节通常无须考虑。对于详细的结构分析，需要根据所关注的问题特点确定是否保留模型的细节，比如一些安装螺栓的小孔在整体分析中可以忽略不计，但是如果还关注此孔周边的应力集中的情况，则必须在几何模型中保留这些细节并在其附近进行网格的细化。

不同的分析类型，也对模型创建的要求有所不同。比如，如果是模态分析或屈曲特征值分析，仅关注低阶特征值和模态，则模型可以采用较粗的网格，忽略一些不必要的几何细节特征；但是如果在模态分析中关注一些局部振动的高阶振型，则必须在这些关注的位置附近细化网格。由于在有限元分析中，应力的精度低于位移的精度，所以对于关注结构的应力分布的问题，如分析局部应力集中现象，必须采用较细致的网格划分，或者用一个较粗的整体网格进行初步分析，然后再采用子模型技术对局部的应力状态进行更细致的分析。

1.2.2 ANSYS的基本分析流程

在对分析进行了必要的规划之后，即可正式开始结构的分析项目。本节介绍基于ANSYS的结构分析基本流程和相关的基本概念和注意事项。

通常，一个典型的结构分析流程包括前处理、加载以及求解、后处理三个环节。下面分别对各个环节及相关概念要点等进行介绍。

1. 前处理阶段

前处理阶段的任务是建立结构分析的有限元模型。根据所分析结构的特点，建立有限元模型可以采用两种完全不同的方法，即：直接法和间接法。

所谓直接法，就是直接创建节点和单元形成有限元模型。这种方法比较适合于杆件系统或形状简单规则、单元数比较少的板壳结构或弹性实体结构。在直接法的建模过程中，可以充分利用结构节点及单元的编号规律，从而实现快速的建模。通常是首先创建节点，然后通过节点创建单元。在创建单元之前，通常要指定单元的类型、单元的材料属性和截面特性等，以便向程序正确传递单元的信息。

尽管直接法理论上可以创建任意的模型，但是，如果采用直接法创建一般性的结构分析模型则效率十分低下，甚至几乎完全不具有实际可操作性。因此在ANSYS分析建模过程中使用更多的建模方法是下面要介绍的间接法。

所谓间接法，就是首先创建一个与实际结构形状一致或相近的几何模型（忽略了一些细节特征），然后再对此几何模型进行网格的剖分，形成离散化的有限元模型。网格剖分过程就是将分析的域划分为若干个单元的过程，这一过程在ANSYS中称为Mesh。与直接法类似，间接法在Mesh之前，也需要给要划分网格的几何对象指定单元类型和单元属性。另一方面，还需要指定网格划分方法，并对划分的单元形状和尺寸进行必要控制，以便划分的网格能给出满意的解答。

无论采用何种建模方法，前处理阶段的输出成果都是相同的，即结构分析的有限元模型。

2. 加载以及求解阶段

在分析模型创建完成后，进入到加载和求解的阶段。

ANSYS中的求解过程是通过载荷步及子步进行控制的。所谓一个载荷步，就是计算结构在给定边界条件和荷载作用下的一组解的过程。子步则是对载荷步的细分，对于线性分析载荷步不需要细分为子步。对于非线性问题，载荷是逐级施加的，采用增量加载，如果要施加的荷载总量作为一个载荷步来求解，则每一级加载就是一个子步，每个子步还可进行多次的平衡迭代。在结构动力学的谐响应分析和瞬态分析中，也需要指定子步，相关内容请参照本书的结构动力学部分。

为了得到正确的解答，需要按照规划好的载荷步逐个进行载荷步定义并求解，通常需要定义的载荷步信息包括载荷约束条件以及载荷步设置两方面。首先来看ANSYS程序支持的载荷形式，在ANSYS结构分析中，可以定义的载荷类型(包括约束)列于表1-1中。

表1-1　ANSYS结构分析常见载荷类型

载荷分类	载荷类型及施加对象	属于学科领域
自由度约束	固定支座、强迫位移、对称边界 可施加于点、线、面或节点(集)上	结构分析
集中力	集中力(力矩) 施加于梁以及板壳节点上	结构分析
线荷载	均布或变化分布的线载荷 施加于梁上	结构分析
表面力	压力，表面力 施加于面上或单元的表面上	结构分析
温度变化	恒定的温差作用 施加于节点(集)上	结构分析
体积力	重力加速度、角速度、角加速度 施加于体积上或单元(集)上	结构分析
自由度约束	给定温度边界 施加于线上、表面上或节点(集)上	热传导分析
热流率	给定热流率 施加于表面上、线上、节点(集)上	热传导分析
热流量	给定单位面积的热流率 施加于表面上	热传导分析
热生成	单位体积的热生成率 施加于体上或单元(集合)上	热传导分析
热对流	结构表面与环境的对流换热边界 施加于表面上	热传导分析
热辐射	结构表面通过辐射方式传热的边界 施加于表面上	热传导分析
耦合场载荷	一个场的自由度结果施加到另一个场的对应节点作为荷载	耦合分析

载荷步选项则包括指定载荷步结束的时间、载荷在载荷步时间内的变化方式、子步数、输出设置等，表1-2列出了ANSYS程序中常见的载荷步选项及其所起的作用。

表1-2 ANSYS常用载荷步控制选项

载荷步选项	作 用
载荷步的结束时间	指定载荷步
子步数或时间步大小	指定载荷步的细化,可通过设置子步数或子步的时间来指定,有助于提高非线性计算或瞬态计算的精度
自动时间步	指定是否让程序根据计算情况自动在指定范围内选择子步数量
载荷步内的变化方式	表示载荷在载荷步内是线性递增还是阶跃式的变化方式
环境设置	指定结构工作环境参数,如环境温度
瞬态选项	指定瞬态分析的选项,如:是否打开时间积分效应、指定阻尼等,在动力学部分详细介绍
非线性选项	指定每个子步平衡迭代最多次数、收敛容差、终止分析条件等非线性分析选项
输出控制选项	指定输出文件的输出频率及其包含的结果项目等选项

关于ANSYS分析中的"时间",这里作简单的阐述。在线性的静力或热稳态分析中,载荷步的结束时间实际上没有什么实质性意义,仅表征着加载的次序。在这种情况下,载荷步的作用在于分离不同的工况,通常可采用一个载荷步求解一种工况下的系统反应。在非线性的单步静力分析中,如果载荷步结束时间为1,这种情况下的时间则反映了施加载荷总量的分数;也可将此种分析中的"时间"指定为所要施加的载荷总量,"时间"就代表施加的实际载荷。只有在瞬态分析中,时间才具有真实的意义。

实际加载时,表1-1所列的各种载荷除了施加在表中所列的施加位置外,均需要指定其数值或数值随时间的变化规律。对于载荷随"时间"变化的情况,实际上涉及到载荷历史的管理问题,后面两章会对此进行详细的介绍。

载荷步的定义(包括载荷以及载荷步的设置)完成后,即可进行求解。对单载荷步问题仅需一次求解;对于多个载荷步的问题,则可选择逐个求解多个载荷步,或通过写载荷步文件(但不求解)然后批量求解多个载荷步的方式进行求解。

3. 后处理阶段

计算完成后,最后的一个环节就是进行后处理。后处理的任务通常是查看和分析计算结果,验证解的正确性,形成分析结论或报告。

计算结束后,可通过后处理软件分析和查看各种基本结果和派生结果,基本结果通常是指节点解,如结构的节点位移解,而派生结果则通常是指单元解,如:单元的应力应变等。对于结构分析,可进行查看和分析的结果项目包括位移、支反力、应变、应力等;对于热传导分析,通常可查看的分析结果项目是温度分布、热通量及热梯度。对瞬态问题,还可查看时间历程变化的结果。

后处理阶段通常涉及到大量的图形、动画、表格、数据、曲线等操作。ANSYS所提供的常用后处理功能及其作用列于表1-3中。

表1-3 ANSYS常见后处理功能

后处理功能	作 用
变形形状显示	显示结构变形形状
等值线图形显示	显示各种标量结果的分布情况,如:总位移、应力、应变等的分布图形

续上表

后处理功能	作　用
矢量图显示	显示各种矢量结果，可通过箭头的颜色或长短来表示矢量的模
路径图显示	显示变量沿指定路径的分布情况
切面图显示	显示变量在切面上的分布情况
动画显示	动画显示相关的结果，如：变形、模态等
工况组合	对不同的工况结果进行组合，可指定参与组合的系数
单元表	定义单元数据结果并用于后续分析
结果数据列表	列出或形成结果数据表格
曲线操作	形成各种时域、频域曲线
报告生成	形成分析报告

1.3　ANSYS 数值分析环境简介

在本节中，我们将简要介绍两种 ANSYS 数值分析环境的操作流程和界面特点。

1.3.1　ANSYS 结构分析软件的两种操作环境

目前，ANSYS 结构分析软件同时提供了 Mechanical APDL 及 Workbench 中集成的 Mechanical 两套操作环境。Mechanical APDL 与 Mechanical 是两种风格迥异的操作环境，但它们背后的求解器都是 ANSYS Mechanical 结构力学求解器。

前已述及，一个典型计算分析流程包含前处理、求解以及后处理三个环节。在 Mechanical APDL 及 Mechanical 两种操作环境下，三个环节应用的 ANSYS 软件模块及操作方式的简要说明列于表 1-4 中。

表 1-4　操作环境比较

操作阶段		分析环境比较	
		Mechanical APDL	Mechanical
前处理	材料特性	在 Mechanical APDL 界面下指定材料属性	在 Engineering Data 界面下指定材料属性
	几何模型	方式 1：在 Mechanical APDL 界面下直接建模。 方式 2：利用几何接口导入 CAD 系统下创建的几何模型并在 Mechanical APDL 中作必要处理	方式 1：基于 DM 或 SCDM 创建几何模型。 方式 2：利用几何接口导入 CAD 系统下创建的模型。 方式 3：导入 CAD 系统几何再通过 DM 或 SCDM 作必要的处理
	网格划分	在 Mechanical APDL 界面下进行网格划分	在 Mechanical 界面下进行网格划分
求解	加载分析设置	在 Mechanical APDL 界面下进行载荷步设置、加载及其他求解选项的设置	在 Mechanical 界面下进行载荷步设置、加载及其他求解选项的设置
	计算	调用统一的 ANSYS 结构分析求解器进行计算	
后处理	后处理	在 Mechanical APDL 界面下进行结果的查看及分析	在 Mechanical 界面下进行结果的查看及分析

通过上表可看出，无论是采用 Mechanical APDL 还是 Mechanical 进行结构数值计算，都是基于统一的 ANSYS 结构分析求解器来完成的。因此操作过程中需要提供的信息（如：模型数据、载荷、求解设置选项等）和输出的计算结果项目都是相同的，只是操作的界面和方法不同而已。用户可以根据问题特点选择适宜的操作界面，Mechanical APDL 适合于杆系结构建模分析，Mechanical 则在处理实体部件装配接触等方面效率更高。在下面的两个小节中，将介绍 ANSYS 结构分析两种分析环境的界面及操作方法特点。第 2 章以及第 3 章将详细介绍两种环境下的前处理、加载求解及后处理方法。

1.3.2 认识 Mechanical APDL 环境

ANSYS Mechanical APDL 环境又称为 ANSYS 经典分析环境，该环境下可以完成结构数值分析的建模、加载、求解、后处理以及结构优化设计等工作，其操作界面如图 1-1 所示，此操作界面由左侧的 Main Menu（主菜单）、上部的 Utility Menu（功能菜单）、Utility Menu 下方的 Toolbar（工具栏）以及 Input Window（操作命令输入栏）、中间的 Graphic Window（图形显示窗口）、下方的操作提示栏（Prompt line）及系统状态栏（Status bar）所组成。此外，还有一个独立于界面的输出信息的窗口（Output Window）。如果用户希望在一个文件中查看输出信息，而不是打印到屏幕输出窗口，可通过菜单项 Utility Menu＞File＞Switch Output to＞file…来指定要写入信息的输出文件。

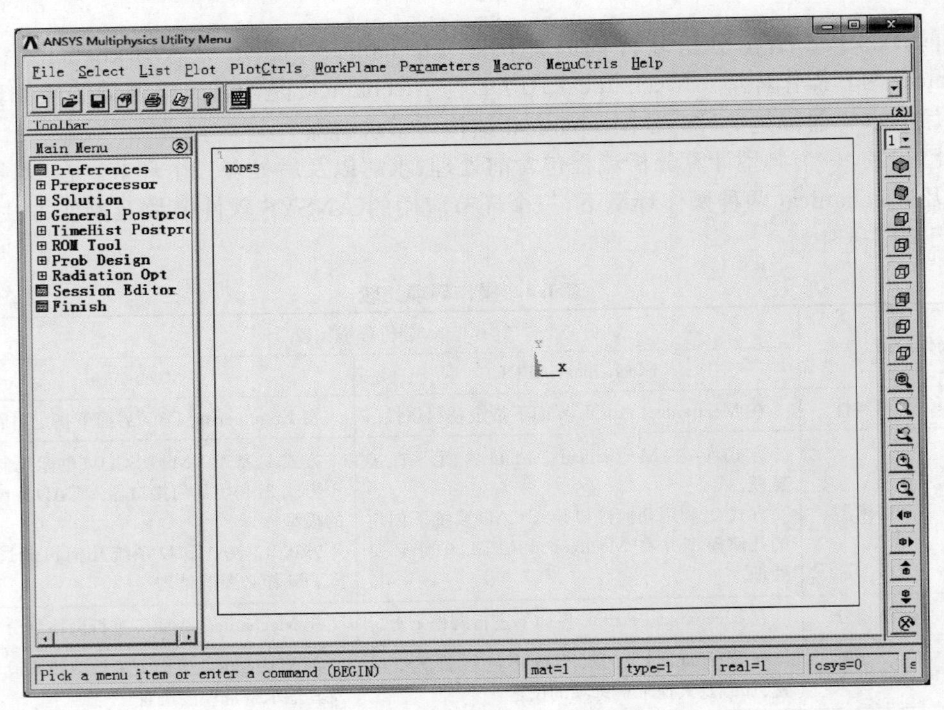

图 1-1　Mechanical APDL 环境的 GUI

Mechanical APDL 界面各部分的分区情况及其功能列于表 1-5 中。

表 1-5　GUI 分区及其功能描述

界面分区	界面中的位置	功　能
主菜单	左侧	包含前处理、加载求解以及后处理的主要功能菜单
功能菜单	上部	包含文件(File)、选择(Select)、列表(List)、绘图(Plot)、绘图控制(Plot Ctrls)、工作平面(Workplane)、参数(Parameter)、宏(Macro)、菜单控制(Menu Ctrls)及帮助(Help)等菜单项目
工具栏	功能菜单下方	包含程序执行过程中最为常用的操作按钮
命令输入行	功能菜单下方	可以直接键入命令的区域,下拉命令列表中可浏览已输入的命令
图形显示窗口	主菜单右方	显示用户操作结果的图形
命令提示栏	左下角	提供操作提示信息的区域
系统状态栏	正下方	显示当前设置,如坐标系、单元属性等
输出信息窗口	独立于界面外	显示软件运行过程中的有关输出信息,用户可以通过这些输出内容了解后台的软件运行情况

Mechanical APDL 环境的操作方法有两种,即:菜单操作和命令操作。菜单操作就是通过图形用户界面(GUI)的菜单进行交互式的操作。命令操作则是直接输入命令或命令流文件来驱动程序执行的操作方式。实际上,ANSYS Mechanical APDL 是一个由命令所驱动的程序,界面中的菜单项都与相应的操作命令相关联,界面操作的实质也相当于向程序发出命令,因此菜单操作和命令操作两种本质上是等效的。

在 ANSYS 工作路径下有一个日志文件(后缀名为 log),此文件中按照操作的先后次序记录了全部操作对应的命令。由一连串 ANSYS 命令组成的脚本文件通常被称为命令流文件,命令流中的所有命令组合起来就可以自动地完成一个项目的建模、分析以及后处理的全部操作。用户在启动界面后可通过菜单 Utility Menu>File>Read Input From,导入命令流文件,ANSYS 将会自动地逐条执行文件中的全部命令。由于 ANSYS 命令脚本文件执行效率高,适合于参数改变后的快速重复模型生成与分析,因此建议优先采用命令流操作的方式,即编写 ANSYS 的命令脚本文件(命令流文件),然后在 Mechanical APDL 环境下导入并自动执行。

在 ANSYS 命令脚本的编写过程中,必须注意 ANSYS 程序的层次结构。这是因为 ANSYS 的程序结构分为两层:起始层(Begin Level)以及处理器层(Processor Level),这种层次结构如图 1-2 所示。

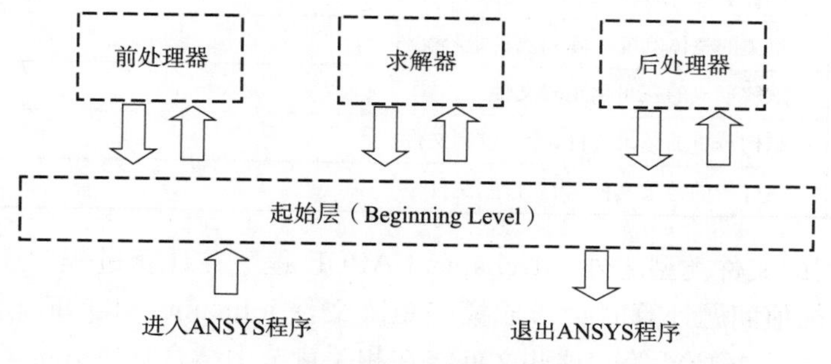

图 1-2　Mechanical APDL 的处理器层结构

图 1-2 中所示的起始层是用户进入和离开 ANSYS 程序时所处的层,在不同的处理器中间进行切换也必须经由起始层才能实现。这一层仅仅是一个抽象的概念,在其中并不发生任

何实质性的操作。处理器层则由一系列实现不同功能的处理器组成,常见的处理器包括实现建模功能的前处理器(PREP7)、求解器(Solver)、通用后处理器(POST1)以及时间历程后处理器(POST26)等。

由于每个处理器都包含完成相应功能的一系列命令,通常情况下,这些命令不可以在其他处理器中调用。在不同的操作阶段,需要用户进入不同的处理器发出正确的命令,从而完成整个分析项目。界面操作中,用户只需要点相应的菜单即可,对于不在同一处理器中的菜单项,程序能够自动进行处理器切换。但是在编写 APDL 脚本文件时,编写者必须通过相应的命令进入相应处理器,如:/PREP7 命令表示进入前处理器,/SOLU 命令表示进入求解器,/POST1 命令表示进入通用后处理器,/POST26 命令表示进入时间历程后处理器。在完成相关处理器的操作后要写一条 FINISH 命令以退出此处理器,比如求解完成后,通过 FINISH 命令退出求解器,再通过发出/POST1 命令以进入通用后处理器进行结果的查看和分析。在编写脚本的过程中,用户必须清楚每一条命令是否属于当前所在的处理器,不注意这些问题会导致脚本文件运行发生错误。命令及其所属的处理器信息,用户可以查看 ANSYS 的命令手册《Command Reference》。

Mechanical APDL 的工作目录和工作文件名可通过 Mechanical APDL Product Launcher 进行设置,在分析过程中形成的一系列文件将存放在用户指定的工作目录下,这些文件的文件名均为用户指定的工作文件名,后缀名称各不相同。

常见的 Mechanical APDL 文件类型及其包含的内容集中列于表 1-6 中。

表 1-6 Mechanical APDL 环境下的常见文件类型

文件名	文件描述
jobname. log	日志文件,是一个 ASCII 码文本文件,记录了程序执行的全部命令及其参数信息
jobname. err	错误文件,是一个 ASCII 码文本文件,该文件包括了程序运行过程中的所有错误以及警告信息
jobname. db	通过执行 SAVE 命令形成数据库文件,是二进制文件,其中包含结构模型的信息。如再次保存,原来数据库文件成为后备文件 jobname. dbb
jobname. cdb	CDWRITE 写出的文本格式的数据库文件
jobname. out	ANSYS 的输出文件
jobname. SNN	载荷步文件,包含载荷及载荷步设置信息,NN 为载荷步编号,依次可以为 S01、S02 等
jobname. emat	ANSYS 求解所需的单元矩阵文件
jobname. full	组集的整体刚度矩阵和质量矩阵文件
jobname. tri	求解形成的三角化矩阵文件
jobname. RST	结构分析的结果文件,为二进制文件
jobname. RTH	热分析的结果文件,为二进制文件

除了表中所列的文件类型之外,Mechanical APDL 程序在计算过程中还会形成一些其他文件。比如:在特征值问题计算时会形成模态矩阵文件 jobname. MODE,谱分析中会形成模态合并文件 jobname. MCOM 等。这些文件将在相关章节中结合具体分析类型详细介绍。

1.3.3 认识 Workbench 环境

ANSYS Workbench 是 ANSYS 的新一代仿真分析环境,是一种面向对象的分析环境。

启动 ANSYS Workbench 之后，进入如图 1-3 所示的工作界面。Workbench 界面很简洁，由菜单栏、工具按钮栏、左侧的“Toolbox”、中间的“Project Schematic”等几部分组成。

Workbench 的核心概念是其“Project Schematic”视图，即：项目流程图解。在此视图中，整个分析项目的流程清晰地显示出来。开始一个新的分析项目时，首先要在 Project Schematic 中搭建分析流程，可以在 workbench 的工具箱中选择所需的分析系统或组件，然后用鼠标左键拖动至 Project Schematic 视图的适当位置，用这些基本的系统或组件组合形成所需的分析项目流程。比如：图 1-3 中为一个预应力模态分析的流程，此流程包含了两个系统，从标题单元格 A1 以及 B1 可以知道，A 系统为静力分析系统，用于计算预应力，B 系统为模态分析系统，用于计算模态。静力分析系统的 A2(Engineering Data)、A3(几何)、A4(模型)单元格分别与模态分析系统的 B2、B3、B4 单元格共享数据，可以看到 B 系统的这几个单元格左边的连线和一个方块；A6(求解)单元格向 B5(求解设置)单元格传递应力刚度计算结果，因此可以看到有一条线联系这两个单元格，且 B5 单元格的左边有一个大圆点。

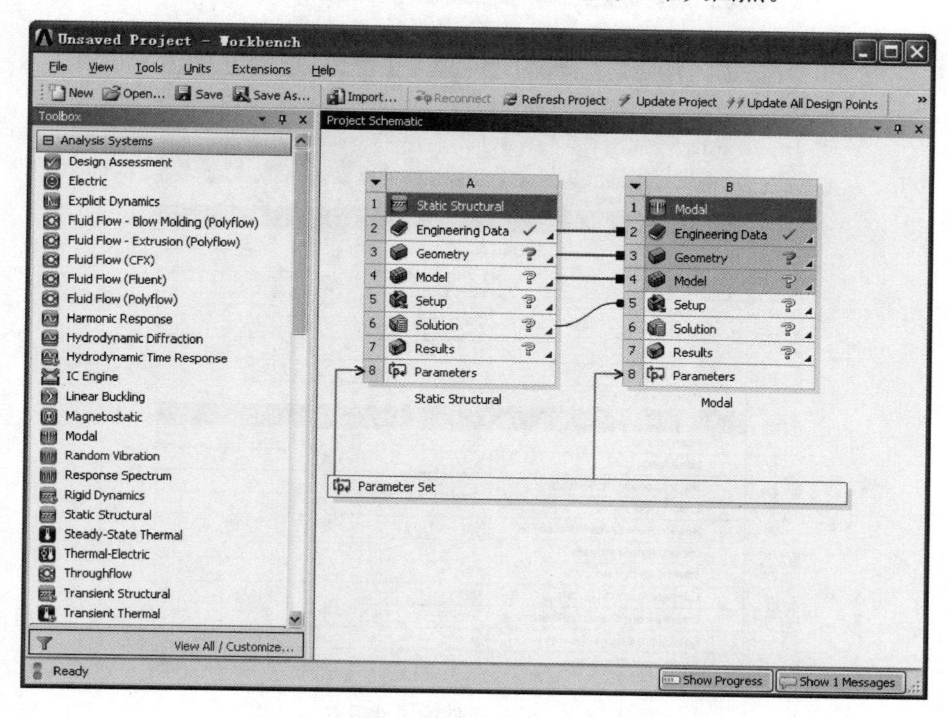

图 1-3 ANSYS Workbench 的仿真环境界面

在上面的分析流程中，每一个单元格(标题单元格除外)都各自代表着一个集成于 workbench 的程序组件模块，如：A2 单元格代表 Engineering Data 模块，A3 代表几何建模的 DesignModeler 模块等。双击每一个单元格(标题单元格除外)，即可启动此单元格所代表的组件程序界面，在其中即可进行相关的操作，在这个预应力分析的例子中，如双击 A2 单元格会进入 Engineering Data 界面，在其中能够定义或修改材料参数，双击 A3 单元格则可启动 DesignModeler 组件，在其中进行几何建模或编辑工作，双击 A4 至 A7 或 B4 至 B7 则可启动 Mechanical 组件，在其中可以进行有限元分析的模型创建、加载、设置分析选项、求解以及后处理等工作。

Workbench 实际上是一个集成了很多程序模块的系统平台。这一平台上集成了两种类型的应用组件,一种是像 Engineering Data 那样的集成在 Workbench 环境中的本地应用程序,这类程序完全集成在 Workbench 窗口中;另一种则是像 Design Modeler、Mechanical 等类型的组件程序,在双击单元格时通常会启动一个独立窗口,Workbench 的作用仅仅是整合了这些程序的数据,使得这些数据能够在项目流程中共享或传递,因此这类程序又称为数据整合应用程序。进入 Workbench 环境后,可以通过 Tools>Options 菜单项,在弹出的对话框中对 Workbench 环境及其各集成组件的常用选项进行设置。各集成组件的选项也可在 Project Schematic 窗口中选择此代表组件的单元格,然后选择 Workbench 的 View>Properties 菜单,在 Project Schematic 视图的右侧会出现相应组件的属性及其设置选项。比如,选择 Geometry 单元格,显示的相关属性如图 1-4 所示,这些属性中可设置几何模型中所包含体的类型,另一个较为重要的选项是 Analysis Type,用于设置分析的几何模型是 2D 或 3D(默认)。

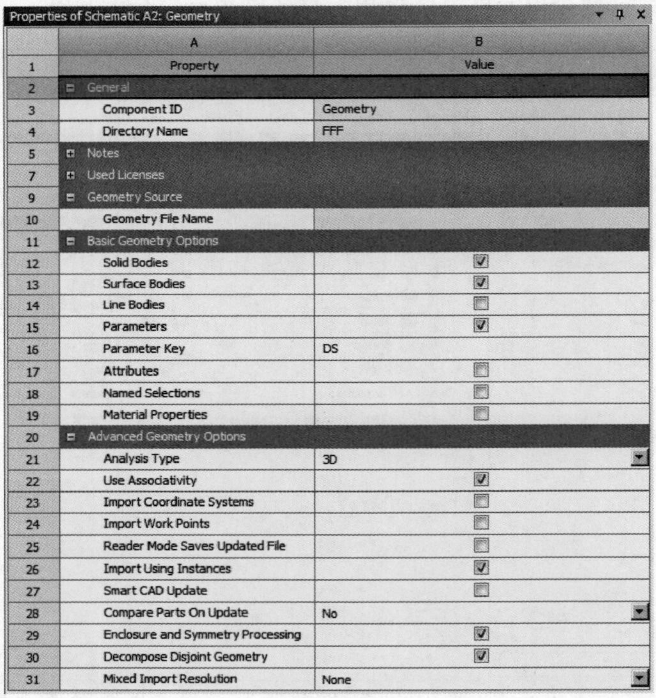

Properties of Schematic A2: Geometry

	A	B
1	Property	Value
2	General	
3	Component ID	Geometry
4	Directory Name	FFF
5	Notes	
7	Used Licenses	
9	Geometry Source	
10	Geometry File Name	
11	Basic Geometry Options	
12	Solid Bodies	☑
13	Surface Bodies	☑
14	Line Bodies	☐
15	Parameters	☑
16	Parameter Key	DS
17	Attributes	☐
18	Named Selections	☐
19	Material Properties	☐
20	Advanced Geometry Options	
21	Analysis Type	3D
22	Use Associativity	☑
23	Import Coordinate Systems	☐
24	Import Work Points	☐
25	Reader Mode Saves Updated File	☐
26	Import Using Instances	☑
27	Smart CAD Update	☐
28	Compare Parts On Update	No
29	Enclosure and Symmetry Processing	☑
30	Decompose Disjoint Geometry	☑
31	Mixed Import Resolution	None

图 1-4 几何组件的属性设置

下面简单介绍一下各单元格所对应的组件的执行状态。Workbench Project Schematic 中,每一个单元格右边都有一个状态标志,表示此单元格的当前状态,一个绿色的对勾表示此单元格所对应的组件已经完成更新,问号则表示缺少相应的组件程序输入条件。各种状态图标及其意义列于表 1-7 中。

表 1-7 Workbench 单元格的状态图标及其含义

图 标	代表的含义
	无法执行,缺少上游数据
	需要刷新,上游数据发生改变

续上表

图　　标	代表的含义
	无法执行,需要修改本单元或上游单元的数据
	需要更新,数据已改变、需要重新执行任务得到新的输出
	当前单元格数据更新已完成
	发生输入变动,单元局部是更新的,但上游数据发生改变导致其可能发生改变

在ANSYS Workbench环境中,Project Schematic的项目流程总是从上到下、从左到右执行,如果前面的组件有变化,后面的组件需要进行刷新(Refresh)或更新(Update)。刷新和更新的区别在于,刷新仅仅是将前面单元格(组件)的变化传入当前单元格(组件)而不进行实质性操作,比如几何改变传递到网格划分组件中但并不对新的几何模型进行网格划分,更新则是接受之前组件的改变并将进行当前组件的操作,比如网格组件读取之前的几何模型改变并对新的几何重新进行网格划分。通过Workbench界面工具栏的"Refresh Project"按钮,可刷新整个分析流程中的全部单元格;通过Workbench界面工具栏的Update Project可更新整个分析项目,Workbench将驱动相应组件按照之前的设置自动完成整个分析流程的全部工作。

Workbench还提供了强大的参数化建模和分析功能,只要分析项目流程中任何一个组件中指定了参数,在Project Schematic视图中就会出现一个"Parameter Set"条,如图1-5所示。

双击"Parameter Set"条会进入参数管理界面,如图1-6所示。

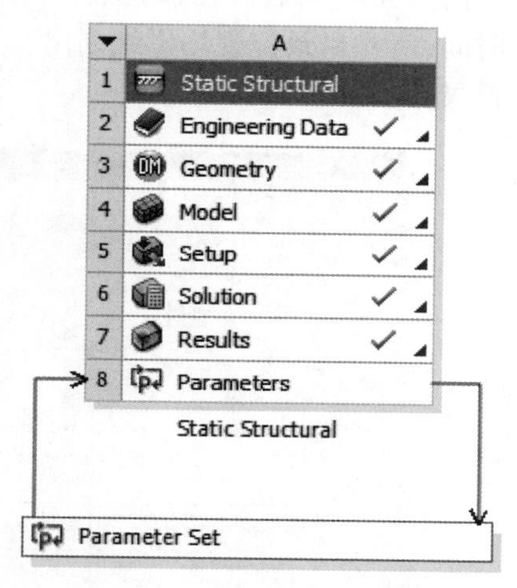

图1-5　Parameter Set条

Outline: No data

	A	B	C	D
1	ID	Parameter Name	Value	Unit
2	Input Parameters			
3	Model, Environment (A1)			
4	P5	ds_cutout	5	
5	P6	Bearing Load 2 X Component	10	N
*	New input parameter	New name	New expression	
7	Output Parameters			
8	Model, Environment (A1)			
9	P2	Equivalent Stress Maximum	0.20825	MPa
10	P3	Total Deformation Maximum	3.3039E-05	mm
11	P4	Geometry Mass	0.17858	kg
*	New output parameter		New expression	
13	Charts			
14	Parameter Parallel Chart 0			
15	Parameter Chart 0			

Properties of Outline A9: P2

	A	B
1	Property	Value
2	General	
3	Description	
4	Error Message	
5	Expression Type	Undefined
6	Usage	Direct Output
7	Quantity Name	Stress

Table of Design Points

	A	B	C	
1	Name	P5 - ds_cutout	P6 - Bearing Load 2 X Component	P2 - Equivalent S
2	Units		N	M
3	Current	5	10	0.20825
4	DP 1	6	11	0.30791
5	DP 2	7	10	0.2216
6	DP 3	6	10	0.27992
7	DP 4	7	11	0.24376
*				

Parameter Parallel Chart 0

7.5　11.1　0.31　4.1　0.179

0　1　2　3　4

4.5 P5　9.9 P6 [N]　0.2 P2 [MPa]　3.2 P3 (x10⁻⁵) [mm]　0.159 P4 [kg]

Ready　Show Progress　Show 0 Messages

图1-6　参数管理界面

在参数管理界面下，能够对各种输入参数（Input Parameters）、输出参数（Output Parameters）进行管理，同时提供了“Table of Design Point”表，能够改变设计参数形成一系列 Design Point，每一个 Design Point 实际可以理解为一个设计方案。可以通过 Workbench 工具栏的“Update All Design Points”按钮自动批量计算所有设计点输出参数结果，这实际上相当于在后台执行了多次结构有限元计算。下面简单介绍一下 Workbench 的文件系统。Workbench 可以对集成于其中的各组件在建模分析过程中形成的文件进行统一管理。在通过 File>Save 菜单或工具栏按钮保存项目时，除了形成一个后缀名为 wbpj 的项目文件外，还会形成一个与项目名称同名的目录，其中包含项目各组件形成的全部有关文件，建议由 Workbench 来管理此目录，而不需要手工改动此目录。如需查看有关的文件信息，可选择 Workbench 的 View>Files 菜单项，这样在 Project Schematic 视图的下方会出现如图 1-7 所示的“Files”列表。在该列表中，所有的文件及其所属的组件单元格、文件的大小、类型、修改时间、所在目录位置均详细列出。选择某个文件，通过鼠标右键菜单，可以打开包含此文件的目录。

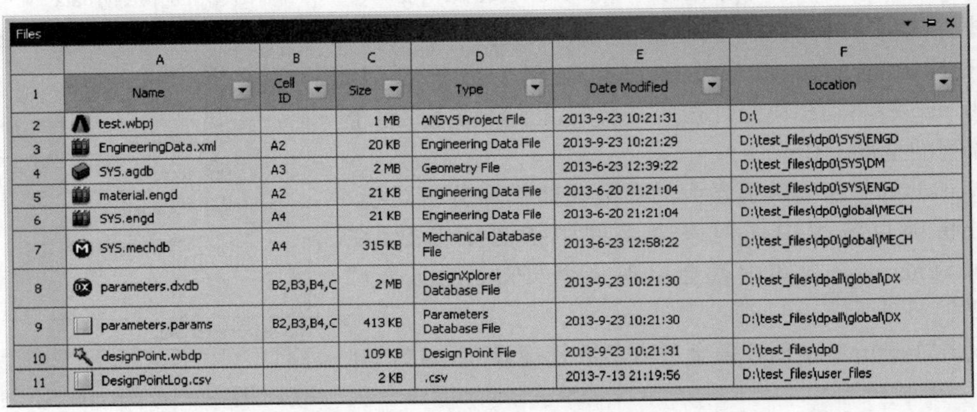

Files

	A	B	C	D	E	F
1	Name	Cell ID	Size	Type	Date Modified	Location
2	test.wbpj		1 MB	ANSYS Project File	2013-9-23 10:21:31	D:\
3	EngineeringData.xml	A2	20 KB	Engineering Data File	2013-9-23 10:21:29	D:\test_files\dp0\SYS\ENGD
4	SYS.agdb	A3	2 MB	Geometry File	2013-6-23 12:39:22	D:\test_files\dp0\SYS\DM
5	material.engd	A2	21 KB	Engineering Data File	2013-6-20 21:21:04	D:\test_files\dp0\SYS\ENGD
6	SYS.engd	A4	21 KB	Engineering Data File	2013-6-20 21:21:04	D:\test_files\dp0\global\MECH
7	SYS.mechdb	A4	315 KB	Mechanical Database File	2013-6-23 12:58:22	D:\test_files\dp0\global\MECH
8	parameters.dxdb	B2,B3,B4,C	2 MB	DesignXplorer Database File	2013-9-23 10:21:30	D:\test_files\dpall\global\DX
9	parameters.params	B2,B3,B4,C	413 KB	Parameters Database File	2013-9-23 10:21:30	D:\test_files\dpall\global\DX
10	designPoint.wbdp		109 KB	Design Point File	2013-9-23 10:21:31	D:\test_files\dp0
11	DesignPointLog.csv		2 KB	.csv	2013-7-13 21:19:56	D:\test_files\user_files

图 1-7　项目文件列表

第 2 章　Mechanical APDL 结构建模与分析技术

本章将结合结构分析三个阶段的流程，介绍在 ANSYS Mechanical APDL 环境下的前处理技术、加载以及求解技术、后处理技术及其注意事项。在前处理技术方面，重点介绍 ANSYS 的常用单元类型、各种单元的属性以及网格划分方法等内容。结构求解技术部分系统介绍了加载以及分析设置(包括载荷步设置)相关的内容；后处理部分介绍最常用的后处理操作。在介绍相关图形界面(GUI)操作方法时，均给出与之相对应的命令，使读者能够更加清楚命令驱动是 Mechanical APDL 分析环境的内在特点。

2.1　前处理技术

前处理阶段的任务是建立结构分析的有限元模型。本节介绍的全部前处理操作都是在 ANSYS Mechanical APDL 的前处理器中进行的，进行前处理操作时首先通过如下命令进入前处理器：

```
/PREP7                                    ! 进入前处理器
```

在 APDL 命令文件中，感叹号“!”开始的内容表示注释行。因此作为本书的一个书写惯例，后续凡是采用命令操作时，都在命令的右边用“!”添加命令的必要注释。

1. 指定单元类型及单元属性

建立结构分析模型，首先必须指定单元类型及其单元属性。

ANSYS 包含有一个庞大的单元库，其中包含十分丰富的单元类型，用这些不同类型的单元可以构建出任意复杂的工程结构模型。在 ANSYS 结构分析中，目前常用的单元类型及其适用场合列于表 2-1 中。

表 2-1　ANSYS 中常用的单元类型及其用途

单元名称	单元描述	用　　途
LINK180	二力杆单元	模拟各种桁架结构的构件
SHELL181	大应变板壳单元	模拟板壳结构
PLANE182	2D 线性 4 节点面单元	模拟各种 2D 结构(如：平面应力、平面应变、轴对称)
PLANE183	2D 二次 8 节点面单元	模拟各种 2D 结构(如：平面应力、平面应变、轴对称)
SOLID 185	3D 线性 8 节点六面体单元	模拟各种 3D 结构
SOLID 186	3D 二次 20 节点六面体单元	模拟各种 3D 结构
SOLID187	3D 二次 10 节点四面体单元	模拟各种 3D 结构
BEAM188	3D 线性梁单元	模拟梁及框架结构
BEAM189	3D 二次梁单元	模拟梁及框架结构

续上表

单元名称	单元描述	用　途
SOLSH190	3D 8 节点实体壳单元	模拟变厚度的中等厚度壳体
COMBIN14	非线性连接单元	用于模拟各种弹簧，阻尼器
MASS21	质量单元	用于在模型指定集中质量点或集中转动惯性

在 Mechanical APDL 中，通过 ET 命令定义分析中所需的单元类型，其一般格式如下：

ET，ITYPE，Ename，KOP1，KOP2，KOP3，KOP4，KOP5，KOP6

其中各参数的意义作简要说明：ITYPE 为单元类型编号，大于等于 1；Ename 为 ANSYS 单元库中的单元名称；后面的 KOP1-KOP6 为单元选项，如果有多于 6 个单元选项，则通过 KEYOP 命令来进行设置，常用单元选项将在后续章节中结合具体单元的使用加以介绍。

定义了单元类型后，需要为不同类型的单元分别指定其属性。

通常来说，不同的单元类型具有不同的属性，常见的属性包括单元类型号、实常数、材料、截面、单元坐标系以及定位关键点等。表 2-2 列出了各种常用单元对各种属性的支持情况，如果单元具备此种属性，则在表中对应单元格中打√号。

表 2-2　常用单元所具有的属性

单元名称	单元类型	实常数	材料模型	截　面	单　元 坐标系	定　位 关键点
LINK180	√		√	√	√	
SHELL181	√		√	√	√	
PLANE182	√		√	√	√	
PLANE183	√		√	√	√	
SOLID 185	√		√	√	√	
SOLID 186	√		√	√	√	
SOLID187	√		√	√	√	
BEAM188	√		√	√	√	√
BEAM189	√		√	√	√	√
SOLSH190	√		√	√	√	
COMBIN14	√	√			√	
MASS21	√	√			√	

下面简单介绍各种属性的定义方法。

(1)实常数

由表 2-2 可见，并非所有单元都需要实常数，目前仅有少数单元需要定义这种属性。如：MASS 单元的质量，COMBIN 单元的弹簧阻尼系数等参数通过实常数形式指定。定义实常数的命令为 R，其格式如下：

R，NSET，R1，R2，R3，R4，R5，R6

其中，NSET 为实常数的编号，比如模型中有两种不同刚度的弹簧，则需要为每一组弹簧指定一组实常数；R1～R6 为对应单元类型的实参数，如果多于 6 个实常数则用 RMORE 命令定义其他的实常数。

(2)材料模型及参数

大部分单元都具备材料属性。在 ANSYS Mechanical APDL 环境中,可通过材料定义界面进行材料属性的指定,如图 2-1 所示,此界面通过 Main Menu>Preprocessor>Material Props>Material Models 菜单项调用。

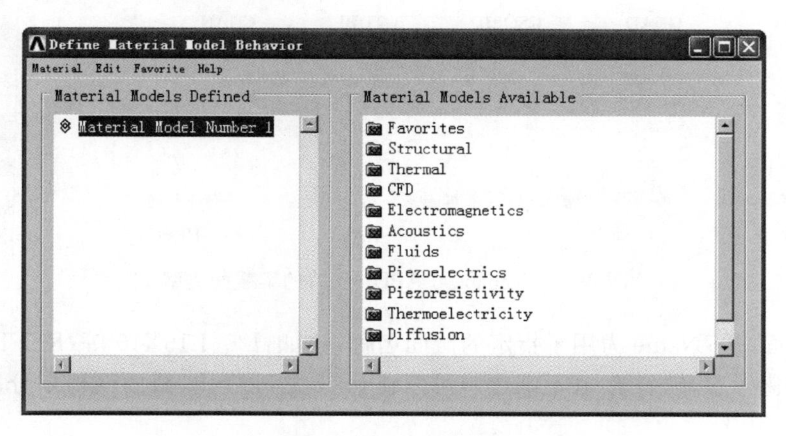

图 2-1　材料属性指定界面

在使用此界面时,首先通过菜单 Material>New Model 新建材料模型,然后在左边"Material Models Defined"列表中选择要指定属性参数的材料模型号,然后在右侧"Material Models Available"列表中选择所需的材料模型分支,双击打开相应的参数定义对话框定义相关的材料参数。

除了采用材料属性界面外,用户也可以通过相关的命令定义材料属性。例如:通过 MP 命令定义线性材料模型(包括各向同性或正交各向异性材料)及参数,通过 MPTEMP 命令和 MPDATA 命令定义与温度相关的材料参数;通过 TB 命令及 TBPT 命令定义非线性材料模型及参数;通过 TB 命令及 TBDATA 命令定义各向异性材料参数。相关命令的具体调用格式这里不再展开介绍。由于材料属性界面的操作直观简明,因此如果用户不清楚命令参数的情况下,可通过界面方式指定材料模型及参数,如需编写命令流,则通过工作目录下的日志文件中提取材料界面操作对应的命令即可。

(3)截面

在 ANSYS 有限元分析中,BEAM 及 SHELL 单元需要定义截面。

BEAM 单元几何上表现为一条线段,赋予截面后方可显示出三维几何特征。BEAM 单元的截面及截面的尺寸参数可通过 SECTYPE 命令以及 SECDATA 命令来指定。可供选择的截面类型如图 2-2 所示。

SECTYPE 命令用于定义截面类型,其调用格式为:

SECTYPE,SECID,Type,Subtype,Name,REFINEKEY

其中,SECID 为截面的编号;Type 为截面的大类,可以为 BEAM(梁截面)、TAPER(锥形变化的梁截面)、PIPE(管截面)LINK(轴力杆的截面)、SHELL(板壳截面)等。对于一般梁单元,选择 BEAM 即可;Subtype 为梁截面的具体类型,可以是图中列出的类型,如:RECT 为矩形截面、L 为角钢截面、I 为工字型截面、ASEC 为任意截面(由用户手工输入其截面积分特性)、MESH 为自定义截面(通过辅助网格 MESH200 划分二维的面网格并写 SECT 文件后导

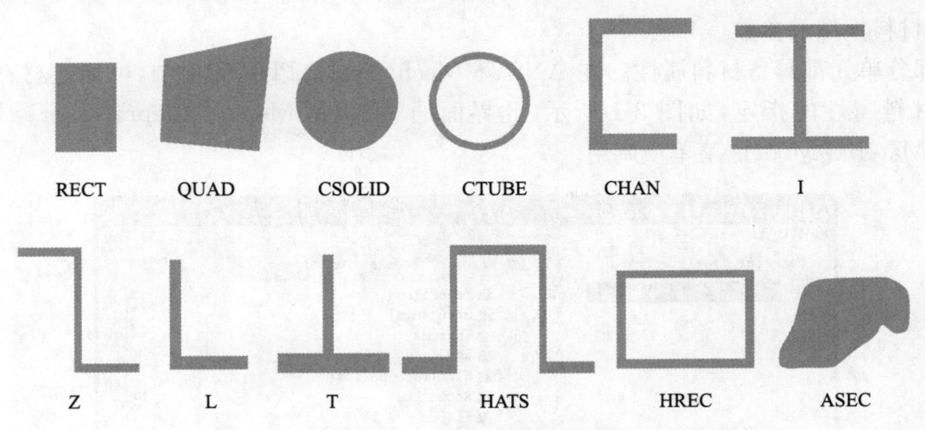

图 2-2 Mechanical APDL 支持的梁截面类型

入所形成的截面）等；Name 为用于指定的截面名称，比如：I25、L15X10 等；REFINEKEY 为梁截面的网格细化标志，缺省为 0（不细化），可以在 0～5 之间变化，截面网格划分用于计算截面积分特性。

选择了截面类型后，通过 SECDATA 命令定义相应截面的几何参数，各种截面所需的参数不同，比如 I 形截面，需要定义的参数有 W1（下翼缘宽度），W2（上翼缘宽度），W3（梁的总高度），t1（下翼缘厚度），t2（上翼缘厚度），t3（腹板厚度），如图 2-3 所示。在此图中也显示出了截面坐标系 yoz，当需要对梁的节点进行偏置时，通过 SECOFFSET 命令输入偏置节点位置在此截面坐标系中的 OFFSETZ（上下偏置）、OFFSETY（左右偏置），其调用的格式如下：

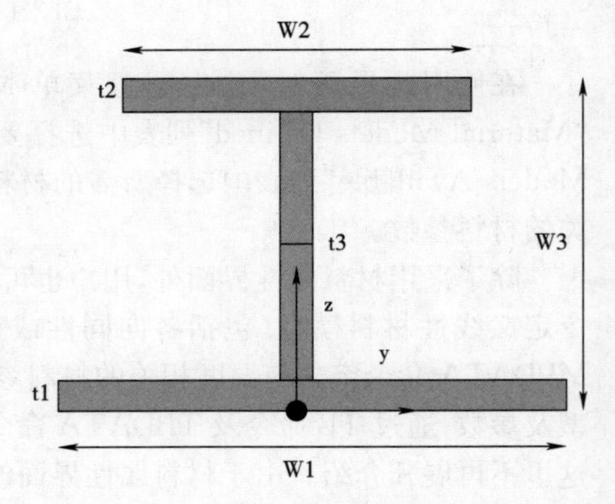

图 2-3 工字形截面的输入参数

SECOFFSET，USER，OFFSETY，OFFSETZ

在图形界面操作时，可通过菜单 Main Menu>Preprocessor>Sections>Beam>Common Sections，调用 Beam Tool 面板进行截面类型和参数的指定，还可以显示截面形状及横截面网格。图 2-4 为定义的 L 形截面参数及截面网格显示情况。

上述梁截面的几何参数程序可以自动计算，通过 SLIST 命令可以列出如下的截面参数信息：

```
LIST SECTION ID SETS          1 TO      1 BY      1
SECTION ID NUMBER:            1
BEAM SECTION SUBTYPE:         L Section
BEAM SECTION NAME IS:
BEAM SECTION DATA SUMMARY:
Area                  =2300. 0
Iyy                   =0. 31853E+07
Iyz                   =-0. 18939E+07
```

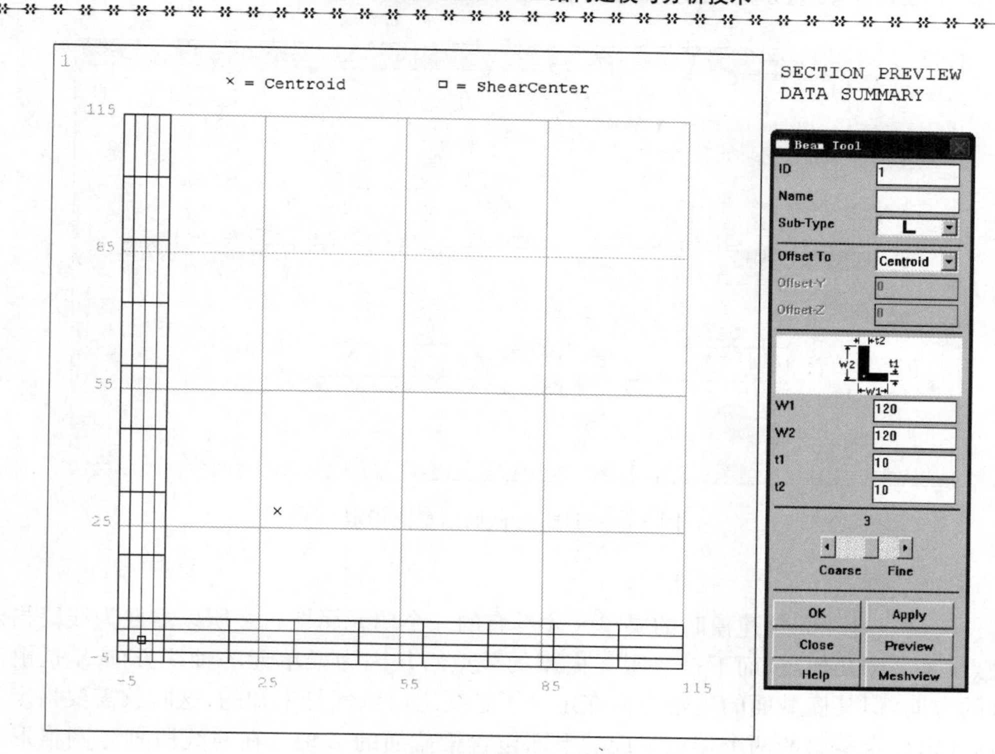

图 2-4　L 形梁截面及其网格

Izz	=0.31853E+07
Warping Constant	=0.83363E+08
Torsion Constant	=75608.
Centroid　Y	=28.696
Centroid　Z	=28.696
Shear Center Y	=0.25978
Shear Center Z	=0.25978
Shear Correction-yy	=0.43194
Shear Correction-yz	=−0.37672E-02
Shear Correction-zz	=0.43194

Beam Section is offset to CENTROID of cross section

SHELL 单元的截面可以是单层匀质材料，也可以是多层复合材料。SHELL 单元的截面通过菜单 Main Menu>Preprocessor>Sections>Shell>Lay-up>Add/Edit，打开如图 2-5 所示的 Create and Modify Shell Sections 设置框，在其中指定各层的信息。

(4)单元坐标系

单元坐标系是 ANSYS 中所有单元的一个固有属性，可以理解为单元的一个局部坐标系。各种单元的缺省单元坐标系方向可参照 ANSYS 单元手册中的描述。单元坐标系与正交各向异性材料特性、加载、后处理的单元应力方向等有关。如需修改单元坐标系可通过 ESYS 命令，把缺省的单元坐标系方向改变为所需的坐标系方向。关于坐标系的指定方法，在下面建模部分会进行必要的介绍。

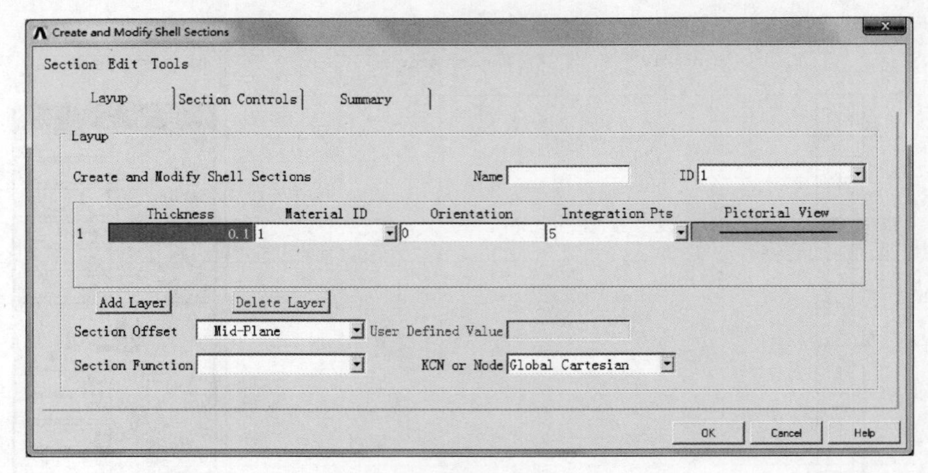

图 2-5 SHELL 截面信息的指定

(5)定位关键点

定位关键点是在间接建模时的梁单元才具有的一个单元属性。之所以需要为线段指定定位关键点(是一个几何点,而不是有限元模型的节点),是因为梁单元的轴线方向 X 是由两端点连接的方向,但其横截面的主轴方向在定义了轴线之后依然是未知的,这时就需要指定一个关键点,此定位点与梁的两个端点组成的平面包含梁截面的 Z 轴。在对线段划分网格形成梁单元时,会自动形成一个定位节点。因此,BEAM188 单元的节点列表包含三个节点。采用直接方法建模时,如需定义 BEAM188,预先定义并选择定位节点即可。

2. 直接法建模

在定义了单元类型及上述各种单元属性之后,就可以用这些单元类型来创建结构分析模型了。前已述及,建模方法有直接法以及间接法。如采用直接法建模,直接创建节点,然后通过节点创建单元。

创建节点的命令为 N,其一般格式如下:

N,NODE,X,Y,Z

命令参数说明:

NODE 为节点号,X、Y、Z 为节点的坐标。

创建节点时,要注意坐标系的问题,因为在不同的坐标系下需要输入的节点坐标不同。比如:直角坐标系中输入坐标(X, Y, Z),而柱坐标系则输入(R, THETA, Z)。ANSYS Mechanical APDL 中常见的几个坐标系列于表 2-3 中。其中工作平面是一个建模的辅助平面,缺省情况下与总体坐标 XOY 重合,可以根据需要平移和旋转。此外,用户还可以根据需要通过 LOCAL 命令来指定局部坐标系并将设为当前活动坐标系。用户可以通过 CSYS 命令来选择当前坐标系,这一设置在界面正下方的状态栏中会显示出来。

表 2-3 Mechanical APDL 中的几个常用坐标系

坐标系编号	特性描述
0	总体直角坐标系
1	以总体直角坐标系 Z 轴为转轴的柱坐标系

续上表

坐标系编号	特性描述
2	总体球坐标系
WP 或 4	工作平面坐标系
5	以总体直角坐标系 Y 轴为转轴的柱坐标系
≥11	用户定义的局部坐标系

对于一个分析中有多种单元类型或单元属性的情况，在创建单元之前必须首先向程序声明接下来所要创建的单元属性。表 2-4 列出了直接建模中用于声明单元属性的命令及其参数说明所起的作用。

表 2-4　声明单元属性的相关命令

命令格式	命令参数说明	所起的作用
TYPE，ITYPE	ITYPE 为单元类型号	指定要创建的单元类型
MAT，MAT	MAT 为材料模型号	指定要创建单元的材料特性
REAL，NSET	NSET 为实参数组号	指定要创建单元的实参数
SECNUM，SECID	SECID 为截面号	指定要创建单元的截面
ESYS，KCN	KCN 为坐标系编号	指定要创建单元的单元坐标系

声明了单元属性后，通过节点直接创建单元。创建单元的命令为 E，其命令的一般格式如下：

E，I，J，K，L，M，N，O，P

命令参数说明：I，J，K，L，M，N，O，P 为单元的各个节点号，必须预先定义好，节点编号要按单元手册中单元示意图中的节点编号顺序。

在创建节点和单元过程中，还可以配合使用 NGEN 命令、EGEN 命令进行节点和单元的快速复制，以提高建模效率。可以使用 NUMMRG 命令合并重合的节点，使用 NUMCMP 命令压缩节点和单元编号。

以上就是直接法建立有限元模型的基本过程和操作注意事项。

3. 间接法建模

下面我们来介绍间接法创建有限元模型的基本方法。所谓间接法，就是首先形成几何模型，再对几何对象进行单元属性和单元划分参数指定，最后通过网格划分的方法形成有限元分析模型。

首先是在前处理器中创建几何模型。在 Mechanical APDL 中，几何模型的对象包括关键点（Keypoint）、线（Line）、面（Area）、体（Volume）等几个层次，通常上一层次的对象包含下面各层次对象。创建几何模型时，可以自下而上，也可自上而下。所谓自下而上，是先创建低层次的图形对象，再通过低层次图形对象创建高层次图形对象，比如：首先创建关键点，再通过一系列关键点创建多义线。所谓自上而下，就是直接创建高层次的图形对象，而其包含的低层次的对象可以自动创建，比如：创建一个圆柱体，则其底面、顶面、侧面等各面自动被创建。在自上而下建模时，经常用到各种布尔操作，在几何图形对象之间进行诸如加、减、交、分割、粘接、搭接等各种操作，进而形成复杂的几何造型。

在 Mechanical APDL 环境中的几何建模功能集中在 Main Menu > Preprocessor >

Modeling>菜单下的一系列子菜单中,介绍这些建模操作及其命令的教程已经很多,此处不再展开介绍。

在几何模型创建完成后,下面进行单元属性和网格划分参数的指定,之后按照这些设定进行网格划分形成有限元模型。在 Mechanical APDL 环境中,这些网格划分相关的操作均可以通过选择菜单 Main Menu>Preprocessor>Meshing>Mesh Tool,在弹出的"Mesh Tool"工具面板中实现。Mesh Tool 工具面板有五个功能分区,用分隔线分开,自上而下依次为:

(1)设置单元属性

设置单元属性在 MeshTool 面板的 Element Attributes 区域中进行,如图 2-6 所示。在此区域中可以对点、线、面、体等几何对象设置网格属性,在下拉列表选择对象类型,点 SET 按钮,弹出对象选择对话框,输入几何对象号(如:1号点、3号面等)或在模型中用鼠标拾取相应的对象,在弹出的对象单元属性对话框中指定各种前面已经定义的单元属性即可。与这一步相应的命令为 XATT(X=K、L、A、V),可以为各种对象指定单元属性。

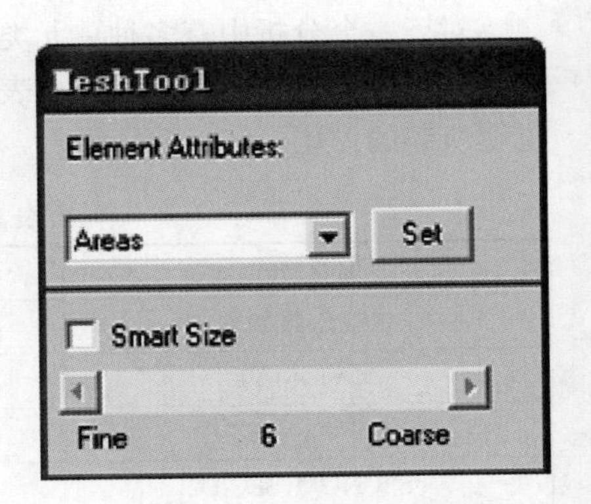

图 2-6　MeshTool 单元属性及智能网格划分区域

(2)智能网格划分控制区域

智能网格控制区域位于图 2-6 中 Element Attributes 区域下方。如选择"Smart Size"复选框,可激活智能网格划分方法。该方法能够自动考虑模型细节及曲率变化,智能划分四面体或三角形网格,可通过滑块选择智能划分的尺寸粗细级别 1～10,10 表示单元最细。设置智能网格划分尺寸控制级别的命令为 SMRTSIZE。

(3)网格尺寸控制区域

网格尺寸控制区域即 MeshTool 中的 Size Controls 区域,位于智能网格划分区域下方,如图 2-7 所示。在此区域内可以对总体网格进行网格尺寸控制,也可对线、面、体、关键点周围进行单元尺寸或划分等分数指定。注意这些指定的优先顺序为:线>关键点>总体。

控制单元尺寸的命令为 ESIZE(总体)、XESIZE(X=K、L、A、V,表示对各种对象进行单元尺寸控制)。

(4)网格划分操作区域

网格划分操作区域位于 MeshTool 面板网格尺寸控制区域下方,如图 2-8 所示。

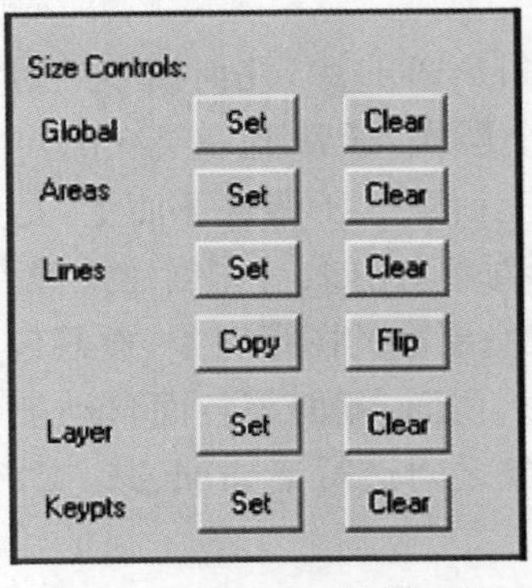

图 2-7　网格尺寸控制区域

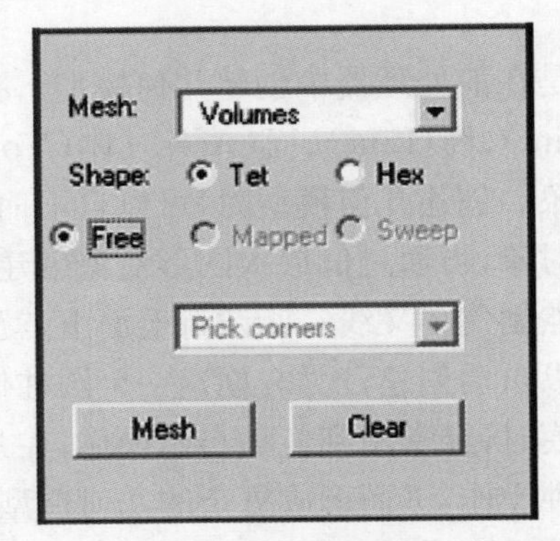

图 2-8　网格划分操作区域

在此区域内可以指定网格划分的对象和方法并进行网格划分。比如选择对 Volume(体)进行划分,在 Shape 中选择单元形状为 Tet(四面体)或 Hex(六面体),然后选择划分方法为 Free(自由网格)、Mapped(映射网格)或 Sweep(扫略网格)。其中映射网格和扫略网格需要被划分的几何体满足一定条件。然后点 Mesh 按钮,在弹出的拾取框中输入对象编号或用鼠标拾取对象即可进行网格划分。这些操作对应的命令为 MSHAPE 命令(控制单元形状)、MSHKEY 命令(控制 mesh 方法)以及 XMESH 命令(X=K、L、A、V,表示对各种对象进行网格划分)。如果对划分的网格不满意,还可以通过此区域的 Clear 按钮,清除有关对象上已经存在的网格以便进行重新划分。

(5)网格细化区域

网格细化区域位于网格操作区域下方,如图 2-9 所示。在此区域内,可以对选择单元、各种几何对象(关键点、线、面)上或其附近的已有网格进行细化。

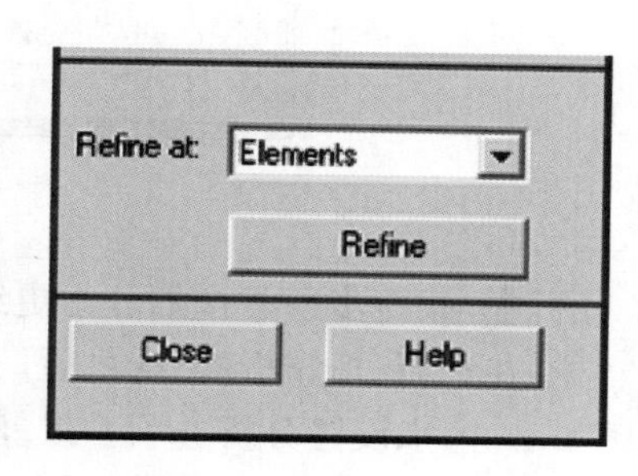

图 2-9　网格细化区域

网格划分完成后,即形成工程结构分析的有限元模型,完成间接法结构建模工作。

无论采用上述直接法还是间接法,建模操作完成后,建议按工具栏上的 Save 按钮,以保存分析模型文件,然后通过发出 FINISH 命令退出前处理器。

2.2　加载以及求解技术

在 Mechanical APDL 环境中的加载可以在前处理器中进行,也可在求解器中进行,此处放在求解部分进行。本节介绍在求解器中进行分析类型选择、求解设置、加载、载荷步设置并求解的操作要点和注意事项。

1. 设置分析类型和选项

(1)进入求解器

首先通过如下命令进入求解器模块。

```
/SOLU                                    ! 进入求解器
```

(2)选择分析类型

在 Mechanical APDL 中通过菜单 Main Menu>Solution>Analysis Type>New Analysis,在弹出的"New Analysis"分析类型对话框中选择分析类型,如图 2-10 所示。也可以通过 ANTYPE 命令设置分析类型。缺省情况下为静力分析类型"Static",可选的其他分析类型有 Eigen Buckling(特征值屈曲分析)、Modal(模态分析)、Harmonic(谐响应分析)、Transient(瞬态分析)、Spectrum(谱分析)、Substructuring(子结构分析)等。

这里简单说明一下菜单操作及 ANSYS 命令之间的对应关系。由图 2-10 可见,与菜单操作对应的命令在对话框中以方括号标明,即[ANTYPE],其他菜单操作对应的命令可通过同样的方式得知。

(3)设置分析选项

ANSYS 通过载荷步的形式组织求解过程,荷载的施加被划分为一系列的载荷步。在每一个载荷步中都必须施加明确的约束及荷载,设置明确的分析选项。在非线性分析和动力学

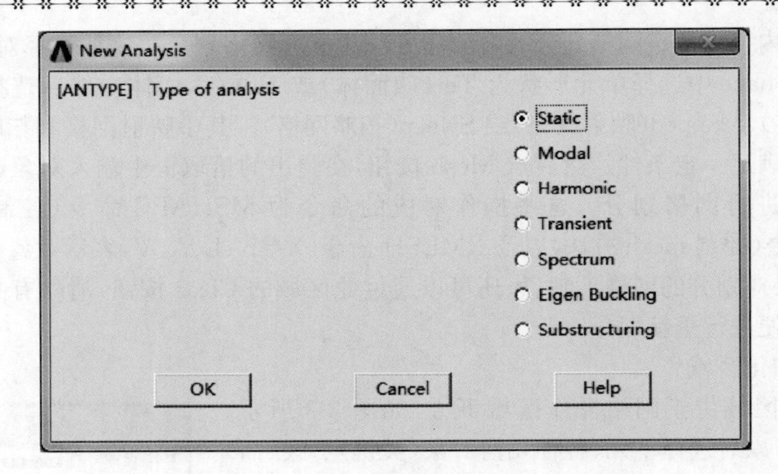

图 2-10 分析类型选择

分析中,载荷步还常被划分为更细的子步,以便提高收敛性和精度。

在选择了分析类型之后,通过菜单 Main Menu > Solution > Analysis Type > Sol'n Controls 来设置分析选项。以静力分析为例,选择此菜单后打开 Solution Controls 设置界面。此界面有一系列选项卡片,最基本的分析设置选项集中在 Basic 选项卡中,如图 2-11 所示。

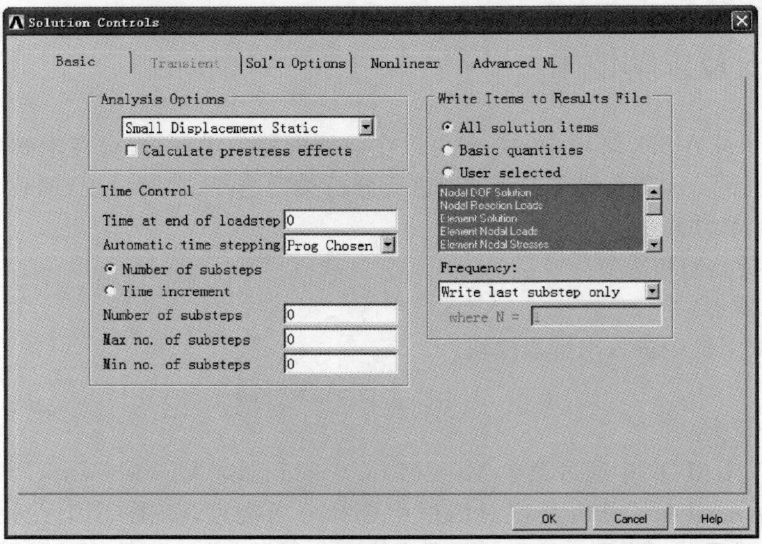

图 2-11 求解控制 Basic 选项卡

Basic 选项卡包含选项的意义和作用列于表 2-5 中。

表 2-5 Basic 选项卡分析选项设置

选项名称	对应命令	作用描述
瞬态开关	ANTYPE	控制分析类型是静力还是瞬态
大变形开关	NLGEOM	控制是否考虑几何非线性
应力刚化开关	SSTIF	控制是否考虑应力刚化效应

续上表

选项名称	对应命令	作用描述
自动时间步开关	AUTOTS	控制是否使用自动时间步
载荷步结束时间	TIME	指定载荷步的结束时间
子步数	NSUBST	指定开始子步数及其变化范围(最大以及最小子步数)
时间步长	DELTIM	指定开始时间步长及最小以及最大时间步长
输出设置	OUTRES	控制输出到结果文件的项目以及频率

Solution Controls 对话框的其他几个选项卡多用于动力学及非线性分析中，在一般的线性分析中较少用到。Transient 选项卡用于瞬态分析设置，只有选择瞬态分析时才被激活；Sol'n Options 选项卡用于选择求解器以及设置重启动选项；Nonlinear 选项卡用于设置基本非线性分析选项；Advanced NL 选项卡用于设置高级非线性选项，如分析终止条件、弧长法、非线性稳定性分析参数设置等。这些选项的具体意义和详细设置方法在下册相关章节中进行介绍，请读者参考相关内容。

以上选项中，涉及到载荷步的选项，如：TIME、NSUBST(DELTIM)、OUTRES、瞬态载荷步选项、非线性的载荷步选项等，必须对每一个载荷步分别进行设置。

2. 加载

下面介绍与加载相关的操作要点和注意事项。

结构分析中常见的载荷类型已经列于第1章的表1-1中。在 Mechanical APDL 中，加载的菜单集中在 Main Menu＞Solution＞Define Loads＞Apply＞Structural＞及其子菜单项目中，与这些菜单项目对应的一些常见加载命令列于表2-6中。

表 2-6 常用的加载命令

命　令	作用描述
D	对节点施加位移约束或强迫位移
DX(X=K、L、A)	对关键点、线、表面施加位移约束或强迫位移
F	对节点施加集中力(矩)
FK	对关键点施加集中力(矩)
SF	在节点组上施加表面力
SFE	在单元的表面施加表面力，要注意单元的面号
SFBEAM	在梁上施加分布荷载，可指定在梁单元的部分长度上
BF	在节点(组)上施加体积力
BFE	在单元(组)上施加体积力
BFX(X=K、L、A、V)	在点、线、面、体等几何对象上施加体积力
TUNIF	施加与所有节点上的均匀温度变化
ACEL	指定在总体直角坐标系(CSYS=0)中的平动加速度
OMEGA	施加在总体直角坐标系(CSYS=0)中的角速度
DOMEGA	施加在总体直角坐标系(CSYS=0)中的角加速度

下面对 Mechanical APDL 中加载的一些注意事项作简要说明。

在 Mechanical APDL 中，荷载可以施加到节点或单元上，也可施加到几何模型上。施加到几何模型对象上的荷载计算前会被自动转化到有限元模型上。

在施加位移约束、集中力(力矩)时，要注意 ANSYS 中节点坐标系的概念。节点坐标系是所有节点的一个固有属性，缺省情况下节点坐标系与总体直角坐标系平行。用户可以根据需要指定局部坐标系为当前坐标系，然后通过 NROTAT 命令将所选择的节点转到当前坐标系。这是因为，在 ANSYS 中所有与节点相关的向量都是在节点坐标系下给出的，比如：节点位移、节点力等等，施加的位移约束的方向也是节点坐标系的方向。这一点在施加与总体坐标方向不一致的支座约束时会用到。

关于表面载荷的施加，当载荷不是法向压力而与表面平行或成任意角度时，可通过在表面上建立表面效应单元，然后施加到表面效应单元上实现。

在 Mechanical APDL 中，重力是一种惯性力，因此通过 ACEL 指定的加速度与重力方向相反，当重力沿着 Y 轴负方向作用时，加速度则是沿 Y 轴正向，可通过以下命令定义重力：

ACEL,0.0,9.8,0.0

下面简单介绍一下对载荷历史的管理问题。

首先，不变的荷载将在后续载荷步中保持其值；如果载荷在多个载荷步之间变化，缺省为由之前的值线性变化到新指定的值；如果通过多载荷步分离不同工况的响应，在定义新的载荷步之前须删除之前载荷步的载荷。

3. 求解

载荷施加完成后，接下来的步骤是求解。

对于单一载荷步的分析，通过选择菜单 Main Menu>Solution>Solve>Current LS，或发出一个 SOLVE 命令，即可开始求解。求解结束后，求解结果被写入 Jobname.rst 或 jobname.rth 等结果文件中。

对于多个载荷步的分析，可通过多载荷步逐个求解的方式，也可通过载荷步文件的方式。所谓多次求解法，就是通过 SOLVE 命令手工地求解每一个载荷步，一个载荷步求解完毕后再求解下面的载荷步。对多工况分析注意在新的载荷步重新定义载荷。载荷步文件法则是在每一载荷步定义完成之后不进行求解，而是通过 LSWRITE 命令写一个当前载荷步的载荷步文件，这一文件中包含有当前载荷步的模型载荷信息以及载荷步选项设置。然后改变载荷定义及载荷步设置，再写新的载荷步文件，这些载荷步文件的文件名为 Jobname.sxx，其中 xx 为序号，依次为 01、02、03 等等。当输出所有的载荷步文件后，通过选择菜单项 Main Menu>Solution>Solve>From LS Files，或发出 LSSOLVE 命令，自动批量求解各载荷步。无论采用何种方式求解多载荷步，由于均未退出求解器，因此各个载荷步的结果将顺次写入结果文件的多个 SET 中。

所有载荷步的求解分析结束后，发出 FINISH 命令退出求解器。

2.3 后处理技术

在 Mechanical APDL 中的后处理器包括通用后处理器 POST1 以及时间历程后处理器 POST26。通用后处理器用于生成图形显示、动画显示以及数据列表；时间历程后处理器用于绘制各种曲线图。

进行通用后处理操作，需首先通过下列命令进入通用后处理器：

/POST1　　　　　　　　　　　　　　　　　　! 进入求解器

在界面操作时，通用后处理功能的菜单位置在 Main Menu>General Postproc>下，具体的操作方式读者请参考 ANSYS 的操作手册，这里介绍一些通用后处理的注意事项。

要开始后处理操作，首先需要通过菜单项 Main Menu>General Postproc>Read Results>By Load Step 将要查看的载荷步计算结果读入内存，对应命令为 SET。

通过菜单 Main Menu>General Postproc>Options for Outp，或 RSYS 命令来指定结果坐标系。结果坐标系是十分重要的概念，选择了一个结果坐标系之后，所有与方向相关的输出结果（如：位移、应力等）将在此坐标系下输出。可选择的结果坐标系包括总体直角坐标系、总体柱坐标系（编号 1）、总体球坐标系、局部坐标系（编号≥11），还可以选择求解坐标系。对于求解坐标系结果而言，单元解在单元坐标系下输出，节点解在节点坐标系下输出。

通过后处理的其他常用操作命令列于表 2-7 中，这里不再详细介绍，读者可参考 ANSYS 的操作手册。

表 2-7　常用的通用后处理操作命令

命　令	作　用
PLDISP	图形显示变形后的结构
PLESOL	用不连续单元等高线，图形显示求解结果
PINSOL	用连续等高线，图形显示求解结果
PLVECT	以矢量方式，图形显示求解结果
ETABLE	为后续处理定义单元表
PLETAB	显示单元表项目
PLLS	显示线单元的单元表结果，可用于梁内力图的显示
PATH	定义路径属性
PPATH	定义路径点
PDEF	沿路径映射结果数据
PLPATH	绘制路径结果图
LCDEF	定义载荷工况
LCASE	读入载荷工况数据
LCOPER	工况数据组合等操作
ANDATA	生成某个结果数据范围内的一系列等高线动画
ANMODE	生成模态的动画序列

通用后处理操作完成后，通过发出 FINISH 命令退出通用后处理器。

进行时间历程后处理操作，需首先通过下列命令进入时间历程后处理器：

/POST26　　　　　　　　　　　　　　　　　! 进入求解器

进入时间历程后处理器后，可通过菜单 Main Menu>TimeHist Postpro>Variable Viewer 启动时间历程变量观察器，其界面如图 2-12 所示。

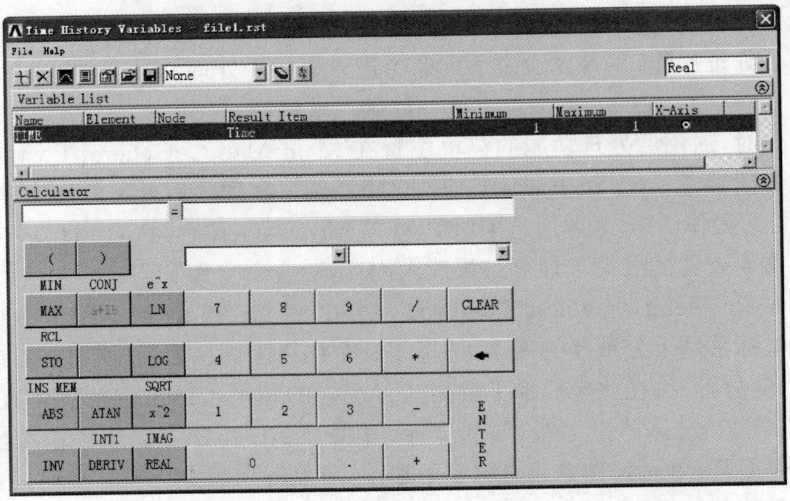

图 2-12 时间历程变量观察器

时间历程变量观察器界面由菜单栏、工具栏、变量列表栏、计算器栏等几部分组成。工具栏中提供了定义、删除、曲线图示及列表显示变量的按钮;变量列表栏显示已有变量的信息,每行显示一个变量,还可在"X-Axis"一项中选择用于曲线显示时位于X轴的变量;在计算器栏中,提供了强大的变量计算和函数计算功能,包括一般的加减乘除计算、指数、对数、平方、开平方、绝对值、反正切、积分、求导等等,用户可以输入这些函数及标准 APDL 函数组成的表达式,按 Enter 后可保存为变量,出现在变量列表中。

此界面操作对应的操作命令这里不再介绍,读者请参照及其功能列于表 2-8 中。

表 2-8 常用 POST26 命令及其作用

命 令	作 用
ESOL	定义单元时间历程结果变量
NSOL	定义节点时间历程结果变量
XVAR	定义 X 轴变量
PLVAR	绘制变量曲线图
PRVAR	列表显示变量结果

当以上的各种时间历程后处理操作完成后,发出 FINISH 命令退出时间历程后处理器 POST26。

第 3 章 Workbench 环境结构建模与分析技术

本章介绍在 ANSYS Workbench 环境下的结构建模与分析方法，将以静力结构计算系统(Static Structural)的操作流程为主线，介绍 Workbench 环境常用组件应用程序 Engineering Data、DM、Mechanical 的操作要点及注意事项。

3.1 Engineering Data 界面

Workbench Project Schematic 中的结构静力分析系统如图 3-1 所示，此系统包含有 Engineering Data、Geometry、Model、Setup、Solution、Result 等单元格，该系统涉及到 Engineering Data(A2)、DesignModeler(A3)、Mechanical 等三个程序组件(A4～A7)。

Engineering Data 组件的作用是定义材料数据，双击系统中的 A2 单元格，即可进入到 Engineering Data 界面，如图 3-2 所示。

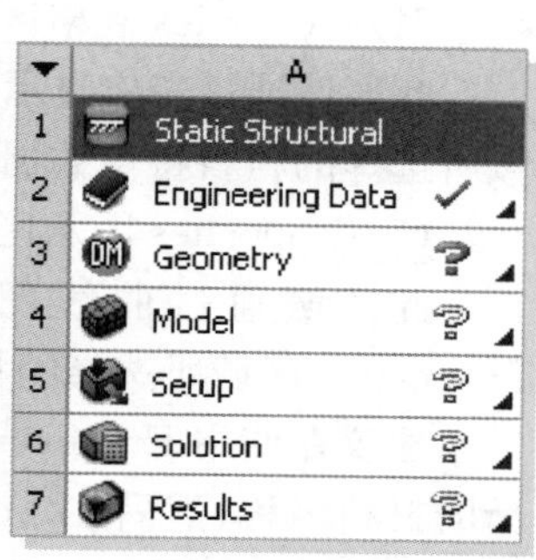

图 3-1 Project Schematic 中的 Static Structural 系统

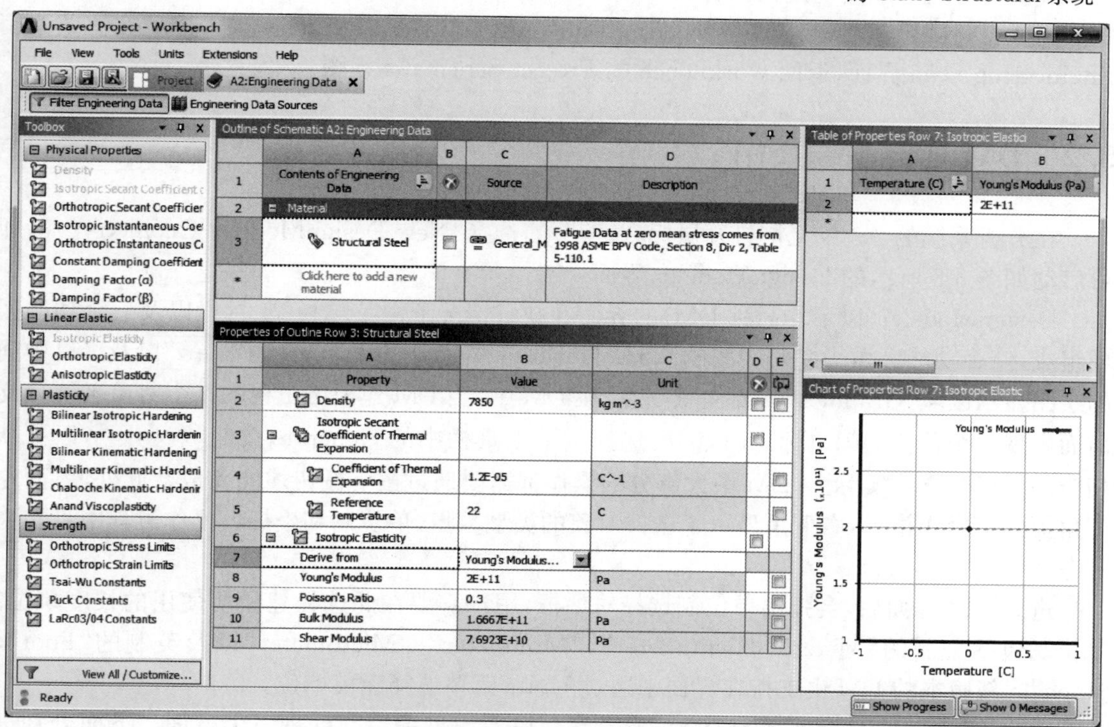

图 3-2 Engineering Data 界面

Engineering Data 材料数据界面由上方的菜单栏、工具栏以及如下的五个功能区组成。

(1)Toolbox 区域

位于界面的左侧,提供了 Workbench 支持的材料本构模型及参数类型,如:物性参数类型、线弹性材料、塑性材料等。

(2)Engineering Data Outline 区域

此区域列出了当前分析系统中定义的材料名称。

(3)Outline Properties 区域

此区域显示 Engineering Data Outline 区域中所选择的的材料模型的各种参数,如:密度、各种材料模型的参数等。

(4)Properties 表格区域

此区域通过表格显示 Engineering Data Outline 区域选择的材料在 Outline Properties 区域所选择的材料特性数据。

(5)Properties 图示区域

此区域通过曲线图形显示 Engineering Data Outline 区域选择的材料在 Outline Properties 区域所选择的材料特性数据。

建议在使用 Engineering Data 界面时,首先在 Engineering Data Outline 的提示区域定义新的材料名称;然后在 Toolbox 区域选择所需的材料数据类型,用鼠标左键拖至 Engineering Data Outline 区域用户定义的材料名称上,这时在 Outline Properties 区域就会出现添加的材料特性,在其中按照单位制的提示输入正确的材料参数;随后在 Table 以及 Chart 区域即通过表格或图形方式显示这些定义的材料 Properties 数据。

完成材料的设置后,按下 Engineering Data 界面工具栏的“Return to Project”按钮或关闭 Engineering Data 界面,返回 workbench 的 Project Schematic 视图。

3.2 DM 几何建模技术

在分析系统的 A3 单元格打开鼠标右键菜单,选择“New DesignModeler Geometry…”,即可启动如图 3-3 所示的 DesignModeler 界面。

DesignModeler(以下均简称 DM)的界面在缺省情况下由菜单栏、工具栏以及三个功能区域组成,三个功能区域为左侧中间的“Tree Outline”、左侧下方的“Details View”以及屏幕中间的绘图显示区域“Graphics”。要注意一点,在 DM 中,当 DM 建模历史树的某个对象名称分支前面出现一个黄色的闪电标志时,需要选择按下工具栏中的 Generate 按钮 Generate ,以更新相应的特征分支。实际上,DM 中大部分的操作都需要通过按下按钮才能完成。此外,界面左下角提供了操作指示,右下角显示了选择对象的类型数量、单位制和坐标。操作过程中可作为参考。

进入 DM 界面后,会弹出单位制选择对话框,用户需要在此选择建模所使用的长度单位。单位制包括公制的“Meter”、“Centimeter”、“Millimeter”、“Micrometer”以及英制的“Foot”、“Inch”。新版本的 DM 也支持在界面中通过 Units 菜单选择建模单位。

DM 的功能包括参数化实体建模、概念建模以及模型编辑与处理三个方面。下面分别进行介绍。

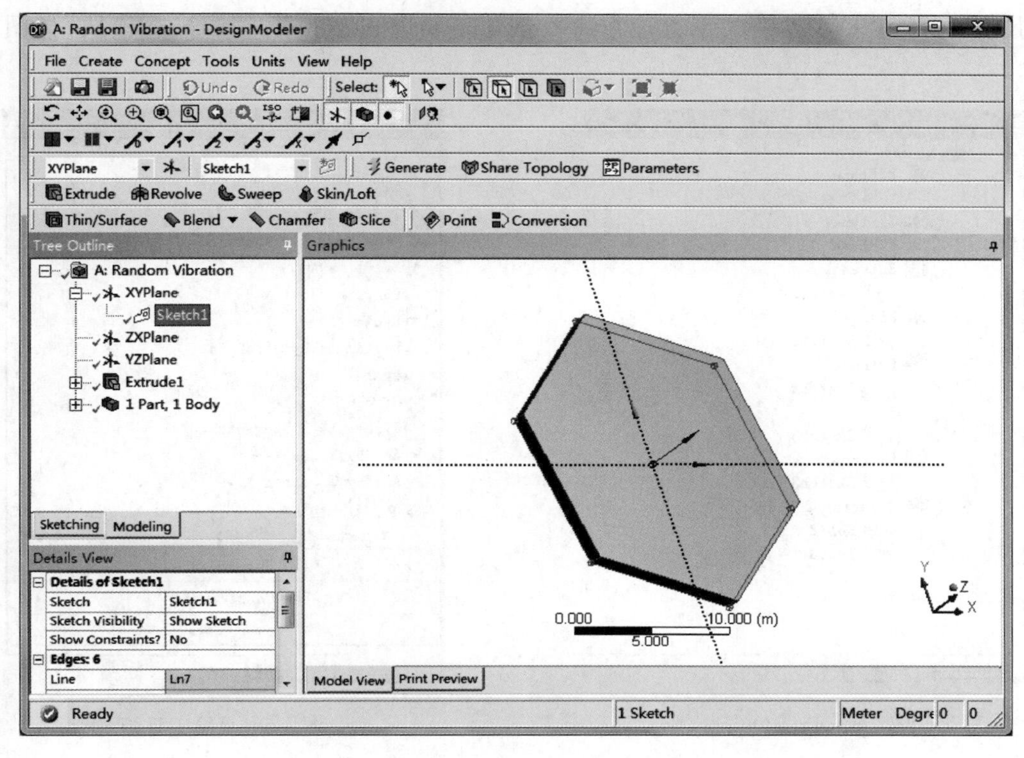

图 3-3　DesignModeler 界面

1. 参数化实体建模

DM 的参数化 3D 实体建模有两种方式：

一种是通过 Create>Primitives 菜单创建各种 3D 基本体素，如：球体、方块、平行六面体、圆柱体、圆锥体、棱柱体、金字塔、圆环体等基本形状，如图 3-4 所示。

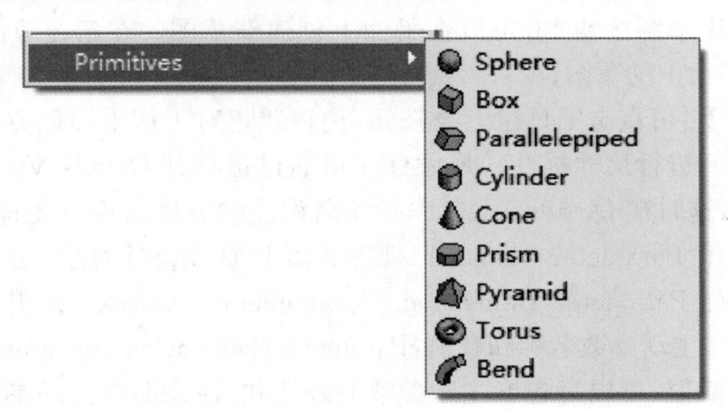

图 3-4　Primitives 菜单

另一种是基于 sketch(草绘)和 3D 操作形成实体模型。实际应用中基于草绘的建模方法更为常用，下面对这种实体建模技术作简单的介绍。

首先，DM 中有两种视图模式，即：sketch 模式和 3D 模式。缺省时，DM 采用 3D 视图，在 Tree Outline 中显示此模型的平面列表、建模历史以及实体信息，如图 3-5 所示。两种模式的切换标签在 DM 界面的下方。在需要创建草绘时可切换至 sketching 模式,如图 3-6 所示。

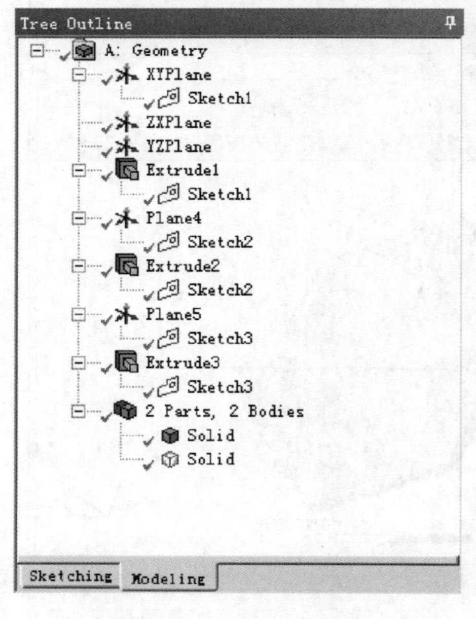

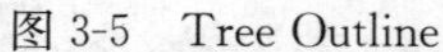
图 3-5 Tree Outline

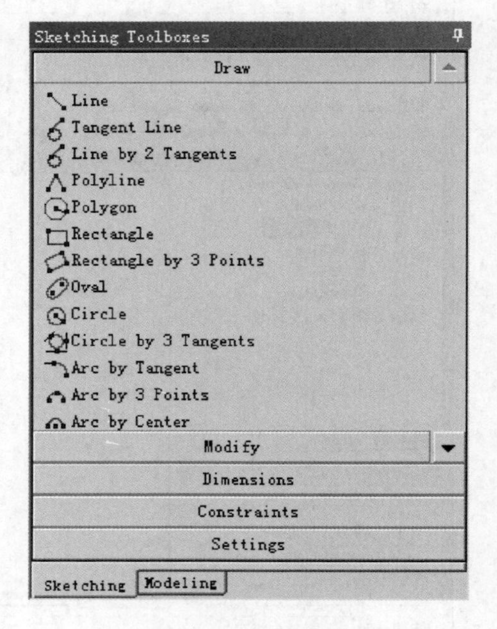

图 3-6 草绘工具箱

草绘都是存在于某一个特定平面上的,要转换至草绘模式下,首先要指定新草绘所在的平面。缺省的平面有三个,即 XYPlane、ZXPlane、YZPlane,可以根据需要通过工具栏上的新建平面按钮新建平面,新建平面可以是基于已有平面或已有对象,相关的属性在 Details View 中设置,相关方法请参考 DM 用户手册。通过新建平面按钮旁边的已有平面列表,可以选择当前平面。选择了平面后,切换至 sketch 模式即可创建草图。一个平面上可以有多个草图,通过工具栏上的新建草图按钮,可以在平面上创建新草图。在新建草图按钮旁边的列表中,可以选择当前平面上的草图。

在 sketch 模式下,可点击工具栏上按钮,使视线正对工作平面以方便建模操作。可以绘制各种 2D 形状,并进行尺寸标注。尺寸标注可通过选择其 Details View 中名称前的方框而提升为设计参数,这时在 Details View 中标注名称前的方框出现图标。可通过 Tools>Parameters 菜单打开“Parameter Manager”视图查看和修改设计参数,参数管理视图中包括 Design Parameters、Parameter/Dimension Assignments、Check 等几个标签,Design Parameters 用于定义主动参数名称和数值,Parameter/Dimension Assignments 用于给其他从动参数或标注参数赋值,可以是包含主动参数的表达式,注意要在主动参数之前加一个@符号;Check 标签用于检核参数赋值的结果。

基于 sketch,可以进行各种 3D 操作以形成 3D 模型。常用的操作有:Extrude(拉伸)、Revolve(旋转)、Sweep(扫略)、Skin/Loft(蒙皮/放样)等。选择某个操作后,该操作即出现在 Geometry 树中,并依照建模的次序从上到下排列。这些操作涉及到一系列选项,这些选项通过 Details View 进行设置。以 Extrude 为例,选项包括拉伸对象、操作方法等,常见的操作方法有 Add Material(添加材料)、Add Frozen(添加冻结)、Cut Material(切割材料)、Imprint

Faces(添加印记面)、Slice Material(切片),缺省为 Add Material,如图 3-7 所示。此外,还需要对拉伸的方向、距离等参数进行设置,这些设置选项中的黄色区域表示缺少输入参数,白色区域为可修改区域,灰色区域为固定不可修改的选项。其他 3D 操作的选项与 Extrude 类似,这里不再展开介绍。

Details View	
Details of Extrude2	
Extrude	Extrude2
Geometry	Sketch2
Operation	Add Material
Direction Vector	Add Frozen
Direction	Add Material Cut Material
Extent Type	Imprint Faces Slice Material
FD1, Depth (>0)	1 m
As Thin/Surface?	No
Merge Topology?	Yes
Geometry Selection: 1	
Sketch	Sketch2

图 3-7 Extrude 选项

要注意,在 DM 中的体仅当处于冻结状态才能进行切片操作。要冻结模型,选择 Tools>Freeze 菜单,然后点 Generate 按钮。要解冻模型,则选择 Tools>Unfreeze 菜单,然后点 Generate 按钮。

2. 概念建模

概念建模主要用于创建各种线体(Line Body)和面体(Surface Body)。线体在 Mesh 之后会形成结构分析的 BEAM 单元;面体则可用于 2D 弹性分析(平面应力、平面应变、轴对称),也可用于形成 SHELL 单元。

(1)创建线体

在 DM 中,创建线体的菜单位于 Concept 菜单中,可以基于已有的点、草图、实体的边等创建此线体,也可直接创建 3D 的空间曲线。

线体的截面通过 Concept>Cross Section 菜单项来选择,可选择的截面类型如图 3-8 所示。选择了特定的截面类型后,即进入截面编辑环境,用户可以输入各种预定义的截面尺寸定义梁的截面,如图 3-9 所示为一工字型截面的参数及截面坐标系示意图。

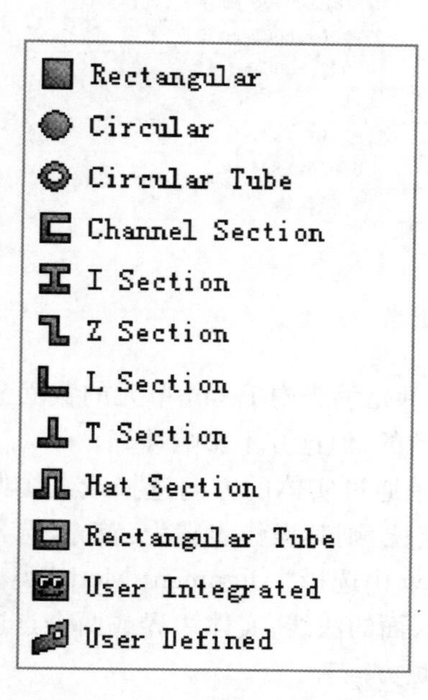

图 3-8 可选择的截面类型

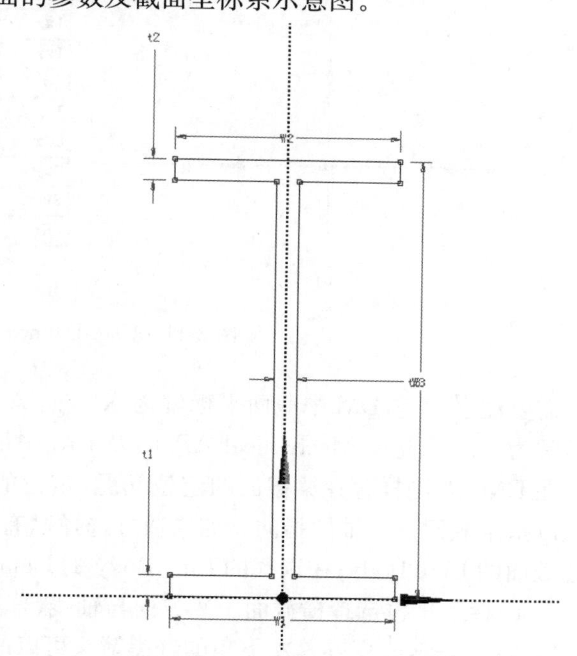

图 3-9 截面编辑界面

如选择“User Integrated”类型,则用户需要直接在 Details View 中输入梁的截面参数,如图 3-10 所示。

Details View	
Details of UserInt1	
Sketch	UserInt1
Show Constraints?	No
Physical Properties: 10	
A	1 mm²
Ixx	1 mm^4
Ixy	1 mm^4
Iyy	1 mm^4
Iw	0 mm^6
J	1 mm^4
CGx	0 mm
CGy	0 mm
SHx	0 mm
SHy	0 mm

图 3-10 User Integrated 截面的参数输入

如选择“User Defined”,则需要切换至 sketch 视图下,直接通过创建草图的方式形成截面,如图 3-11(a)所示为通过草绘获得的截面几何形状,这类截面的几何特性参数直接由程序自动计算得出,如图 3-11(b)所示。

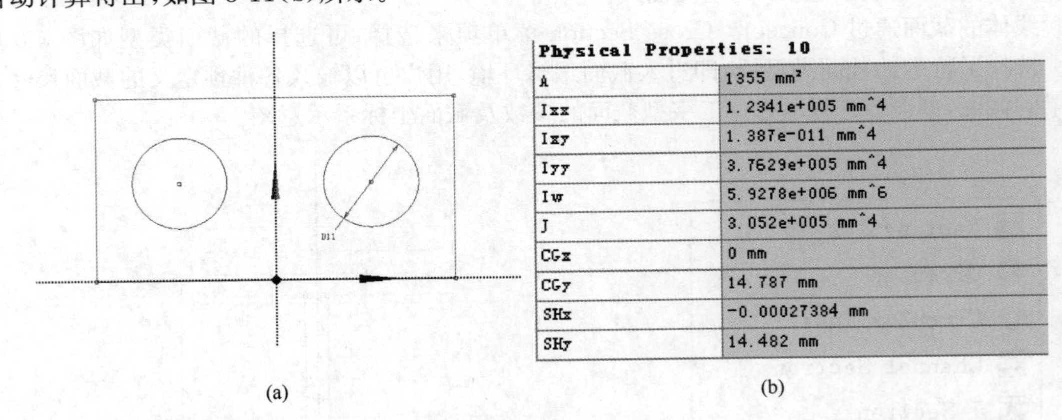

Physical Properties: 10	
A	1355 mm²
Ixx	1.2341e+005 mm^4
Ixy	1.387e-011 mm^4
Iyy	3.7629e+005 mm^4
Iw	5.9278e+006 mm^6
J	3.052e+005 mm^4
CGx	0 mm
CGy	14.787 mm
SHx	-0.00027384 mm
SHy	14.482 mm

(a) (b)

图 3-11 User Defined 截面及参数

需要注意的是,DM 中截面坐标轴为 XY,而 ANSYS 单元手册中 Beam 单元的截面坐标系通常为 YZ,因此在 Mechanical APDL 及 DM 中是不一致的,但这并不影响计算。

在 DM 中,同样存在梁截面的定位问题,定位的方式是通过实体的方向选择或直接向量输入以指定截面+Y 轴的指向。如果通过选择已有对象定位,则其操作步骤为:首先,选择要指定截面的 Line Body;在选择的 Line Body 的 Details View 中选择“Alignment Mode”类型为 Selection;接下来再选择横截面+Y 方向与轴线、草图直线、面的法线、实体边界或两个点连线定义的方向对齐,改变屏幕左下角的红黑箭头可以改变正负方向。

下面对不同定位方向的选择方法类型作简单的介绍。

1)选择与坐标轴对齐

如图 3-12 所示为与总体坐标轴 Y 轴正向对齐,屏幕左下角的红黑箭头用于改变定位方向的正向与反向。

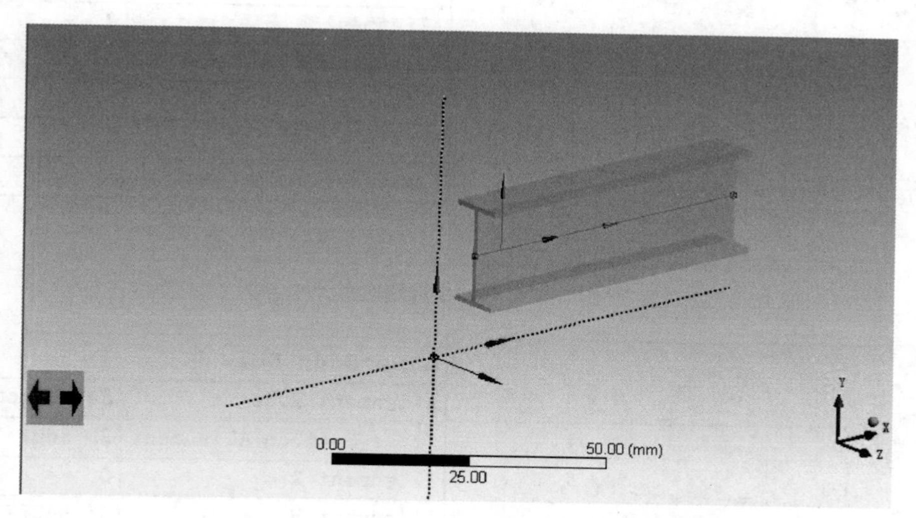

图 3-12　横截面与轴线对齐

2)与所选择的 3D 实体边对齐

在 Details View 视图中能够根据所选择的对齐对象显示其对象类型,如图 3-13 所示为梁截面 Y 轴与所选择的 3D 实体边对齐。

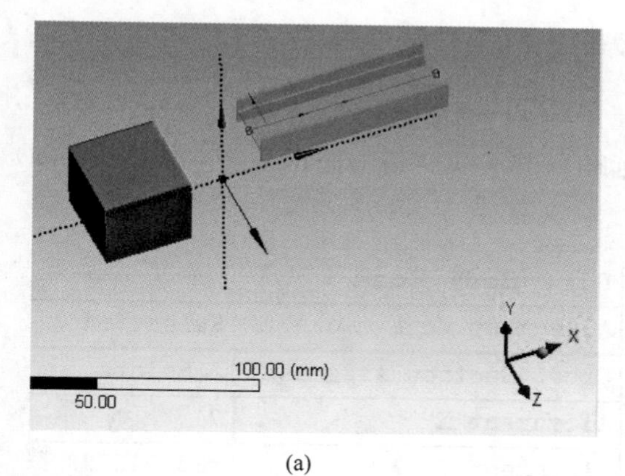

(a)

Line-Body Edge	
Alignment Mode	Selection
Cross Section Alignment	3D Edge
Alignment X	0
Alignment Y	0
Alignment Z	-30
Rotate	0 °
Reverse Orientation?	No

(b)

图 3-13　截面与实体边对齐

3)与面的法向对齐

如果选择了体的表面,则梁截面 Y 轴正向与所选择面的外法线方向对齐,如图 3-14(a)、(b)所示。

4)与草绘的线段对齐

如果选择了草图的边,则梁截面 Y 轴正向与所选择边所指的方向对齐,如图 3-15(a)、(b)所示。

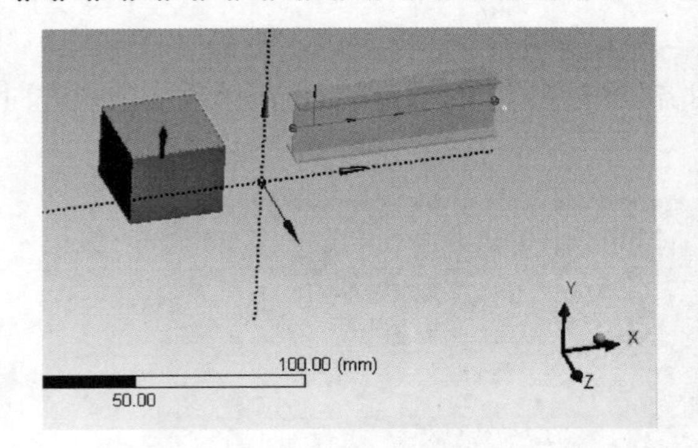

(a)

Line-Body Edge	
Alignment Mode	Selection
Cross Section Alignment	Face Normal
Alignment X	0
Alignment Y	1
Alignment Z	0
Rotate	0 °
Reverse Orientation?	No

(b)

图 3-14　截面与面法向对齐

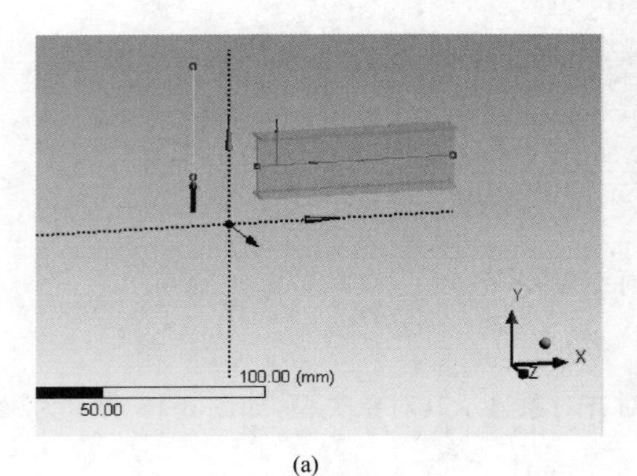

(a)

Line-Body Edge	
Alignment Mode	Selection
Cross Section Alignment	2D Edge
Alignment X	0
Alignment Y	35.9427236...
Alignment Z	0
Rotate	0 °
Reverse Orientation?	No

(b)

图 3-15　截面与草图线段对齐

5)与点连线对齐

如果选择了两个点,梁截面 Y 轴正向与所选择点的连线所指的方向对齐,如图 3-16(a)、(b)所示。

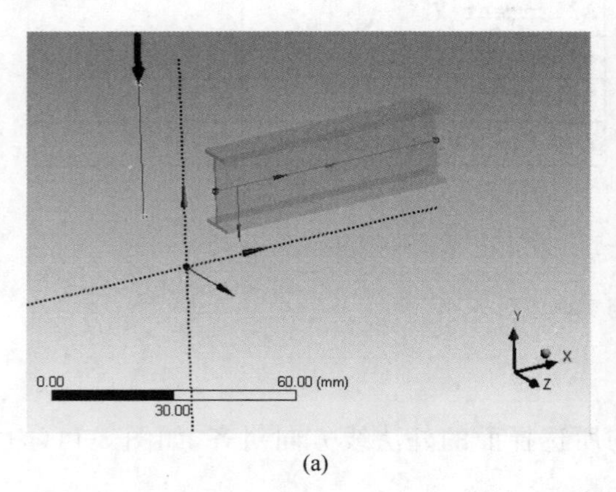

(a)

Line-Body Edge	
Alignment Mode	Selection
Cross Section Alignment	2 Points
Alignment X	0
Alignment Y	-35.942723...
Alignment Z	0
Rotate	0 °
Reverse Orientation?	No

(b)

图 3-16　截面与点连线对齐

如选择“Alignment Mode”类型为 Vector,则直接在其 Details View 中输入矢量的三个分量 Alignment X、Alignment Y 和 Alignment Z 即可,如图 3-17(a)、(b)所示。

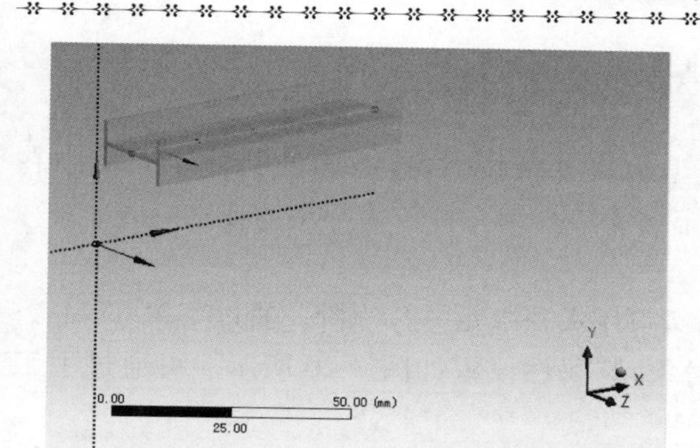

(a)

Line-Body Edge	
Alignment Mode	Vector
Cross Section Alignment	Vector
Alignment X	0
Alignment Y	0
Alignment Z	1
Rotate	0 °
Reverse Orientation?	No

(b)

图 3-17　截面与指定向量方向对齐

以上截面对齐方向指定中的 Rotate，是指表示旋转的角度是作为对齐指定的一个补充，即在对齐的基础上的绕梁轴线的截面方向旋转角度。而“Reverse Orientation”选项则是选择是否反转梁的轴线方向。这些选项均与上述指定截面对齐方向联合使用。

除了截面的定位之外，在 DM 中也能够实现横截面的偏置。在 DM 中，横截面的偏置方式有 4 种类型，Centroid、Shear center、Origin、User defined，分别表示节点在截面的中心、剪切中心、原点以及用户指定位置，如图 3-18(a)所示。对于用户指定位置，需指定 X 及 Y，如图 3-18(b)所示。

Details View

Details of Line Body	
Body	Line Body
Faces	0
Edges	1
Vertices	2
Cross Section	I1
Offset Type	User Defined
X Offset	Centroid
Y Offset	Shear Center Origin User Defined
Shared Topology Method	Edge Joints
Geometry Type	DesignModeler

(a)

Details View

Details of Line Body	
Body	Line Body
Faces	0
Edges	1
Vertices	2
Cross Section	I1
Offset Type	User Defined
X Offset	0 mm
Y Offset	0 mm
Shared Topology Method	Edge Joints
Geometry Type	DesignModeler

(b)

图 3-18　梁截面的偏置指定

之所以需要指定截面的偏置，是因为在有的情况下，梁截面的实际位置是偏置于板的一侧作为加强构件，这类问题在正确设置偏置后，可得到与实际一致的效果。如图 3-19 所示为一个截面偏置的板梁结构模型。

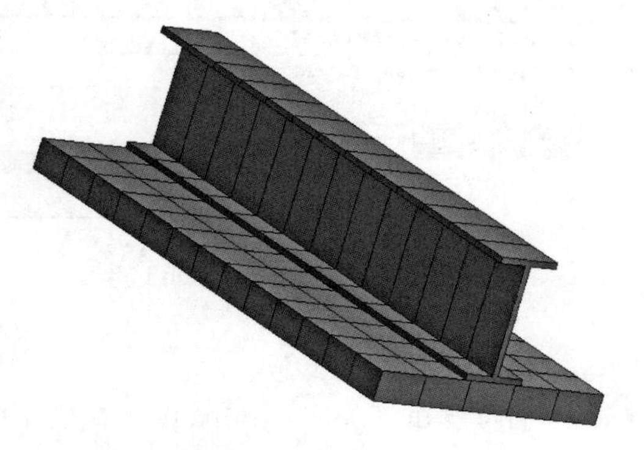

图 3-19　带有截面偏置的梁板模型

(2)创建面体

在 DM 中，创建面体的方法有：基于 edges 创建面体、基于 sketch 创建面体、基于 faces 创建面体。创建面体时可在 Details View 中指定其厚度，如果不指定则可在后续 Mechanical 前处理中再指定厚度或 Section。

3. 模型编辑与处理

DM 提供了一系列针对仿真分析的几何模型编辑处理技术，这方面的功能主要集中在 Tools 菜单以及 Create＞Body Operation 菜单，下面简单介绍几种较为常用的技术。

(1)中面抽取与表面延伸

对于壁很薄的实体模型，可以抽取其中面，后续可用板壳单元进行分析。通过菜单 Tools＞Mid-Surface，可在建模历史树中添加抽取中面对象，其属性设置如图 3-20 所示。可通过手工以及自动两种方式进行面对的搜索。

Details View

Details of MidSurf1	
Mid-Surface	MidSurf1
Face Pairs	Apply Cancel
Selection Method	Manual
FD3, Selection Tolerance (>=0)	0 mm
FD1, Thickness Tolerance (>=0)	0.01 mm
FD2, Sewing Tolerance (>=0)	0.02 mm
Extra Trimming	Intersect Untrim...
Preserve Bodies?	No

图 3-20 Mid-Surface 选项

对于两个薄板垂直或斜交的情况，在抽取中面后，底板的中面和立板根部之间会形成一个缝隙，此缝隙的宽度为底板厚度的一半。通过菜单 Tools＞Surface Extension 在模型中插入表面延伸，可实现延伸填补缝隙，保证几何连续。

(2)Surface Patch

通过菜单 Tools＞Surface Patch，可在模型中插入表面修复选项，用于填充面体上的小孔等缺陷，其在 Details View 中的设置属性如图 3-21 所示，可以选择自然修复以及片修复两种修复方法。

(3)Merge

通过菜单 Tools＞Merge，可以对模型中的线段和面进行合并，以简化模型的几何特征。Merge 操作的选项如图 3-22 所示，可选择操作对象为 Edges 或 Faces。

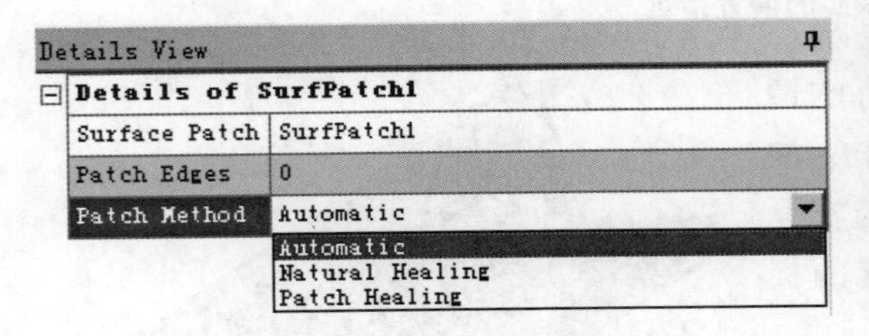

图 3-21 Surface Patch 选项

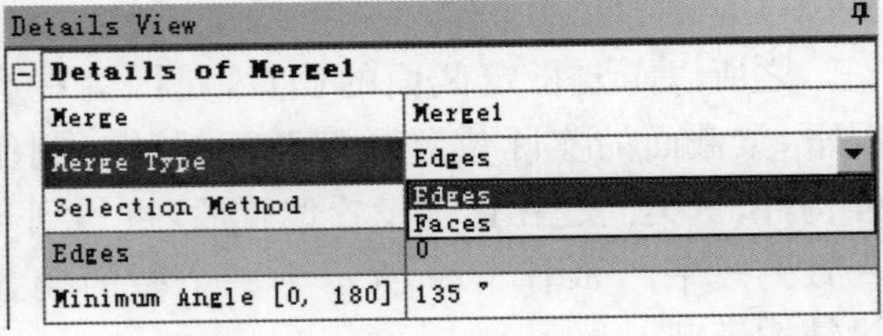

图 3-22 Merge 操作选项

(4)Joint

通过菜单 Tools＞Joint，用于在模型中加入 Edge 结合选项，此选项用于对不同表面体的相邻边进行连接。可以通过 View＞Edge Joints 查看模型边的结合情况，蓝色表示 Edge 已经与其他相邻的Edge实现连接，红色则表示Edge的连接存在拓扑方面的错误。

(5)Body Operation

通过菜单Create＞Body Operation，可以在模型中添加体操作对象，其选项包括镜像(Mirror)、移动(Move)、删除(Delete)、缩放(Scale)、缝合(Sew)、简化(Simplify)、平移(Translate)、旋转(Rotate)、切除材料(Cut Material)、表面印记(Imprint Faces)、切割材料(Slice Material)。Body Operation可与上面的各种模型处理工具组合使用，这些操作的选项可参照DM操作手册，这里不再展开详细介绍。

以上各类几何编辑处理技术在操作过程中，都会遇到对象选择的操作，操作中需要使用工具栏上的对象类型过滤按钮，以便选择到正确的对象类型(点、边、面、体)。可选择点选、框选两种选择方式。在点选时如果需要多选，则按住Ctrl，然后用鼠标左键依次选择。对于显示区域有重叠的对象，要选择后面被挡住的对象时，可使用图像显示区域的选择方块，根据方块颜色选择到同色的对象，如图3-23所示。

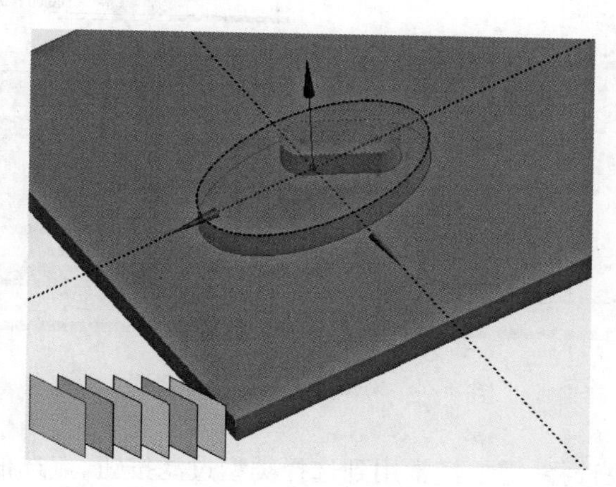

图3-23 选择方块

DM几何模型创建结束后，关闭DM界面，返回Workbench的Project Schematic页面，这时发现DM所对应的单元格状态为绿色的√，表示此组件已经更新完成。

3.3 Mechanical结构分析及其前后处理

在Workbench的Project Schematic页面，双击结构分析系统的“Model”单元格，即可进入Mechanical界面，本节介绍基于此环境的结构分析实施方法与注意事项。

3.3.1 操作界面及结构分析前处理

Mechanical的操作界面如图3-24所示。Mechanical的界面由菜单栏、工具栏、Outline面板、Details View面板、图形显示区以及Graph/Animation/Messages、Tabular Data等功能区域组成，界面的最下方还有一个操作提示栏及状态信息栏。

Mechanical界面的操作逻辑为：在“Project”树中插入不同的对象，在“Details View”区域设置各对象的属性，图形显示区域显示操作结果。在Mechanical操作过程中，很多场合需要

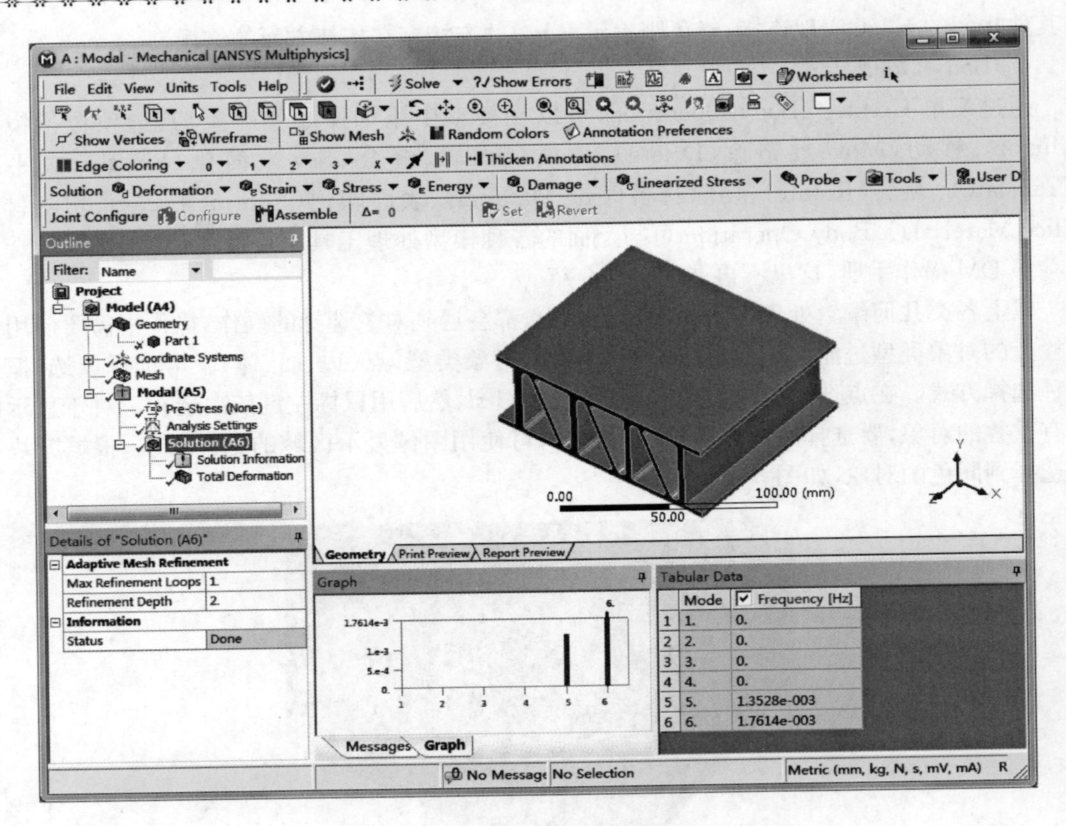

图 3-24 Mechanical 的操作界面

借助于工具按钮,如对象选择,需要经常用到选择类型过滤按钮、点选框选模式切换按钮,在图形显示区域的选择方块,用于选择当前视图方向被挡住的对象。在点选模式下按住 CTRL 键,依次用鼠标左键点选,可选择多个对象。

在"Project"树中,Mechanical 前处理功能的分支很多,此处重点介绍几何、连接、网格三个分支,其他分支的内容在介绍这几个主要分支时也会简单涉及。

1. 几何模型的属性指定

打开 Project 树的 Geometry 分支,模型中所有的几何体都在其中列出。选择每一个几何体,在 Details View 中可以为其指定显示颜色、透明度、刚柔特性(刚体不变形、柔性体能发生变形)、材料类型、参考温度等。此外,还给出了此几何体的统计信息,如:体积、质量、质心坐标位置、各方向的转动惯量。如进行了的网格划分,还能显示出单元数量、节点数量、网格质量指标等。这里所指定的材料类型属性是在 Engineering Data 中定义的,如果需要指定新的材料类型,可在材料属性中选择"New Material",如图 3-25 所示,然后再次进入 Engineering Data 界面进行新材料及参数的定义。如果需要对现在的材料模型(图中为 Structural Steel)参数进行修改,可选择"Edit Structural Steel",即进入 Engineering Data 界面进行参数修改。修改完毕后返回 Workbench 环境。

除了上述通用属性之外,对于在 DM 中没有指定厚度的面体,还需要在 Mechanical 中指定其厚度或截面属性及参数。

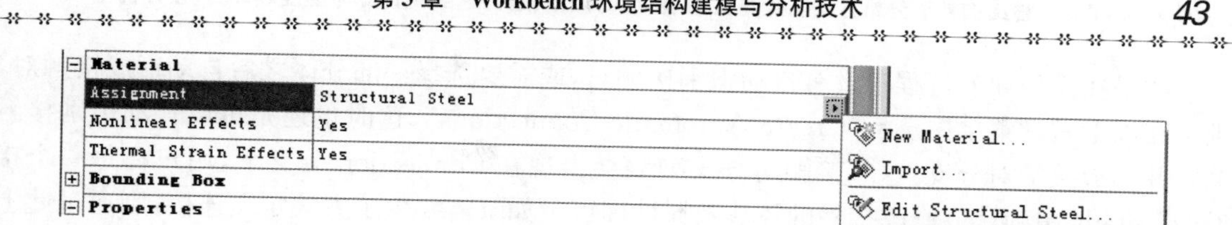

图 3-25　选择新材料或编辑材料参数

2. 连接关系指定

如果 Geometry 分支下包含多个体(部件)时,需要在 Project 树的 Connection 分支下指定模型各部件之间的连接关系,最常见的连接关系是接触关系。除了接触外,各部件之间还可以通过 Spot Weld(焊点)、Joint(铰链)、Spring(弹簧)、Beam(梁)等方式进行连接。

在 Mechanical 中可以进行接触连接关系的自动识别,也可进行手工的接触对指定。自动识别通常是在模型导入过程中自动完成的,Connection 分支下能够列出识别中的接触对分支。一个接触对包含 Contact 以及 Target 两个表面,即接触界面两侧的表面,选择这些表面在选择了接触对分支时会分别以红色和蓝色显示,而那些与所选择的接触对无关的体(部件)则采用半透明的方式显示,如图 3-26 所示。

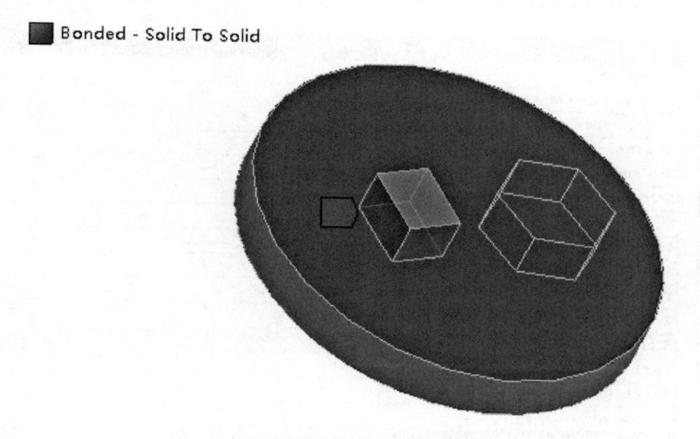

图 3-26　接触对示意图(红蓝面)

如果选择部分或全部手工指定接触关系(接触对),可选择 Connection 分支,弹出右键菜单,鼠标停放在 Insert 邮件菜单上,此时会弹出二级菜单,如图 3-27 所示,这些菜单项目可用于部件之间的接触关系的指定。

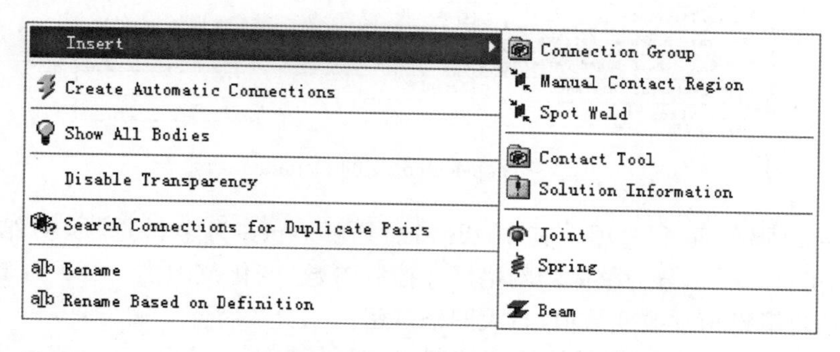

图 3-27　Connection 分支右键菜单

如果在模型导入过程中没有自动识别接触对，或需要选择一部分体之后自动形成接触对，则可在以上右键菜单中选择“Create Automatic Connections”，这时也还是可以自动识别接触关系并形成接触对分支，这些接触对分支列表会出现在 Connection 分支下，用户在每一个接触的 Details 中确认或修改接触的算法及属性即可。如果需要手工方式定义连接，则通过此上述右键菜单的“Insert>Manual Contact Region”，在 Connection 分支下即可加入新的接触对子分支，但此时用户需要在 Details 中为每一个新加入的接触对手工选择接触面和目标面，然后再指定其算法及属性。对于其他连接关系的指定，如 Spot Weld、Joint、Spring、Beam 等，则通常采用手工方式指定。

3. 网格划分

确定连接关系之后，接下来的分支就是 Mesh 了。在 Mechanical 中可以通过自动划分方式形成计算网格，在 Mesh 分支下不加入任何控制或方法选项，直接右键菜单中选择“Update”或“Generate Mesh”，即可自动生成网格。

Mechanical 界面也提供了全面的网格控制及网格划分方法选项，包括整体控制以及局部控制。整体控制参数主要通过 Mesh 分支的 Details 的参数设置，如图 3-28 所示。对于结构分析网格划分而言，主要的控制包括 Defaults、Sizing、Advanced、Defeaturing 等。

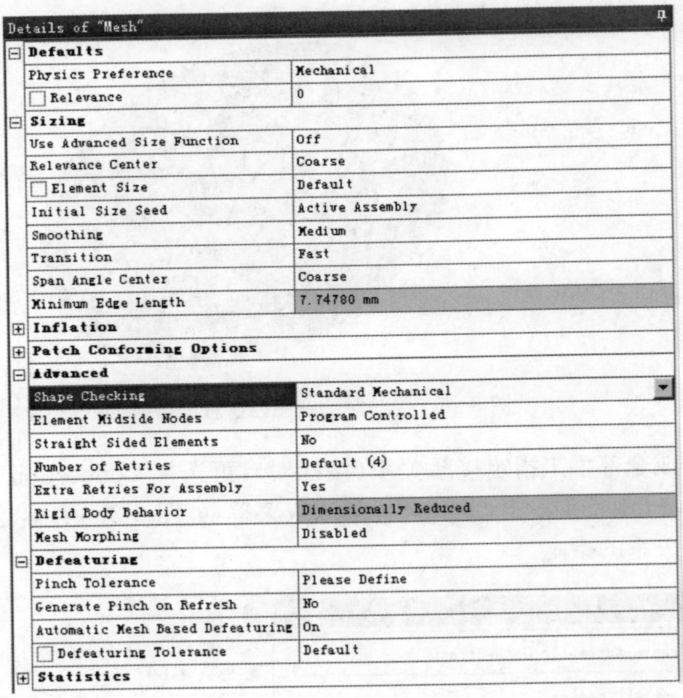

Details of "Mesh"	
Defaults	
Physics Preference	Mechanical
Relevance	0
Sizing	
Use Advanced Size Function	Off
Relevance Center	Coarse
Element Size	Default
Initial Size Seed	Active Assembly
Smoothing	Medium
Transition	Fast
Span Angle Center	Coarse
Minimum Edge Length	7.74780 mm
Inflation	
Patch Conforming Options	
Advanced	
Shape Checking	Standard Mechanical
Element Midside Nodes	Program Controlled
Straight Sided Elements	No
Number of Retries	Default (4)
Extra Retries For Assembly	Yes
Rigid Body Behavior	Dimensionally Reduced
Mesh Morphing	Disabled
Defeaturing	
Pinch Tolerance	Please Define
Generate Pinch on Refresh	No
Automatic Mesh Based Defeaturing	On
Defeaturing Tolerance	Default
Statistics	

图 3-28 Mesh 分支的 Details

Defaults 部分提供两个选项。其中 Physics Preference 为学科选项，对结构分析选择 Mechanical 即可；Relevance 为整体的网格尺寸控制参数，变化范围由 −100 到 100，可以直接输入数值，或通过滑键拖动改变数值，越大网格越密。

Sizing 部分提供一系列网格整体尺寸控制选项。其中 Use Advanced Size Function 用于提供更多关于 Proximity 和 Curvature 等局部几何细节的网格尺寸控制方法，缺省为 Off；

Relevance Center 控制 Relevance 的中心，可选择 Coarse、Medium、Fine，对 Relevance 值相同的情况，这三个选项对应的网格数依次加密；Element Size 选项用于指定整体模型的网格尺寸，当使用 Use Advanced Size Function 时 Element Size 不显示；Smoothing 选项用于对网格进行光顺处理，选项 Low、Medium 和 High 控制 Smoothing 的迭代次数；Transition 选项用于控制相邻单元的生长率，Slow 产生更平滑的过渡，而 Fast 选项则产生更剧烈的过渡；Span Angle Center 选项控制整体基于曲率的加密程度，在有曲率的区域网格会加密到一个单元跨过一定的角度，Coarse 选项一个单元最大跨过角度 90°，Medium 选项一个单元最大跨过角度 75°，Fine 选项一个单元跨过最大角度为 36°。

Advanced 部分提供了一些高级划分选项。其中 Shape Checking 为指定形状检查方法选项，对静力分析选择 Standard Mechanical 即可，对大变形分析则选择 Aggressive Mechanical；Element Midside Nodes 为单元边中间节点选项，缺省为 Program Controlled，对结构分析缺省为 Kept(保留中间节点)。

Defeaturing 部分提供了一些细节消除选项，其中 Pinch Tolerance 选项用于指定 pinch 控制的容差，当点点之间或边边之间距离小于此值时会创建 pinch 控制。Generate Pinch on Refresh 选项设置为 Yes 且几何模型有变化的情况下，执行 refresh 操作会重新生成 pinch 控制。Automatic Mesh Based Defeaturing 为细节消除选项开关，此开关打开时(on)，所有尺寸小于 Defeaturing Tolerance 的细节特征会被自动消除。

Statistics 部分则给出了网格的一些统计信息，如：单元总数、节点总数、网格质量统计信息等。

除了上述的整体控制外，可在 Mesh 分支上打开其右键菜单加入局部控制项目。当鼠标停放在 Mesh 分支的右键菜单 Insert 上时会弹出下一级的子菜单，如图 3-29 所示。通过这些右键菜单及其子菜单，可在 Mesh 分支下加入各种划分方法和控制选项，对于每一个方法或选项，在其 Details 视图中分别进行属性的指定。设置完成后，右键菜单中选择“Update”或“Generate Mesh”即可根据用户的设定形成网格。

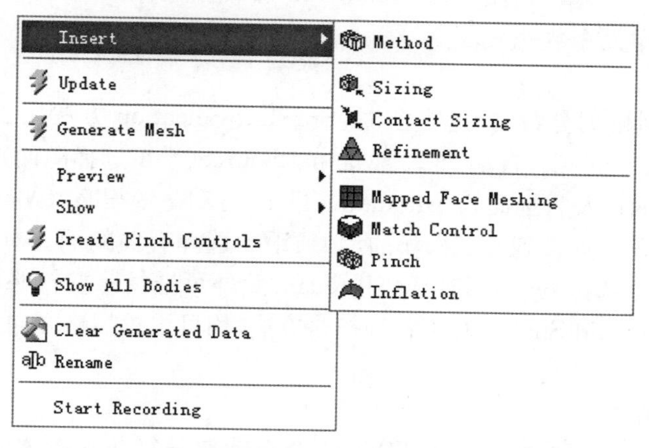

图 3-29　Mesh 分支右键菜单

如果选择 Insert>Method，则在 Mesh 分支下出现一个网格划分方法的分支，此分支的名称缺省为网格划分方法，划分缺省的方法是“Automatic”，即：自动网格划分。在网格划分方法分支的属性中，首先选择要指定网格划分方法的几何对象，然后在 Method 一栏下拉列表中选择网格划分方法,如图 3-30 所示。在 Mechanical 中提供了五种网格划分方式。此外,还提供了表面映射网格划分方法 Mapped Face Meshing。前面五种方法均通过 Insert>Method 加入,表面映射网格通过 Insert>Mapped Face Meshing 加入。

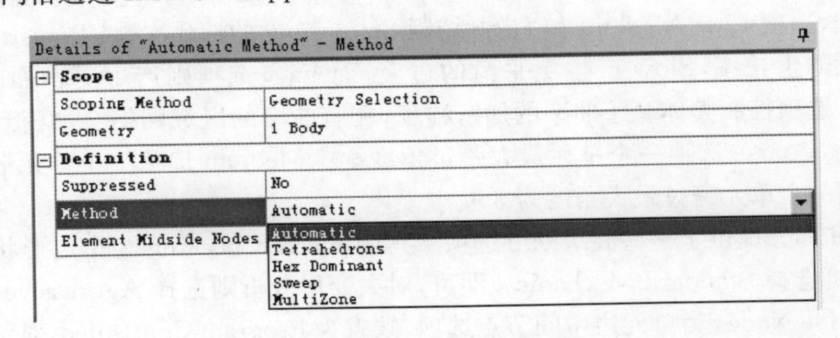

图 3-30 网格划分的方法选项

下面简单介绍上述网格划分方法的特点以及主要的选项。

(1)Automatic 方法

如果采用缺省的网格划分,或在图 3-30 的 Method 下拉列表选择了 Automatic 选项,则 Mechanical 将会采用自动网格划分方法对模型进行网格划分。此方法划分时,对可以扫略划分的体进行扫略划分,对其他的部件采用四面体划分。

(2)Tetrahedrons 方法

此方法为四面体网格划分,可选择 Patch Conforming(碎片相关方法,会考虑表面的细节或印记)或 Patch Independent(碎片无关方法)两种划分方法。对于 Patch Independent 方法,提供了一系列高级网格划分选项,其意义与整体选项类似,这里不再详细展开。

(3)Hex Dominant 方法

此方法即六面体为主的网格划分,此方法的 Details 中包含一个“Free Face Mesh Type”选项,可以选“All Quad”(全四边形)或“Quad/Tri”(四边形及三角形)。此方法形成的单元大部分为六面体,因此单元个数一般较少。

(4)Sweep 方法

此方法即扫略网格划分,选择此方法时,Src/Trg Selection 方法用于选择源面以及目标面,提供的选项有:Automatic(自动选择)、Manual Source(手工选择源面)、Manual Source and Target(手工选择源面以及目标面)、Automatic Thin(自动薄壁扫略)、Manual Thin(手工薄壁扫略)。这些方法中凡是涉及到手工操作的,必须手动选择有关的面。对于薄壁扫略,提供一个面网格类型选项,可选择 Quad/Tri 或 All Quad;此外可选择薄壁扫略的单元类型 Element Option 是 Solid 还是 Solid Shell。对于各种扫略方法,均可设置扫略方向的单元等分数 Sweep Num Divs。

(5)MultiZone 方法

此方法为多区域网格划分。这种划分方法会自动切分复杂几何体成为较简单的几个部分,然后对各部分划分网格。此方法提供对映射区域以及自由区域的网格划分方法选项。其中,映射部分的划分方法 Mapped Mesh Type 可选择 Hexa、Hexa/Prism、Prism 三种;自由部分划分方法 Free Mesh Type 可选择 Not allowed、Tetra、Hexa Dominant、Hexa Core 四种。此外,还可以指定 Src/Trg Selection 方法为 Manual Source,然后手动选择映射划分的源面。

(6)Mapped Face Meshing

此方法通过 Mesh 分支的右键菜单 Insert 加入，用于形成表面上的映射网格。通过此方法可以改善表面网格的质量。图 3-31 为一个不规则形状实体采用 Hex Dominant 方法划分网格，(a)为各侧立面及圆柱体侧面采用表面映射网格，(b)为表面未加任何控制。

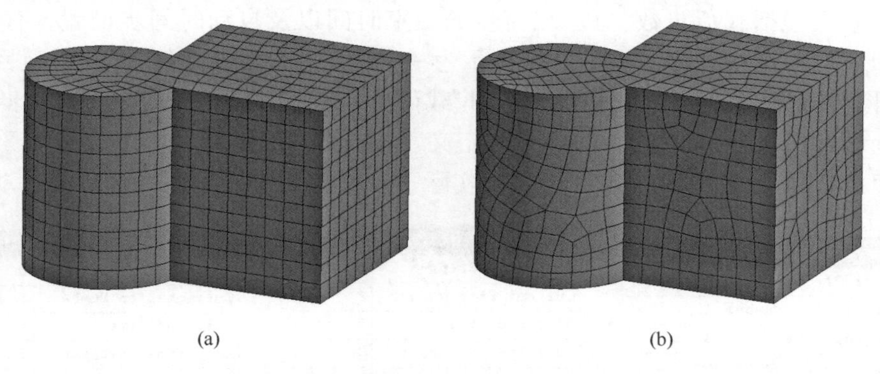

(a) (b)

图 3-31 表面映射网格与自由网格的对比

除了网格总体控制及划分方法选择，Mechanical 还提供了功能完善的局部网格尺寸控制选项，这些选项可通过 Mesh 分支右键菜单 Insert＞Sizing 加入。在加入的 Sizing 分支的 Details 中选择不同的几何对象类型，Sizing 分支可改变名称，如：Vertex Sizing、Edge Sizing、Face Sizing、Body Sizing，对各种 Sizing 控制，可直接指定 Element Size；也可以指定一个 Sphere of Influence(影响球)及其半径，再指定 Element Size，这时尺寸控制仅作用于影响球范围内。如图 3-32 所示为一个设置了 Body Sizing 为 0.25 的边长为 10 的立方体的网格，图 3-33 为仅仅在其一个顶点为中心的影响球范围设置了 Body Sizing 为 0.25 情况下的网格，划分方法均为 Tetra。

图 3-32 设置了总体 Body Sizing 的网格

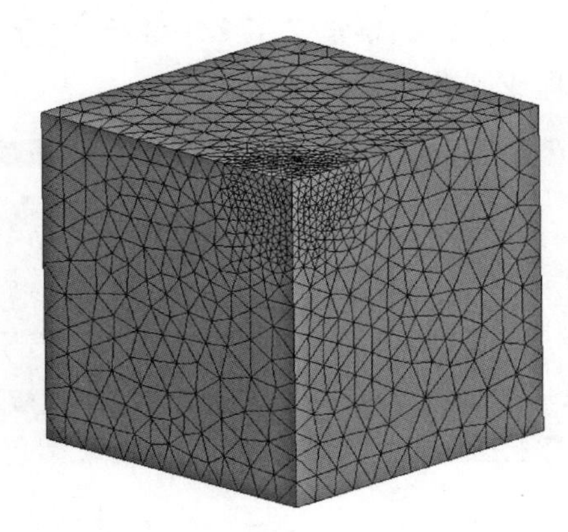

图 3-33 影响球范围内设置 Sizing 的网格

3.3.2 加载以及分析设置

前处理部分完成后，接下来进行加载、分析选项设置部分。实际上，在 Mechanical 中加载以及求解设置与 Mechanical APDL 环境下的有关概念完全一致。

1. 常用的分析设置选项

通过 Analysis Settings 分支的 Details 进行分析设置,这些设置内容包括载荷步控制、求解器控制、重启动控制、非线性控制、输出控制、分析数据管理等 6 个方面,下面逐项进行简要的介绍。

(1)载荷步控制

载荷步设置包括载荷步数、每一载荷步的结束时间以及自动时间步设置。有关概念与 Mechanical APDL 完全一致。如图 3-34 所示为一个载荷步设置的示例,此分析项目中包含 3 个载荷步,图 3-34(a)、(b)、(c)分别为载荷步 1、载荷步 2、载荷步 3 的设置情况。各步均采用了 Auto Time Stepping,且均通过 Substeps 来定义,初始、最小以及最大 Substpes 都采用了 1、1 以及 10,即:各载荷步初始均采用 1 个子步,实际子步数在 1 和 10 之间由程序来自动选择。

Step Controls	
Number Of Steps	3.
Current Step Number	1.
Step End Time	1. s
Auto Time Stepping	On
Define By	Substeps
Initial Substeps	1.
Minimum Substeps	1.
Maximum Substeps	10.

(a) LS1

Step Controls	
Number Of Steps	3.
Current Step Number	2.
Step End Time	2. s
Auto Time Stepping	On
Define By	Substeps
Carry Over Time Step	Off
Initial Substeps	1.
Minimum Substeps	1.
Maximum Substeps	10.

(b) LS2

Step Controls	
Number Of Steps	3.
Current Step Number	3.
Step End Time	3. s
Auto Time Stepping	On
Define By	Substeps
Carry Over Time Step	Off
Initial Substeps	1.
Minimum Substeps	1.
Maximum Substeps	10.

(c) LS3

图 3-34 三个载荷步的控制设置

在 Mechanical 中,载荷步的时间跨度能够用图表的方式直观地显示出来,对于上面的示例,载荷步的直观图示如图 3-35 所示。图中可以清楚地看到,此分析包含 3 个载荷步,当前载荷步(高亮度显示的时间区段)为载荷步 3,在图示的右侧还有载荷步的表格信息,列出各载荷步的时间段。如果定义了多个载荷,在此载荷步直观图示中还能显示出各个载荷随时间的变化历程或函数曲线关系。

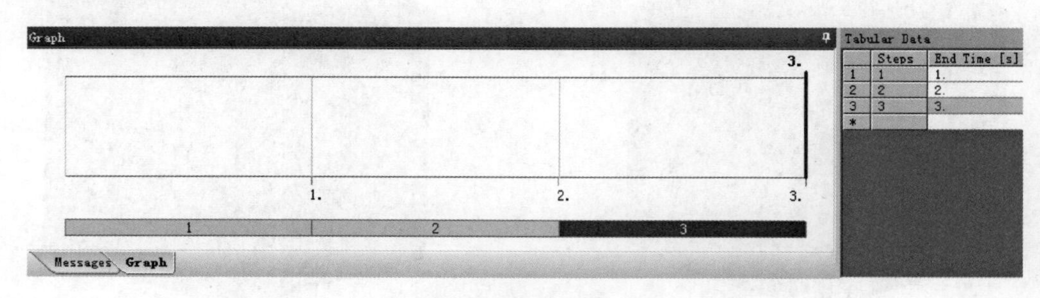

图 3-35 载荷步的直观显示

(2)求解器控制

在求解器控制方面,控制选项如图 3-36 所示。

提供了如下的几个选项:

1)求解器类型 Solver Type

Solver Type 域用于指定求解器的类型选项,可选择 Direct(直接求解器)或 Iterative(迭代求解器)。

Solver Controls	
Solver Type	Program Controlled
Weak Springs	Program Controlled
Large Deflection	Off
Inertia Relief	Off

图 3-36 求解器控制选项

2)弱弹簧选项 Weak Springs

Weak Springs 域为弱弹簧选项,可选择 Off 或 On。弱弹簧用于在模型中没有刚度的方向添加刚度很低的弹簧,以稳定求解。

3)大变形开关 Large Deflection

Large Deflection 域为大变形开关,可选择 Off 或 On,此开关实际上为几何非线性求解的开关,选择 On 则计算刚度矩阵计入几何非线性因素。

4)惯性解除开关 Inertia Relief

Inertia Relief 选项用于指定惯性解除求解的开关。惯性解除分析可用于计算与施加载荷反向平衡的加速度。

(3)重启动控制

重启动控制主要提供重启动点选项及文件保留选项,如图 3-37 所示。

Restart Controls	
Generate Restart Points	Manual
Load Step	All
Substep	Specified Recurrence Rate
--- Value	1
Maximum Points to Save Per Step	All
Retain Files After Full Solve	No

图 3-37 重启动控制选项

Generate Restart Points 选项用于指定形成重启动点的方法,选择 Off 表示不产生重启动点,选择 Manual 时表示人工指定,可选择 Load Step 和 Substep 域为 Last,表示仅产生最后一个载荷步最后一个子步的重启动点,用户也可以选择 Load Step 域为 All,然后选择 Substep,可以为 Last(最后一个子步)、All(所有子步)、Specified Recurrence Rate(指定各载荷步的第几个子步)以及 Equally Spaced Points(每隔几个子步)。

Retain Files After Full Solve 选项用于指定在完成求解后是否保留重启动文件。

(4)非线性控制

非线性控制用于指定分析的各种非线性选项,如图 3-38 所示。

Nonlinear Controls	
Force Convergence	Program Controlled
Moment Convergence	Program Controlled
Displacement Convergence	Program Controlled
Rotation Convergence	Program Controlled
Line Search	Program Controlled
Stabilization	Off

图 3-38 非线性控制选项

Force Convergence、Moment Convergence、Displacement Convergence、Rotation Convergence 选项分别用于指定非线性分析的力收敛准则、力矩收敛准则、位移收敛准则以及转动收敛准则。通常采用程序控制“Program Controlled”即可，也可手动定义各种收敛准则。

Line Search 选项用于指定线性搜索的选项开关，可选择 On 或 Off，缺省为程序自动控制。

Stabilization 选项用于指定非线性稳定性开关，缺省为 Off，可选择 Constant（阻尼系数在载荷步中保持不变）或者 Reduce（阻尼系数线性渐减，载荷步结束时减到 0）。

非线性分析选项更详细的有关介绍，可以参照本书后续非线性的章节。

（5）输出控制

输出控制用于设置计算输出结果及文件选项，如图 3-39 所示。

Output Controls	
Stress	Yes
Strain	Yes
Nodal Forces	No
Contact Miscellaneous	No
General Miscellaneous	No
Store Results At	All Time Points
Max Number of Result Sets	1000.

图 3-39 输出控制选项

对于静力分析，可选择的输出选项包括：

1）Stress 选项

此选项用于指定是否输出单元的节点应力结果到结果文件，缺省为 Yes。

2）Strain 选项

此选项用于指定是否输出单元的弹性应变结果到结果文件，缺省为 Yes。

3）Nodal Forces 选项

此选项用于指定是否输出单元节点力结果到结果文件，缺省为 No；如选择 Yes，则输出所有节点的节点力。如果要通过 Command 对象使用 Mechanical APDL 的 NFORCE 命令、FSUM 命令，此选项设置为 Yes。

4）Contact Miscellaneous 选项

此选项用于控制接触结果的输出，当计算接触反力时需要选择 Yes，缺省为 No。

5）General Miscellaneous 选项

此选项用于控制单元结果的输出，当需要 SMISC/NMISC 单元结果时（详见 ANSYS 单元手册中各单元的输出项目描述），此选项设置为 Yes。缺省选项为 No。

6）Max Number of Result Sets 选项

此选项用于指定最大结果文件 set 数。缺省为 0，显示为 Program Controlled。

（6）分析数据管理

Analysis Data Management（分析数据管理）的各选项用于指定 ANSYS 结构分析文件及单位系统等相关的计算数据设置，如图 3-40 所示。

Analysis Data Management	
Solver Files Directory	D:\working_dir\test_files\dp0\SYS\MECH\
Future Analysis	None
Scratch Solver Files Directory	
Save MAPDL db	No
Delete Unneeded Files	Yes
Nonlinear Solution	No
Solver Units	Active System
Solver Unit System	nmm

图 3-40 分析数据管理选项

可用的选项包括：

1)Solver Files Directory

Solver Files Directory 域用于指定求解文件的路径信息，通常由 Workbench 根据 Project 文件保存路径自动指定。通过 Project Tree 的 Solution 分支右键菜单（图 3-41），选择“Open Solver Files Directory”菜单项，即可打开求解目录。

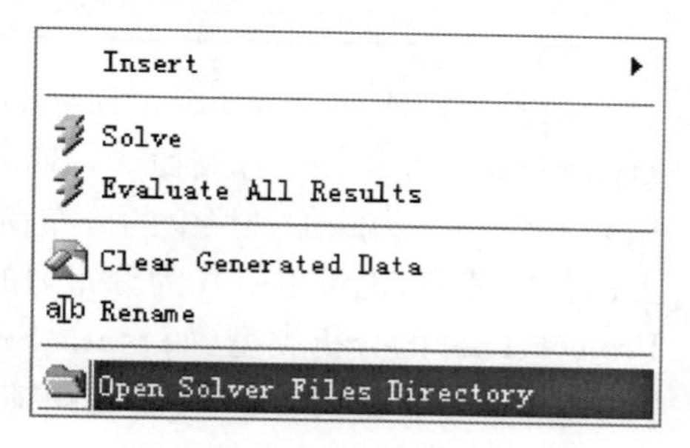

图 3-41 打开求解文件的目录

2)Future Analysis

Future Analysis 域用于指定分析结果是否会用于后续分析作为载荷或初始条件，缺省为 None；对于静力分析，其结果可用于后续特征值屈曲或预应力模态分析，此时选择 Prestressed Analysis 选项。

3)Scratch Solver Files Directory

Scratch Solver Files Directory 选项在计算过程中会显示临时文件读写路径。

4)Save MAPDL db

Save MAPDL db 选项用于指定 Mechanical 计算时是否保存 Mechanical APDL 数据库文件（db 文件），缺省为 No。

5)Delete Unneeded File

Delete Unneeded File 选项用于指定是否删除不需要的文件，缺省为 Yes。如果用户希望保存所有的文件则选择 No。

6)Nonlinear Solutions

Nonlinear Solutions 选项是分析是否包含非线性因素的指示选项，如果存在非线性则显示为 Yes，否则为 No。

7)Solver Units

Solver Units 选项用于选择求解器单位，可选择当前活动单位制系统（Active Units 选项），也可人工选择（Manual 选项），在 Solver Units System 选项中下拉列表中选择所需的求解器单位系统。

需要指出的是，除了上述这些选项之外，对于各种特定的分析类型，还会有相应的附加选项，这些选项在后续有关的章节中再作介绍，此处不再详细展开。

2. 载荷的施加

在加载方面，Mechanical 提供了工程化的加载功能，使用直观方便。目前在 Mechanical 中可以施加的载荷类型及其作用描述列于表 3-1 中。

表 3-1 Mechanical 中的常用载荷类型

载荷类型名称	作用描述
Acceleration	通过加速度施加惯性力
Standard Earth Gravity	施加标准地球重力,与重力加速度方向一致
Rotational Velocity	施加转动速度
Pressure	施加表面力,缺省情况下为法向压力
Hydrostatic Pressure	施加静水压力
Force	施加力
Remote Force	施加模型的体外力
Bearing Load	施加螺栓或轴承荷载,此荷载是随圆周方向变化的分布力
Bolt Pretension	施加在螺栓杆轴方向的预紧力
Moment	施加力矩
Line Pressure	施加于线体上的分布荷载,其量纲为力/长度

在表 3-1 中,Acceleration、Standard Earth Gravity、Rotational Velocity 为体力,Pressure、Hydrostatic Pressure 为表面力,Bearing Load、Bolt Pretension 为螺栓表面荷载及预紧力,Line Pressure 为施加到梁上的分布荷载,Force、Remote Force、Moment 可以是施加与梁或板上的集中荷载,也可以是作为分布力的合力施加到表面上或线段上。施加这些荷载时,通过在 Project Tree 的分析类型(如 Static Structural)分支右键菜单上选择 Insert,加入所需要的载荷类型分支,然后在其 Derails 中选择施加的几何对象并指定载荷数值即可。下面对各种载荷类型及其选项作简单的介绍。

(1)Acceleration

通过 Static Structural 分支右键菜单插入,可通过向量或分量方式指定。如图 3-42 所示为通过分量(Define By Components)方法来指定,X、Y、Z 各加速度分量可点属性栏右端的三角箭头,选择定义方式。常用载荷定义方式有 Constant(常量加速度)、Tabular(表格形式的加速度)、Function(函数形式的加速度)。在函数形式加载前,通过 Units 菜单选择角度单位是 Radians(弧度)或 Degrees(角度),函数表达式中时间变量为 time。

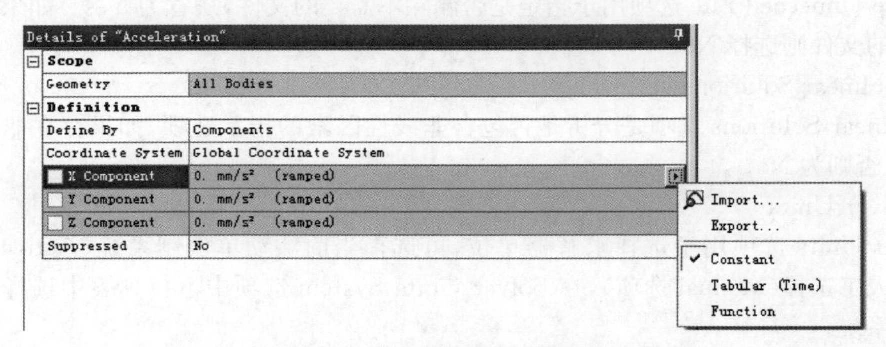

图 3-42 分量方式施加加速度

(2)Standard Earth Gravity

标准地球重力载荷通过 Static Structural 分支右键菜单插入,其数值根据单位制自动计算,如 mm 制则为 9 806.6 mm/s^2,重力加速度方向缺省为－Z Direction,即沿 Z 轴负方向,如图 3-43 所示。可以根据实际情况选择方向,要注意此处的重力加速度方向与重力方向一致。

Details of "Standard Earth Gravity"

Scope	
Geometry	All Bodies
Definition	
Coordinate System	Global Coordinate System
X Component	0. mm/s² (ramped)
Y Component	0. mm/s² (ramped)
Z Component	-9806.6 mm/s² (ramped)
Suppressed	No
Direction	-Z Direction

+X Direction
-X Direction
+Y Direction
-Y Direction
+Z Direction
-Z Direction

图 3-43　指定标准地球重力

(3)Rotational Velocity

转动角速度惯性载荷通过 Static Structural 分支右键菜单插入 Project 树。Rotational Velocity 的 Details 属性如图 3-44 所示，可选择施加到几何对象上或命名集合(Named Selection)上。所谓命名集合就是一组相同类型的几何对象的集合，其作用是避免重复选择操作。可以按向量方式或分量方式来定义此转动速度，如采用向量方式，需要选择 Axis 并输入合转速；如采用分量方式，则需要指定各分量的值。

Details of "Rotational Velocity"

Scope	
Scoping Method	Geometry Selection
Geometry	All Bodies
Definition	
Define By	Vector
Magnitude	1. rad/s (ramped)
Axis	Click to Change
Suppressed	No

图 3-44　施加旋转速度

(4)Pressure

Pressure 为表面荷载，通过 Static Structural 分支右键菜单插入 Project 树，其 Details 属性如图 3-45 所示。

Details of "Pressure"

Scope	
Scoping Method	Geometry Selection
Geometry	1 Face
Definition	
Type	Pressure
Define By	Components
Coordinate System	Global Coordinate System
X Component	5. MPa (ramped)
Y Component	5. MPa (ramped)
Z Component	0. MPa (ramped)
Suppressed	No

图 3-45　施加 Pressure

可选择施加对象为几何实体或命名选择集合。可通过 Vector、Component 以及 Normal to 三种方式定义压力载荷。其中 Vector、Component 方式允许指定与表面成任意角度或与施加表面相平行的表面力,如图 3-46 所示。

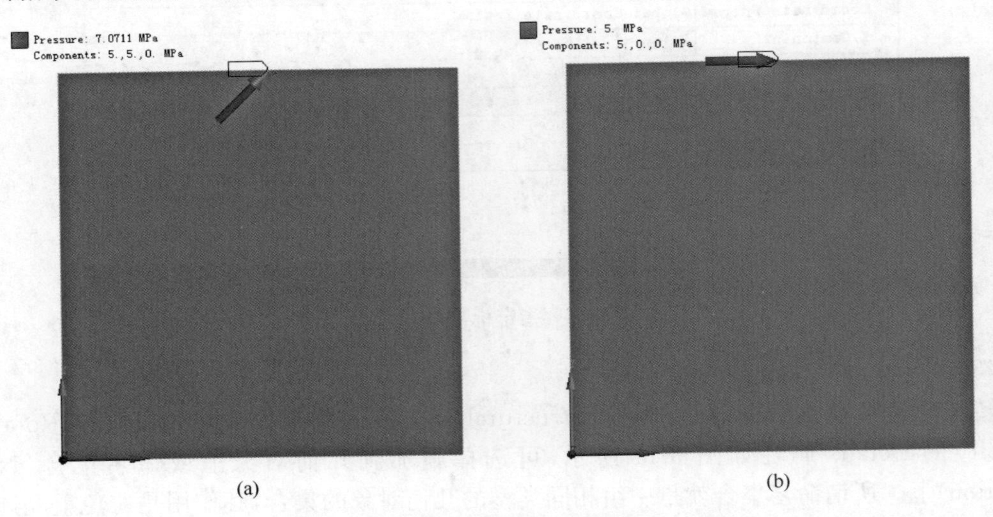

图 3-46 与表面成角度或平行的 Pressure 表面力

(5) Hydrostatic Pressure

Hydrostatic Pressure 为液体静压力荷载,通过 Static Structural 分支右键菜单插入 Project 树,其 Details 属性如图 3-47(a)所示。可选择施加对象为几何实体或命名选择集合。

需要为其指定液体的密度、重力加速度以及自由液面位置。如图 3-47(b)所示为按照等值线显示的静水压力载荷在表面的分布情况。

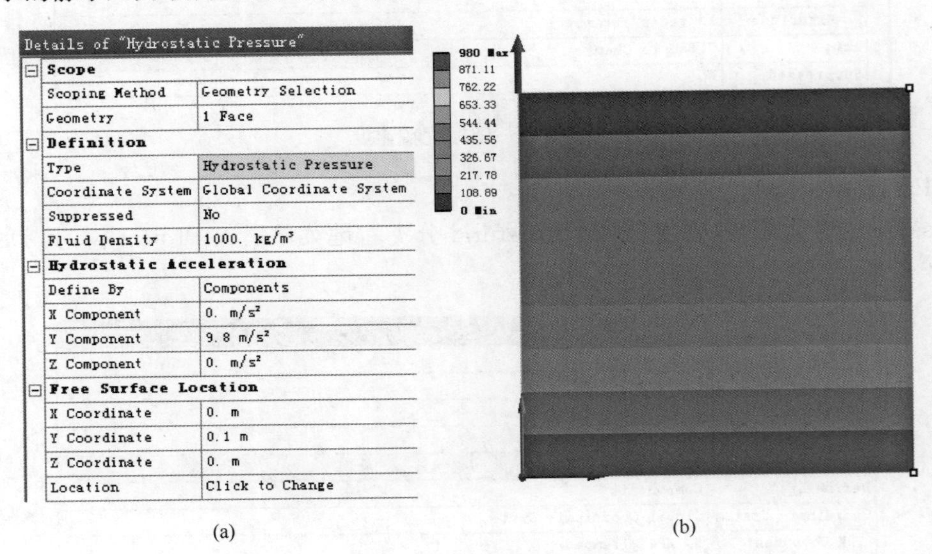

图 3-47 施加静水压力

(6) Force

Force 为集中力或合力,通过 Static Structural 分支右键菜单插入 Project 树,其 Details 属

性如图 3-48 所示。

Details of "Force"

Scope	
Scoping Method	Geometry Selection
Geometry	Geometry Selection Named Selection
Definition	
Type	Force
Define By	Components
Coordinate System	Global Coordinate System
X Component	0. N (ramped)
Y Component	0. N (ramped)
Z Component	0. N (ramped)
Suppressed	No

图 3-48　施加 Force

对于 Force 载荷类型，可选择施加对象为几何实体或命名选择集合。可通过向量或分量方式定义力。如果此荷载被定义到线或面上时，Mechanical 会自动进行分配。向量定义时需要指定其施加的方向和合力，如果采用分量形式，可指定局部坐标系。

(7)Remote Force

Remote Force 即远端荷载，通过 Static Structural 分支右键菜单插入 Project 树，其 Details 属性如图 3-49(a)所示，可选择施加对象为几何实体或命名选择集合。

此荷载类型的特点是可指定作用位置，作用位置可以在体上，也可以是在体外，如图 3-49(b)所示。可通过向量或分量方式定义力的大小和方向。此外，还需要指定其 Behavior 为 Deformable 还是 Rigid。通过 Advanced 下的 Pinball Region，可指定一个形成有关约束方程的半径范围。

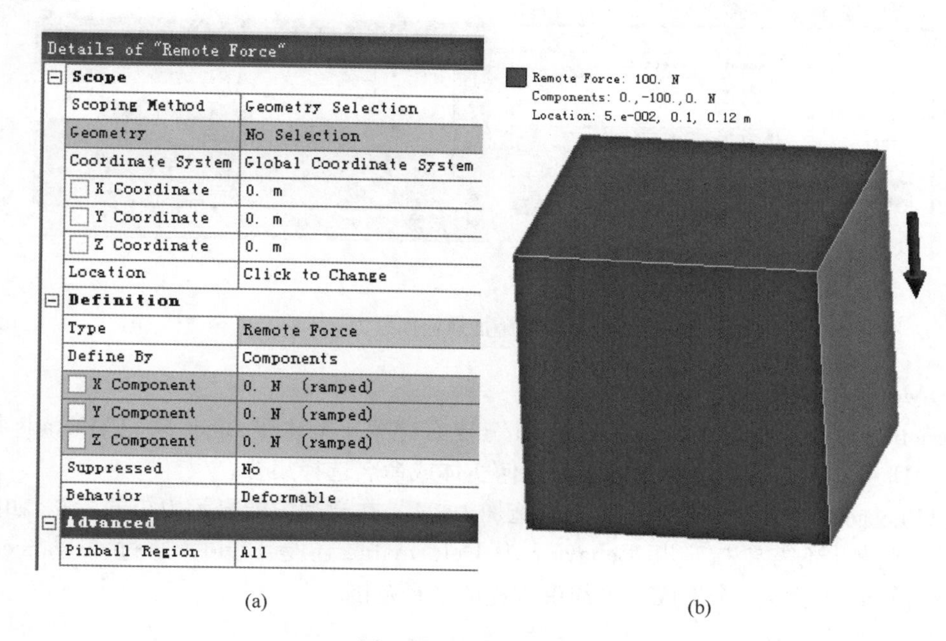

(a)　　(b)

图 3-49　施加远端荷载

(8)Bearing Load

Bearing Load 即轴承荷载，通过 Static Structural 分支右键菜单插入 Project 树，其 Details 属性如图 3-50 所示，可选择施加对象为几何实体或命名选择集合。此荷载的特点是仅作用于接触的一侧。可通过向量或分量方式定义。

Details of "Bearing Load"

Scope	
Scoping Method	Geometry Selection (Geometry Selection / Named Selection)
Geometry	
Definition	
Type	Bearing Load
Define By	Components
Coordinate System	Global Coordinate System
X Component	1. N
Y Component	1. N
Z Component	0. N
Suppressed	No

图 3-50 施加轴承荷载

(9)Bolt Pretension

Bolt Pretension 即螺栓的预紧力，通过 Static Structural 分支右键菜单插入 Project 树，其 Details 属性如图 3-51(a)所示，可选择施加对象为几何实体或命名选择集合。可通过施加预紧载荷(Load)或预紧位移(Adjustment)。如图 3-51(b)所示，施加螺栓预紧力通常通过两个载荷步来实现，在第一个载荷步加载(Load)，在后续的载荷步锁定(Lock)的同时施加其他荷载。

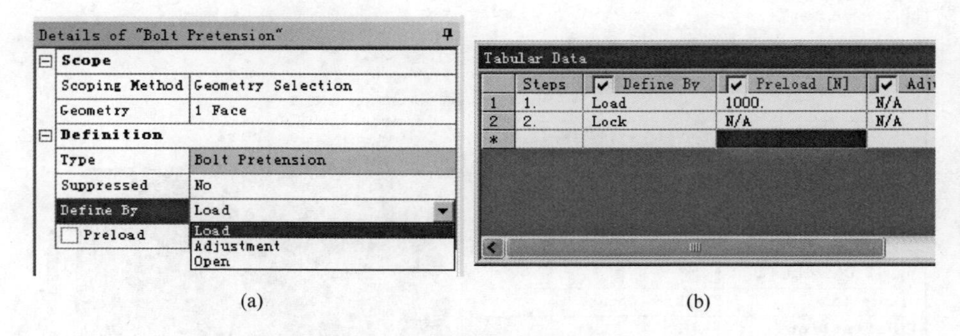

图 3-51 施加螺栓预紧力

(10)Moment

Moment 为力矩，通过 Static Structural 分支右键菜单插入 Project 树，其 Details 属性如图 3-52(a)所示。力矩的施加对象可以为几何实体或命名选择集合。

可以通过向量或分量方式指定力矩。施加力矩后，在模型中能显示力矩的标志，如图 3-52(b)所示。此外，还需要指定其 Behavior 为 Deformable 还是 Rigid。通过 Advanced 下的 Pinball Region，可指定一个形成有关约束方程的半径范围。

(11)Line Pressure

Line Pressure 用于施加梁上的分布荷载，通过 Static Structural 分支右键菜单插入 Project

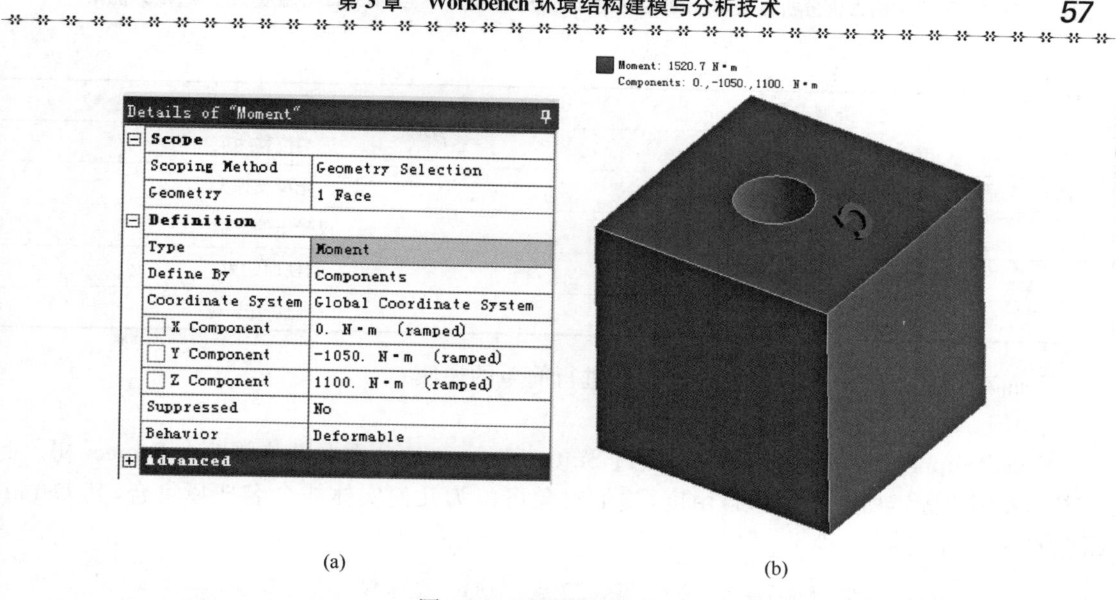

(a) (b)

图 3-52 施加螺栓预紧力

树，其 Details 属性如图 3-53(a)所示。Line Pressure 的量纲为力/长度。施加对象可以为几何实体或命名选择集合。可以通过向量或分量方式指定线分布荷载。图 3-53(b)为施加在框架工字形横梁上的分布载荷。

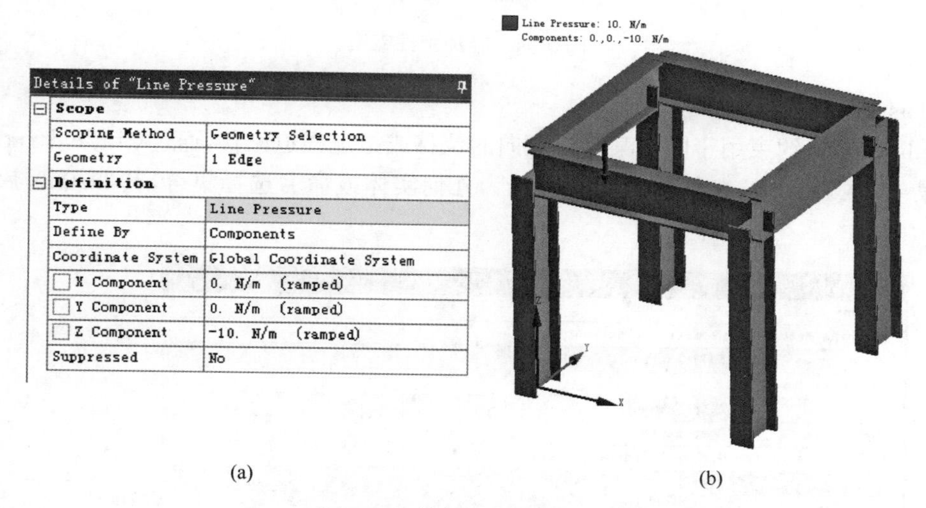

(a) (b)

图 3-53 施加梁的均布荷载

3. 约束的施加

约束的施加要符合结构的实际受力状况，为此对 Mechanical 中可施加的约束类型和特点进行简单的介绍。表 3-2 中列出了 Mechanical 中常用的几个约束类型及其作用。

表 3-2 Mechanical 中的约束类型

约束类型名称	作用描述
Fixed Support	固定约束
Displacement	固定方向位移

续上表

约束类型名称	作用描述
Remote Displacement	远端位移约束
Frictionless Support	光滑支撑
Compression Only Support	仅受压的支撑
Cylindrical Support	圆柱面约束
Elastic Support	弹性支撑

下面对以上各种约束类型的设置参数进行简单的说明。

(1)Fixed Support

Fixed Support 即固定位移约束,通过 Static Structural 分支右键菜单插入 Project 树。此约束类型用于固定所有的位移自由度,施加对象可以为几何实体或命名选择集合,其 Details 属性如图 3-54 所示。

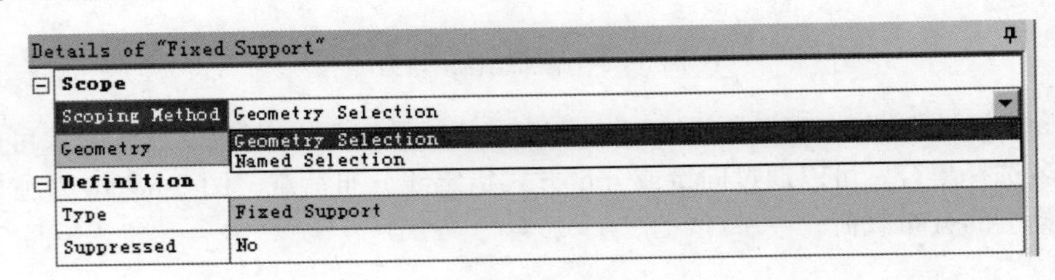

图 3-54 施加弹性支座

(2)Displacement

Displacement 约束用于固定某(些)方向的位移或指定强迫位移,通过 Static Structural 分支右键菜单插入 Project 树。施加对象可以为几何实体或命名选择集合,其 Details 属性如图 3-55 所示。

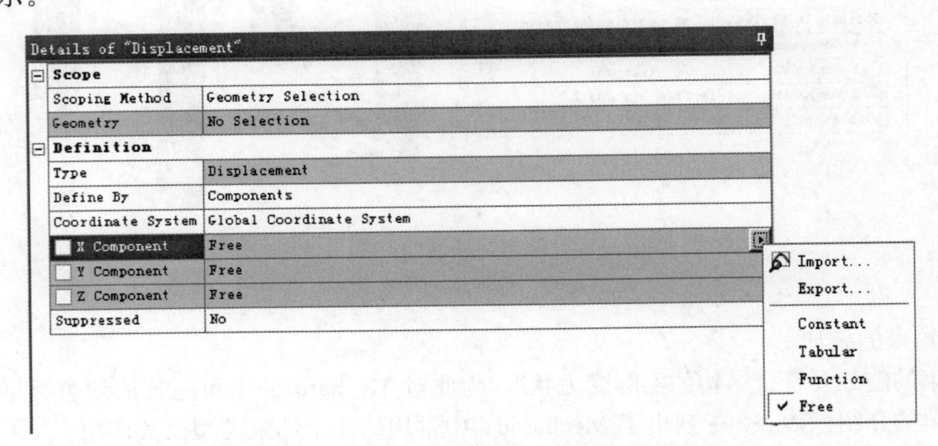

图 3-55 施加位移约束

表面的 Displacement 位移约束可以通过分量方式或 Normal to 方式来指定,其他对象(点或线)的 Displacement 位移约束通过分量方式指定。对于分量方式,各位移分量可以为 0(固定)、常数(强迫位移),在瞬态分析中还可以是表格形式或函数形式。

(3)Remote Displacement

Remote Displacement 约束用于约束特定点上的位移,同时约束点与模型上的作用部位(模型上的特定线和面)之间建立约束方程连系,被约束位置可以在体上,也可以在体外。此约束通过 Static Structural 分支右键菜单插入 Project 树。施加对象可以为几何实体或命名选择集合,其 Details 属性如图 3-56(a)所示。此外,还需要指定其 Behavior 为 Deformable 或 Rigid。通过 Advanced 下的 Pinball Region,可指定一个形成有关约束方程的半径范围。如图 3-56(b)所示为被约束位置与作用对象面之间建立的约束方程显示。

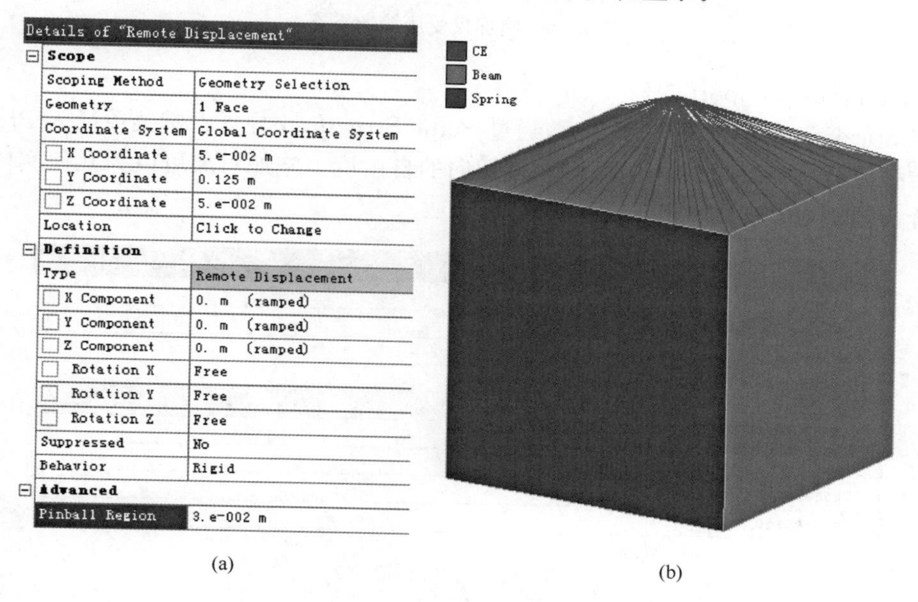

(a)　(b)

图 3-56　施加远端位移约束

(4)Frictionless Support

Frictionless Support 即光滑面法向约束,通过 Static Structural 分支右键菜单插入 Project 树。Frictionless Support 约束类型用于固定作用对象面的法向自由度,施加对象可以为几何模型中的面或命名选择集合,其 Details 属性如图 3-57 所示。在实际的应用中,此约束类型可用于模拟结构中的对称面。

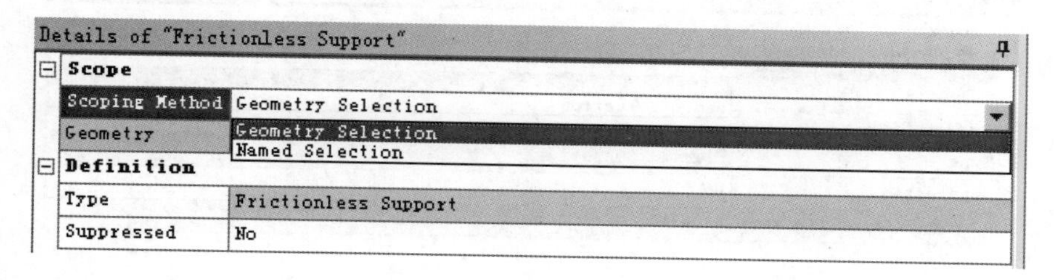

图 3-57　施加无摩擦支撑

(5)Compression Only Support

Compression Only Support 即仅受压的约束,通过 Static Structural 分支右键菜单插入 Project 树。此约束类型用于约束作用对象面的接触部分,是一个非线性的约束类型,会导致计算的非线性迭代行为。施加对象可以为几何实体或命名选择集合，其Details属性如图3-58所示。

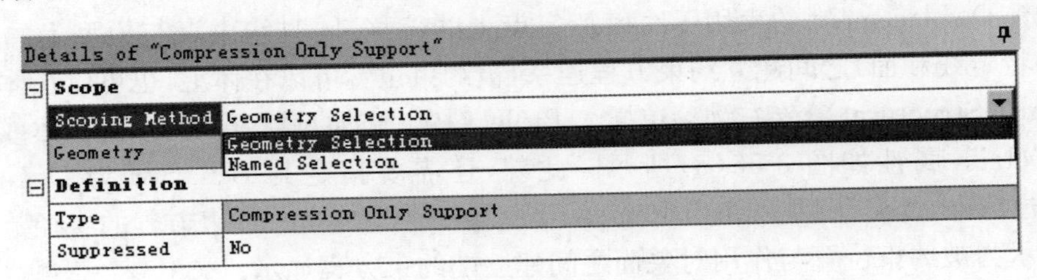

Details of "Compression Only Support"	
Scope	
Scoping Method	Geometry Selection
Geometry	Geometry Selection Named Selection
Definition	
Type	Compression Only Support
Suppressed	No

图3-58 施加仅受压缩的支座

(6)Cylindrical Support

Cylindrical Support即圆柱面约束，通过Static Structural分支右键菜单插入Project树。此约束类型用于约束圆柱面的径向、轴向或切向的自由度。施加对象可以为几何实体或命名选择集合，其Details属性如图3-59所示。

Details of "Cylindrical Support"	
Scope	
Scoping Method	Geometry Selection
Geometry	1 Face
Definition	
Type	Cylindrical Support
Radial	Fixed
Axial	Fixed
Tangential	Fixed
Suppressed	No

图3-59 施加圆柱面支座

(7)Elastic Support

Elastic Support即仅弹性支座约束，通过Static Structural分支右键菜单插入Project树。其Details属性如图3-60所示，施加对象可以为几何实体或命名选择集合，需要为其指定Foundation Stiffness(支撑刚度)，其量纲为力/体积，物理意义为单位面积上的刚度。如采用国际单位制，其单位为N/m^3。

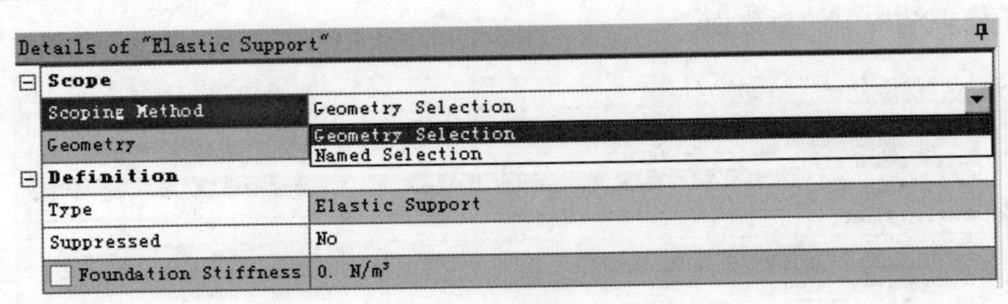

Details of "Elastic Support"	
Scope	
Scoping Method	Geometry Selection
Geometry	Geometry Selection Named Selection
Definition	
Type	Elastic Support
Suppressed	No
Foundation Stiffness	0. N/m³

图3-60 施加弹性支座

3.3.3 求解及后处理

本节介绍在Mechanical中的求解以及后处理方法和注意事项。

1. 求解

前处理、加载以及求解设置完成后，在 Solution 分支下通过右键菜单 Insert 插入要查看的结果项目，然后通过如下方式之一进行求解：

(1)按下 Mechanical 界面工具栏的“Solve”按钮，程序即调用 Mechanical Solver 进行求解，这是最为常用的求解方式。

(2)通过 Static Structural 分支右键菜单，选择“Solve”，即可开始求解。

(3)通过 Solution 分支右键菜单，选择“Solve”，即可开始求解。

(4)通过 Workbench 界面工具栏的“Update Project”按钮，即可求解此项目中包含的各个分析系统。

(5)在 Workbench Project Schematic 中，选择带求解分析系统的 Solution 单元格，右键菜单中选择“Update”即可求解，但此时不能计算 Mechanical 中 Solution 分支下插入的单元解项目，这些项目需要手动更新。

(6)在 Workbench Project Schematic 中，选择带求解分析系统的 Results 单元格，右键菜单中选择“Update”即可求解包括 Mechanical 中 Solution 分支下插入的单元解项目。

发出求解指令后，程序开始求解，此时会弹出一个如图 3-61 所示的计算进度条。用户可以通过其中的 Interrupt Solution 按钮以打断求解进程，或者通过 Stop Solution 按钮来停止求解过程。

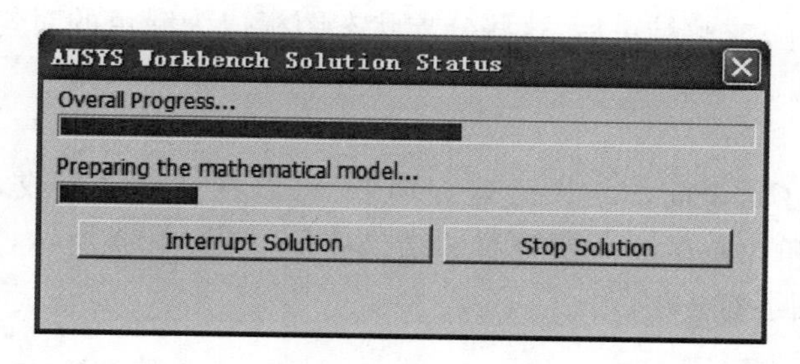

图 3-61　求解进度条

求解过程中，可以选择 Solution information 分支切换至 Worksheet 视图查看求解器输出信息。此信息的内容与 Mechanical APDL 环境下 Output 窗口中显示的内容相同。在 Solution information 分支的 Details 中，还可以选择显示 FE Connection 信息，如图 3-62 所示。可选择显示 All FE Connetors、CE-Based、Beam Based、Weak Springs，也可以选择 None 不显示任何 FE Connection 信息。

FE Connection Visibility	
Activate Visibility	Yes
Display	All FE Connectors
Draw Connections Attached To	All FE Connectors CE Based Beam Based Weak Springs None
Line Color	
Visible on Results	
Line Thickness	Single
Display Type	Lines

图 3-62　显示 FE 模型连接

如图 3-63(a)所示，在模型的右侧面中心定义了一个集中质量点(Point Mass)，如图 3-63(b)所示为求解过程中显示的质量点与其他面上节点之间的约束方程信息。

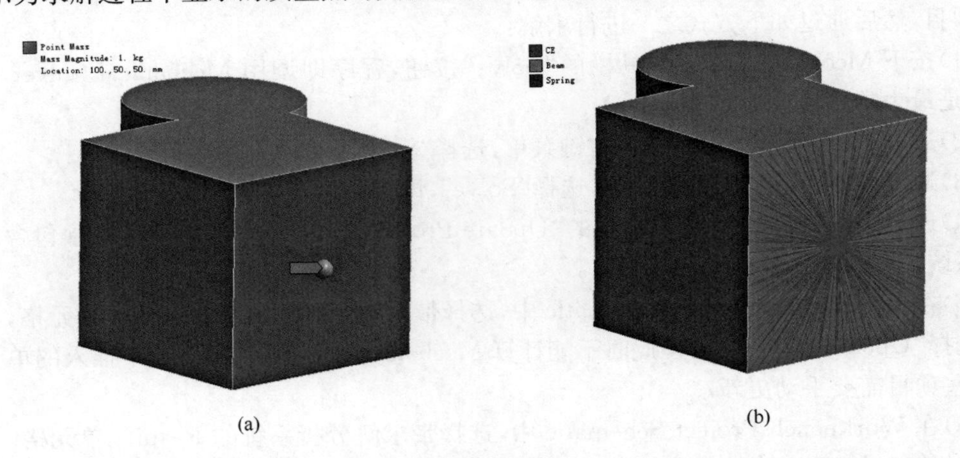

图 3-63 集中质量点及其约束方程显示

请注意在求解前后，各结果分支左侧状态标志的变化。求解之前各结果分支标志均为黄色闪电符号，表示有待计算；求解过程中，Solution 分支下的各子分支状态图标均为绿色闪电，表示该项目正在计算中；求解结束后，这些分支状态图标成为绿色的对勾，表示这些结果已经计算完成。

2. 后处理

Mechanical 提供了很全面的结果后处理功能，可以在计算之前或之后，在 Project 树的 Solution 分支右键菜单 Insert 插入要查看的结果项目，如图 3-64 所示，其中凡是右侧有三角箭头的项目，表示下面还有子项。

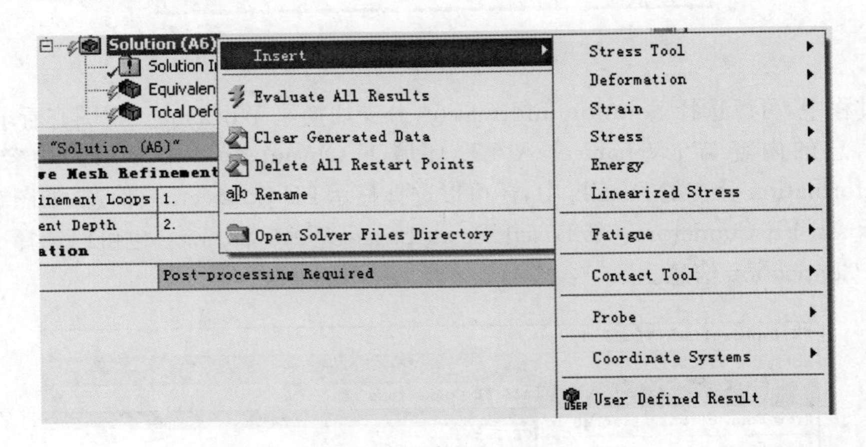

图 3-64 后处理查看项目

在 Mechanical 中，可用于后处理查看的结果项目、其包含的子项目及各项目的意义描述列于表 3-3 中。

表3-3 Mechanical中可以查看的结果项目

项目名称	包含子项	描述
Stress Tool	Max Equivalent Stress、Max Shear Stress、Mohr-Coulomb Stress、Max Tensile Stress	基于失效应力法则的强度工具箱，包括等效应力、最大剪应力、摩尔-库伦应力、最大拉伸应力
Deformation	Total、Directional	总体变形及方向变形
Strain	Equivalent(Von-Mises)	Von-Mises等效应变
	Maximum/Middle/Minimum Principal、Vector Principal	最大、中间、最小主应变，主应变向量
	Maximum Shear、Intensity	最大剪应力、应变强度
	Normal、Shear	正应变、剪应变
	Thermal、Equivalent Plastic、Equivalent Total	热应变、等效塑性应变、等效总应变
Stress	Equivalent(Von-Mises)	Von-Mises等效应力
	Maximum/Middle/Minimum Principal、Vector Principal	最大、中间、最小主应变，主应变向量
	Maximum Shear、Intensity	最大剪应力、应力强度
	Normal、Shear	正应力、剪应力
	Membrane Stress、Bending Stress	薄膜应力、弯曲应力
Energy	Strain energy	应变能
	Stabilization energy	稳定性阻尼耗散能量
Linearized Stress	Equivalent(Von-Mises)	线性化等效应力
	Maximum/Middle/Minimum Principal	线性化最大、中间、最小主应力
	Maximum Shear、Intensity	线性化最大剪应力、应力强度
	Normal、Shear	线性化正应力、剪应力
Beam Results	Axial Force Bending Moment Torsional Moment Shear Force Shear-Moment Diagram	梁轴力 梁弯矩 梁扭矩 梁剪力 剪力-弯矩图

除了上述结果外，还提供了一些方便应用的工具箱，比如Fatigue Tool用于评估疲劳性能，Contact Tool用于显示接触分析结果，Beam Tool用于计算梁中的应力等结果。

在后处理过程中，可对各结果项目进行等值线图显示、向量图显示(仅用于向量结果)、探针、曲线显示、动画显示等操作，以便全方位地展现和评价计算结果。下面对这些操作方法进行简单的介绍。

(1)Contour results

即采用等值线图的方式显示结果，可以是整个模型的等值线图，也可以是单个选择部位的等值线图。在工具条上有一系列等值线图的控制按钮，如图3-65所示。这些按钮的功能列于表3-4中。

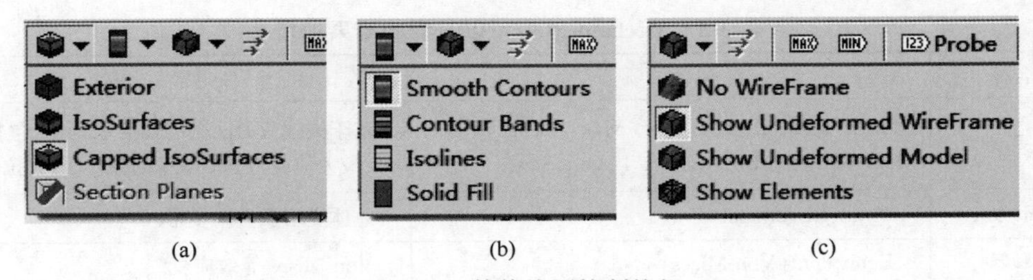

(a) (b) (c)

图 3-65 等值线图控制按钮

表 3-4 Contour 控制按钮功能

按钮名称	按钮功能
Exterior	表示只显示外部轮廓
ISOSurfaces	仅显示若干个等值面
Capped ISOSurfaces	不显示超过某一上限值或低于某一下限值的模型
Smooth Contour	绘制光滑过渡的等值线图
Contours Bands	绘制条带状的等值线图
Isolines	在模型上仅绘制若干条彩色的等值线
Solid Fill	模型实体填充不显示等值线
No WireFrame	在显示变形后的模型上直接显示等值线图
Show Undeformed WireFrame	在显示等值线图的同时显示变形前的结构外轮廓线
Show Undeformed Model	在显示等值线图的同时显示变形前的结构外轮廓实体(半透明显示)
Show Elements	在显示等值线图的同时显示变形的单元

其中,Capped ISOSurfaces 通过如图 3-66 所示的工具条进行控制,×出现在水平线上方表示超过右侧数值的部分不被显示,×出现在水平线下方表示不超过右侧数值的部分不被显示,×同时出现在水平线上下两侧,则仅绘制右侧数值等值面。

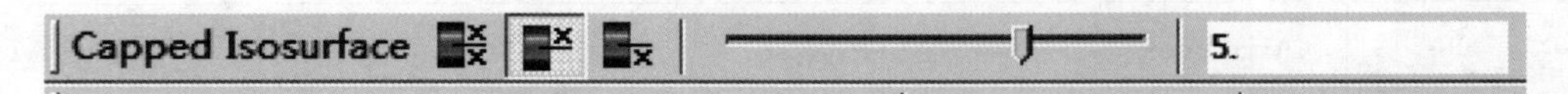

图 3-66 Capped ISOSurfaces 控制条

上述各种不同形式的等值线汇总列举在图 3-67 中。

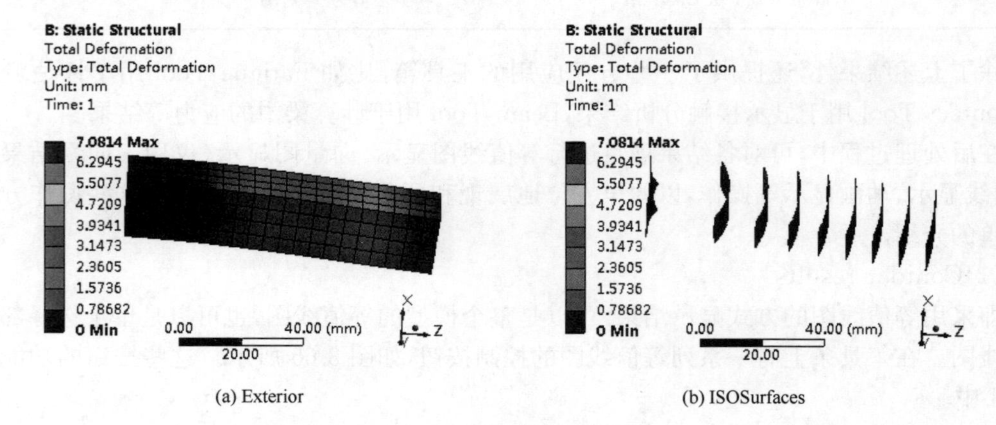

(a) Exterior (b) ISOSurfaces

图 3-67

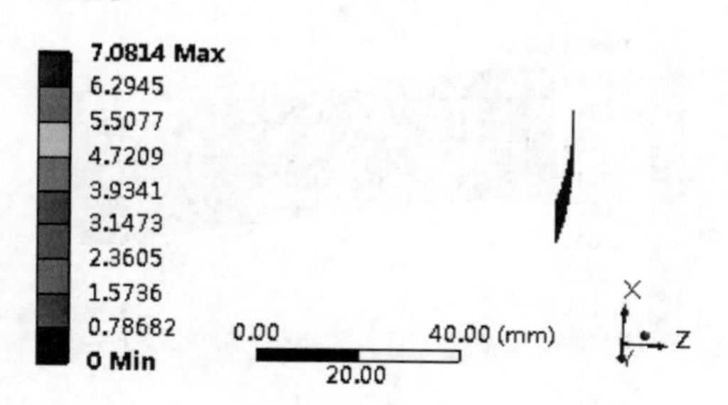

(c) Capped ISOSurfaces(显示X=5)

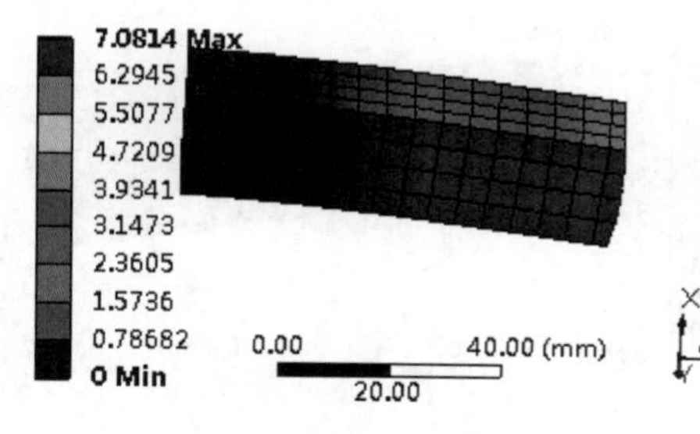

(d) Capped ISOSurfaces(显示X<5)

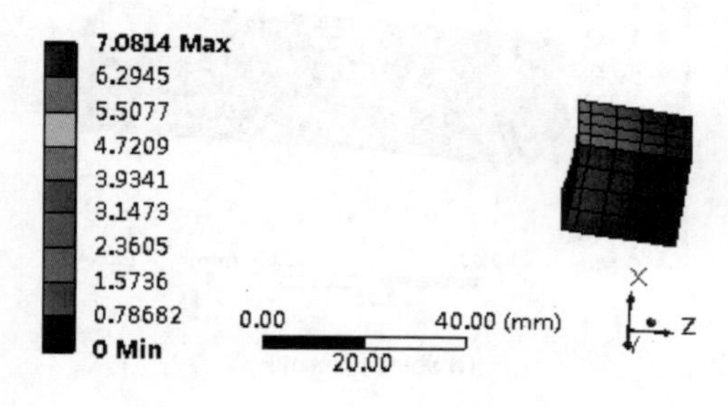

(e) Capped ISOSurfaces(显示X>5)

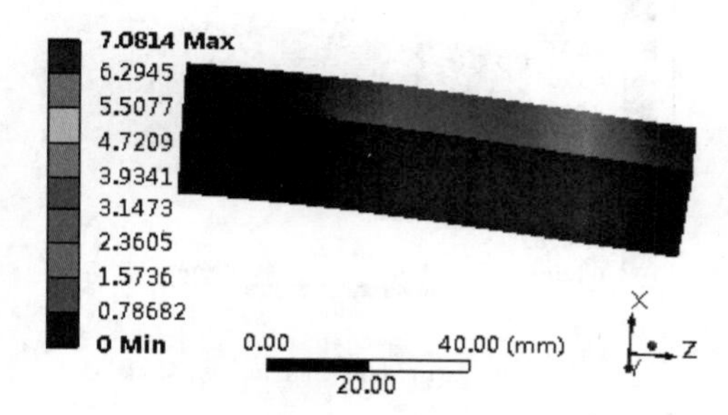

(f) Smooth Contour

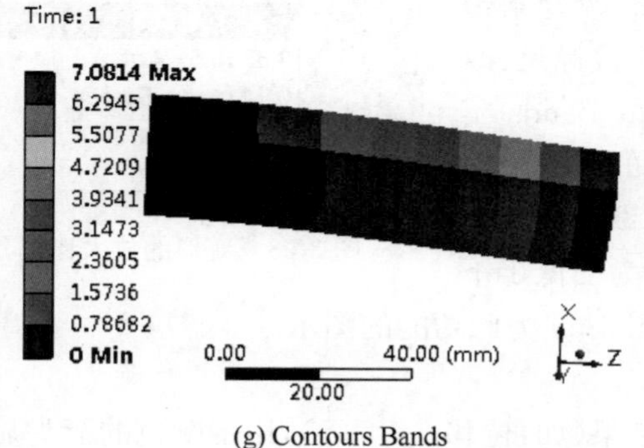

(g) Contours Bands

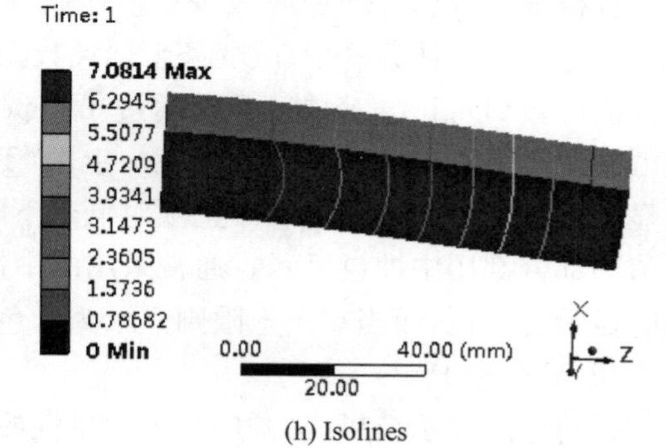

(h) Isolines

图 3-67

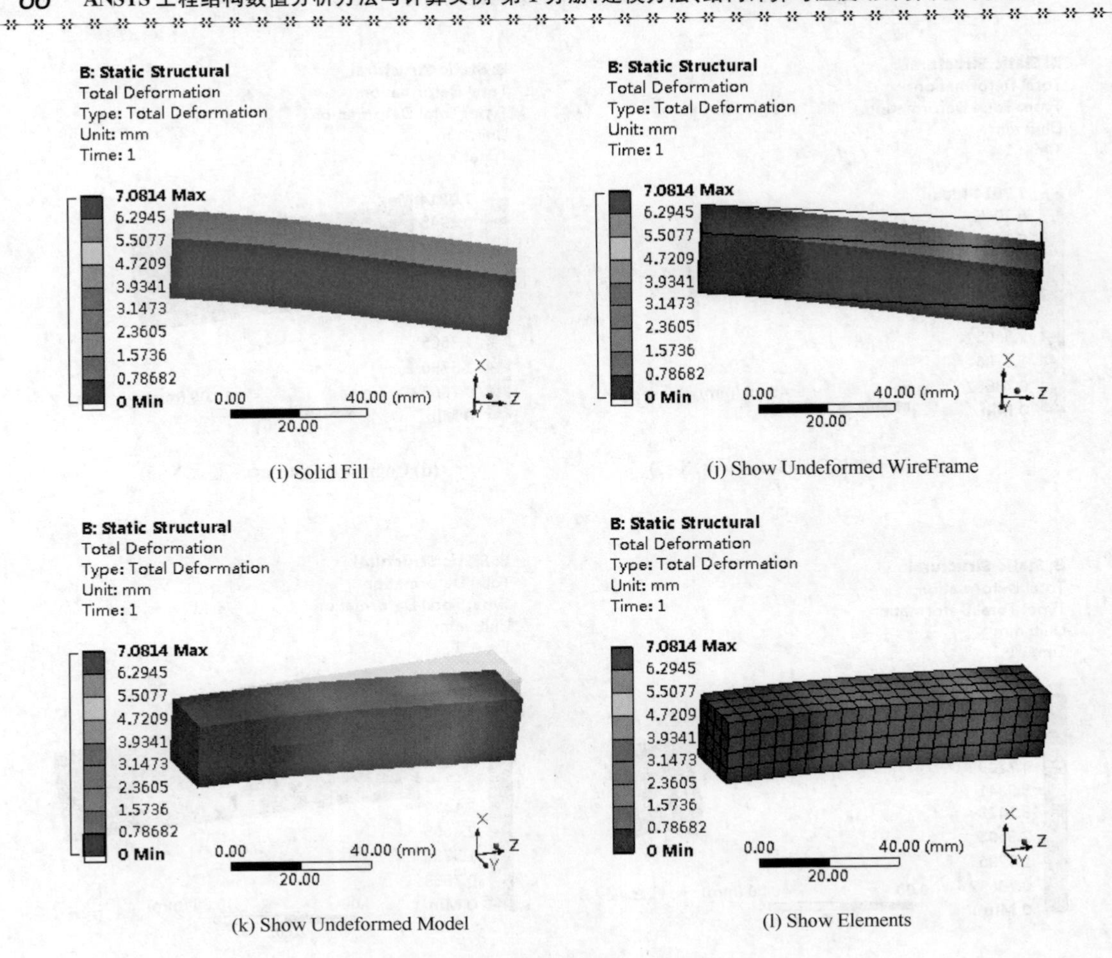

(i) Solid Fill　(j) Show Undeformed WireFrame

(k) Show Undeformed Model　(l) Show Elements

图 3-67　各种风格的 Contou 图

等值线图的变形控制通过工具栏 Results 右侧下拉列表来选择,也可直接在文本框中输入变形的放大比例,如图 3-68 所示。

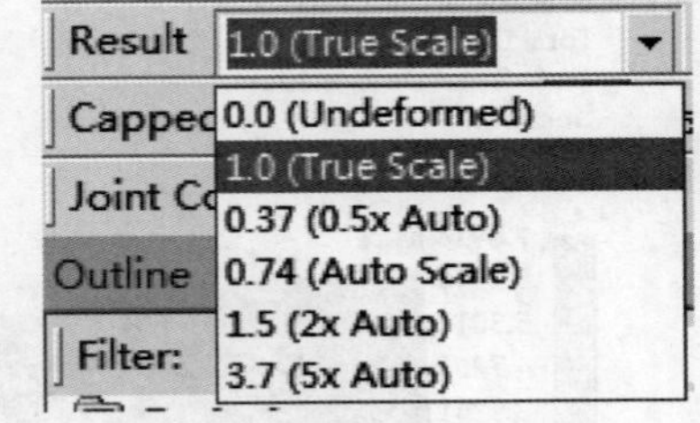

图 3-68　变形的放大比例

用户可以在等值线条带上打开鼠标右键菜单,对等值线条带进行设置,比如:增加或减少等值线条带区间、改变条带标尺数据为科学计数显示、改变条带标尺数据为对数标尺、改变数据位数(Digit)。此外,可以通过 Independent Bands 实现低于某个下限(Bottom)或高于某一上限(Top)的部分中性色显示;通过 Top and Bottom 选项对低于下限值以及高于上限值的部分都用中性色显示。通常采用的中性色为当低于下限时显示为棕色,而当高于上限则显示为紫色。图 3-69 为此功能的图示。

(2)Vector Plots

即向量图显示结果,必须应用于向量性质的结果(如:位移、速度等),用带颜色的箭头显示向量结果,箭头的颜色或长短表示向量的大小。在工具栏上按下矢量图按钮时,下方出现如图 3-70 所示的矢量图控制条。

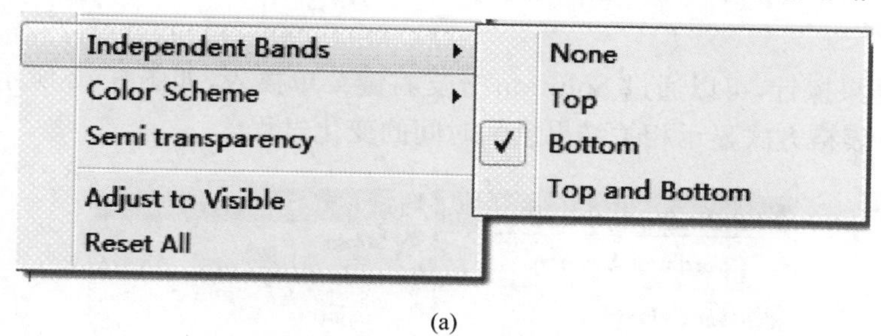

(a)

(b)下限外的显示

(c)上下限以外的显示

图 3-69　Top and Bottom 选项

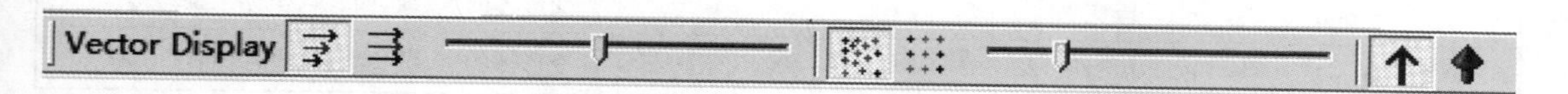

图 3-70　矢量图控制条

图 3-71 为两种不同显示风格位移的矢量图。

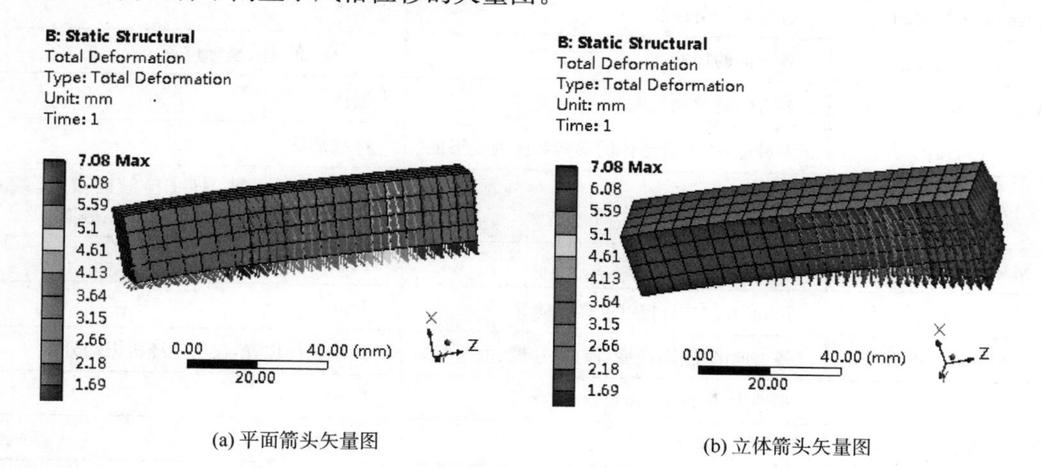

(a) 平面箭头矢量图

(b) 立体箭头矢量图

图 3-71　矢量图

(3)Probes

Probes 即结果探针,可以通过 Solution 分支右键菜单插入,如图 3-72 所示。Probes 采用曲线图以及数据表格方式显示相关结果量随时间的变化过程。

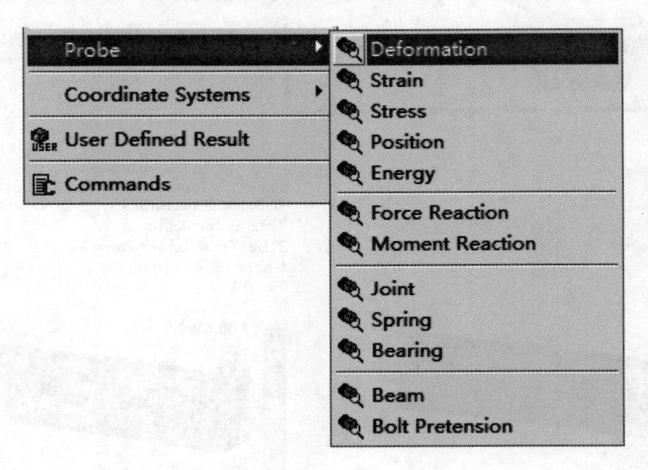

图 3-72　插入 Probe

结构分析可用的 Probe 类型及其简单说明列于表 3-5 中。

表 3-5　结构分析可用的 Probe 类型

Prob 类型	输出参数或分量	作用对象
Deformation	各方向的变形量	点、线、面、体、坐标位置、远端点
Strain	应变	变形体的点、线、面、体、坐标位置
Stress	应力	变形体的点、线、面、体、坐标位置
Position	位置	刚体
Velocity	各方向的速度	点、线、面、体、坐标位置
Angular Velocity	各方向的角速度	刚体
Acceleration	各方向的加速度	点、线、面、体、坐标位置
Angular Acceleration	各方向的角加速度	刚体
Energy	各种能量,如变形体的动能和弹性变形能	体或部件
Force Reaction	各方向的支反力	变形体的边界条件、接触区域、远端点、Beam、Spring、Mesh Connection、表面
Moment Reaction	各方向的支反力矩	同上
Joint	Joint 力、力矩、相对位移转动等	Joint
Response PSD	各方向的位移、应变、应力、速度、加速度	点或坐标位置,仅用于随机振动分析
Spring	弹性力、阻尼力、伸长量	Spring
Bearing	弹性力、阻尼力、伸长量	Bearing
Beam	Beam 的各内力分量	Beam
Bolt Pretension	调整量或预紧力	Bolt Pretension

(4)Charts

显示多个变量随时间的变化曲线,或显示一个结果相对另一个结果变化的关系曲线。要使用 Chart,在工具栏中选择 Chart 按钮 ,随后在 Outline 中出现 Chart 分支,在 Details 中为此 Chart 指定一个或多个结果对象,如图 3-73 所示。

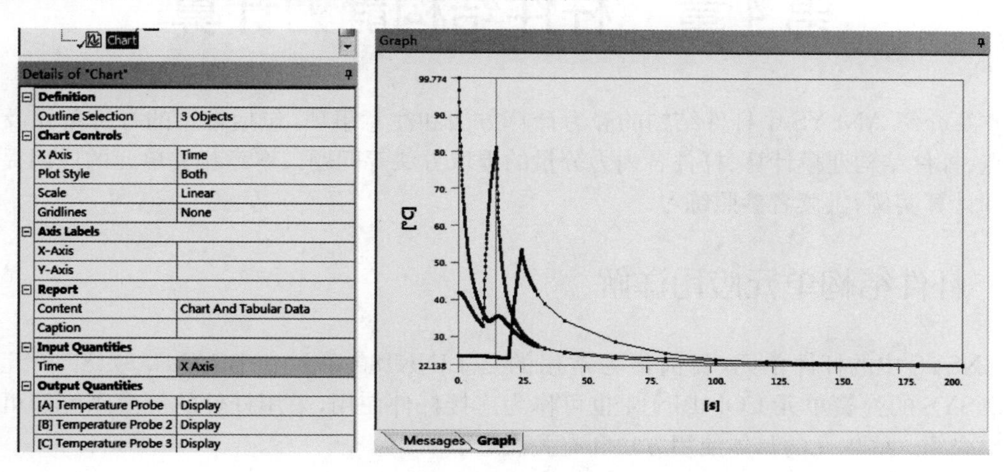

图 3-73　Chart 设置及显示

(5)Animation

通过动画方式显示结构的变形情况,在模态分析、特征值屈曲分析中使用较多,在瞬态过程或非线性过程显示中也较为常用。动画显示通过 Animation 条进行控制,如图 3-74 所示。基于此控制条可设置动画的帧数、时间、时步间隔方式等选项,可播放或暂停动画。

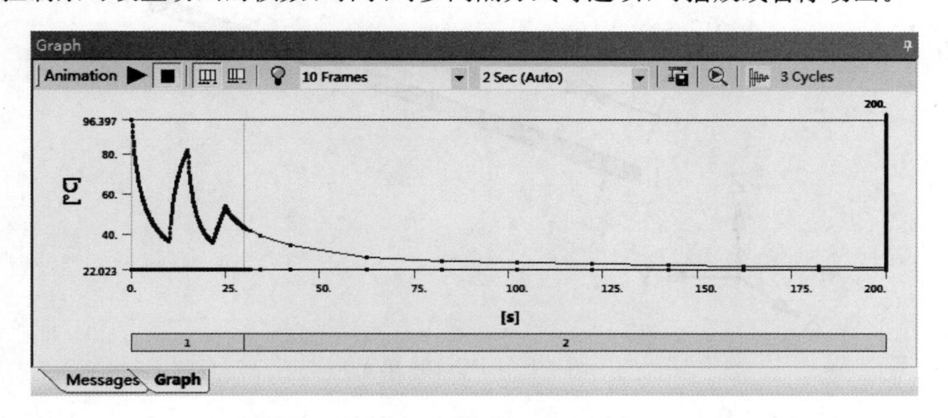

图 3-74　动画控制条

第4章 杆件结构静力计算

本章介绍 ANSYS 中杆件结构的静力计算方法和注意事项，包括常用的杆件单元及其使用要点、杆件结构建模计算、杆件各内力分量的提取方法等问题。本章相关单元的应用提供了一系列计算实例，供读者参照练习。

4.1 杆件结构单元应用详解

ANSYS 中的杆件单元，目前最为常用的是 LINK180 单元和 BEAM188/189 单元。此外，ANSYS 的弹簧单元 COMBIN14 也可作为连接杆件使用，采用杆件的等效刚度即可。本节简单介绍这些单元的具体使用方法和有关注意事项。

4.1.1 LINK180 单元简介

LINK180 单元是一个只承受轴向力的两节点(I、J)等截面直杆单元，其形状如图 4-1 所示。每个节点有三个线位移自由度，即 UX、UY、UZ。此单元类型可用于模拟各种平面以及三维桁架结构的杆件，或其他结构中的连接构件。

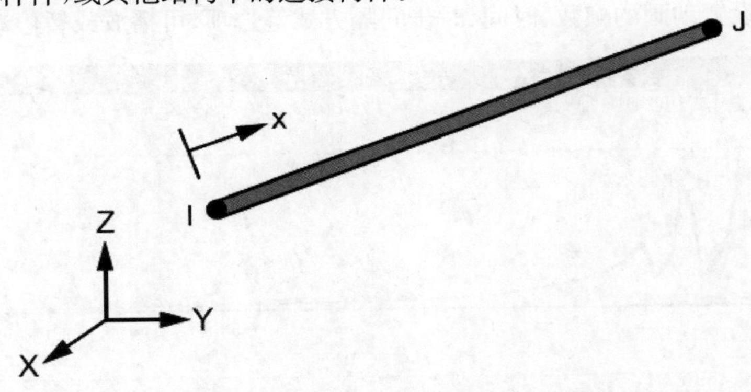

图 4-1 LINK180 单元

目前 LINK180 单元仅能在 Mechanical APDL 中使用，定义该单元可通过直接连接两端节点的方式，也可通过对直线段划分单元的方式。要注意一点，对线划分时，一条线段仅能划分为一个单元。LINK180 单元的截面特性通过 SECTYPE 以及 SECDATA 命令来指定，单元上的均布附加质量可通过 SECCONTROL 命令来指定。

LINK180 单元仅能承受集中力，不能承受分布载荷。该单元的选项 KEYOPT(3)可用于选择单元的算法类型：KEYOPT(3)取 0 为其缺省值，即同时承受拉力和压力；KEYOPT(3)取 1 表示仅承受拉力(Tension only)；KEYOPT(3)取 2 表示仅承受压力(Compression only)。

LINK180 单元计算后可输出节点位移向量及各种单元量，与单元有关的计算结果提取

(如:轴力结果和绘制轴力图)通常需要用单元表的方式,结合使用 ETABLE 、PLETAB、PLLS 等命令。本章的例题中会涉及到相关的内容,此处不再详细介绍。

如采用 COMBIN14 单元来模拟轴线方向受力的三维杆件,其 KEYOPT(3)取 0,即 3-D longitudinal spring-damper 选项,其刚度换算按下式计算:

$$k=\frac{EA}{L} \tag{4-1}$$

式中 k——弹簧的等效刚度系数;

E、A、L——分别为杆件的弹性模量、截面积、长度。

4.1.2 BEAM18X 单元简介

BEAM18X 单元是 ANSYS 的三维梁单元,BEAM188 在轴线方向仅有两个端节点 I 和 J,而 BEAM189 单元轴线方向上除两端节点 I 和 J 外还有一个中间节点 K。BEAM188 单元的形状和单元坐标系如图 4-2 所示,BEAM189 单元的形状和单元坐标系如图 4-3 所示。BEAM18X 的一个共同特点是有一个定位节点,BEAM188 为节点 K,BEAM189 为节点 L,这一节点用于确定横截面的放置方向。

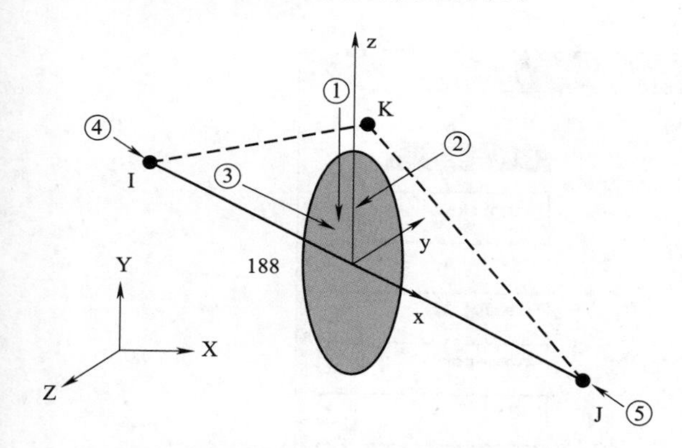

图 4-2 BEAM188 单元的形状及局部坐标系

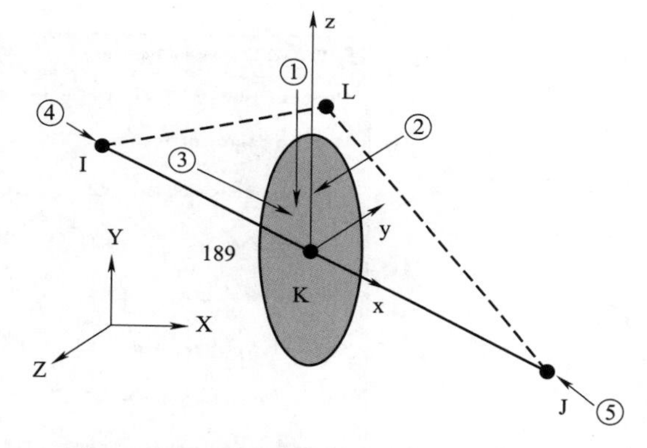

图 4-3 BEAM189 单元的形状及局部坐标系

关于 BEAM18X 单元的截面定义、截面放置方向定位、截面的偏置等相关问题,在前两章已经分别基于 Mechanical APDL 以及 Workbench 前处理环境界面分别进行了详细介绍。本章重点介绍单元使用过程中需要注意的其他选项和问题。

在实际计算中应用更多的是 BEAM188 单元。这里以 BEAM188 为例,简单介绍一下单元选项选择、加载以及计算内力结果提取等相关问题。

首先介绍 BEAM188 单元的常用 KEYOPT 选项。

KEYOPT(1)用于控制单元算法。缺省为 KEYOPT(1)=0,一个节点有 6 个自由度,即 UX、UY、UZ、ROTX、ROTY、ROTZ,不考虑截面翘曲。KEYOPT(1)=1 时,一个节点有 7 个自由度,即 UX、UY、UZ、ROTX、ROTY、ROTZ、WARP,可以考虑双力矩和翘曲。

KEYOPT(2)用于控制大变形行为,仅用于打开几何非线性计算的情况(NLGEOM,ON 命令)。缺省为 KEYOPT(2)=0,截面作为轴向拉伸的函数缩放;当 KEYOPT(2)=1 时,截面被假设为刚性不变形。

KEYOPT(3)用于控制单元的轴向形函数阶次。缺省为 KEYOPT(3)=0,轴线方向为线性形函数，即挠度和转角按线性插值；当 KEYOPT(3)＝2 时，采用二次形函数；当 KEYOPT(3)＝3 时，采用三次形函数，此选项能够减少单元的划分数量并获得精确解答。

KEYOPT(4)用于控制剪应力的输出。缺省为 KEYOPT(4)＝0，仅输出扭转相关剪应力；当 KEYOPT(4)＝1 时，仅输出弯曲引起的横向剪应力；当 KEYOPT(4)＝2 时，输出前述两种类型组合的剪应力。BEAM18X 单元不能考虑截面剪应力的不均匀分布，如需要计算剪应力的精确分布时，可选择 SOLID 单元。

KEYOPT(11)用于控制截面属性。缺省为 KEYOPT(11)＝0，程序自动决定预积分的截面参数可否使用；当 KEYOPT(11)＝1 时采用截面数值积分。

KEYOPT(12)用于控制变截面处理方式。缺省为 KEYOPT(12)＝0，线性渐变截面，截面属性参数按积分点位置处计算，是较为精确的计算方法；当 KEYOPT(12)＝1 时采用平均截面分析，渐变截面按中点截面计算，是近似方法但速度快。

KEYOPT(15)用于控制结果文件格式。缺省为 KEYOPT(15)＝0，在每一个截面角节点位置存储平均的结果；当 KEYOPT(15)＝1 时在截面积分点存储不平均的结果。

以上 KEYOPT 选项可以通过 KEYOPT 命令来指定，也可在如图 4-4 所示的设置框中指定。

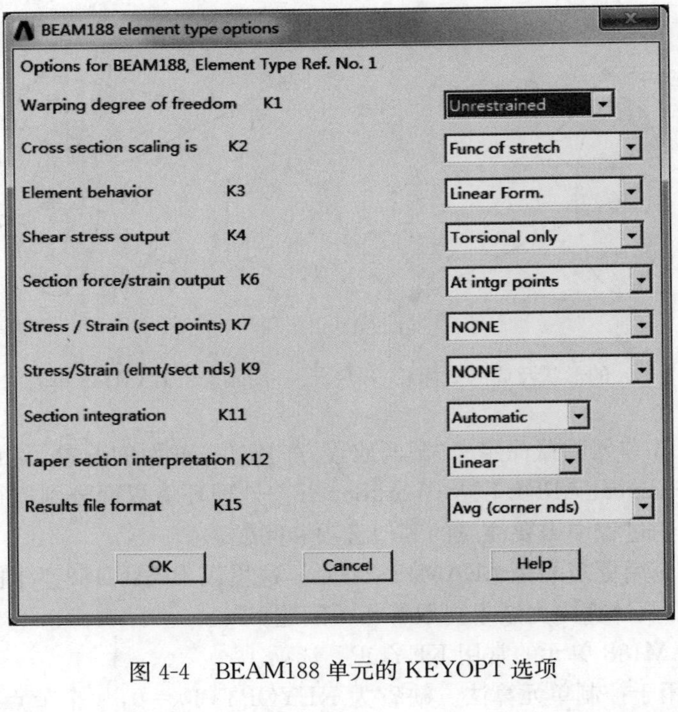

BEAM188 element type options

Options for BEAM188, Element Type Ref. No. 1

Warping degree of freedom	K1	Unrestrained
Cross section scaling is	K2	Func of stretch
Element behavior	K3	Linear Form.
Shear stress output	K4	Torsional only
Section force/strain output	K6	At intgr points
Stress / Strain (sect points)	K7	NONE
Stress/Strain (elmt/sect nds)	K9	NONE
Section integration	K11	Automatic
Taper section interpretation	K12	Linear
Results file format	K15	Avg (corner nds)

OK Cancel Help

图 4-4 BEAM188 单元的 KEYOPT 选项

BEAM188 单元可施加的荷载包括集中力(矩)、表面压力、温度变化等。在单元的两端施加温度作用时，可以在梁的轴线位置输入温度 T(0,0)，还可以指定离开截面 X 轴的 Y 轴、Z 轴方向单位距离处的温度 T(1,0)和 T(0,1)，以考虑截面温度的线性变化。

关于 BEAM188/189 单元的后处理，在 Mechanical APDL 中常通过单元表来定义内力，然后绘制内力图。以 Beam188 单元为例，其输出计算结果的内力分量列于表 4-1 中。

表 4-1　Beam188 的输出计算内力分量

输出项目	意　义
SF:y,z	截面的剪力
TQ	扭矩
Fx	轴力
My,Mz	弯矩
BM	双力矩

BEAM188 单元的这些内力分量在单元表提取时的序列号列于表 4-2 中。

表 4-2　BEAM188 单元计算结果内力分量序列号

内力分量	项　目	I	J
Fx	SMISC	1	14
My	SMISC	2	15
Mz	SMISC	3	16
TQ	SMISC	4	17
SFz	SMISC	5	18
SFy	SMISC	6	19
BM	SMISC	27	29

BEAM188 单元的内力图需要通过 ETABLE 和 PLLS 命令实现，下面为一个典型的绘制梁的弯矩图的命令流片段：

```
ETABLE,MI,SMISC,2            ! I 端节点弯矩
ETABLE,MJ,SMISC,15           ! J 端节点弯矩
ETABLE,FSI,SMISC,5           ! I 端节点剪力
ETABLE,FSJ,SMISC,18          ! J 端节点剪力
PLLS,MI,MJ,1,0               ! 绘制弯矩图
PLLS,FSI,FSJ,1,0             ! 绘制剪力图
```

要注意，在上述操作中，My 对应的剪力是 SFz。

4.2　桁架结构静力计算例题

本节介绍几个桁架结构的典型静力计算例题，分别为桁架结构的多工况静力分析与工况组合、超静定桁架结构受到温差影响的内力计算、超静定桁架结构发生支座沉陷时的内力计算。这些例题均采用 Mechanical APDL 环境进行建模和分析。

4.2.1　桁架结构多工况分析

本节为一个静定空间桁架结构的计算例题。

1. 问题描述

静定平面桁架，几何尺寸如图 4-5 所示，承受两种荷载工况，图示外荷载 P 为 1.5 kN。各

杆件截面积均为5 cm^2,钢材弹性模量200 GPa,泊松比0.3。

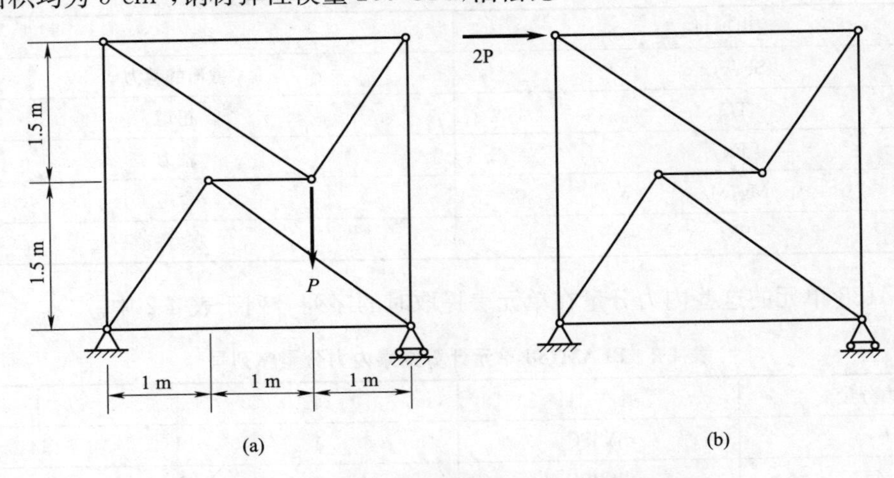

图4-5 静定桁架及其工况示意图

分析结构在各工况下的受力和变形情况,并对两种作用工况进行载荷效应组合,工况1组合系数为1.2,工况2的组合系数为1.3。

本例题的全部建模及计算过程均采用Mechanical APDL方法,涉及到的操作要点包括:

✓ Mechanical APDL桁架结构的直接建模技术

✓ Mechanical APDL多载荷步分析技术

✓ Mechanical APDL工况组合技术

✓ Mechanical APDL桁架结构后处理技术

2. 建模计算过程

建模计算过程分为三个阶段,前处理、加载求解以及后处理,下面给出各阶段的具体步骤以及相关的操作命令。

(1)建立计算模型

采用直接建模方法创建梁结构的计算模型,按照下列步骤完成建模操作。

第1步:进入前处理器

```
/PREP7                          ! 进入前处理器
```

第2步:定义单元类型

```
ET,1,LINK180                    ! 进入前处理器
```

第3步:定义材料参数

```
MP,EX,1,2e11                    ! 定义弹性模量
MP,PRXY,1,0.3                   ! 定义泊松比
```

第4步:定义横截面

```
R,1,5e-4                        ! 定义杆件截面积
```

第5步:定义节点

```
n,1,                            ! 定义节点1
n,2,3.0,0.0,0.0                 ! 定义节点2
n,3,3.0,3.0,0.0                 ! 定义节点3
```

```
n,4,0.0,3.0,0.0                         ! 定义节点 4
n,5,1.0,1.5,0.0                         ! 定义节点 5
n,6,2.0,1.5,0.0                         ! 定义节点 6
```

第 6 步:定义单元

```
e,1,2                                   ! 通过节点定义单元
e,2,3                                   !
e,3,4                                   !
e,1,4                                   !
e,4,6                                   !
e,6,3                                   !
e,5,6                                   !
e,2,5                                   !
e,1,5                                   !
```

建模完成后用如下命令打开实际形状显示,并绘制单元,如图 4-6 所示。

```
/ESHAPE,1.0                             ! 打开单元形状显示
eplot                                   ! 绘制单元
```

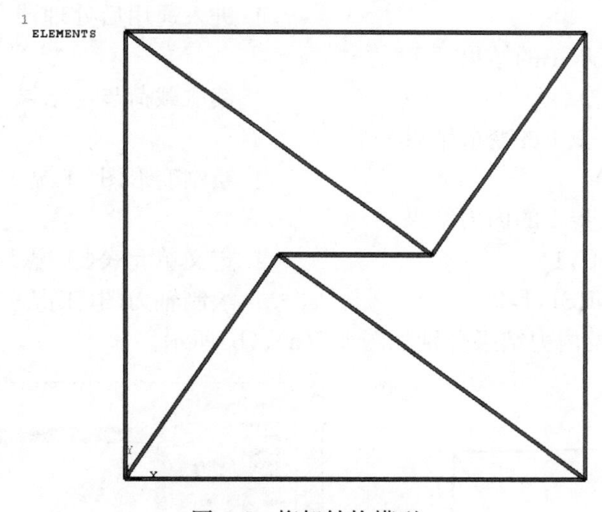

图 4-6　桁架结构模型

第 7 步:退出前处理器

```
Finish                                  ! 退出前处理器
```

(2)加载以及计算

按照如下的步骤和命令进行加载及计算操作。

第 1 步:进入求解器

```
/SOLU                                   ! 进入求解器
```

第 2 步:施加约束

```
d,1,UX,,,,,UY,                          ! 约束节点 1 的 UX、UY 自由度
d,2,UY                                  ! 约束节点 2 的 UY 自由度
```

```
d,ALL,UZ                              ! 约束所有节点的面外自由度
```

第 3 步:施加载荷步 1 的载荷

```
f,6,fy,-1.5e3                         ! 施加载荷步 1 的载荷(工况 1)
```

第 4 步:计算载荷步 1

```
solve                                 ! 求解载荷步 1
```

第 5 步:删除第 1 载荷步的载荷

```
fdele,all,all                         ! 删除前一载荷步的载荷
```

第 6 步:施加载荷步 2 的载荷

```
f,4,fx,3e3                            ! 施加载荷步 2 的载荷(工况 2)
```

第 7 步:计算载荷步 2

```
solve                                 ! 求解载荷步 2
```

第 8 步:退出求解器

```
FINISH                                ! 退出求解器
```

3. 计算结果的查看

按照如下的步骤进行结果后处理。

第 1 步:进入后处理器

```
/post1                                ! 进入通用后处理器
```

第 2 步:读取载荷步 1 的结果

```
SET,1                                 ! 读取载荷步 1 结果
```

第 3 步:查看载荷步 1 的变形结果

```
PLNSOL,U,SUM                          ! 绘制变形图(工况 1)
```

第 4 步:查看载荷步 1 的内力结果

```
ETABLE,,SMISC,1                       ! 定义单元表(工况 1)
PLLS,SMIS1,SMIS1,1,0                  ! 绘制轴力图(工况 1)
```

工况 1 的变形以及内力结果分别如图 4-7(a)、(b)所示。

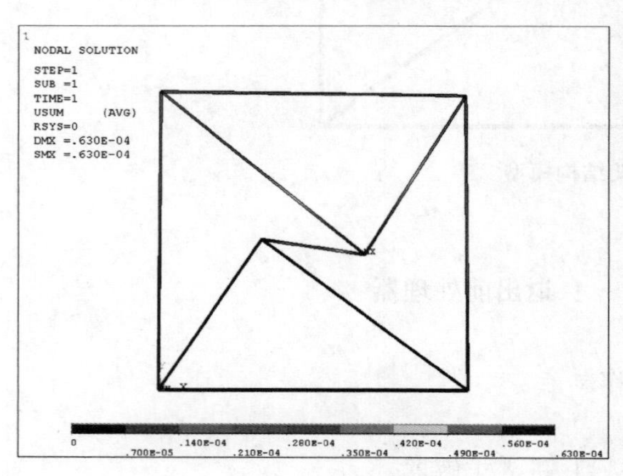

(a)

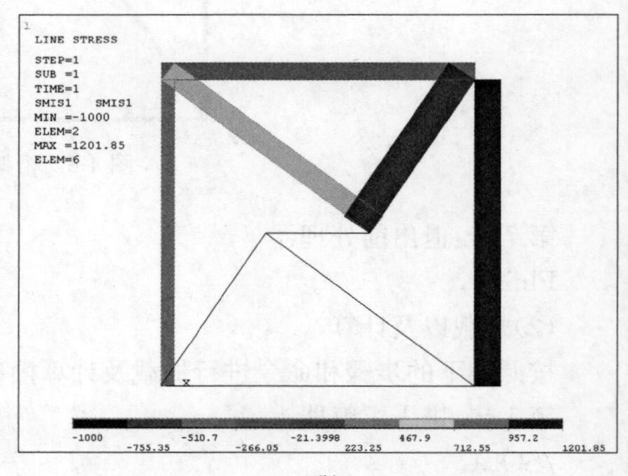

(b)

图 4-7 工况 1 变形以及内力结果

第 5 步:读取载荷步 2 的结果

```
SET,2                                  ! 读取载荷步 2 结果
```

第 6 步:查看载荷步 2 的变形结果

```
PLNSOL,U,SUM                           ! 绘制变形图(工况 2)
```

第 7 步:查看载荷步 2 的内力结果

```
ETABLE,,SMISC,1                        ! 定义单元表(工况 2)
PLLS,SMIS1,SMIS1,1,0                   ! 绘制轴力图(工况 2)
```

工况 2 的变形以及内力结果分别如图 4-8(a)、(b)所示。

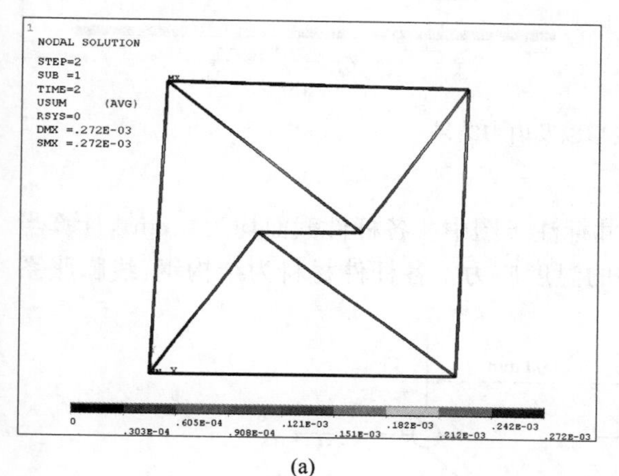

(a)

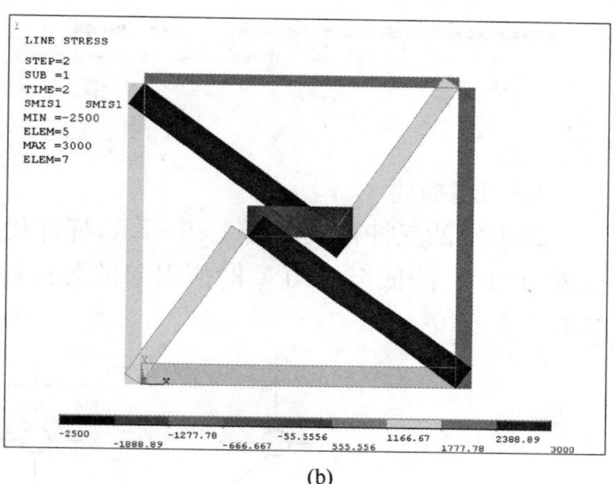

(b)

图 4-8　工况 1 变形以及内力结果

第 8 步:定义载荷工况并组合

```
lcdef,1,1,1                            ! 从结果文件创建荷载工况 1
lcdef,2,2,1                            ! 创建荷载工况 2
lcfact,1,1.2,                          ! 定义荷载工况 1 的组合系数
lcfact,2,1.3,                          ! 定义荷载工况 2 的组合系数
lcase,1,                               ! 将荷载工况 1 读入数据库
LCOPER,ADD,2                           ! 工况组合
```

第 9 步:查看组合变形

```
PLNSOL,U,SUM                           ! 绘制工况组合后的变形图
```

第 10 步:查看组合内力

```
ETABLE,,SMISC,1                        ! 定义工况组合后的单元表
PLLS,SMIS1,SMIS1,1,0                   ! 绘制工况组合后的轴力图
```

工况组合后的变形以及内力结果分别如图 4-9(a)、(b)所示。

4.2.2　超静定桁架在温差作用下的内力计算

本节介绍一个超静定桁架结构由于温差作用引起的内力计算的 ANSYS 例题。

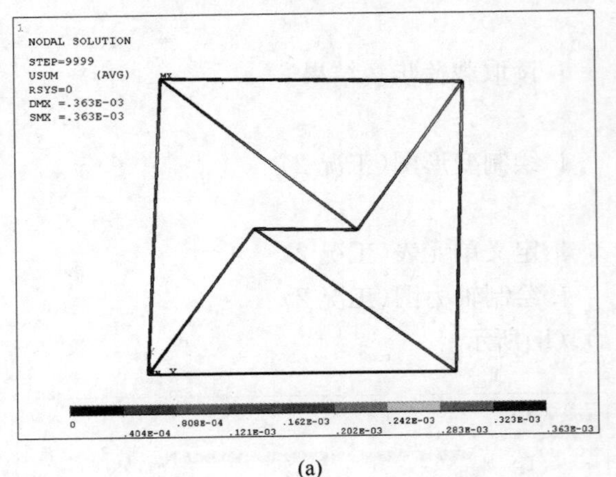

(a)

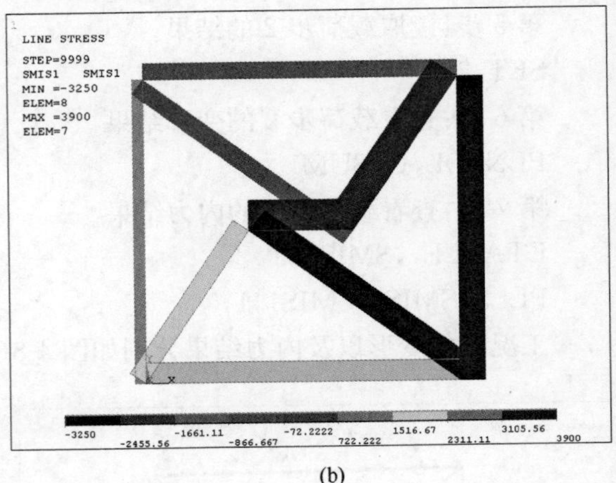

(b)

图 4-9　工况 1 变形以及内力结果

1. 问题描述

超静定的三杆桁架如图 4-10 所示，杆件尺寸标注于图中。各杆件截面均为 5 cm^2，计算当温度由 20 ℃降低至－10 ℃时所引起的各杆件的温度应力。各杆件材料为结构钢，线膨胀系数为 1.2×10^{-5}/℃。

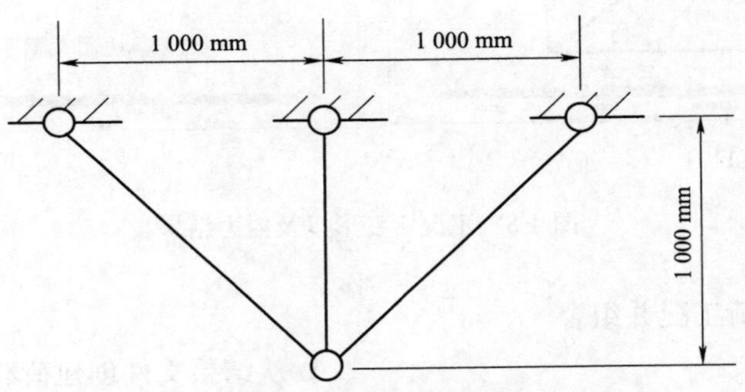

图 4-10　超静定桁架结构

本例题采用 Mechanical APDL 进行建模和计算，涉及到的操作要点包括：

✓　Mechanical APDL 桁架结构建模技术

✓　Mechanical APDL 温度变化作用的施加

✓　Mechanical APDL 桁架结构内力提取技术

2. 建模计算过程

建模计算过程分为三个阶段，前处理、加载求解以及后处理，下面给出各阶段的具体步骤以及相关的操作命令。

(1)建立计算模型

采用直接建模方法创建梁结构的计算模型，按如下的步骤和方法进行操作。

第 1 步：进入前处理器

```
/PREP7                                  ! 进入前处理器
```

第 2 步：定义单元类型

```
ET,1,LINK180                            ! 定义单元类型
```

第 3 步：定义材料模型

```
MP,EX,1,2e11                    ! 定义弹性模量
MP,PRXY,1,0.3                   ! 泊松比
MP,ALPX,1,1.2E-5                ! 线膨胀系数
TREF,20                         ! 参考温度
```

第4步:定义横截面

```
R,1,5e-4                        ! 截面积
```

第5步:定义节点

```
n,1,                            ! 创建节点
n,2,-1.0,1.0,0.0
n,3,0.0,1.0,0.0
n,4,1.0,1.0,0.0
```

第6步:定义单元

```
e,1,2                           ! 创建单元
e,1,3
e,1,4                           !
```

第7步:显示单元实际形状

```
/ESHAPE,1.0                     ! 打开单元实际形状显示开关
eplot                           ! 重新绘图
```

第8步:退出前处理器

```
FINISH                          ! 退出前处理器
```

(2)加载以及计算

按照如下的步骤和命令进行加载及计算操作。

第1步:进入求解器

```
/solu                           ! 进入求解器
```

第2步:施加约束

```
d,2,UX,,,4,1,UY,                ! 施加约束
d,ALL,UZ                        ! 施加总体面外的约束
```

施加约束后的模型如图4-11所示。

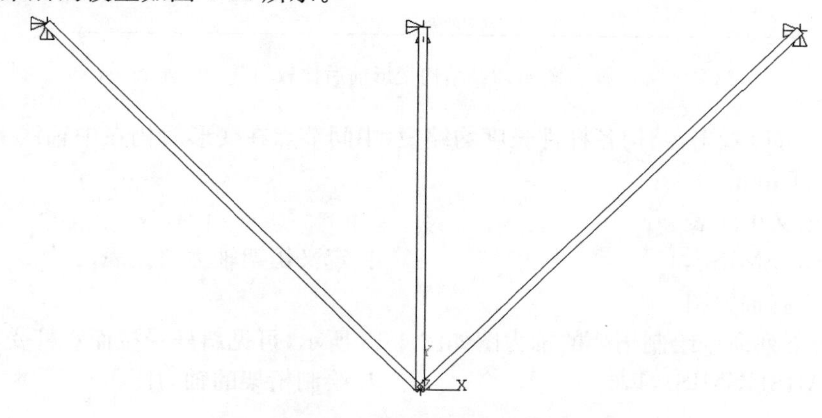

图4-11 施加约束后的模型

第3步:施加载荷

BFUNIF,TEMP,-10　　　　　　　　　　　! 施加温度变化

第4步:计算

solve　　　　　　　　　　　　　　　　! 求解

第5步:退出求解器

FINISH　　　　　　　　　　　　　　　! 退出求解器

3. 计算结果的查看

按照如下步骤进行后处理操作。

第1步:进入后处理器

/post1　　　　　　　　　　　　　　　! 进入通用后处理器

第2步:读入计算结果

SET,1　　　　　　　　　　　　　　　! 读入第1载荷步的结果

第3步:绘制变形图(与变形前比较)

通过执行如下命令绘制结构变形图,与未变形的结构对比,如图4-12所示。

PLDISP,1　　　　　　　　　　　　　　! 绘制结构变形(与变形前对比)

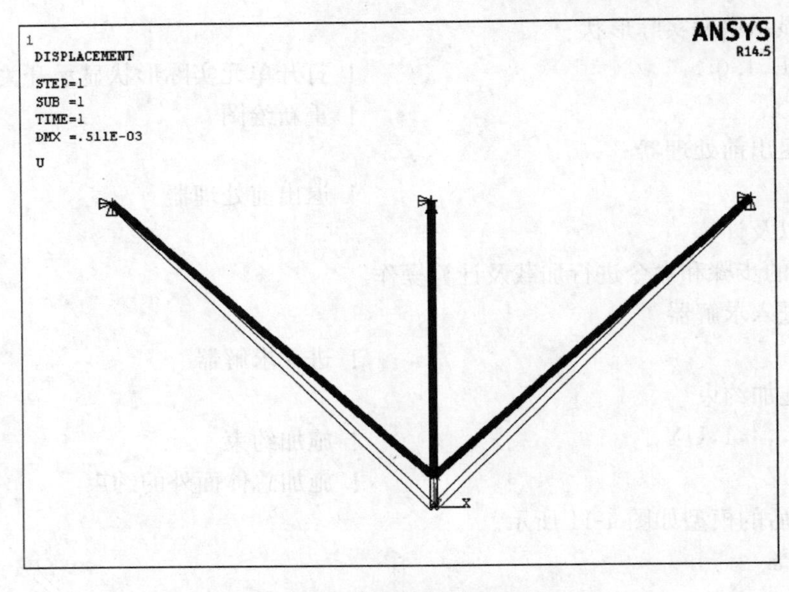

图4-12　结构变形前后比较

由图4-12可以看出,结构各杆件长度均缩短,中间节点在变形后仍在中轴线上,但发生向上位移约0.511 mm。

第4步:定义单元表

ETABLE,,SMISC,1　　　　　　　　　　! 定义桁架轴力单元表

第5步:绘制轴力图

通过执行下列命令绘制桁架的轴力图如图4-13所示,可见斜杆受拉而竖杆受压。

PLLS,SMIS1,SMIS1,1,0　　　　　　　　! 绘制桁架的轴力图

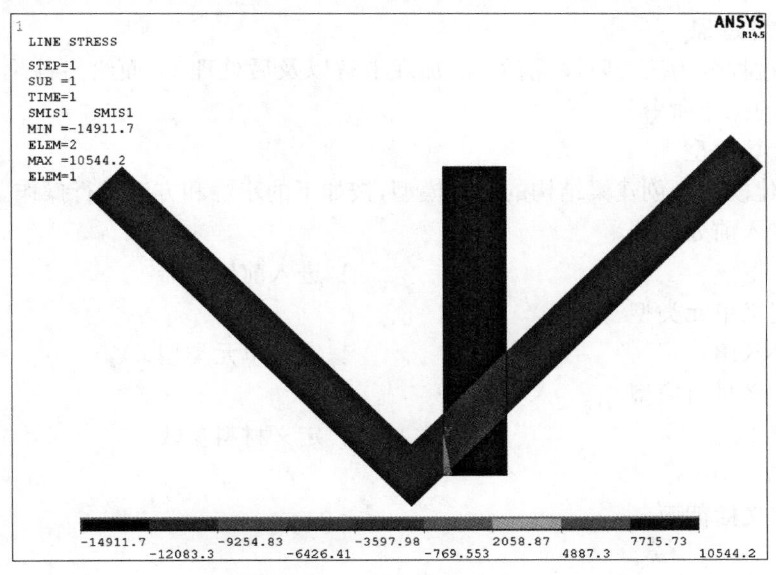

图 4-13　桁架结构轴力图

4.2.3　超静定桁架发生支座沉陷的内力计算

1. 问题描述

超静定桁架结构的杆件尺寸如图 4-14 所示，各杆件截面积均为 5 cm^2。如在右端支座发生 2.0 cm 的支座沉陷，计算结构的变形情况以及各杆件中的内力。

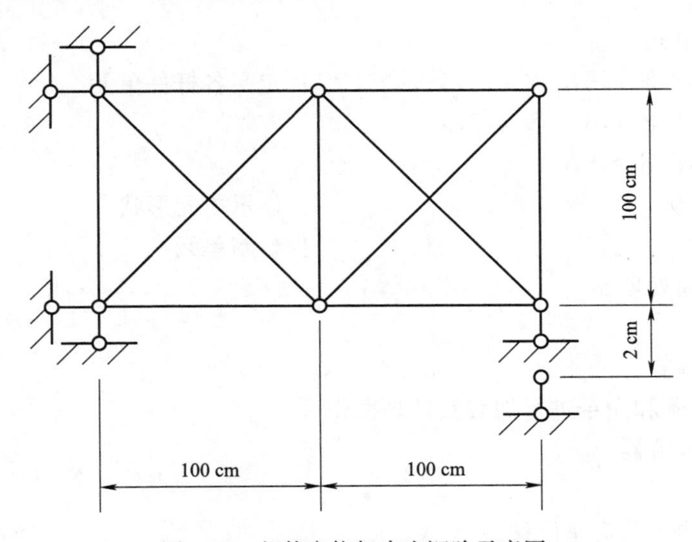

图 4-14　超静定桁架支座沉陷示意图

本例题采用 Mechanical APDL 进行建模和计算，涉及到的操作要点包括：

✓　Mechanical APDL 桁架结构建模技术

✓　Mechanical APDL 强迫位移施加方法

✓　Mechanical APDL 桁架结构后处理技术

2. 建模计算过程

建模计算过程分为三个阶段,前处理、加载求解以及后处理,下面给出各阶段的具体步骤说明以及相关的操作命令。

(1)建立计算模型

采用直接建模方法创建梁结构的计算模型,按如下的步骤和方法进行操作。

第 1 步:进入前处理器

```
/PREP7                                  ! 进入前处理器
```

第 2 步:定义单元类型

```
ET,1,LINK180                            ! 定义单元类型
```

第 3 步:定义材料模型

```
MP,EX,1,2e11                            ! 定义材料参数
MP,PRXY,1,0.3
```

第 4 步:定义横截面

```
R,1,5e-4
```

第 5 步:定义节点

```
n,1,                                    ! 定义节点
n,2,0.0,1.0,0.0
n,3,1.0,0.0,0.0
n,4,1.0,1.0,0.0
n,5,2.0,0.0,0.0
n,6,2.0,1.0,0.0
```

第 6 步:定义单元

```
e,1,2 $ e,1,3 $ e,3,5 $ e,5,6           ! 定义各杆件单元
e,6,4 $ e,4,2 $ e,3,4 $ e,2,3
e,1,4 $ e,4,5 $ e,3,6
/ESHAPE,1.0                             ! 显示单元形状
eplot                                   ! 绘制单元
```

第 7 步:退出前处理器

```
Finish
```

(2)加载以及计算

按照如下的步骤和命令进行加载及计算操作。

第 1 步:进入求解器

```
/solu
```

第 2 步:施加约束及支座位移

```
d,1,UX,,,,,UY,                          ! 施加约束
d,2,UX,,,,,UY,
d,ALL,UZ                                ! 施加总体面外约束
```

第 3 步:施加支座沉陷

```
d,5,UY,-0.02
```

施加了约束及支座位移的结构如图 4-15 所示。

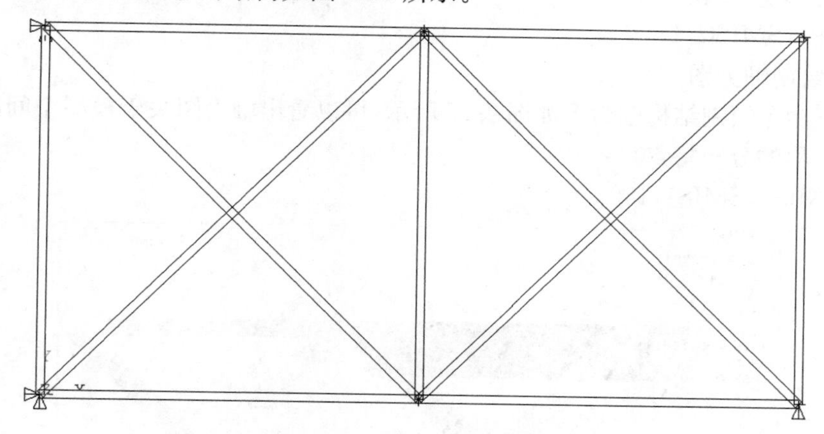

图 4-15　施加约束及支座位移的模型

第 4 步：结构计算

SOLVE　　　　　　！结构计算

第 5 步：退出求解器

FINISH　　　　　　！退出求解器

3. 计算结果的查看

按照如下步骤进行后处理操作。

第 1 步：进入后处理器

/post1　　　　　　！进入后处理器

第 2 步：读入计算结果

SET,1　　　　　　！读取第一载荷步结果

第 3 步：绘制变形图

通过如下命令绘制结构的变形情况如图 4-16 所示。

PLNSOL,U,SUM　　　　！绘制变形图

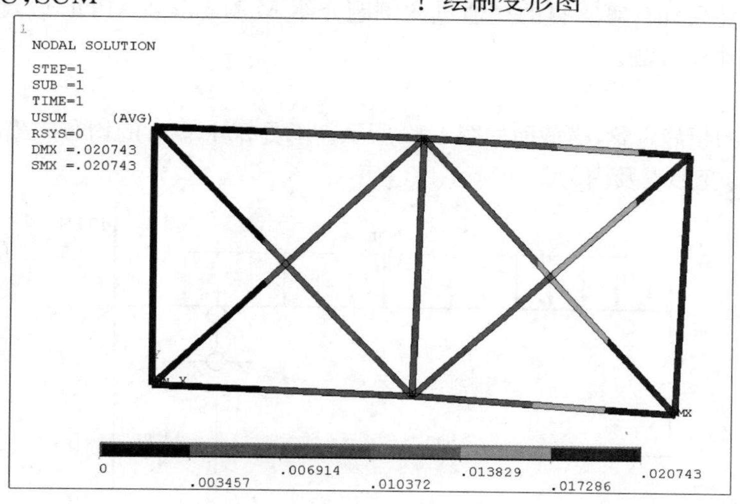

图 4-16　支座位移引起的变形图

第 4 步:定义单元表

ETABLE,,SMISC,1

第 5 步:绘制轴力图

通过如下命令绘制结构轴力图如图 4-17 所示,可以看出轴力图关于模型中间的水平对称轴呈现出反对称的分布特点。

PLLS,SMIS1,SMIS1,1,0

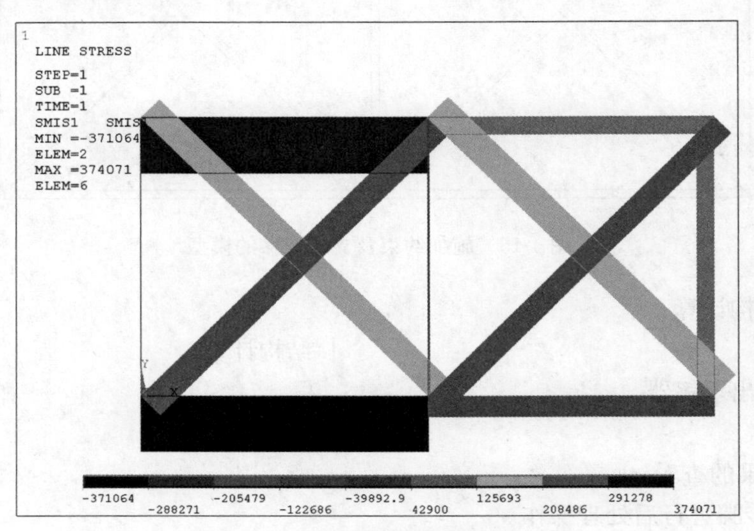

图 4-17 支座位移引起的轴力图

4.3 梁单元静力计算例题

4.3.1 带有外伸臂的超静定梁

本节为一个梁单元应用的例题,例题通过 Mechanical APDL 及 Workbench 两种前后处理环境分别进行建模和计算。目的是通过此例题介绍 Mechanical APDL 以及 Workbench 环境下基于梁结构建模方法。

1. 问题描述

带有外伸臂的超静定梁,横截面如图 4-18 所示。承受 20 kN/m 的均布荷载以及端部 10 kN 集中力,计算梁的变形以及内力。

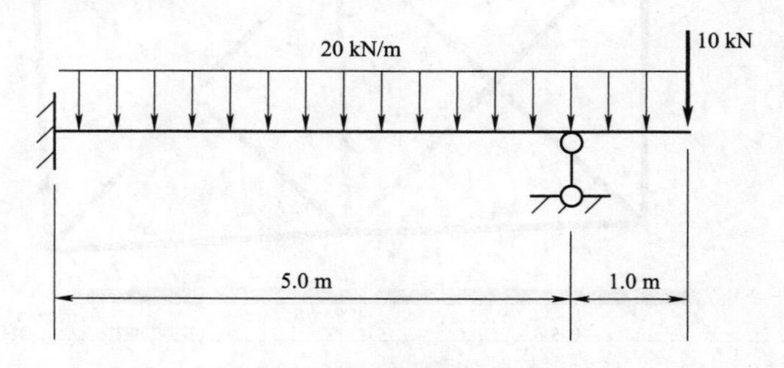

图 4-18 带有外伸臂的超静定梁

本节例题涉及到的操作要点包括：

✓ Mechanical APDL 梁结构的直接建模
✓ Mechanical APDL 单元表的应用
✓ DM 概念建模
✓ DM 梁截面属性定义
✓ DM 截面定位
✓ Mechanical 节点组件
✓ Mechanical 梁结构加载与分析
✓ Mechanical 中梁结构的后处理方法

2. 基于 Mechanical APDL 的建模与计算

在 Mechanical APDL 环境下，本例采用命令操作方式，在建模、加载、分析以及后处理的各步骤中直接给出相关的操作命令，不再介绍界面操作方法。

(1)建立计算模型

采用直接建模方法创建梁结构的计算模型，按如下的步骤和命令进行操作。

第 1 步：进入前处理器

```
/PREP7                                        ! 进入前处理器
```

第 2 步：定义单元类型

```
ET,1,Beam188                                  ! 定义单元类型
KEYOPT,1,3,3                                  ! 三次形函数
```

第 3 步：定义材料参数

```
MP,EX,1,2e11                                  ! 定义弹性模量
MP,PRXY,1,0.3                                 ! 定义泊松比
```

第 4 步：定义横截面

```
SECTYPE,1,BEAM,I,,0                           ! 截面类型工字形
SECOFFSET,CENT                                ! 截面无偏置
SECDATA ,0.2,0.2,0.25,0.012,0.012,0.01        ! 截面尺寸数据
```

第 5 步：定义节点

```
n,1,                                          ! 定义梁的左端点
n,13,6.0,0.0,0.0                              ! 定义梁的右端点
FILL                                          ! 填充形成中间的节点
n,100,0.0,1.0,0.0                             ! 定义截面定位节点
```

第 6 步：定义单元

通过如下的循环体定义单元，随后打开单元形状显示。

```
*DO,I,1,12,1                                  ! 循环
E,I,I+1,100                                   ! 通过相邻的节点创建梁单元
*ENDDO                                        ! 结束循环
/VIEW,1,1,2,3                                 ! 改变视图的角度
/ESHAPE,1.0                                   ! 打开单元实际形状显示开关
eplot                                         ! 绘制单元
```

至此,梁分析模型已经创建完毕。

第7步:退出前处理器

```
Finish                                  ! 退出前处理器
```

(2)加载以及计算

按照如下的步骤和命令进行加载及计算操作。

第1步:进入求解器

```
/SOLU                                   ! 进入求解器
```

第2步:施加约束

```
d,1,all,0.0                             ! 约束左端点全部自由度
d,11,UY,0.0                             ! 约束距左端 5 m 处节点的 Y 向自由度
```

第3步:施加载荷

```
F,13,FY,-10e3                           ! 自由度施加集中力 10 kN
SFBEAM,ALL,1,PRES,20e3                  ! 施加均布荷载 20 kN/m
/PBC,ALL,,1                             ! 打开约束显示
/PSF,PRES,NORM,1,0,1                    ! 打开局部荷载显示
/REP                                    ! 重新绘图
```

施加了约束及载荷后的模型如图 4-19 所示。

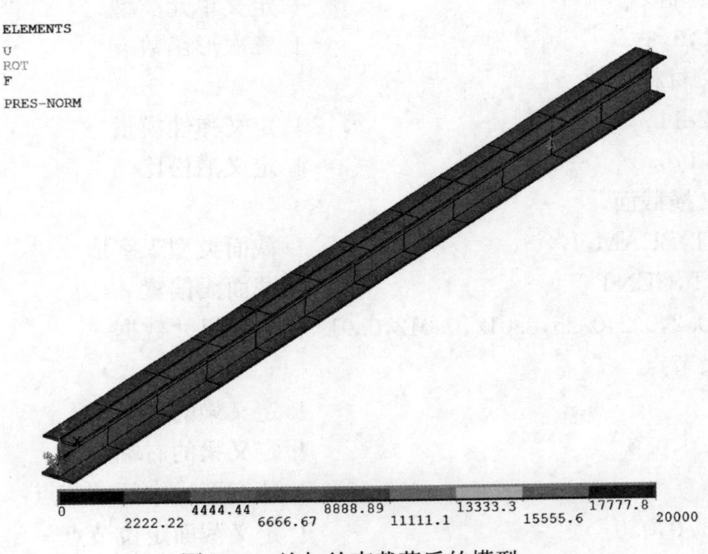

图 4-19　施加约束载荷后的模型

第4步:计算

```
solve                                   ! 执行求解
```

第5步:退出求解器

```
FINISH                                  ! 退出求解器
```

(3)计算结果的查看

第1步:进入通用后处理器

```
/post1
```

第 2 步:读入计算结果

SET,1 ! 读入第一载荷步结果

第 3 步:查看支反力检查平衡条件

通过下列命令列出支反力信息,如图 4-20 所示。

PRRSOL, ! 打印支反力

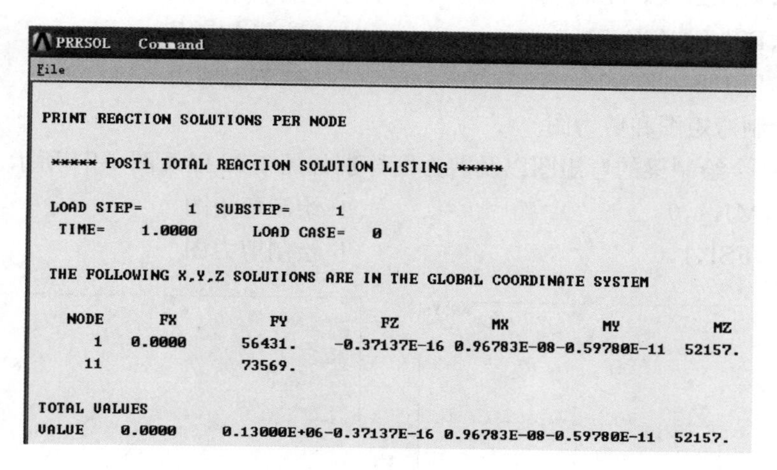

图 4-20 打印的支反力结果

由上述输出结果可知,节点 1 和节点 11 的 Y 向支反力分别为 56.431 kN 以及 73.569 N,其和为 130 kN,与外加荷载平衡。节点 1 支反力矩为 52.157 kN · m。

第 4 步:绘制变形图

通过 PLNSOL 命令绘制结构的变形如图 4-21 所示,最大挠度为 3.578 mm。

PLNSOL,U,SUM ! 绘制变形图

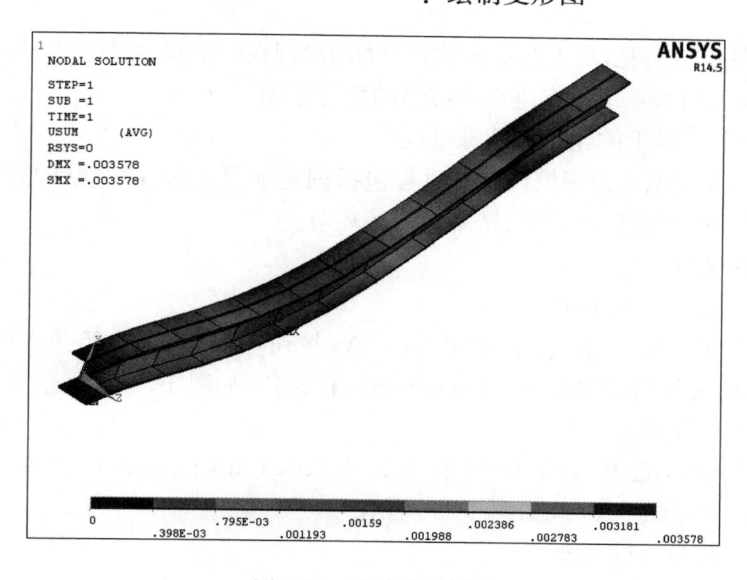

图 4-21 梁的变形情况

第 5 步：定义单元表

梁的内力需要通过定义单元表来存储，下列命令用于把各个梁单元的两端弯矩以及两端剪力存储至单元表项目 MI、MJ 以及 FSI 和 FSJ。

```
ETABLE,MI,SMISC,2                    ! I 端节点弯矩
ETABLE,MJ,SMISC,15                   ! J 端节点弯矩
ETABLE,FSI,SMISC,5                   ! I 端节点剪力
ETABLE,FSJ,SMISC,18                  ! J 端节点剪力
```

第 6 步：绘制弯矩图和剪力图

通过如下命令绘制梁的弯矩图以及剪力图分别如图 4-22 以及图 4-23 所示。

```
PLLS,MI,MJ,1,0                       ! 绘制弯矩图
PLLS,FSI,FSJ,1,0                     ! 绘制剪力图
```

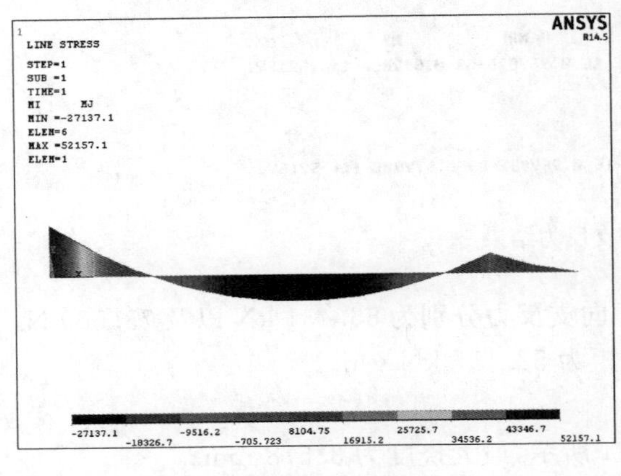

图 4-22 弯矩图

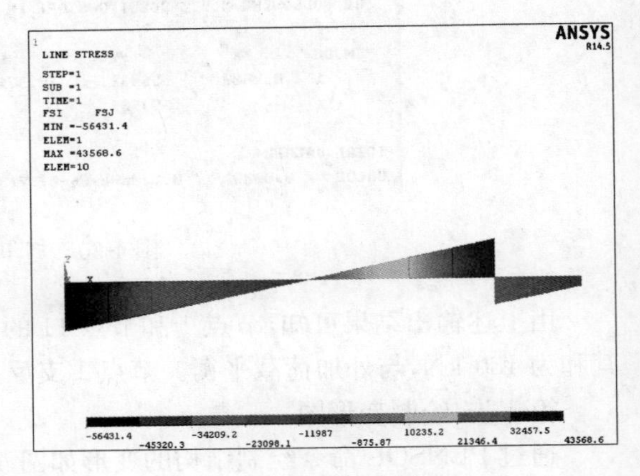

图 4-23 剪力图

由图 4-22、图 4-23 可见，最大弯矩和最大剪力均出现在固定端，数值分别为 52.157 kN · m 以及 56 431.4 kN，与节点 1 的支座反力(矩)的数值相同。

3. Workbench 环境下的建模与计算过程

在 Workbench 环境下的建模计算的过程包括创建项目文件、建立结构静力分析系统、创建几何模型、前处理、加载以及求解、结果查看等环节。

(1)创建项目文件

第 1 步：启动 ANSYS Workbench。

第 2 步：进入 Workbench 之后，单击 Save As 按钮，选择存储路径并将项目文件另存为“Beam”，保存后的文件名出现在 Workbench 窗口标题栏，如图 4-24 所示。

第 3 步：设置工作单位系统

通过菜单 Units，选择工作单位系统为 Metric(kg，mm，s，℃，mA，N，mV)，选择 DisplayValues in Project Units，如图 4-25 所示。

(2)建立结构静力分析系统

第 1 步：创建几何组件

在 Workbench 工具箱的 Component Systems 中，选择 Geometry，将其用鼠标左键拖拽到

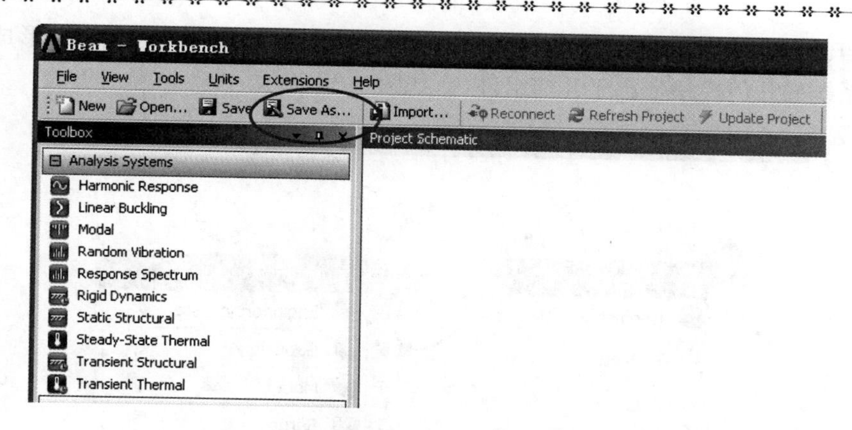

图 4-24　ANSYS Workbench 保存项目文件 Beam

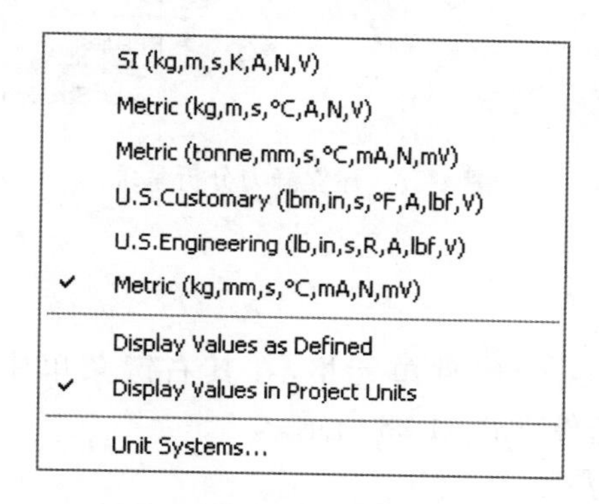

图 4-25　选择单位系统

Project Schematic 窗口内(或者直接双击 Geometry 组件)。在 Project Schematic 内会出现名为 A 的 Geometry 组件,如图 4-26 所示。

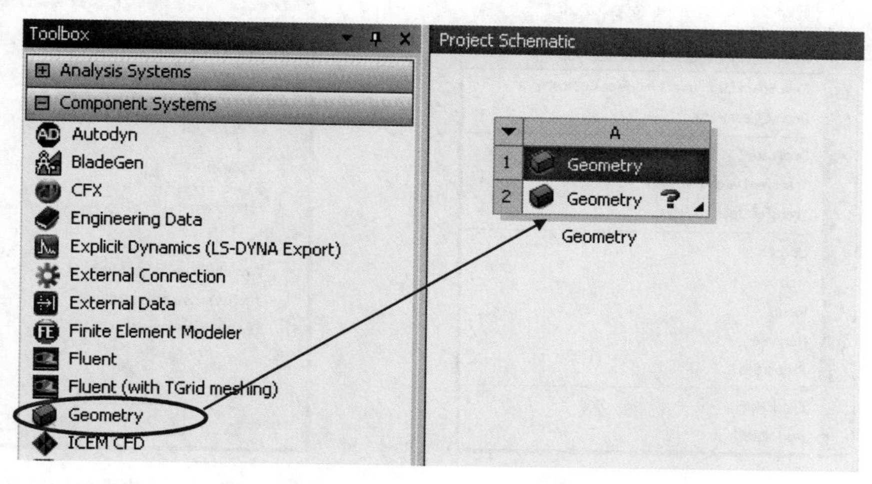

图 4-26　创建 Geometry 组件

第 2 步:建立静力分析系统

用鼠标选中 A2 栏(即 Geometry 栏)。在 Workbench 左侧工具箱的分析系统中选择

Static Structural(ANSYS),用鼠标左键将其拖拽至A2(Geometry)单元格中,形成静力分析系统B,该系统的几何模型来源于几何组件A,如图4-27所示。

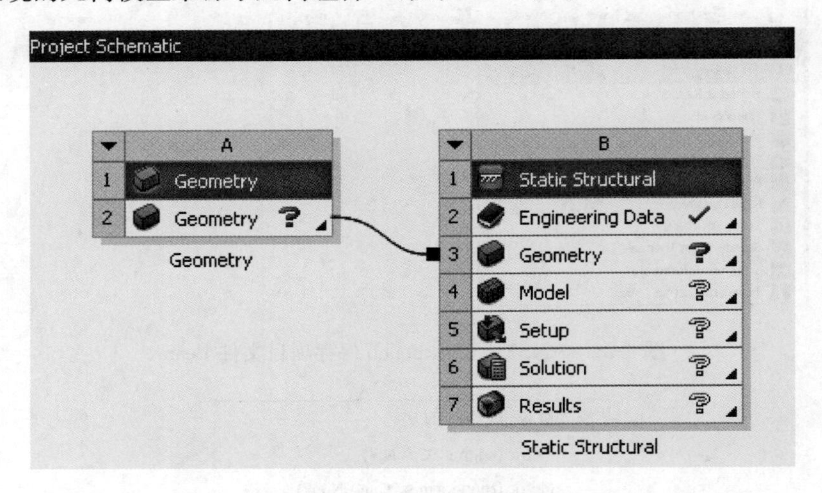

图4-27 建立静力分析系统

(3)创建几何模型

第1步:启动DM组件

用鼠标点选A2(Geometry)组件单元格,在其右键菜单中选择"New DesignModeler Geometry",启动DM建模组件,如图4-28所示。

第2步:设置建模单位系统

在Design Modeler启动后,弹出如图4-29所示的建模长度单位系统选择对话框,在其中选择单位为Meter(m),单击OK按钮确定,进入Design Modeler建模界面。

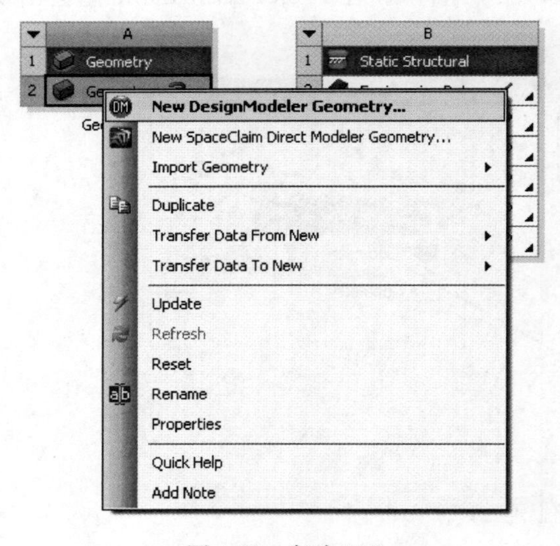

图4-28 启动DM

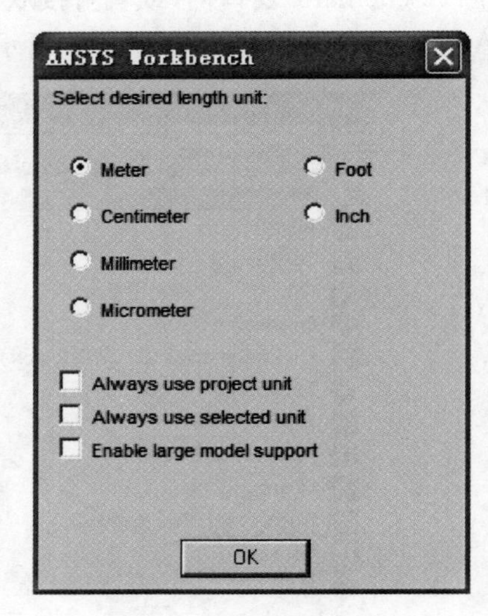

图4-29 建模单位选择

第3步:选择建模平面并创建草图

在DM的Geometry树中单击XYPlane,选择XY平面为草图绘制平面,接着选择草图按

钮 新建草图 Sketch1,如图 4-30(a)所示。为了便于操作,单击正视按钮 选择正视工作平面。如图 4-30(b)所示。

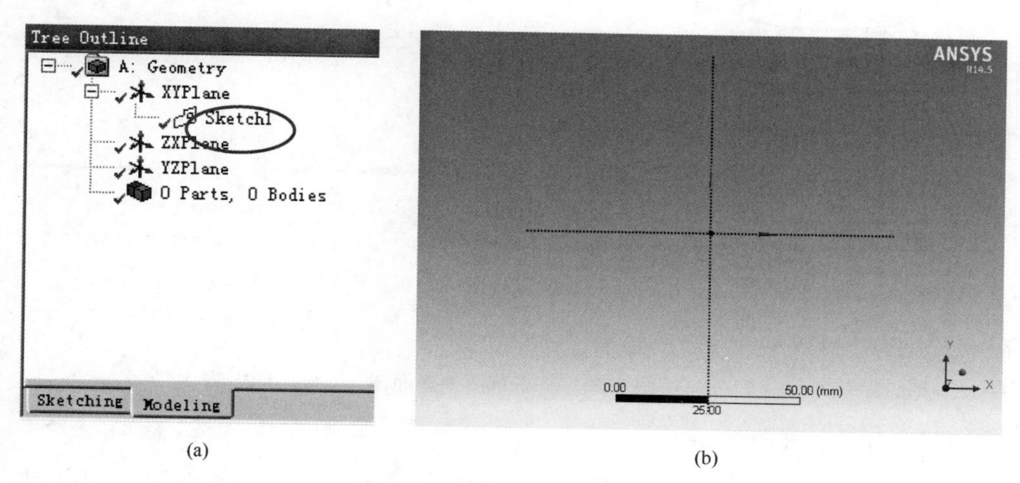

(a)　(b)

图 4-30　草图与工作平面

第 4 步:绘制梁的轴线

切换至草绘模式,在绘图工具面板 Draw 中,选择 Line 绘制直线,此时右边的图形界面上出现一个画笔,拖动画笔放到原点上时会出现一个“P”字的标志,表示与原点重合,此时向右拖动鼠标左键,出现一个“H”字母标志表示线段为水平方向,此时松开鼠标左键,绘制一条水平线段。

第 5 步:标注梁的轴线尺寸

选择草绘工具箱的标注工具面板 Dimensions,选择通用标注 General,选择绘制的水平轴线,设置其长度 H1 为 6 m,如图 4-31(a)、(b)所示。

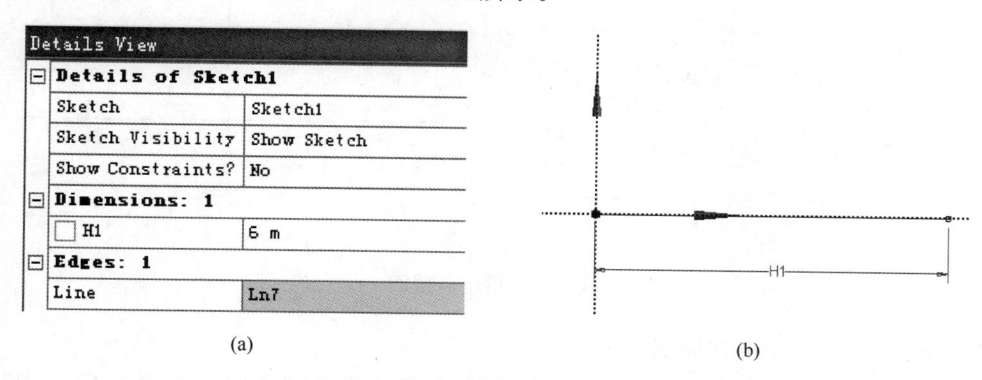

(a)　(b)

图 4-31　矩形尺寸标注

第 6 步:基于草图生成线体。

切换草图模式(Sketching)到 3D 模式(Modeling),选择菜单项 Concept>Lines From Sketches,这时在模型书中出现一个 Line1 分支,在其 Details 选项中 Base Objects 选择 XYPlane 上的 Sketch1,然后点工具栏中的 Generate 按钮以创建一个线体,如图 4-32(a)、(b)所示。

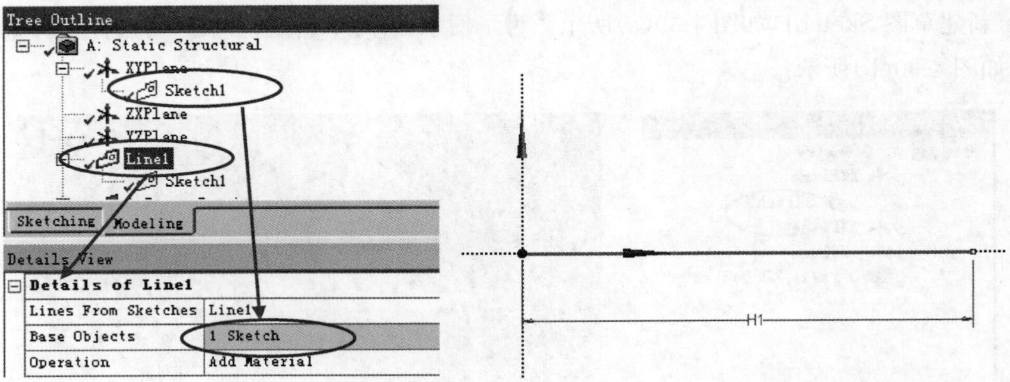

(a)　　　　(b)

图 4-32　基于草图创建面体

第 7 步:定义线体截面

在菜单栏中选择 Concept>Cross Section>I Section,创建工字型横截面 I1,并在左下角的详细列表中修改横截面的尺寸,如图 4-33(a)、(b)所示。

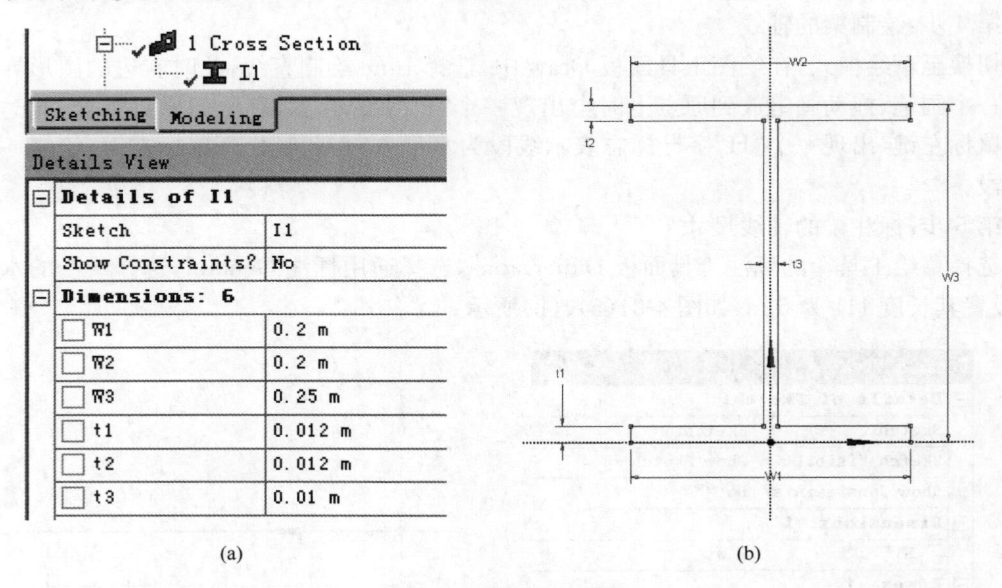

(a)　　　　(b)

图 4-33　指定横截面

第 8 步:对线体赋予横截面属性

①单击选中树形窗中的 Line Body 选项,在左下角的详细列表中单击黄色 Cross Section 选项,在下拉菜单中选择已添加的工字型截面 I1,然后单击工具栏上的 Generate 按钮完成截面指定,如图 4-34(a)所示。

②选择菜单栏 View>Cross Section Solids,可以观察到显示横截面的线体模型及其单元坐标系,如图 4-34(b)所示。

第 9 步:退出 DM。

至此,框架几何体建模完成,关闭 Design Modeler,回到 ANSYS Workbench 界面下。

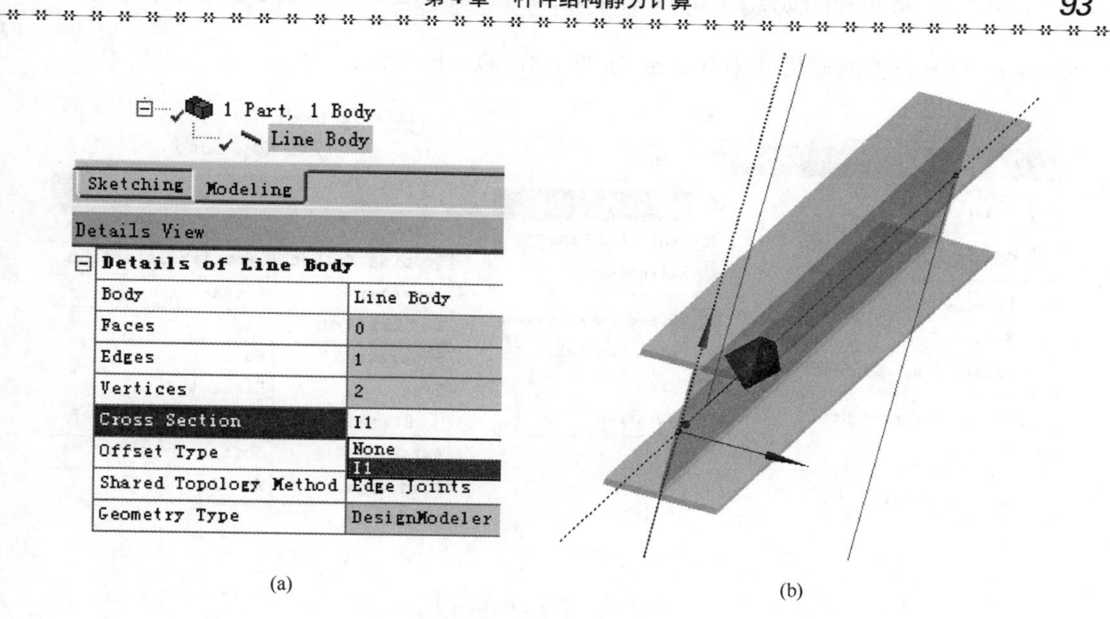

(a)　(b)

图 4-34　赋予截面后的线体

(4)前处理

第 1 步:启动 Mechanical 组件

在 Workbench 的 Project Schematic 中双击 B4(Modal)单元格,启动 Mechanical 组件。

第 2 步:设置单位系统

通过 Mechanical 的 Units 菜单,选择单位系统为 Metric(m,kg,N,s,V,A),如图 4-35 所示。

第 3 步:确认材料

确认 Line body 材料为 Structural Steel,如图 4-36 所示。

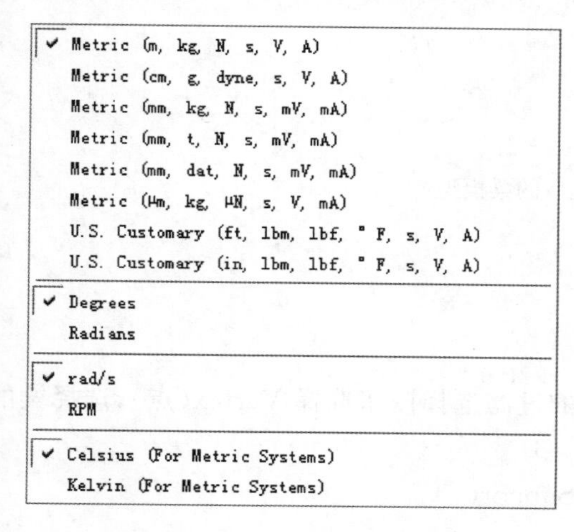

图 4-35　单位制

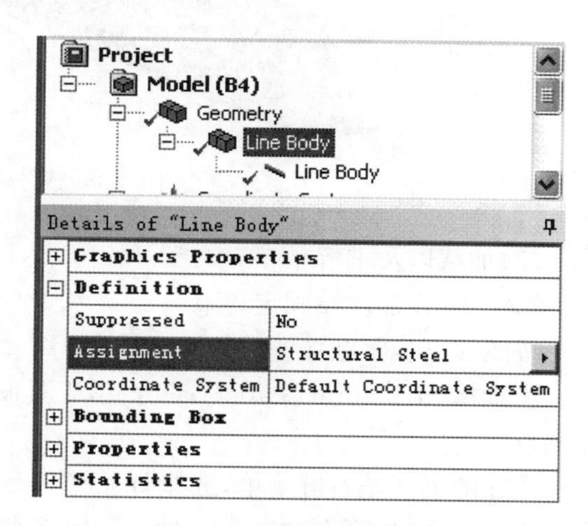

图 4-36　线体材料确认

第 4 步:单元尺寸设置

用鼠标选择树形窗中的 Mesh 分支,在其右键菜单中选择 Insert>Sizing,在其 Details 中的 Element Size 设置网格尺寸为 0.5 m，如图 4-37(a)、(b)所示。

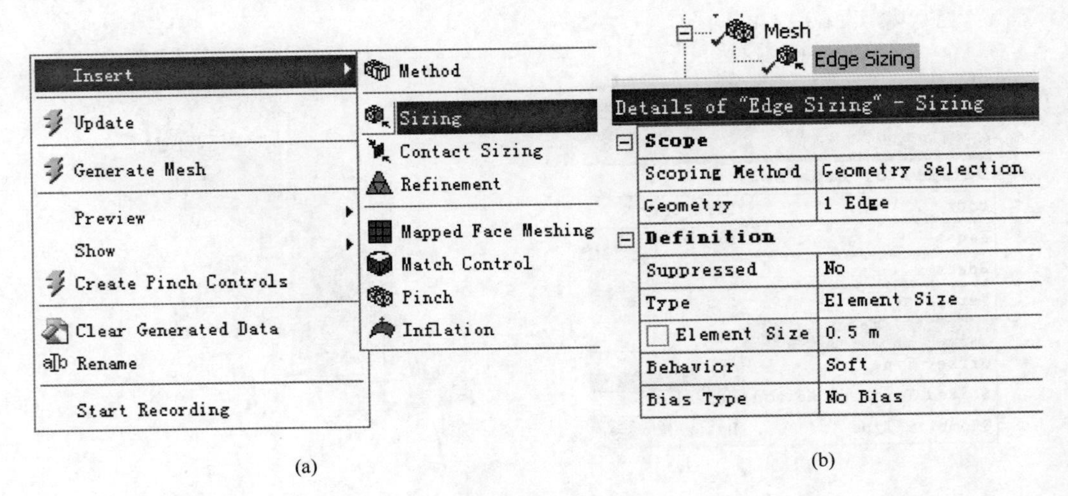

图 4-37 设置单元尺寸

第 5 步：网格划分

在 Mesh 分支的右键菜单中选择 Generate Mesh 进行划分网格后的结构如图 4-38 所示，整根梁被划分为 12 个单元。

图 4-38 划分单元后的梁模型

(5)加载以及求解

第 1 步：施加左端固定约束

按照如下步骤施加左端的固定约束。

①选择 Structural Static(B5)分支，工具面板的过滤选择按钮选择 Vertex(点)，选择梁的左端点。

②在图形区域右键菜单，选择 Insert>Fixed Support。

第 2 步：施加距离左端 5 m 处的竖向支座

①在 Mechanical 界面中选择 Model(B4)分支，工具栏的 Model 一栏中选择 Named Selection，在其右键菜单中选择 Insert>Named Selection，此分支下出现一个命名选择集合分支 Selection。

②选中 Selection 分支，在其 Detail 的 Scoping Method 选项选择 Worksheet，视图切换至 Worksheet。

③在 Worksheet 视图中右键添加一行选择过滤信息，选择 X 坐标位于 5 m 的 Mesh Node（节点），如图 4-39 所示。

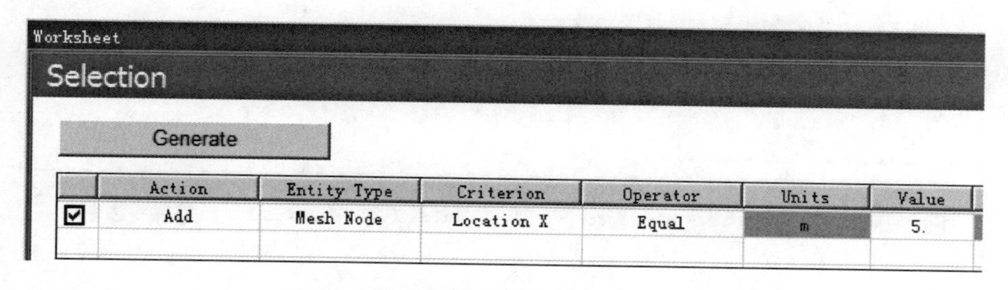

图 4-39　通过节点坐标过滤选择节点

④点 Worksheet 视图中的 Generate 按钮，形成节点选择集 Selection。此时，切换至 Graphics 模式，高亮度显示 Selection 所选择的节点集合为距离固定端 5 m 的节点。

⑤选择 Structural Static(B5)分支，在其右键菜单中选择 Insert>Nodal Displacement，在 Project Tree 中出现一个 Nodal Displacement 分支。

⑥选择 Nodal Displacement 分支，在其 Details 中，设置 Scoping Method 属性为“Named Selection”，在 Named Selection 下拉列表中选择上面形成的节点选择集合 Selection，设置其 X Component 为 Free，Y Component 以及 Z Component 均为 0，如图 4-40(a)所示，在模型中显示的支座如图 4-40(b)所示。

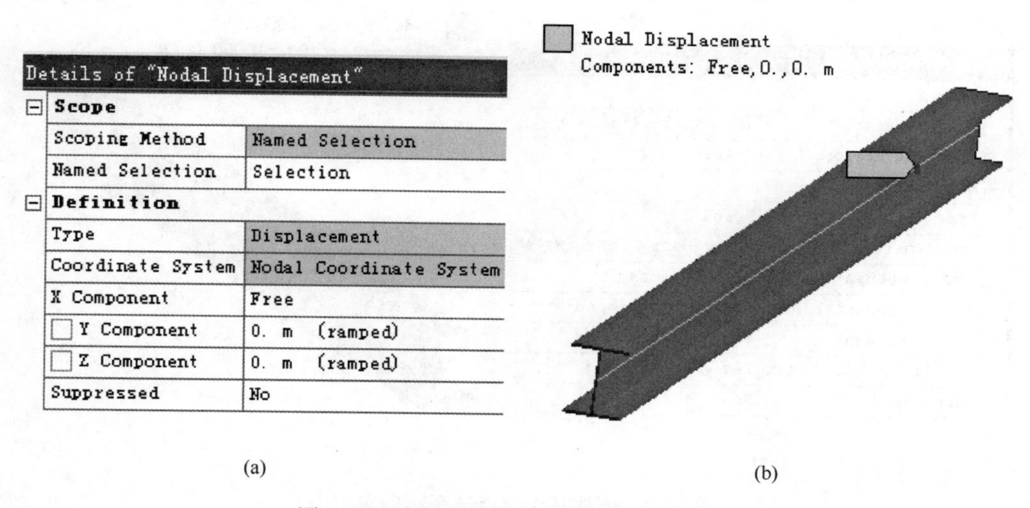

图 4-40　施加基于节点选择集的位移约束

第 3 步：在梁自由端添加节点集中力

按照如下的操作步骤施加节点集中力。

①在 Mechanical 界面中选择 Model(B4)分支，工具栏的 Model 一栏中选择 Named Selection，在其右键菜单中选择 Insert>Named Selection，此分支下出现一个命名选择集合分支 Selection2。

②选中 Selection2 分支,在其 Detail 的 Scoping Method 选项选择 Worksheet,视图切换至 Worksheet。

③在 Worksheet 视图中右键添加一行选择过滤信息,选择 X 坐标位于 6 m 的 Mesh Node (节点),如图 4-41 所示。

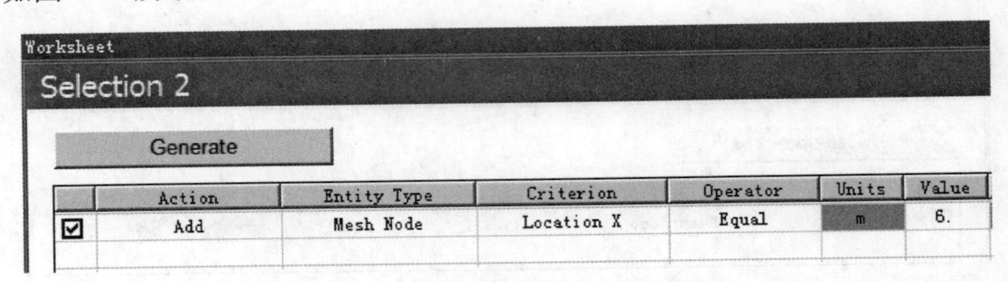

图 4-41 通过节点坐标过滤选择节点

④点 Worksheet 视图中的 Generate 按钮,形成节点选择集 Selection。此时,切换至 Graphics 模式,高亮度显示 Selection 所选择的节点集合为距离固定端 6 m 的节点,即梁的右端节点。

⑤选择 Structural Static(B5)分支,在其右键菜单中选择 Insert>Nodal Force,在 Project Tree 中出现一个 Nodal Force 分支。

⑥选择 Nodal Force 分支,在其 Details 中,设置 Scoping Method 属性为"Named Selection",在 Named Selection 下拉列表中选择上面形成的节点选择集合 Selection2,设置其 Y Component 为−10 000 N,如图 4-42(a)所示,在模型中显示的荷载如图 4-42(b)所示。

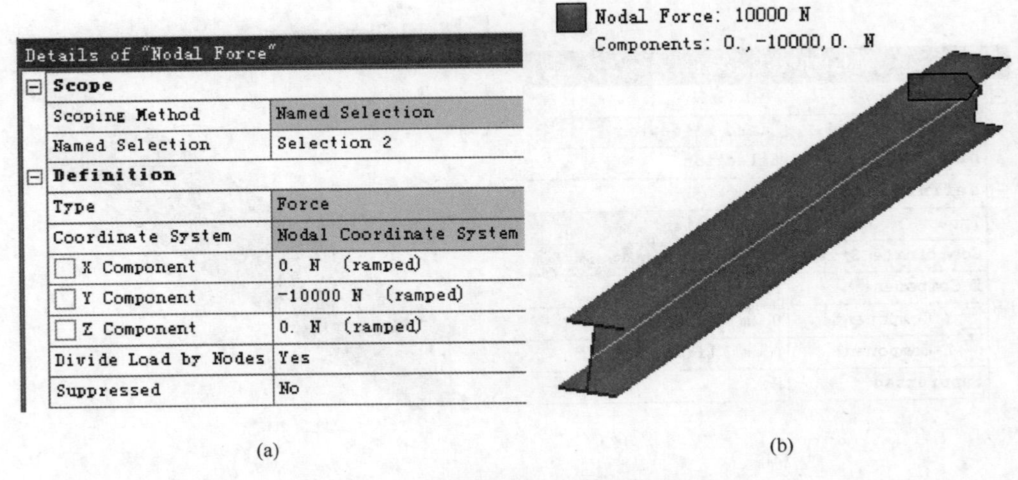

图 4-42 施加基于节点选择集的集中力

第 4 步:施加均布荷载

按照如下步骤施加均布荷载。

①选择 Structural Static(B5)分支,在其右键菜单中选择 Insert>Line Pressure,在 Project Tree 中出现一个 Line Pressure 分支。

②选择 Line Pressure 分支,在其 Details 属性中,选择 Geometry,在图形显示窗口用鼠标左键拾取梁的轴线,然后点 Apply。

③设置 Line Pressure 的指定方式 Define By 为 Components，输入 Y Component 为 −20 000 N/m，如图 4-43(a)所示，在图形窗口中显示的均布载荷如图 4-43(b)所示。

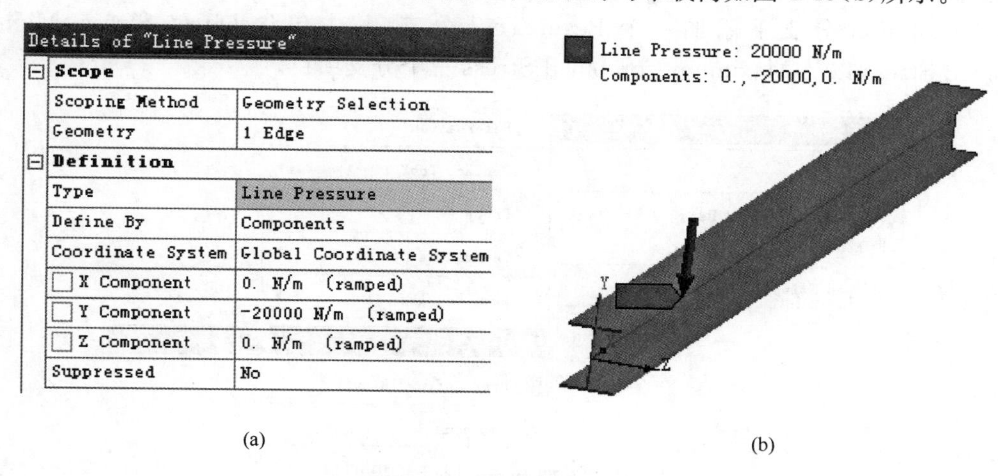

图 4-43　施加均布荷载

第 5 步：求解

单击工具栏上的 Solve 按钮进行结构计算。

(6)结果后处理

按如下的步骤完成此结构的后处理过程。

1)添加要查看的结果

①添加支反力结果

在 Project Tree 中按住 Ctrl 键同时选择 Fixed Support 以及 Nodal Displacement 两个约束分支。用鼠标的左键将选择的两个约束分支拖动至 Solution(B6)分支上，出现＋号图标，放开鼠标左键。这时在 Solution 分支下出现了 Force Reaction 以及 Force Reaction2 两个分支。

②添加变形结果

选择 Solution(B6)分支，在其右键菜单中选择 Insert>Deformation>Total。

③添加梁的弯矩结果

选择 Solution(B6)分支，在其右键菜单中选择 Insert>Beam Results>Bending Moment，如图 4-44 所示，在 Solution 分支下添加一个 Total Bending Moment 分支。

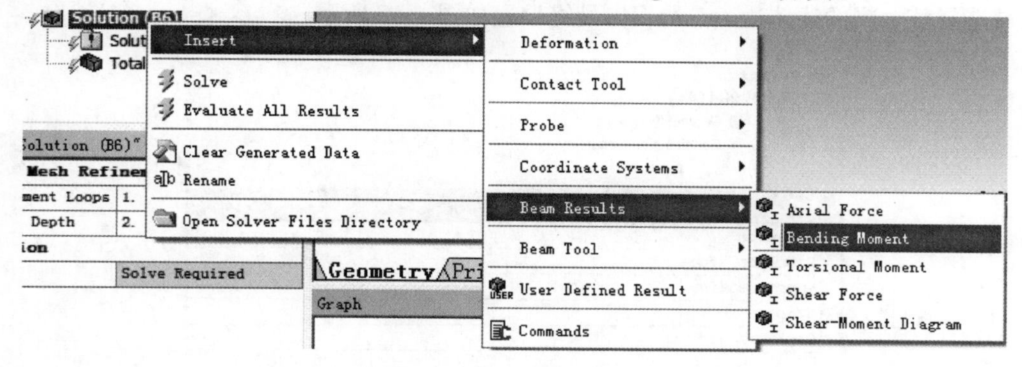

图 4-44　添加 Bending Moment 结果项目

④添加 Beam Tool 工具箱结果

选择 Solution(B6)分支,在其右键菜单中选择 Insert>Beam Tool>Beam Tool,如图 4-45 所示,在 Solution 分支下添加一个 Beam Tool 分支,其中包含 Direct Stress、Minimum Combined Stress 以及 Maximum Combined Stress 三个分支项目。

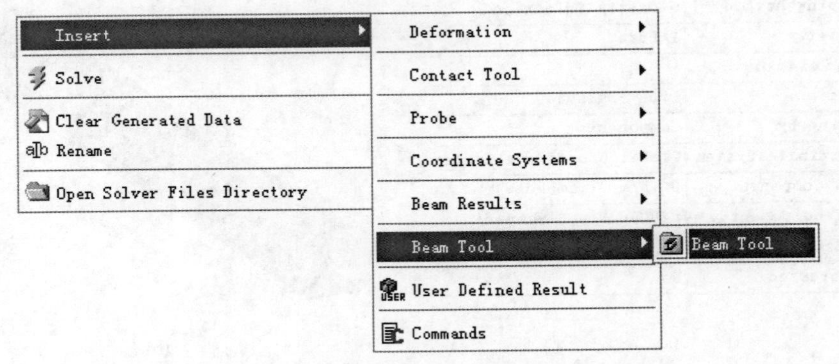

图 4-45 添加 Beam Tool 结果项目

⑤添加路径

在 Project Tree 中选择 Model 分支,在 Model 分支的上下文相关工具栏上选择 Construction Geometry,在 Model 分支下出现一个 Construction Geometry 分支。

选择 Construction Geometry 分支,右键菜单插入 Path,如图 4-46 所示,在 Construction Geometry 分支下出现一个 Path 分支。也可在工具栏上选择 Path 以加入 Path 分支。

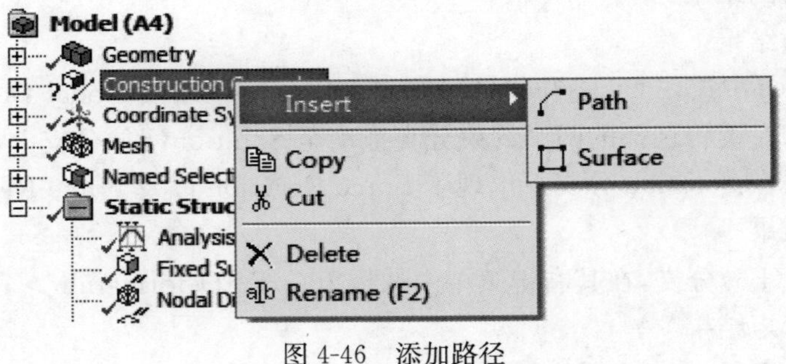

图 4-46 添加路径

选择 Path 分支,在其 Details 中选择 Path Type 为 Edge,选择 Scope Geometry,在图形显示区域选择整个梁的线体边,点 Apply,最终设置如图 4-47 所示。

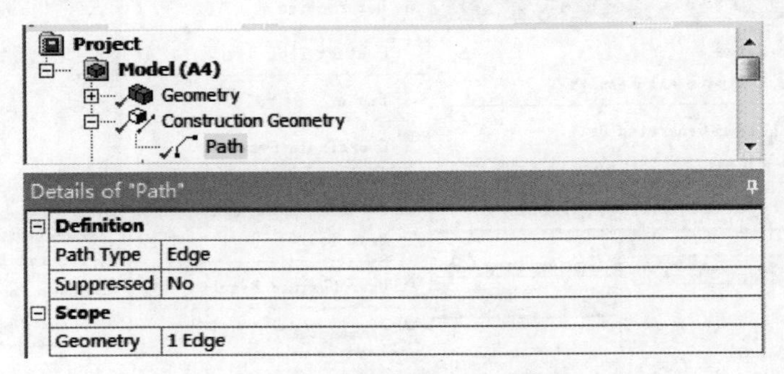

图 4-47 Path 的 Details 设置

设置完成后，在图形窗口中显示定义路径 Path 的方向以及两个端点 1 和 2，如图 4-48 所示。

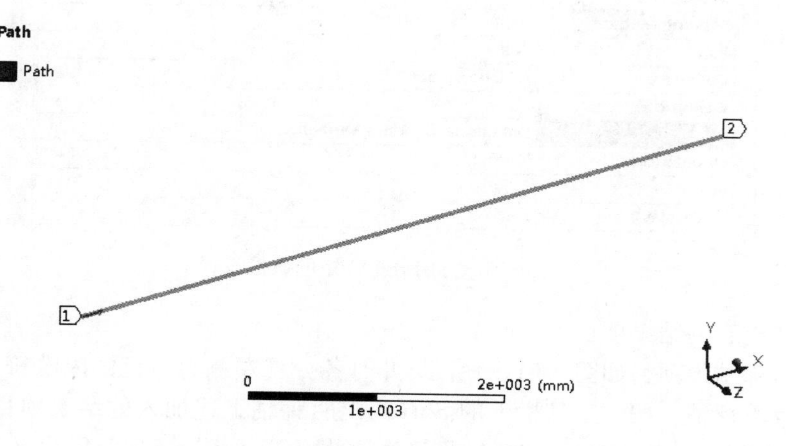

图 4-48　添加的 Path 示意图

⑥添加单元局部坐标系结果

选择 Solution 分支，在此分支的右键菜单中选择 Insert>Coordinate Systems>Element Triads，如图 4-49 所示。随后在 Solution 分支下增加一个 Element Triads 分支。

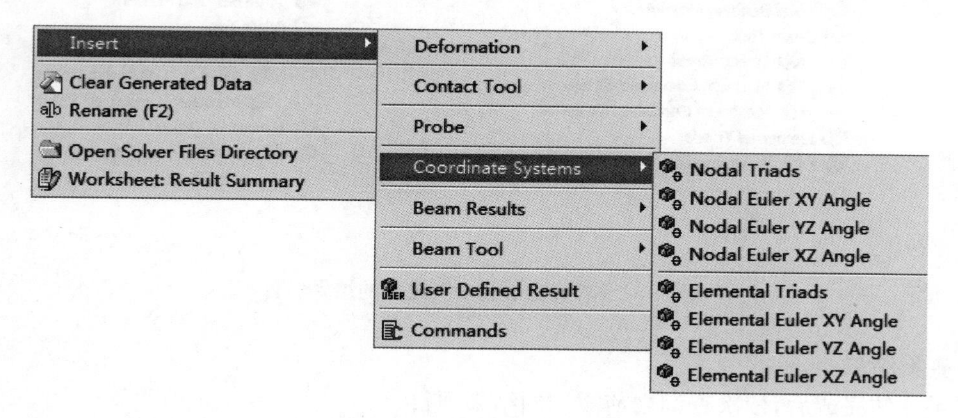

图 4-49　加入单元局部坐标系结果

⑦添加分量弯矩图

选择 Solution 分支，在此分支的右键菜单中选择 Insert>Beam Results>Bending Moment，出现一个 Total Bending Moment 2 分支，在其 Details 中选择 Type 选项为 Directional Bending Moment，Orientation 选择 Y Axis，则分支名称自动改为 Directional Bending Moment。

继续在其 Details 中选择 Scoping Method 选项为 Path，选择 Path 为前面指定的路径名称 Path，设置完成后如图 4-50 所示。

在这里的设置中需要注意，弯矩的方向选择 Y 轴，是单元的局部坐标的 Y 轴，而不是总体坐标。单元局部坐标可通过后面计算出的 Element Triads 显示结果得到验证。

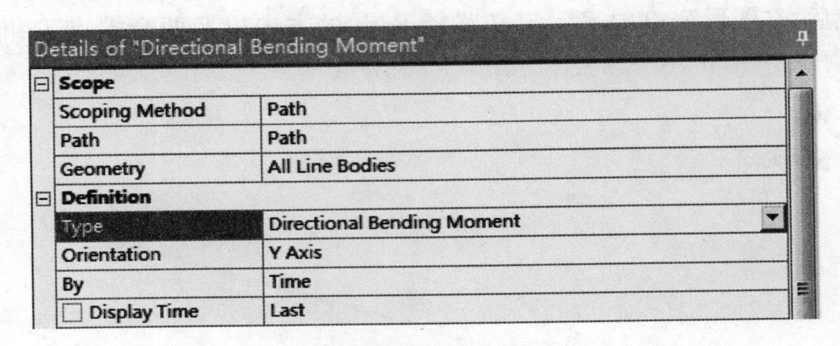

图 4-50 方向分量弯矩的属性设置

2)评估待查看的结果项目

添加的全部结果项目如图 4-51(a)所示，此时各分支左侧为黄色的闪电符号，表示这些结果项目有待计算评估。按下工具栏上的 Solve 按钮，评估上述加入的结果项目。结果评估完成后，各分支左侧为绿色的对号，表示结果已经评估完成，如图 4-51(b)所示。

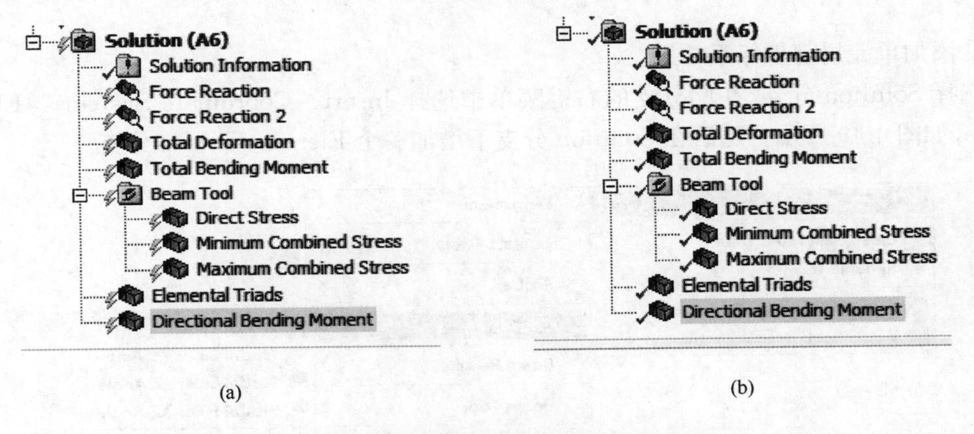

图 4-51 求解之前和求解之后的结果项目

3)查看结果

结果评估完成后，依次查询之前添加的结果项目。

①查看支反力结果

支反力 Force Reaction 以及 Force Reaction2 结果如图 4-52(a)、(b)所示，Y 方向支反力之和为 130 kN，与均布荷载以及端部集中力之合力 130 kN 相平衡。

Results	
X Axis	0. N
Y Axis	73692 N
Z Axis	-2.9137e-018 N
Total	73692 N

(a)

Results	
X Axis	0. N
Y Axis	56308 N
Z Axis	-1.6914e-018 N
Total	56308 N

(b)

图 4-52 求解之前和求解之后的结果项目

②查看结构变形情况

结构的总体变形如图 4-53 所示，最大变形发生在跨内距固定端约 2.5 m 处，数值为 3.556 mm。

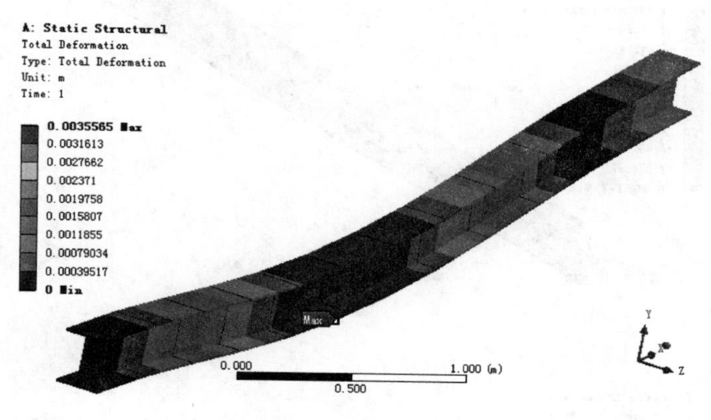

图 4-53　梁的变形图

③查看弯矩分布情况

Mechnical 提供的结构弯矩分布如图 4-54 所示。最大弯矩出现在固定端，数值为 51.539 kN·m。

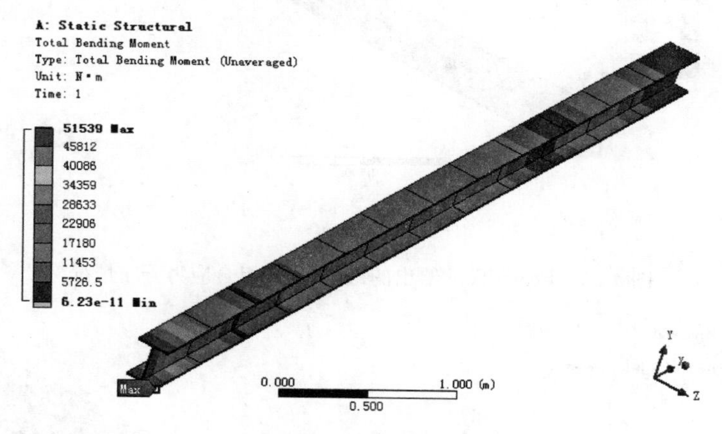

图 4-54　弯矩分布等值线

④查看 Beam 工具箱的结果

Beam 工具箱给出的 Direct Stress 结果为零，最小以及最大组合应力结果如图 4-55(a)、(b)所示，分别为－82.967 MPa 以及 82.967 MPa，均发生在固定端截面上。

⑤查看单元坐标系结果

选择 Element Triads 分支，查看梁单元的局部坐标系，可以看到梁的局部坐标系方向正好平行于总体坐标方向，如图 4-56 所示。

⑥绘制梁的弯矩图

选择最后一个结果项目 Directional Bending Moment，在 Graph 区域绘制出梁的弯矩图，如图 4-57 所示，可看到沿着梁的轴线有两个弯矩为 0 的点(反弯点)，最大弯矩计算结果与 Mechanical APDL 中的计算结果一致。

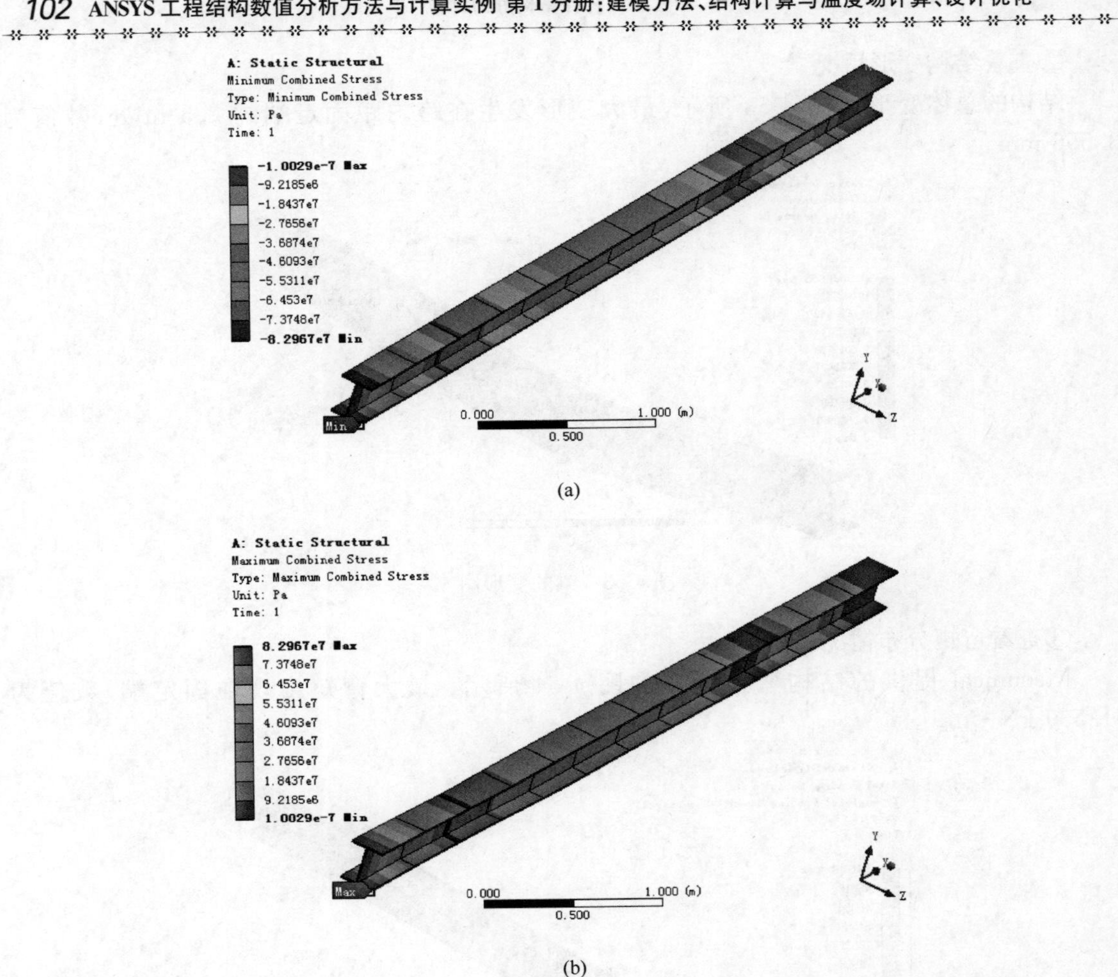

(a)

(b)

图 4-55　Beam Tool 给出的最大、最小组合应力分布情况

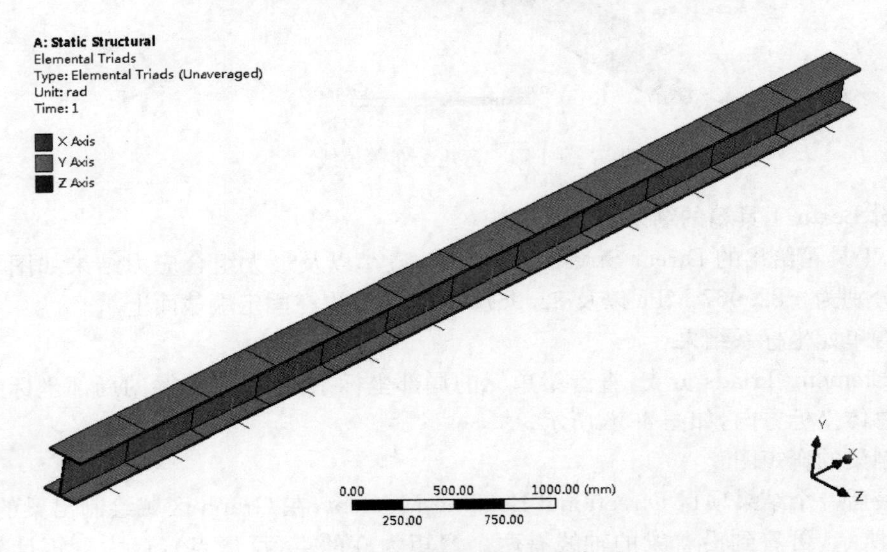

图 4-56　梁的局部坐标方向

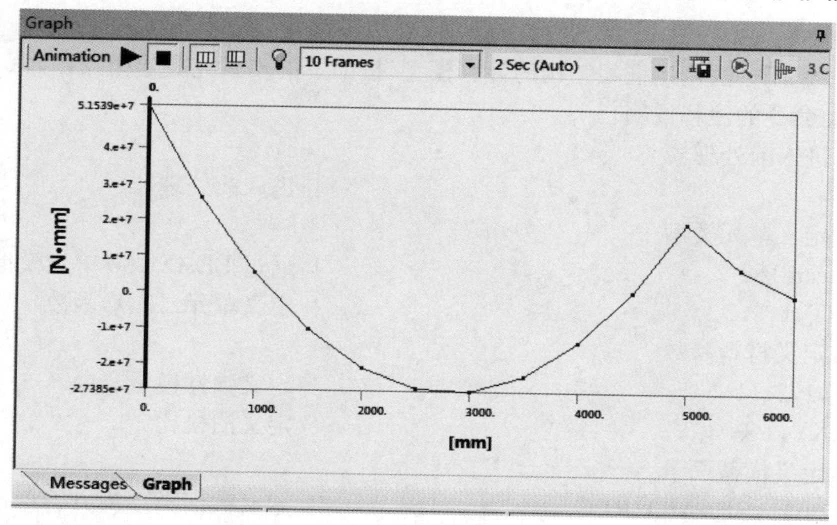

图 4-57　梁的弯矩图

在 Workbench 中计算结果与前一节 Mechanical APDL 中计算的结果是一致的。Mechanical APDL 中的建模以及内力图的绘制均可通过命令流创建单元表来实现，Workbench 中的建模方法则更为灵活，后处理方面也提供了更多的实用工具。

4.3.2　操作平台框架受力计算

本节介绍一个操作平台空间刚架结构的计算例题，目的是通过这个计算例题，向读者介绍梁单元在结构建模以及计算中的具体使用方法和要点。

1. 问题描述

某试验操作平台框架，平面轴线尺寸为 1.0 m×1.0 m，高 2.0 m，各层横梁以及全部立柱均为等截面方形钢管，截面为 50 mm×50 mm 的方钢管、壁厚 2.5 mm。图 4-58 为此框架结构的一个示意图。上面两层周边梁承受设备传来的均布荷载 10 kN/m，底面被固定在台座上。

下面将分别基于 Mechanical APDL 环境以及 Workbench 环境对此操作平台结构进行建模和结构计算，分析其受力和变形情况。

本节例题所涉及到的知识点包括：

✓ DM 中 line body 的概念建模

✓ DM 截面定义

✓ DM 梁截面的定位

✓ Mechanical 中梁单元加载

✓ Mechanical 中梁结构计算结果的查看

2. Mechanical APDL 环境中操作平台的建模及计算过程

首先在 Mechanical APDL 环境下采用命令流方式分析此操作平台框架结构。具体按照下列步骤完成，在建模、加载、分析以及后处理的各步骤中直接给出相关的操作命令。

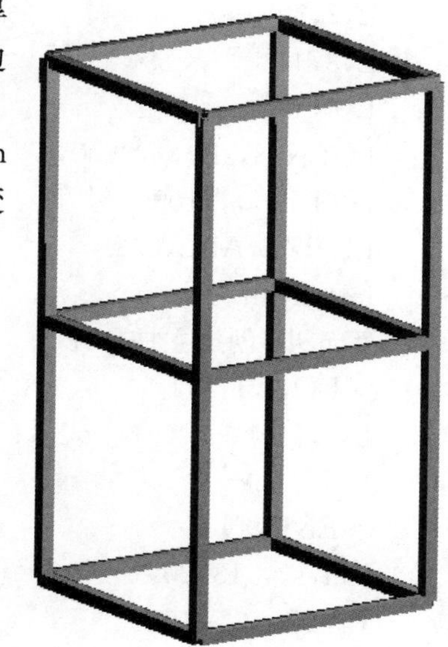

图 4-58　操作平台框架示意图

(1)建立计算模型

采用直接建模方法创建框架结构的计算模型，按如下的步骤完成建模操作，每一步操作都给出命令及此命令的注释说明。

第1步：进入前处理器

```
/PREP7                                        ! 进入前处理器
```

第2步：定义单元类型

```
ET,1,Beam188                                  ! 通过BEAM188单元模拟框架构件
KEYOPT,1,3,2                                  ! 定义单元二次形函数
```

第3步：定义材料参数

```
MP,EX,1,2e11                                  ! 定义弹性模量
MP,PRXY,1,0.3                                 ! 定义泊松比
```

第4步：定义横截面

```
SECTYPE,1,BEAM,HREC,,0                        ! 定义截面类型为方管型
SECOFFSET,CENT                                ! 无截面偏置
SECDATA,0.05,0.05,2.5e-3,2.5e-3,2.5e-3,2.5e-3 ! 定义截面尺寸数据
```

第5步：创建各层横梁单元

```
K,1,                                          ! 创建关键点1
K,2,1.0,0.0,0.0                               ! 创建关键点2
K,3,1.0,1.0,0.0                               ! 创建关键点3
K,4,0.0,1.0,0.0                               ! 创建关键点4
KGEN,3,4,ALL,,,,,1                            ! 关键点复制3次
K,100,0.5,0.5,10000.0                         ! 创建100号关键点,梁的截面定位点
K,101,10000.0,0.5,0.0                         ! 创建101号关键点,柱的截面定位点
L,1,2                                         ! 绘制横梁线段
L,2,3                                         !
L,3,4                                         !
L,4,1                                         !
LGEN,3,all,,,,,1.0,4                          ! 复制横梁线段3次
LATT,,,,,100                                  ! 指定梁截面定位关键点
LESIZE,ALL,0.2                                ! 指定梁的线段单元划分尺寸为0.2 m
lmesh,all                                     ! 划分梁单元
```

第6步：创建立柱单元

```
*DO,I,1,4,1                                   ! 通过循环创建柱线段
L,I,I+4                                       !
L,I+4,I+8                                     !
*ENDDO                                        ! 循环结束
lsel,s,,,13,20,1                              ! 选择柱线段
LATT,,,,,101                                  ! 指定柱线段截面定位关键点
LESIZE,ALL,0.2                                ! 指定柱线段单元划分尺寸为0.2 m
lmesh,all                                     ! 划分柱单元
```

```
/ESHAPE,1.0                          ! 显示单元形状
eplot                                ! 绘制单元
```

第7步:退出前处理器

```
finish                               ! 退出前处理器
```

至此,框架结构模型已经创建完毕。

(2)加载以及计算

按照如下的步骤和命令进行加载及计算操作。

第1步:进入求解器

```
/sol                                 ! 进入求解器
```

第2步:施加约束

```
NSEL,S,LOC,Z,0                       ! 选择Z坐标为0的节点
d,all,all                            ! 约束所选择的节点
ALLS,ALL                             ! 恢复选择全部的节点
```

第3步:施加载荷

```
LSEL,S,LOC,Z,1                       ! 选择Z坐标为1的线段
LSEL,A,LOC,Z,2                       ! 同时选择Z坐标为2的线段
ESLL,S                               ! 通过线段选择单元
SFBEAM,ALL,1,PRES,5e3                ! 在所选单元上施加均布载荷5 kN/m
ALLSEL,ALL                           ! 恢复选择全部对象
/PBC,ALL,,1                          ! 打开约束显示开关
/PSF,PRES,NORM,1,0,1                 ! 打开均布荷载开关
/REP                                 ! 重新绘图
```

通过执行上述命令,施加了约束及载荷之后的模型如图4-59所示。

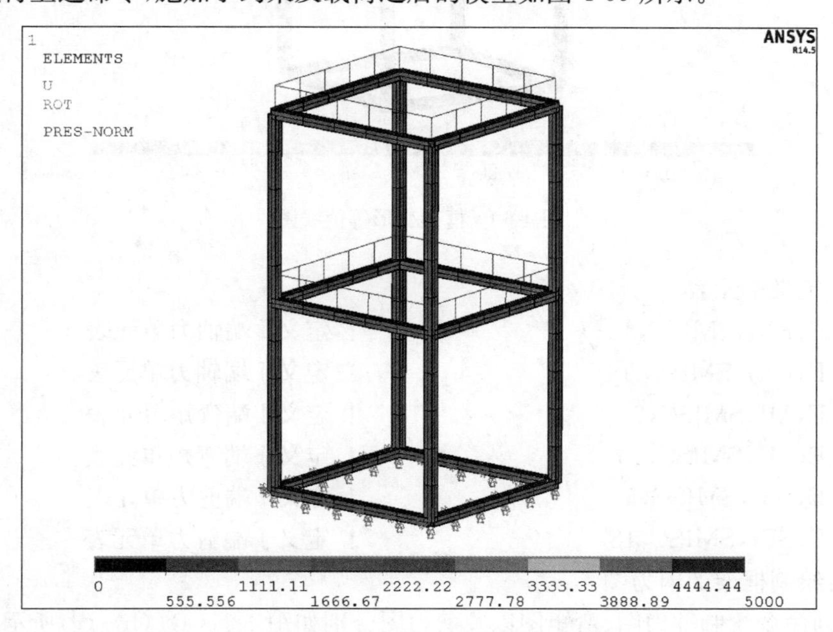

图4-59　施加约束及载荷后的框架模型

第4步:计算

```
solve                                    ! 求解
```

第5步:退出求解器

```
FINISH                                   ! 退出求解器
```

(3)计算结果的查看

第1步:进入后处理器

```
/post1                                   ! 进入后处理器
```

第2步:读入计算结果

```
SET,1                                    ! 读入计算结果
```

第3步:绘制变形情况

通过如下命令绘制框架结构的变形如图4-60所示。

```
PLNSOL,U,SUM                             ! 绘制变形图
```

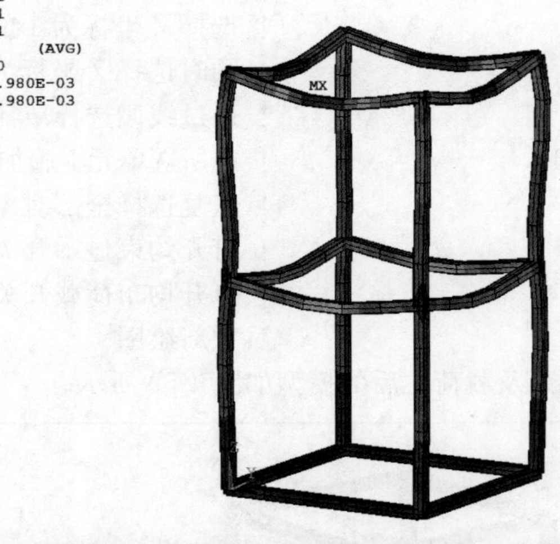

图4-60 框架变形等值线图

第4步:定义单元表

```
ETABLE,FXI,SMISC,1                       ! 定义I端轴力单元表
ETABLE,FXJ,SMISC,14                      ! 定义J端轴力单元表
ETABLE,MI,SMISC,2                        ! 定义I端弯矩单元表
ETABLE,MJ,SMISC,15                       ! 定义J端弯矩单元表
ETABLE,SFI,SMISC,5                       ! 定义I端剪力单元表
ETABLE,SFJ,SMISC,18                      ! 定义J端剪力单元表
```

第5步:绘制框架的内力图

通过下列命令绘制轴力图、弯矩图以及剪力图分别如图4-61(a)、(b)、(c)所示。

```
PLLS,FXI,FXJ,1,0                         ! 绘制轴力图
```

```
PLLS,MI,MJ,1,0                            ! 绘制弯矩图
PLLS,SFI,SFJ,1,0                          ! 绘制剪力图
```

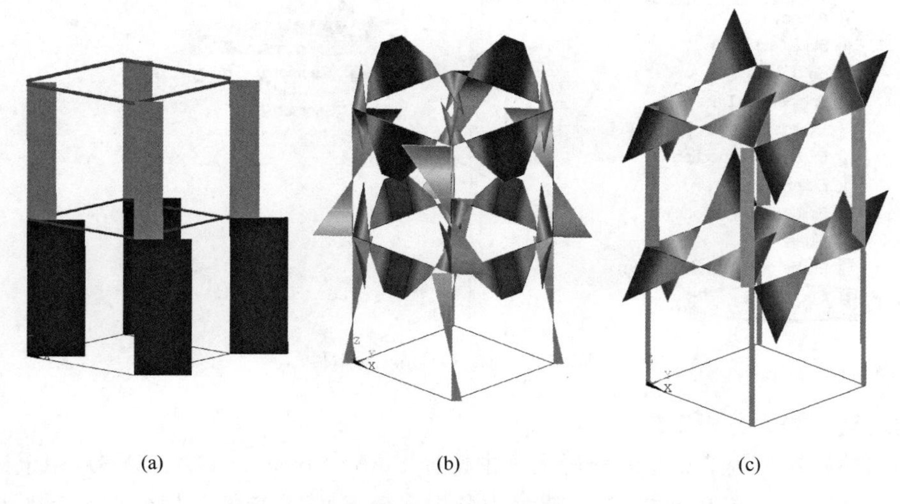

(a)　(b)　(c)

图 4-61　框架结构内力图

3. 框架结构 Workbench 建模及计算过程

下面在 Workbench 环境下分析上述操作平台框架结构，包括创建项目文件、建立结构静力分析系统、创建几何模型、前处理、加载以及求解、结果查看等环节。具体操作按如下步骤完成。

(1)创建项目文件并指定单位制

首先在 Workbench 环境中创建分析项目文件，指定项目单位制，按如下步骤操作。

1)启动 Workbench

在开始菜单中选择 ANSYS＞Workbench，启动 ANSYS Workbench 界面。

2)保存项目文件

进入 Workbench 之后，单击 Save As 按钮，选择存储路径并将项目文件另存为“Frame”，保存后的文件名出现在 Workbench 窗口标题栏。

3)设置工作单位系统

通过菜单 Units，选择工作单位系统为 Metric(kg, mm, s, ℃, mA, N, mV)，选择 Display Values in Project Units，如图 4-62 所示。

SI (kg,m,s,K,A,N,V)
Metric (kg,m,s,°C,A,N,V)
Metric (tonne,mm,s,°C,mA,N,mV)
U.S.Customary (lbm,in,s,°F,A,lbf,V)
U.S.Engineering (lb,in,s,R,A,lbf,V)
✓ Metric (kg,mm,s,°C,mA,N,mV)
Display Values as Defined
✓ Display Values in Project Units
Unit Systems...

图 4-62　选择单位系统

(2)建立结构静力分析系统

第 1 步：创建几何组件

在 Workbench 工具箱的组件系统中，选择 Geometry 组件，将其用鼠标左键拖拽到 Project Schematic 窗口内(或者直接双击 Geometry 组件)。在 Project Schematic 内会出现名为 A 的 Geometry 组件，如图 4-63 所示。用鼠标选中 A2 栏(即 Geometry 栏)。

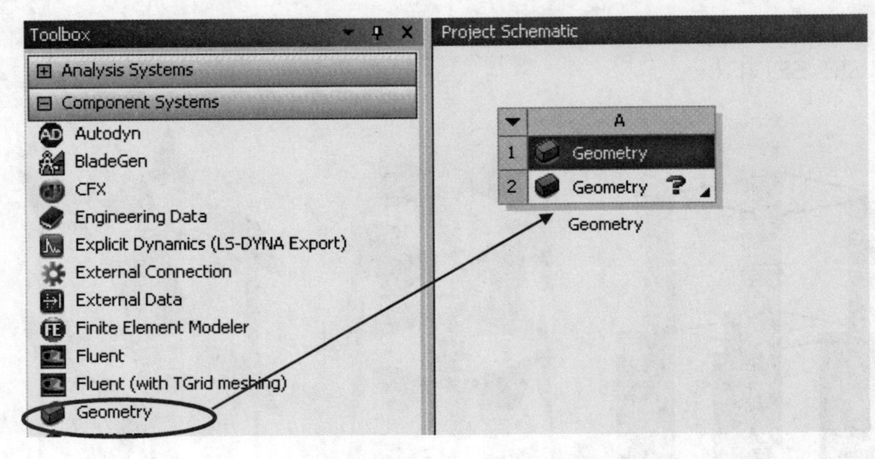

图 4-63 创建 Geometry 组件

第2步:建立静力分析系统

在 Workbench 左侧工具箱的分析系统中选择 Static Structural(ANSYS),用鼠标左键将其拖拽至 A2(Geometry)单元格中,形成静力分析系统 B,该系统的几何模型来源于几何组件 A,如图 4-64 所示。

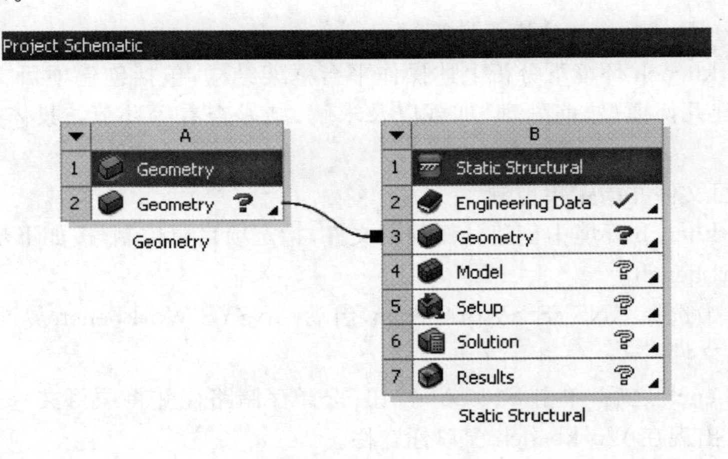

图 4-64 建立静力分析系统

(3)创建几何模型

第1步:启动 DM 组件

用鼠标点选 A2(Geometry)组件单元格,在其右键菜单中选择“New DesignModeler Geometry”,启动 DM 建模组件,如图 4-65 所示。

第2步:设置建模单位系统

在 Design Modeler 启动后,首先会弹出如图 4-66 所示的建模长度单位系统选择对话框,在其中选择单位为 Millimeter(mm),单击 OK 按钮确定,进入 Design Modeler 建模界面。

第3步:选择建模平面并创建草图

在 DM 的 Geometry 树中单击 XYPlane,选择 XY 平面为草图绘制平面,接着选择草图按钮新建草图 Sketch1,如图 4-67(a)所示。为了便于操作,单击正视工作平面按钮选择正视工作平面。如图 4-67(b)所示。

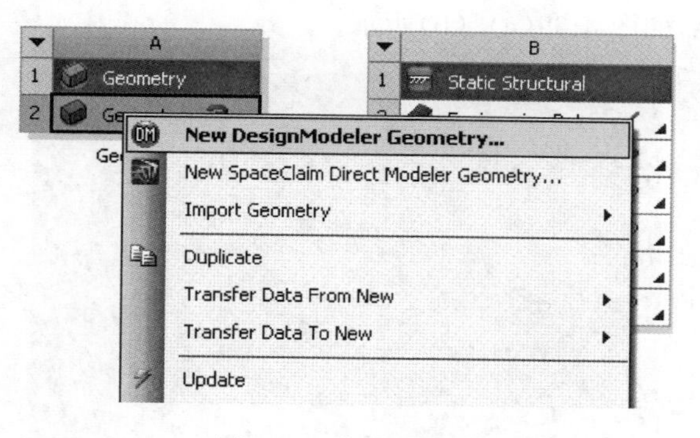

图 4-65　启动 DM

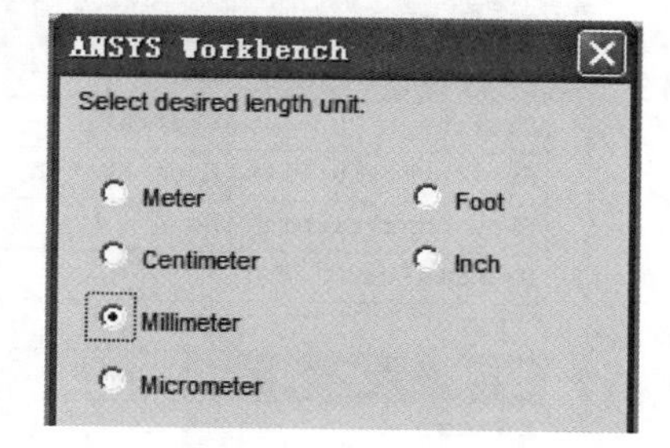

图 4-66　建模单位选择

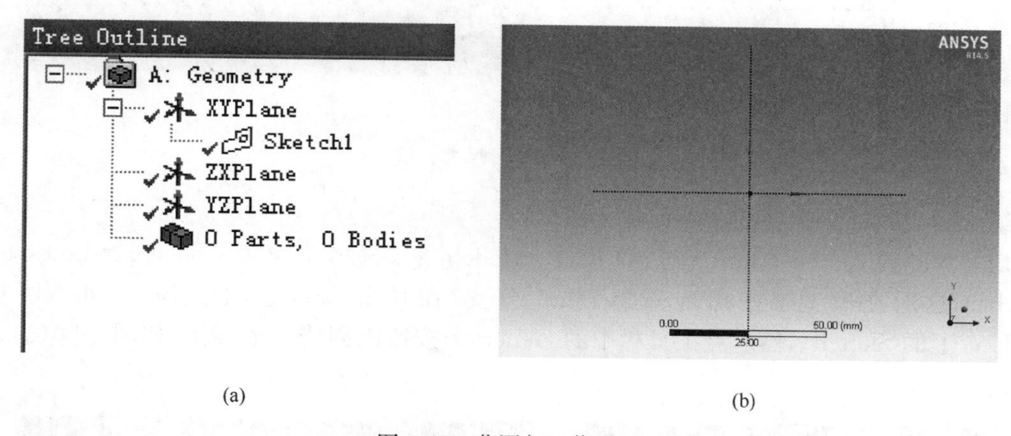

(a)　　(b)

图 4-67　草图与工作平面

第 4 步:绘制矩形

切换至 Sketching 模式,在绘图工具面板 Draw 中,选择 Rectangle 绘制矩形,此时右边的图形界面上出现一个画笔,拖动画笔放到原点上时会出现一个"P"字的标志,表示与原点重合,此时拖动鼠标左键在第一象限内画一个矩形,如图 4-68 所示。

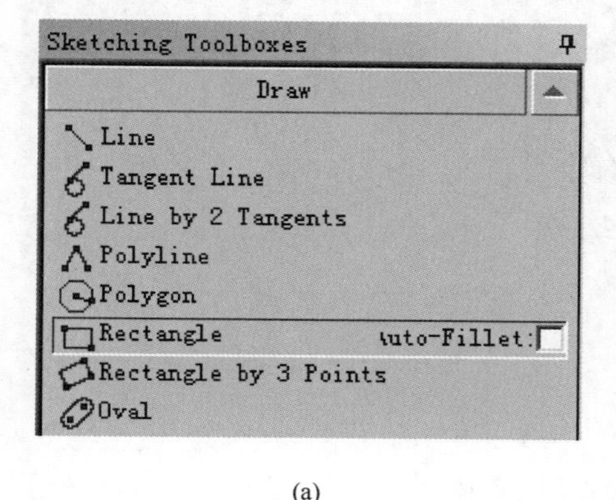

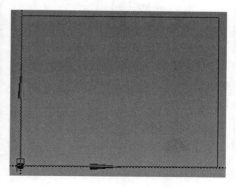

(a)　　(b)

图 4-68　绘制矩形草图

第 5 步:标注矩形尺寸

选择草绘工具箱的标注工具面板 Dimensions,选择通用标注 General,分别选择矩形的水平边以及垂直边,其尺寸均设置为 500 mm,如图 4-69(a)、(b)所示。

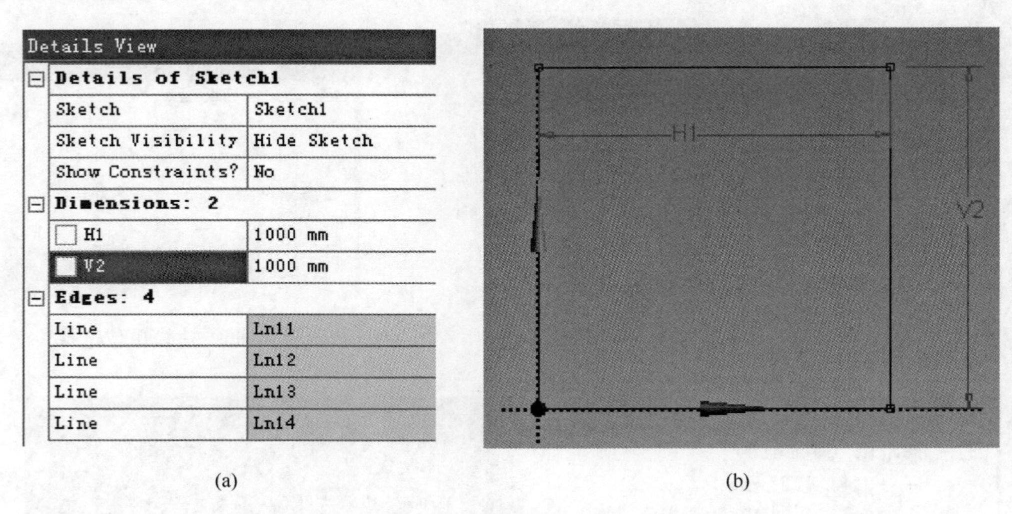

(a)　　　　(b)

图 4-69　矩形尺寸标注

第 6 步:基于草图生成线体

切换草图模式(Sketching)到 3D 模式(Modeling),选择菜单项 Concept＞Lines From Sketches,这时在模型书中出现一个 Line1 分支,在其 Details 选项中 Base Objects 选择 XYPlane 上的 Sketch1,然后点工具栏中的 Generate 按钮以创建一个线体,如图 4-70(a)、(b)所示。

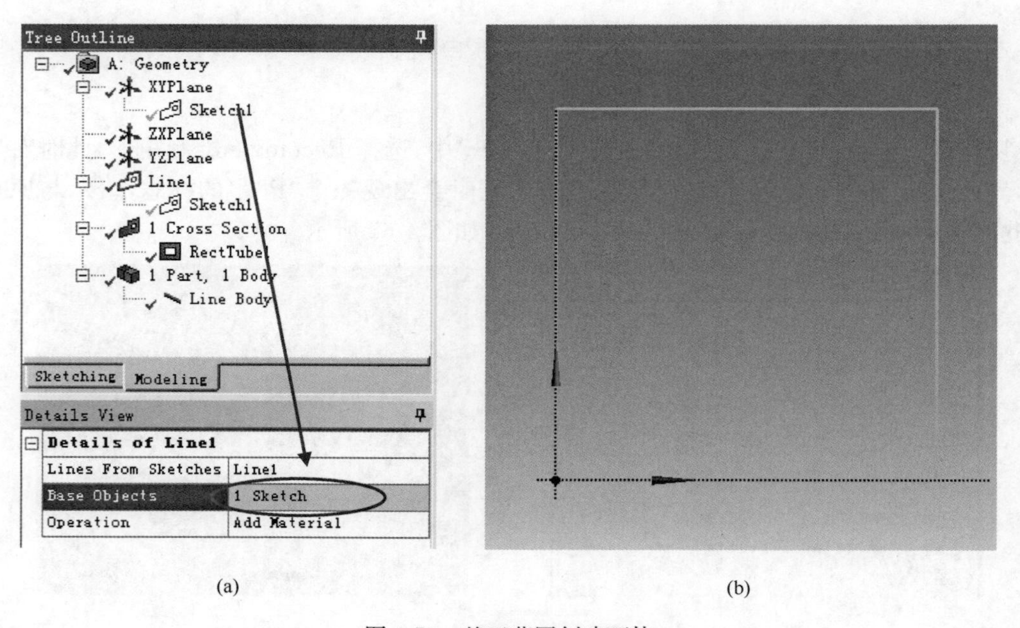

(a)　　　　(b)

图 4-70　基于草图创建面体

第7步:线体线性阵列

按如下步骤完成线性阵列。

①选择菜单项Create＞Pattern,在模型树中出现一个Pattern1分支。

②在Pattern1分支的Details中选择Pattern类型为Linear;在Pattern1分支的Details中选择Geometry为已有的line body,如图4-71(a)所示。

③在Pattern1分支的Details中选择Direction为XYPlane,使用XY平面的法线方向(即Z轴方向)作为阵列复制方向,通过图形显示窗口左下角的黑色箭头改变为负方向,如图4-71(b)所示。

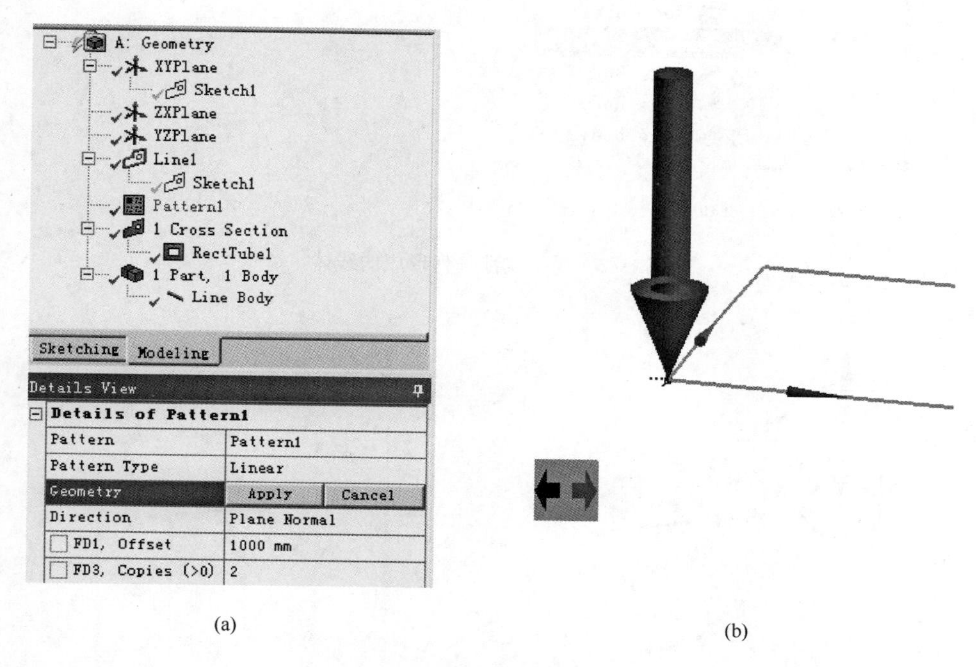

(a)

(b)

图4-71 线体线性阵列选项

④在Pattern1分支的Details中设置FD1,Offset为1 000 mm。

⑤在Pattern1分支的Details中设置FD3 Copies为2。注意阵列总数=Copies+1。

⑥上述设置完成后,点工具栏上的Generate按钮,生成面体的阵列,此时在模型树中线体数量增加为3个,如图4-72(a)所示,选择全部线体高亮度显示,如图4-72(b)所示。

第8步:生成立柱线体

①选择菜单项Concept＞Lines From Points,在模型树中出现Line2分支,在其Details选项中选择Operation为Add Material,在Point Segments中选择如图4-73(a)中所示的两个点,点Apply。按下工具栏上的Generate按钮,形成第一根立柱的线体。

②采用相同的操作方法,形成其他三根立柱的线体。此时的模型树中增加了Line2～Line5,立柱与横梁线体被合并为一个Line body。此步操作完成后的几何模型如图4-73(b)所示。

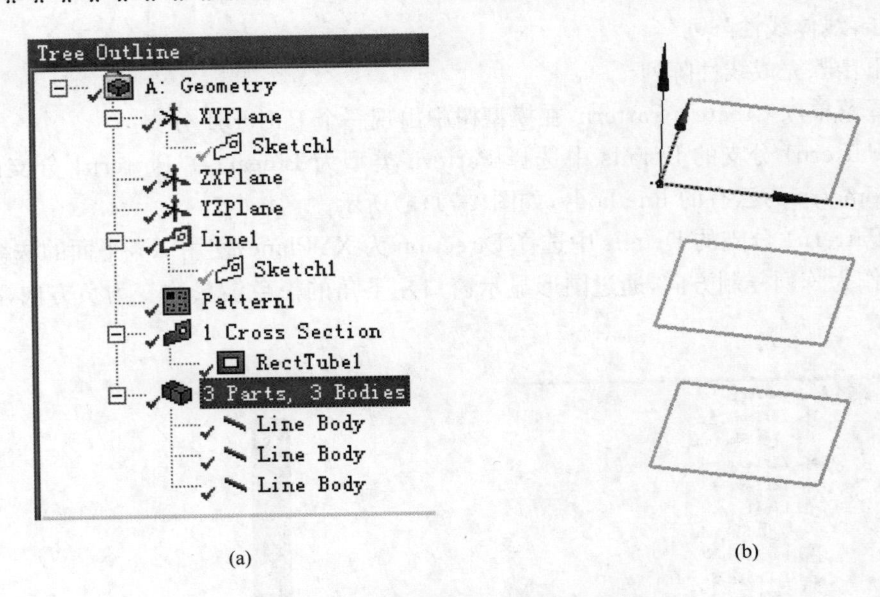

图 4-72 线体线性阵列形成的线体

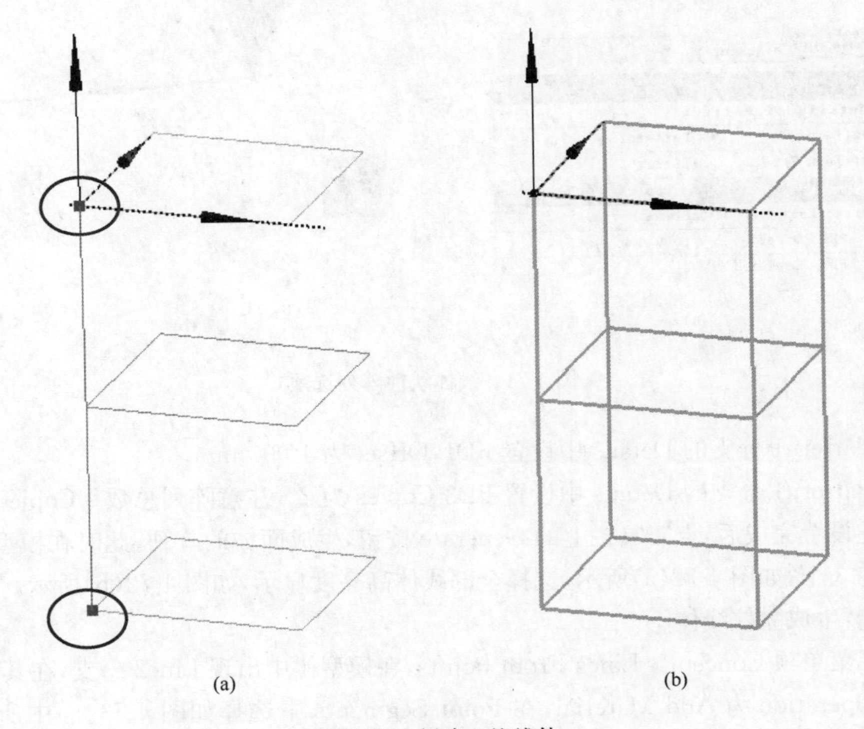

图 4-73 创建立柱线体

第 9 步:定义线体截面

在菜单栏中选择 Concept > Cross Section > Rectangular Tube,创建方钢管横截面 RectTube1,并在左下角的详细列表中修改横截面的尺寸,如图 4-74(a)、(b)所示。

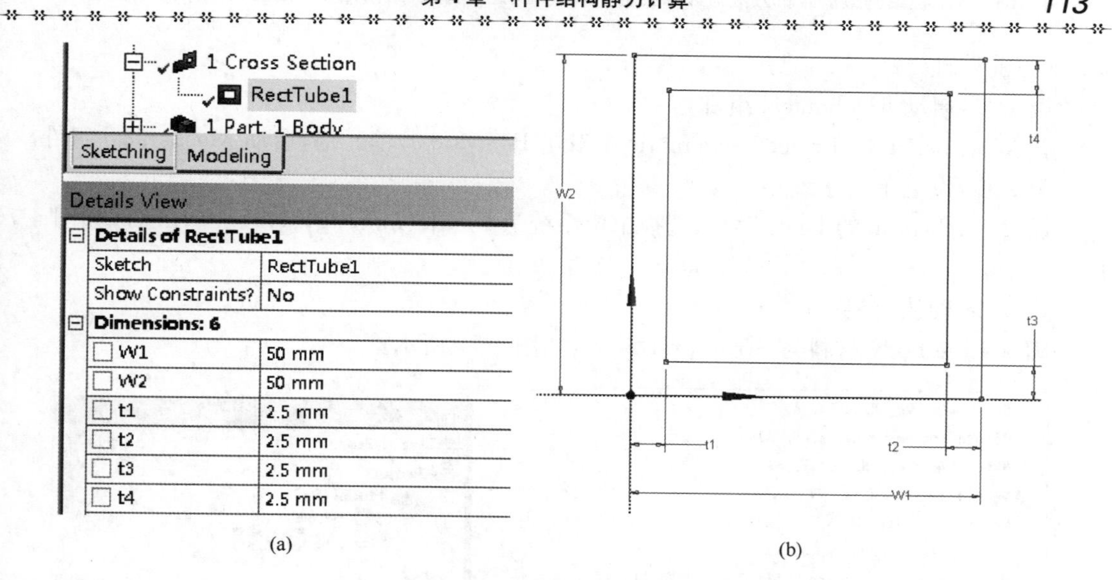

(a)　(b)

图 4-74　线体线性阵列形成的线体

第 10 步：对线体赋予横截面属性

①单击选中树形窗中的 Line Body 选项，在左下角的详细列表中单击黄色 Cross Section 选项，在下拉菜单中选择已添加的方钢管横截面 RectTube1，然后单击工具栏上的 Generate 按钮完成截面指定，如图 4-75(a)所示。

②选择菜单栏 View>Cross Section Solids，可以观察到显示横截面的线体模型，如图 4-75(b)所示。

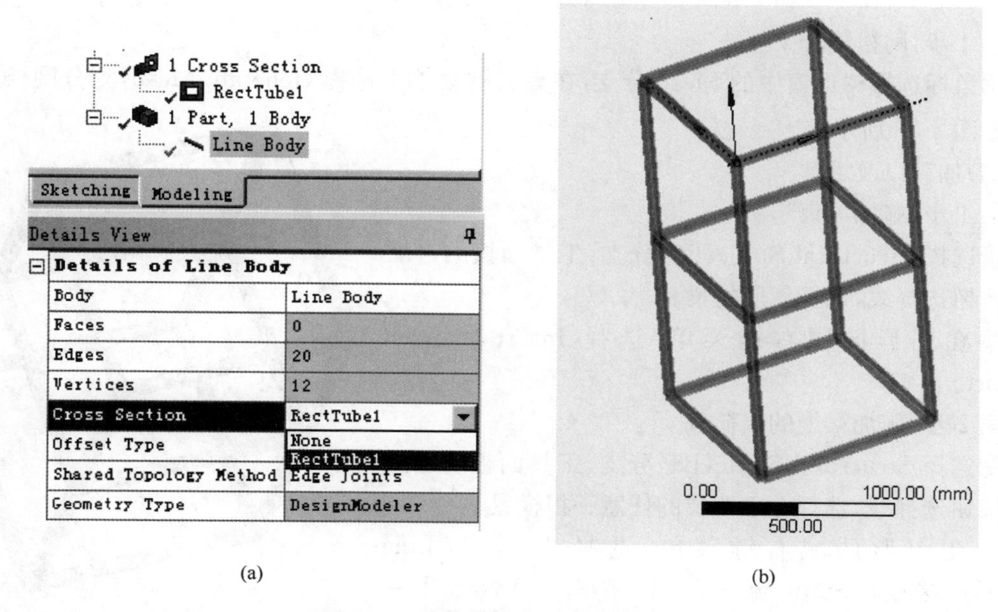

(a)　(b)

图 4-75　线体线性阵列形成的线体

至此，框架几何体建模完成，关闭 Design Modeler，回到 ANSYS Workbench 界面下。

(4)前处理

第 1 步:启动 Mechanical 组件

在 Workbench 的 Project Schematic 中双击 B4(Modal)单元格,启动 Mechanical 组件。

第 2 步:设置单位系统

通过 Mechanical 的 Units 菜单,选择单位系统为 Metric(mm,kg,N,s,mV,mA),如图 4-76 所示。

第 3 步:确认材料

确认 Line body 材料为 Structural Steel,如图 4-77 所示。

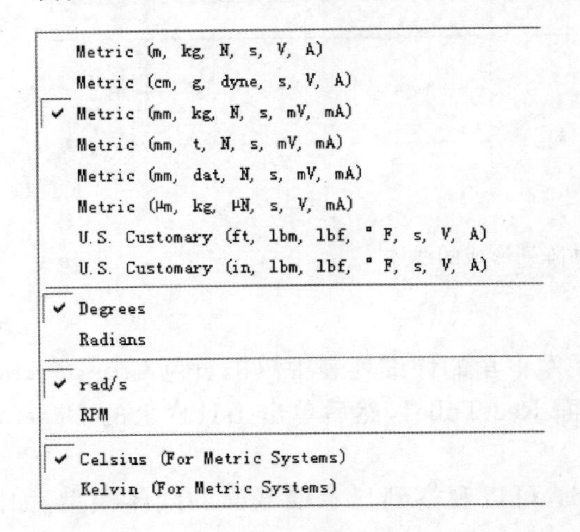

图 4-76 单位制

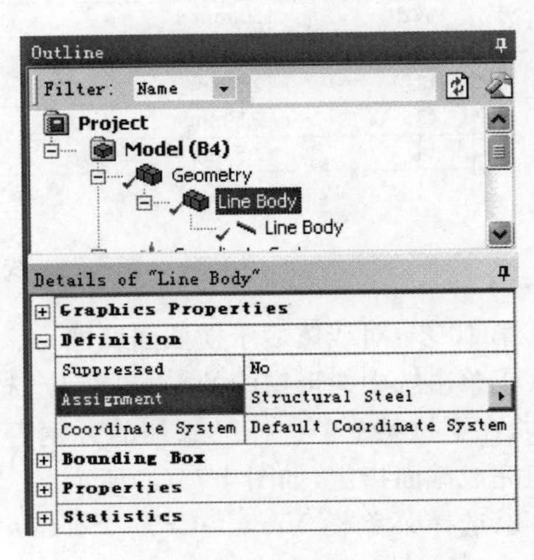

图 4-77 线体材料确认

第 4 步:网格划分

用鼠标选择树形窗中的 Mesh 分支,在其右键菜单中选择 Generate Mesh,划分网格后的结构如图 4-78 所示。

(5)加载以及求解

第 1 步:施加约束

①选择 Structural Static(B5)分支,工具面板的过滤选择按钮选择线,选择底层的梁。

②在图形区域右键菜单,选择 Insert > Fixed Support。

第 2 步:施加梁上的线荷载

①选择 Structural Static(B5)分支,工具面板的过滤选择按钮选择线,选择上面两层的任意一根横梁。

②在图形区域右键菜单,选择 Insert > Line Pressure,这时在 Static Structural(B5)分支下增加了一个 Line Pressure 分支。

③选择 Line Pressure 分支,在其下方的属性栏中,设置 Defined by 为 Components;在 Z Component 中输入

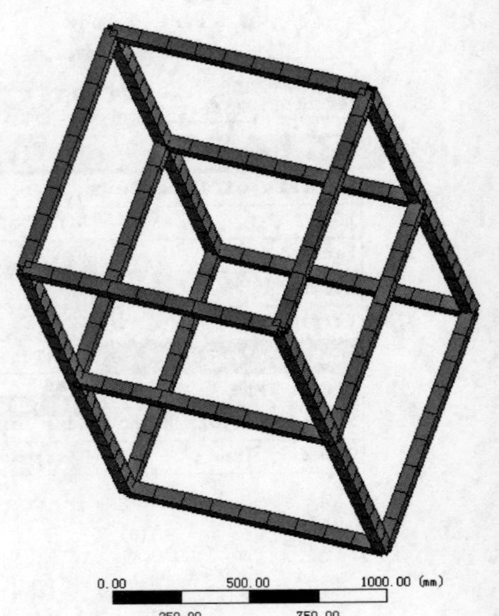

图 4-78 划分网格后的模型

−5 N/mm，如图 4-79(a)所示，加载后的梁上显示一个箭头，如图 4-79(b)所示。

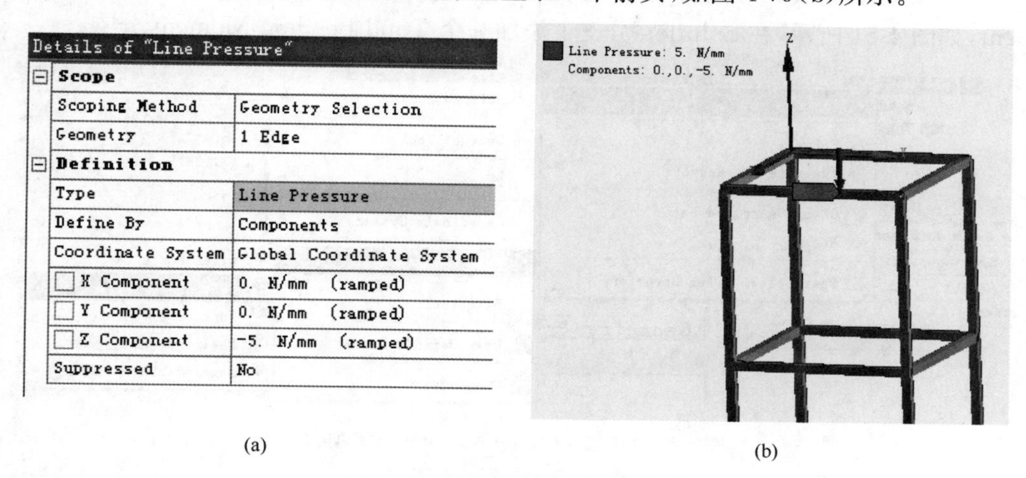

图 4-79　施加一根梁上的线荷载

④对上面的两层横梁重复上述操作，完成全部均布载荷的施加。注意到 Line Pressure 类型载荷的施加每次仅能选择一条线。

⑤选择 Static Structural(B5)，查看全部定义的载荷及约束如图 4-80 所示。

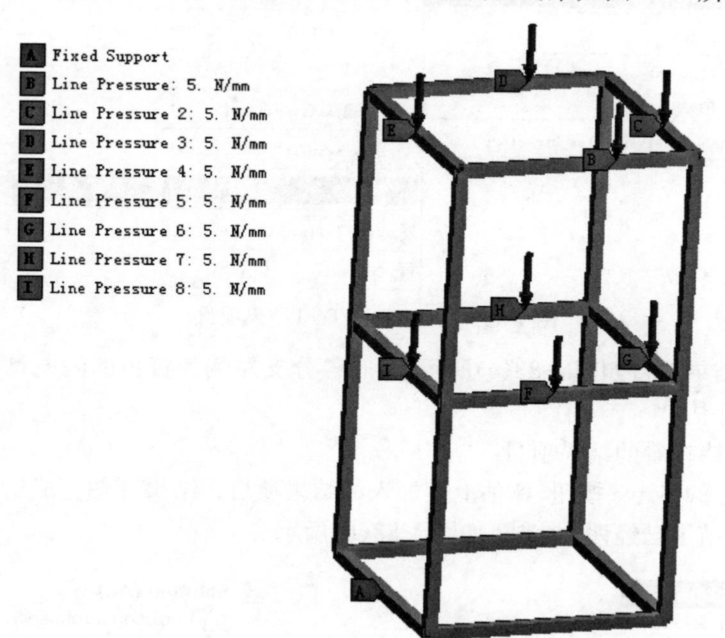

图 4-80　模型约束及加载情况

第 3 步：求解

点工具栏上的 Solve 按钮进行结构计算。

(6)结果后处理

第 1 步：添加要查看的结果

①选择 Solution(B6)分支，在其右键菜单中选择 Insert>Deformation>Total。

②选择 Solution(B6)分支,在其右键菜单中选择 Insert＞Beam Results＞Bending Moment,如图 4-81 所示,在 Solution 分支下添加一个 Total Bending Moment 分支。

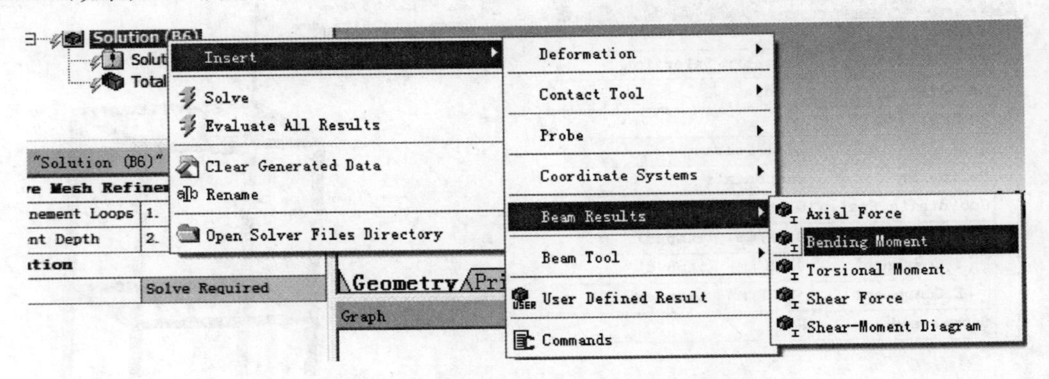

图 4-81　添加 Bending Moment 结果项目

③选择 Solution(B6)分支,在其右键菜单中选择 Insert＞Beam Tool＞Beam Tool,如图 4-82 所示,在 Solution 分支下添加一个 Beam Tool 分支,其中包含 Direct Stress、Minimum Combined Stress 以及 Maximum Combined Stress 三个分支项目。

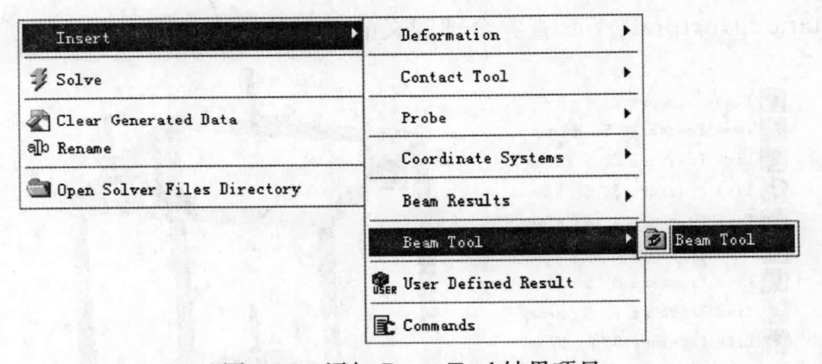

图 4-82　添加 Beam Tool 结果项目

添加的全部结果项目如图 4-83(a)所示,此时各分支左侧为黄色的闪电符号,表示这些结果项目有待计算评估。

第 2 步:评估待查看的结果项目

按下工具栏上的 Solve 按钮,评估上述加入的结果项目。结果评估完成后,各分支左侧为绿色的对号,表示结果已经评估完成,如图 4-83(b)所示。

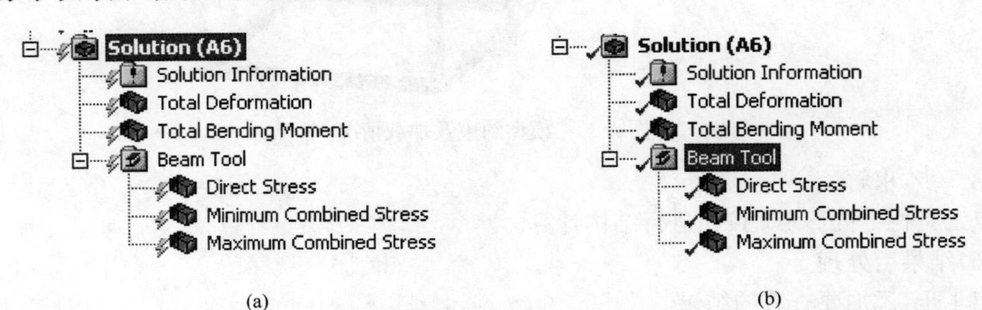

图 4-83　求解之前和求解之后的结果项目

第 3 步:查看结果

结构的总体变形如图 4-84 所示,最大变形发生在顶层横梁的跨中位置,变形呈现出对称的分布特点。Mechnical 提供的结构弯矩分布图如图 4-85 所示,可见梁的端点及跨中、柱顶节点、柱中间节点等位置弯矩均较大。

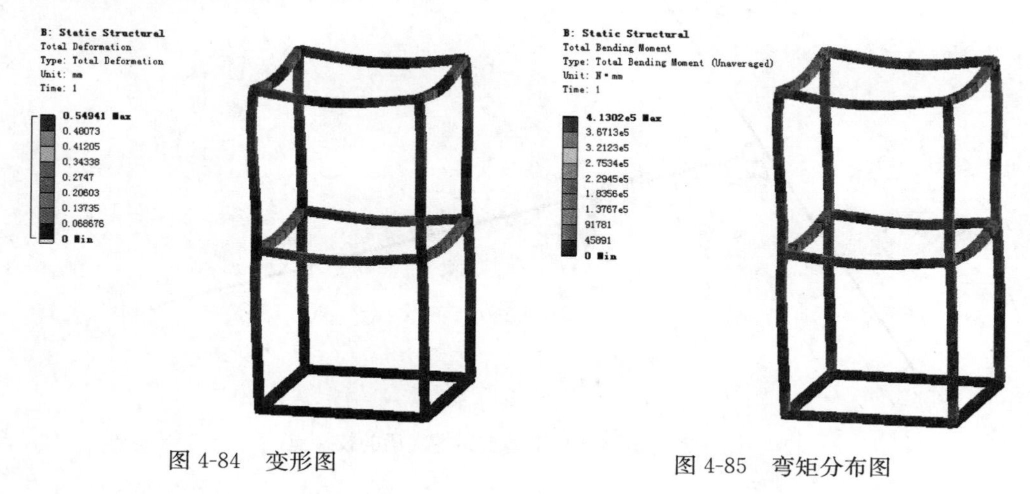

图 4-84　变形图　　　图 4-85　弯矩分布图

Beam 工具箱给出的三个结果则分别如图 4-86(a)、(b)、(c)所示。

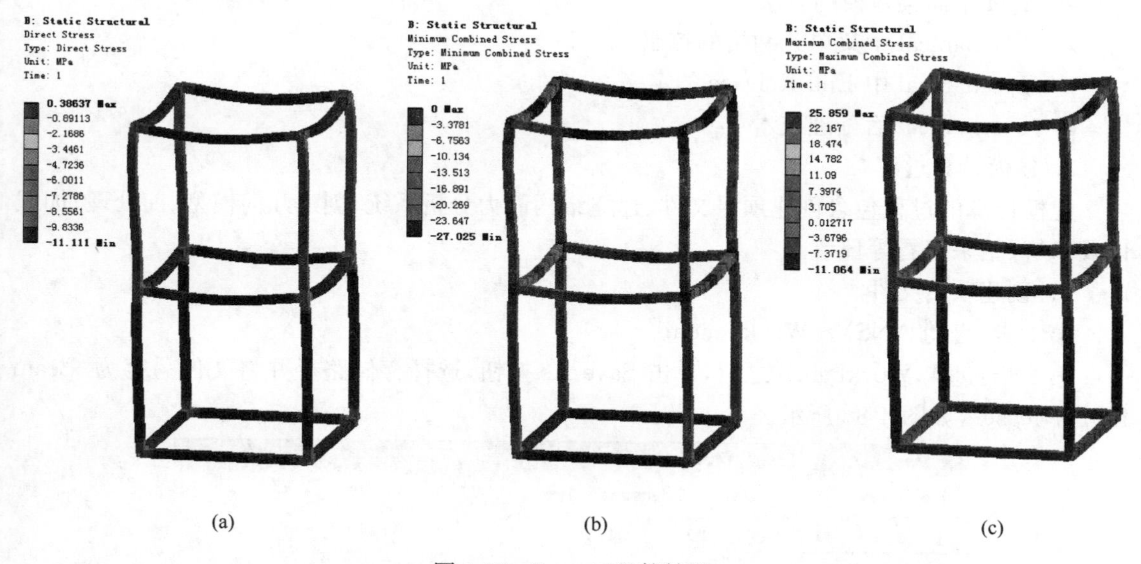

(a)　　　(b)　　　(c)

图 4-86　Beam 工具箱结果

4.3.3　梁结构静力计算例题:梁的 End Release

本节给出一个在 Workbench 环境中包含梁端点转角自由度释放(End Release)的计算例题。

1. 问题描述

某电器产品微型支架的主梁和次梁之间采用铰链连接,如图 4-87 所示。主梁受到均布载荷作用,通过 End Release 控制铰链自由度,计算结构的受力和变形。梁的长度、截面以及载荷数据请参见后续的建模分析过程。

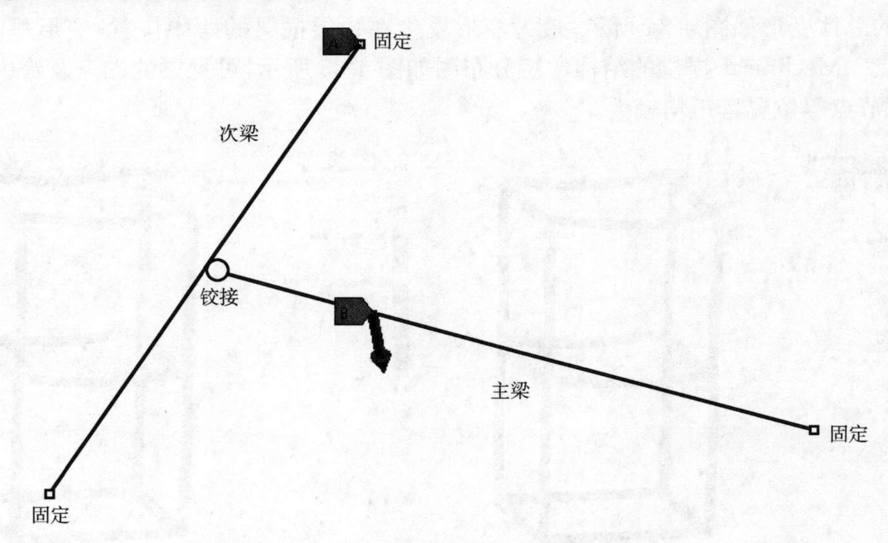

图 4-87 电器产品微型支架主次梁的铰接点

本例题涉及到的操作要点包括：

✓ DM 中面梁建模的方法

✓ Mechanical 中梁单元网格的控制

✓ Mechanical 中 End Release 的定义

✓ Mechanical 后处理技术

2. 建模计算过程

建模计算的过程包含创建项目文件、建立结构静力分析系统、创建几何模型、前处理、加载以及求解、结果查看等环节。

(1)创建项目文件

第 1 步：启动 ANSYS Workbench。

第 2 步：进入 Workbench 之后，单击 Save As 按钮，选择存储路径并将文件另存为“Beam End Release”，如图 4-88 所示。

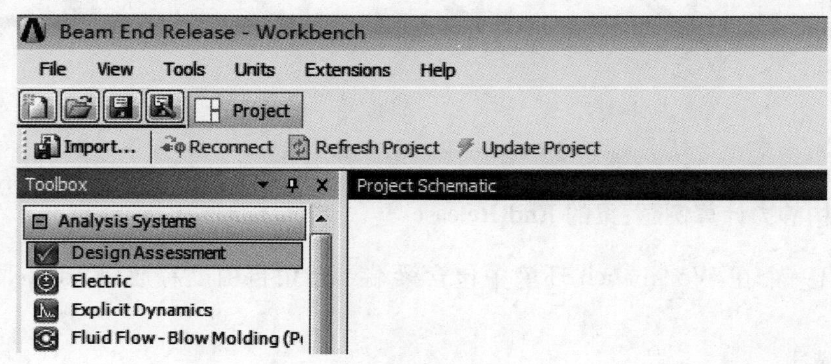

图 4-88 保存项目文件

第 3 步:设置工作单位系统

通过菜单 Units,选择工作单位系统为 Metric(kg,mm,s,℃,mA,N,mV),选择 Display Values in Project Units,如图 4-89 所示。

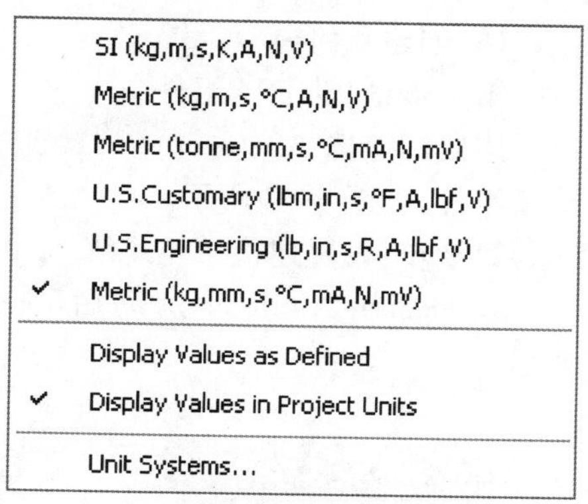

图 4-89　选择单位系统

(2)建立结构静力分析系统

第 1 步:创建几何组件

在 Workbench 工具箱的组件系统中,选择 Geometry 组件,将其用鼠标左键拖拽到 Project Schematic 窗口内(或者直接双击 Geometry 组件)。在 Project Schematic 内会出现名为 A 的 Geometry 组件。如图 4-90 所示。

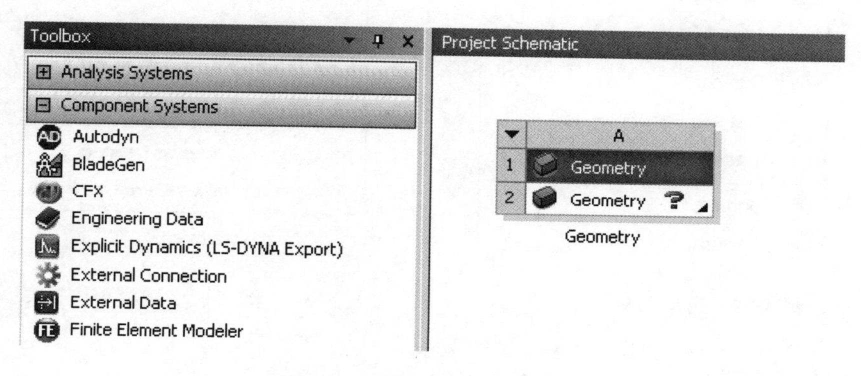

图 4-90　创建 Geometry 组件

第 2 步:建立静力分析系统

在 Workbench 左侧工具箱的分析系统中选择 Static Structural(ANSYS),用鼠标左键将其拖拽至 A2(Geometry)单元格中,形成静力分析系统 B,该系统的几何模型来源于几何组件 A,如图 4-91 所示。

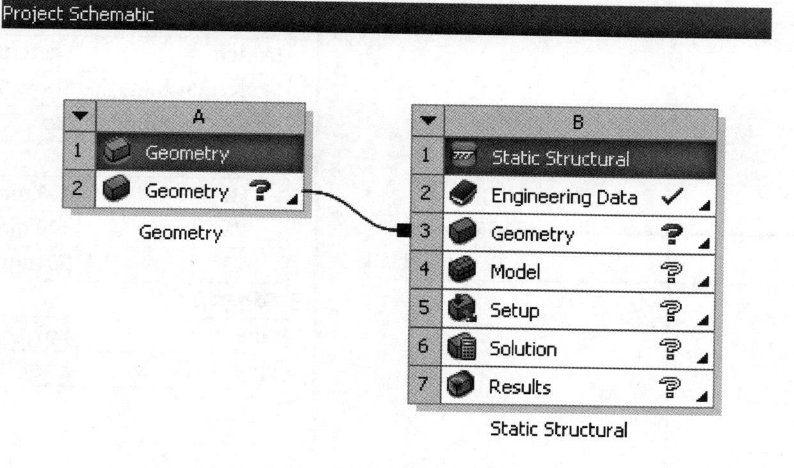

图 4-91　建立静力分析系统

(3)创建几何模型

第 1 步:启动 DM 组件

用鼠标点选 A2(Geometry)组件单元格,在其右键菜单中选择"New Geometry",启动 DM 建模组件,如图 4-92 所示。

第 2 步:设置建模单位系统

在 Design Modeler 启动后,在 Unite 菜单中选择单位为 Millimeter(mm),如图 4-93 所示。

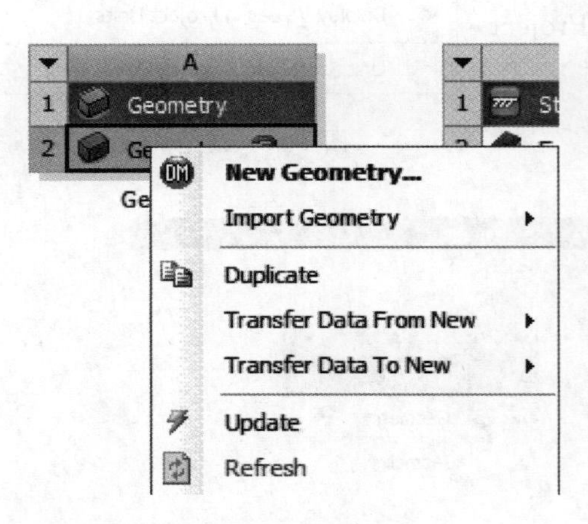

图 4-92 启动 DM

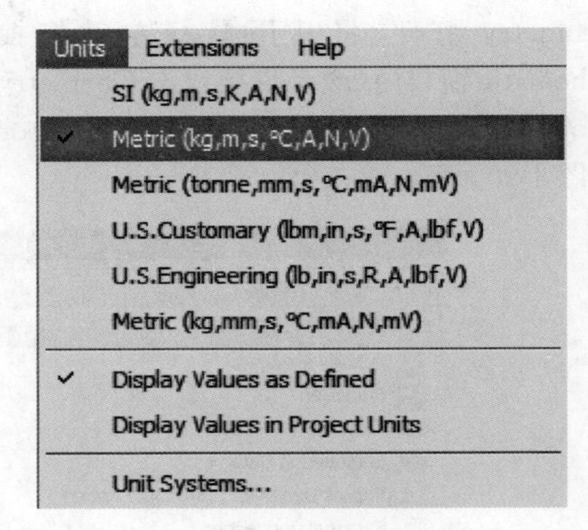

图 4-93 建模单位选择

第 3 步:草图绘制

在 Tree Outline 中选择 XYPlane 后单击 Tree Outline 下的 Sketching 标签,进入草绘模式。

单击 Draw 工具栏的 Line 工具绘制如图 4-94 所示的草图,并用 Dimension 下的尺寸标注工具标注如图 4-95 所示的尺寸。

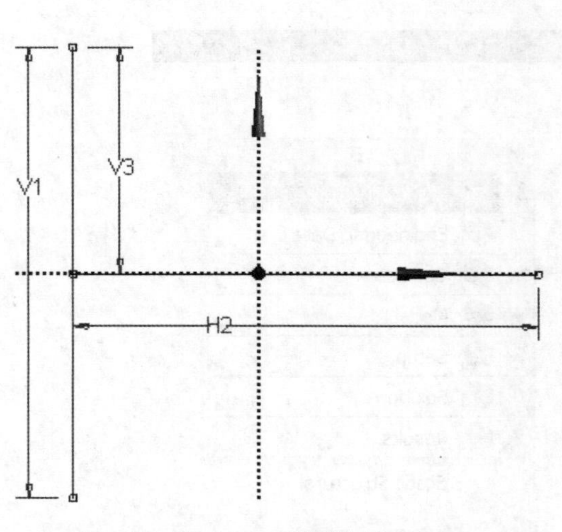

图 4-94 草图绘制

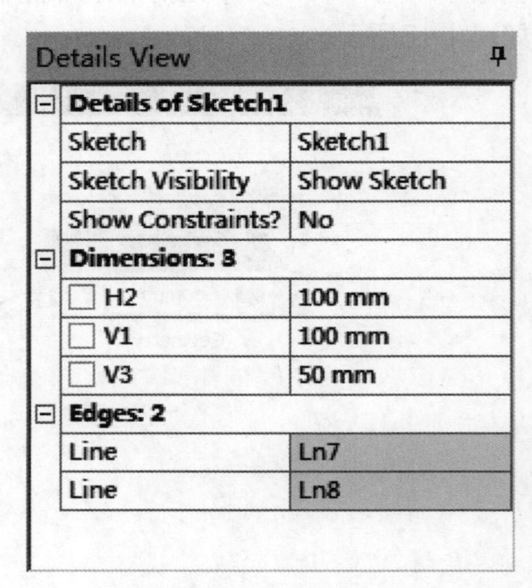

图 4-95 尺寸控制

第 4 步:线体创建

①在菜单栏选择 Concept>Lines From Sketches 命令,在 Tree Outline 中增加一个 Line1 分支。

②在 Line1 分支的 Details 属性中,选择 Base Objects 为 Sketch1(上一步创建的草图),单击工具栏上的 Generate 按钮,生成线体模型。如图 4-96 所示。

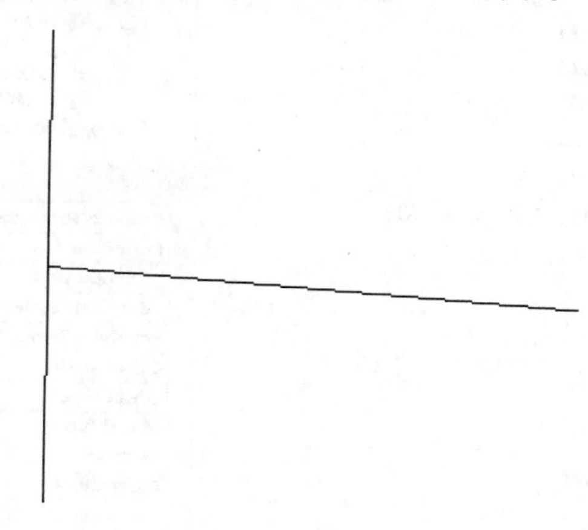

图 4-96　生成线体模型

③定义梁的横截面,在菜单栏选择 Concept>Cross Section>Rectangular,保持截面默认尺寸不变,其 Details 如图 4-97 所示。选择 Tree Outline 中 1Part,One Body 下的 Line Body,在 Details View 中选择 Cross Section 为刚才创建的 Rect1,如图 4-98 所示。

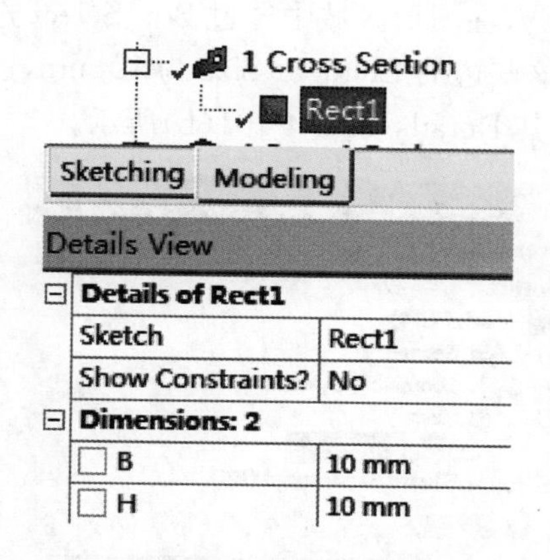

图 4-97　横截面参数

Details View

Details of Line Body	
Body	Line Body
Faces	0
Edges	3
Vertices	4
Cross Section	Rect1
Offset Type	Centroid
Shared Topology Method	Edge Joints
Geometry Type	DesignModeler

图 4-98　线体横截面分配

几何模型至此已经创建完毕,关闭 DesignModeler,返回 Workbench 界面。

(4)前处理

第 1 步:启动 Mechanical 组件

在 Workbench 的 Project Schematic 中双击 B4(Model)单元格,启动 Mechanical 组件。

第 2 步:设置单位系统

通过 Mechanical 的 Units 菜单,选择单位系统为 Metric(mm,kg,N,s,mV,mA),如图 4-99 所示。

第3步:确认LineBody的材料

确认LineBody的材料为默认的Structural Steel,如图4-100所示。

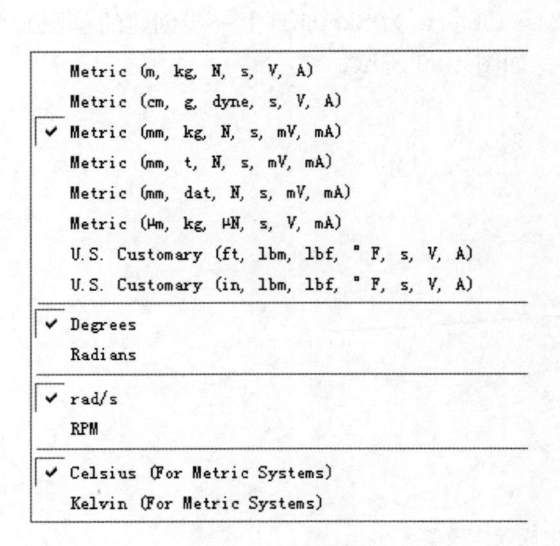

图4-99　单位制

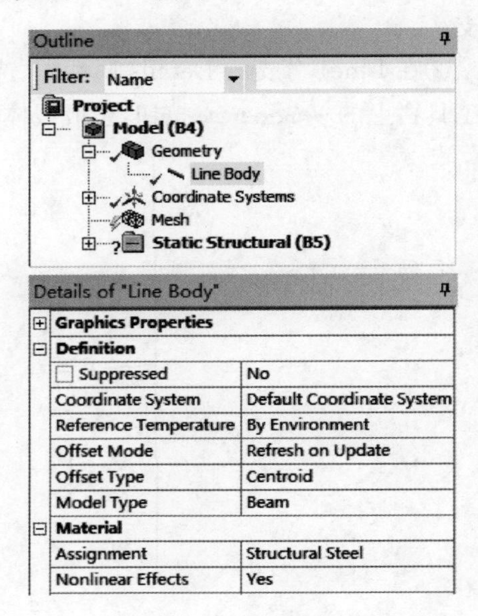

图4-100　材料确认

第4步:网格划分

①用鼠标选择树形窗中的Mesh分支。在鼠标右键菜单中选择Insert>Sizing,在Mesh下出现Sizing分支。在Sizing分支的属性中点Geometry,在图形区域中通过Box Select选择全部的3条边,然后点Apply,如图4-101(a)所示,设置这些边的Element Size为10 mm,这时在Mesh分支下的Sizing分支名字改变为Edge Sizing,其Details如图4-101(b)所示。

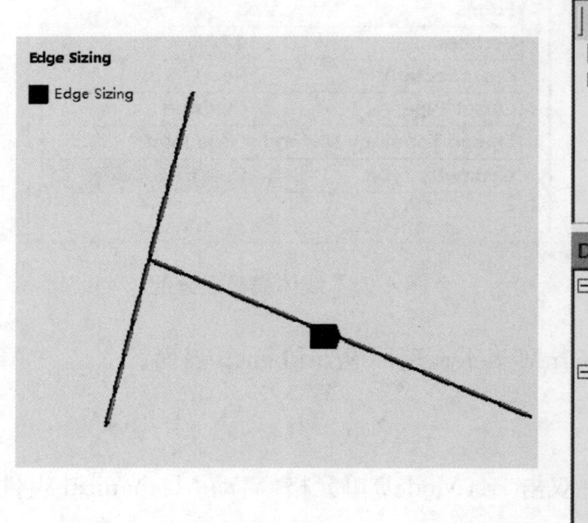

(a)

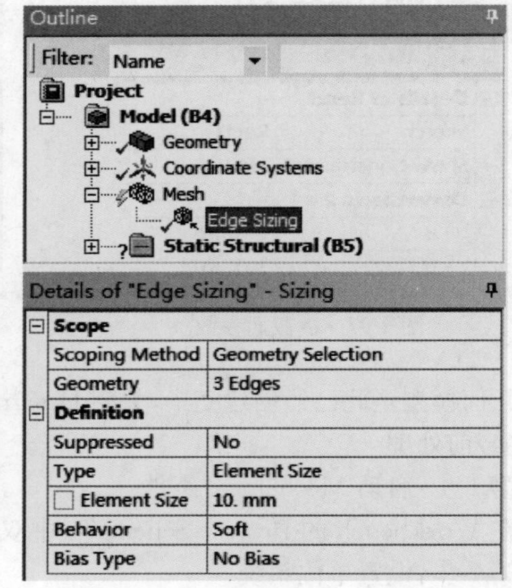

(b)

图4-101　网格尺寸设置

②选择 Mesh 分支，在其右键菜单中选择 Generate Mesh，选择 View>Thick Shells and Beams 菜单，划分网格后的模型如图 4-102 所示。

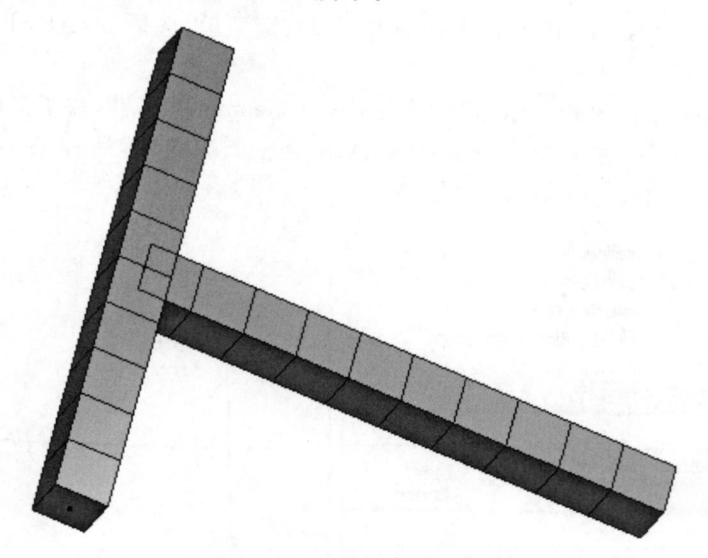

图 4-102　划分网格后的模型

第 5 步：添加 End Release

①选择根目录 Model(B4)，单击鼠标右键，选择 Insert>Connections，在树状图中添加 Connections 分支。

②选择 Tree Outline 中的 Connections 分支，单击鼠标右键，选择 Insert>End Release。

③选择 Tree Outline 中的 End Release，在 Details of End Release 中将 Edge Geometry 设置为主梁并单击 Apply，将 Vertex Geometry 选择为主梁的左端点并单击 Apply，将端点的三个旋转自由度设置成 Free，其余保持默认设置不变，如图 4-103 所示。

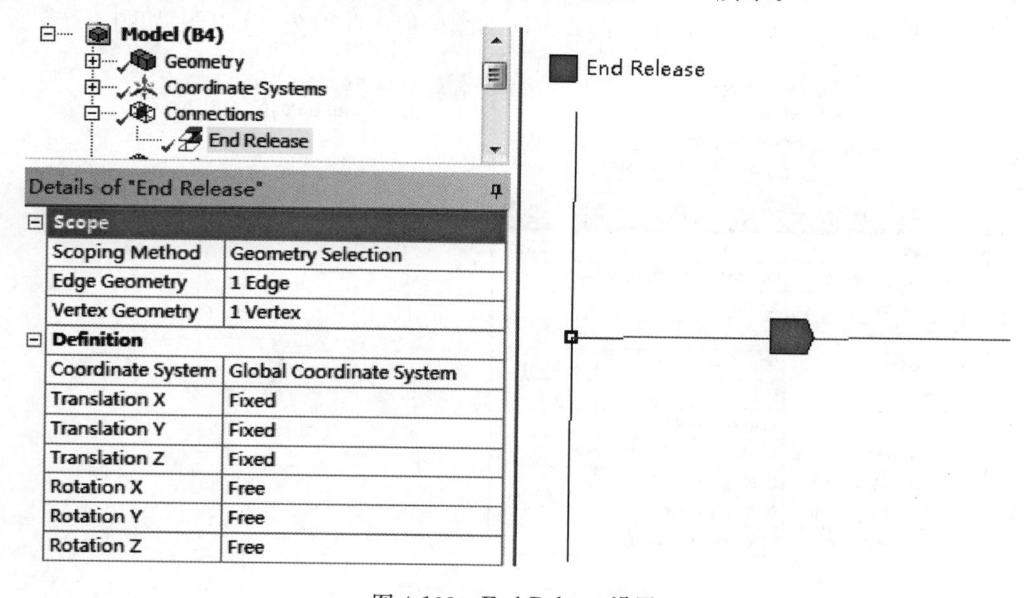

图 4-103　End Release 设置

(5)加载以及求解

第 1 步:施加约束

①选择 Structural Static(B5)分支,在图形区域右键菜单,选择 Insert>Fixed Support,插入 Fixed Support 分支。

②在 Fixed Support 分支的 Details View 中,点 Geometry 属性,在工具面板的选择过滤栏中按下选择点按钮,按住 CTRL 键用鼠标选取梁三个端点,然后在 Geometry 属性中点 Apply 按钮完成施加约束,如图 4-104 所示。

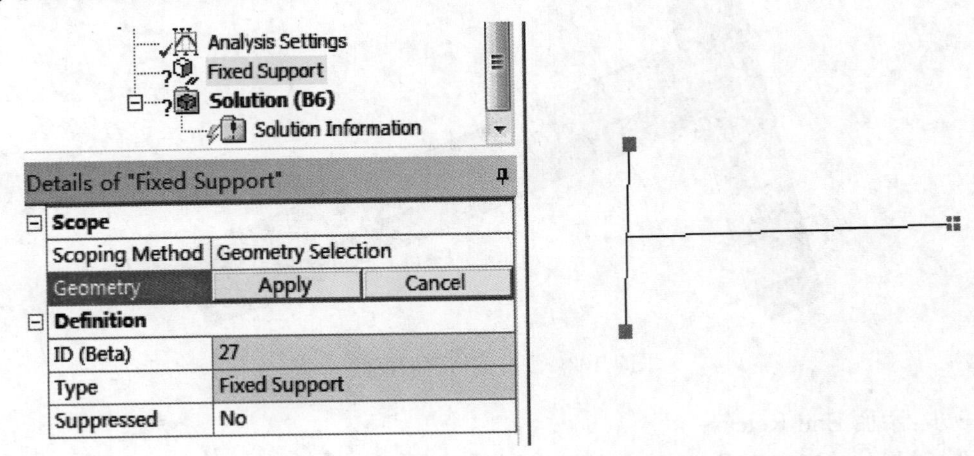

图 4-104　添加固定约束

第 2 步:施加梁上的均布荷载

①选择 Structural Static(B5)分支,右键选择>Insert>Force,在模型树中加入一个 Force 分支。

②在 Force 分支的 Details View 中,点 Geometry 属性,用鼠标选取主梁,然后在 Geometry 属性中选择 Apply 按钮。

③设置 Define By 为 Components,将 Z 方向的载荷值大小设为－100 N,如图 4-105 所示。

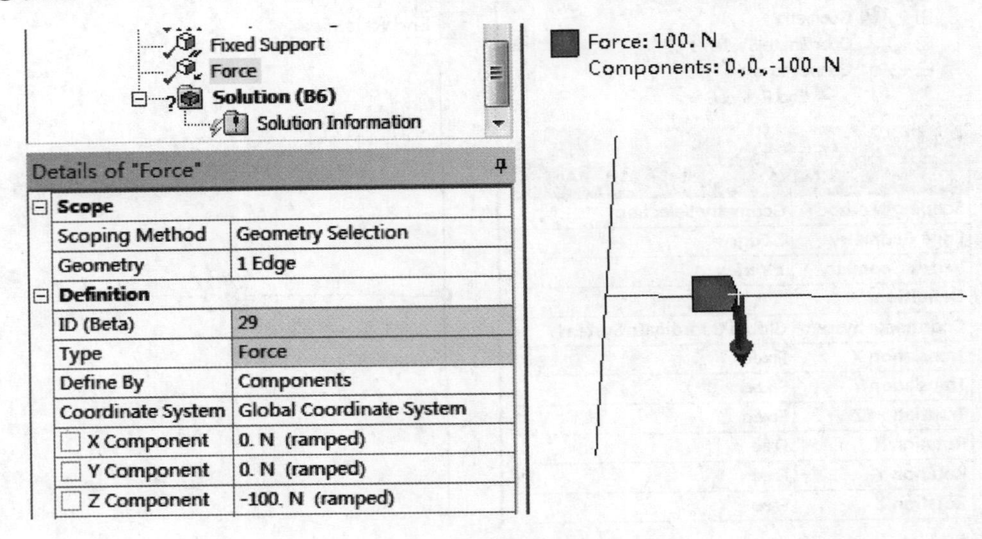

图 4-105　施加力载荷

④选择 Static Structural(B5)，查看全部施加的载荷及约束，如图 4-106 所示。

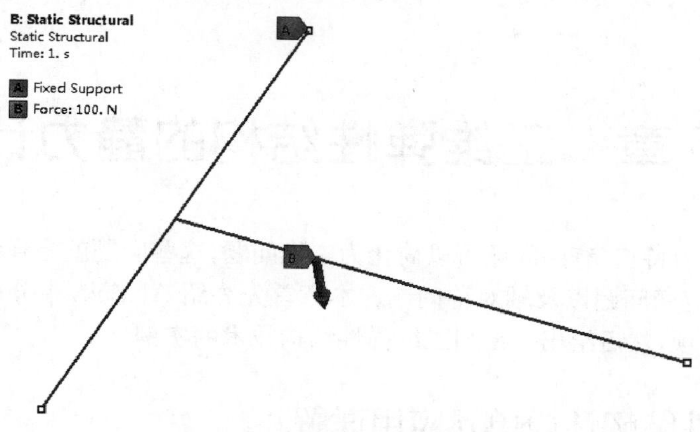

图 4-106　模型约束及加载情况

第 3 步：求解

点工具栏上的 Solve 按钮进行结构计算。

(6)结果后处理

第 1 步：选择要查看的结果

选择 Solution(B6)分支，在其右键菜单中选择 Insert>Deformation>Total，在 Solution 分支下添加一个 Total Deformation 分支。

第 2 步：评估待查看的结果项目

按下工具栏上的 Solve 按钮，评估上述加入的结果项目。

第 3 步：查看结果

选择变形结果分支 Total Deformation。调整视图沿着－Y 轴垂直于次梁方向，观察结构的总体变形，如图 4-107 所示。

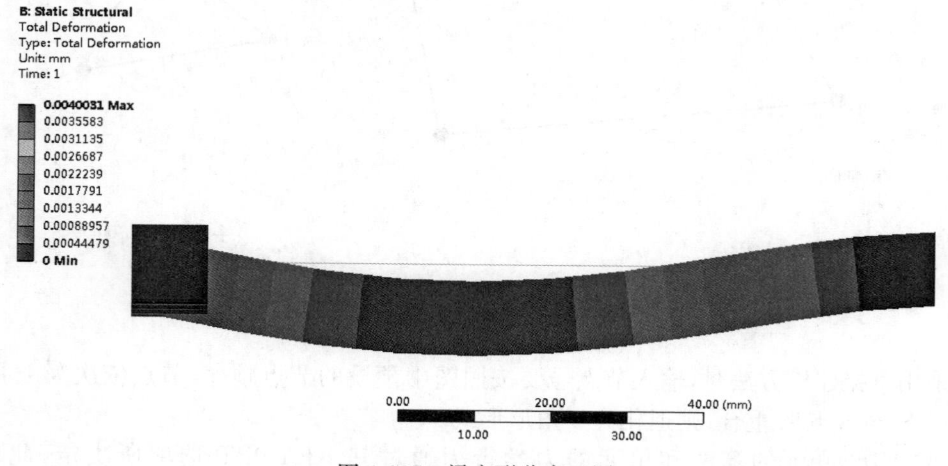

图 4-107　梁变形分布云图

图 4-107 中，结构最大变形约为 0.004 mm，位于主梁中间位置，由于释放了主梁在与次梁相交的端点处旋转自由度，因此图中主梁的左端点可绕此梁旋转，这个变形显示结果表明 End Release 设置的正确性。

第 5 章　二维弹性结构的静力计算

根据结构的受力特点，有些问题可以简化为二维问题，这些问题就是弹性力学分析中的平面应力问题、平面应变问题以及轴对称问题。本章首先介绍 ANSYS 中分析这类问题的单元使用方法和注意事项，然后给出一系列二维弹性结构技术的实例。

5.1　二维弹性结构计算单元应用详解

目前较为常用的 ANSYS 二维弹性单元为 PLANE182 及 PLANE183，本节对这两种单元及其使用方法进行介绍。

5.1.1　PLANE182 单元

PLANE182 单元为一个 4 节点的线性单元，每个节点具有 UX、UY 两个自由度，其节点组成及形状如图 5-1 所示。

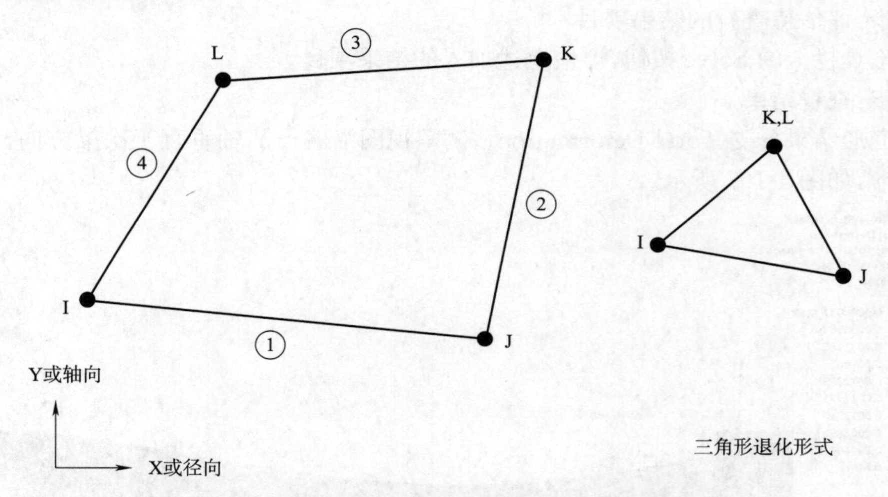

图 5-1　Plane182 单元形状

如采用直接建模方法时，输入节点号要按照图中预设的节点顺序，节点依次为 I、J、K、L。如果节点 K 与节点 L 重合，则退化为三角形形式。

PLANE182 单元的算法和单元的力学行为通过其 KEYOPT 选项所决定，此单元的 KEYOPT 选项如下。

KEYOPT(1) 选项用于控制单元算法。其中，KEYOPT(1)＝0 表示全积分算法，KEYOPT(1)＝1 表示一致缩减积分且带有沙漏控制；KEYOPT(1)＝2 表示增强应变算法；KEYOPT(1)＝3 表示简化增强应变算法。

KEYOPT(3)选项用于控制单元的力学行为。其中,KEYOPT(3)=0 表示单元是平面应力单元;KEYOPT(3)=1 表示单元为轴对称单元;KEYOPT(3)=2 表示单元为平面应变单元,Z 方向应变等于 0;KEYOPT(3)=3 表示单元是平面应力单元但需要输入厚度;KEYOPT(3)=5 表示单元是广义平面应变单元。

KEYOPT(6)选项用于控制单元自由度。其中,KEYOPT(6)=0 为缺省选项,表示单元为纯位移单元;KEYOPT(6)=1 表示单元为混合 u-P 单元,此算法不能用于平面应力情况。

PLANE182 单元的荷载包括表面荷载、温度作用以及体积荷载。一般情况下,PLANE182 单元的节点上不建议直接施加集中力,这样的加载方式会引起应力异常。施加温度作用时,可以为各节点指定不相等的温度值 T(I)、T(J)、T(K)及 T(L)。实际体积力时则只包括 X 分量和 Y 分量。

PLANE182 单元坐标系缺省条件下为总体直角坐标系,可根据需要转换到其他的方向。对正交异性材料模型,其参数与单元坐标系相关。PLANE182 单元应力计算结果也是在单元坐标系中的。

使用 PLANE182 单元要注意如下的一些限制:

(1)单元必须位于总体坐标的 X-Y 平面内。

(2)对于轴对称分析,Y 轴必须是轴对称分析的旋转轴,结构必须位于 X 轴正半轴区域。

(3)使用混合 u-P 算法时(KEYOPT(6)=1),必须使用稀疏矩阵直接求解器。

在 Mechanical APDL 中,PLANE182 单元通过对 Area 划分网格形成。在 Workbench 中,几何模型通过 DM 创建,2-D 模型仅包含 Surface Body。在导入 Mechanical 之前,在 Workbench 界面中选择 Geometry 组件单元格,选择菜单 View>Properties,打开 Geometry 的属性视图,在其中选择 Analysis Type 为 2D,如图 5-2 所示。

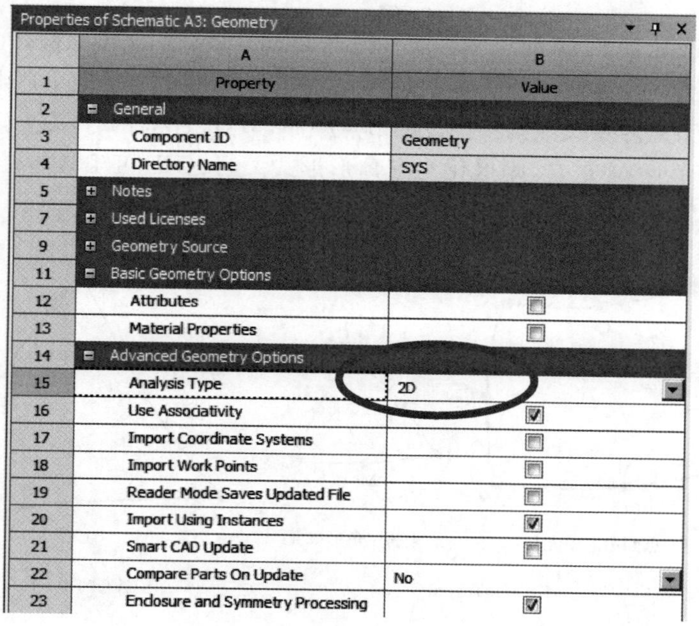

Properties of Schematic A3: Geometry

	A	B
1	Property	Value
2	⊟ General	
3	Component ID	Geometry
4	Directory Name	SYS
5	⊞ Notes	
7	⊞ Used Licenses	
9	⊞ Geometry Source	
11	⊟ Basic Geometry Options	
12	Attributes	☐
13	Material Properties	☐
14	⊟ Advanced Geometry Options	
15	Analysis Type	2D
16	Use Associativity	☑
17	Import Coordinate Systems	☐
18	Import Work Points	☐
19	Reader Mode Saves Updated File	☐
20	Import Using Instances	☑
21	Smart CAD Update	☐
22	Compare Parts On Update	No
23	Enclosure and Symmetry Processing	☑

图 5-2　设置 2-D 分析类型

Mechanical 中通过对 Surface Body 划分网格形成，要划分为低阶单元，选择 Mesh 分支 Details 中的 Element Midside Nodes 选项为 Dropped，如图 5-3 所示。

Advanced	
Shape Checking	Standard Mechanical
Element Midside Nodes	Dropped
Number of Retries	Default (4)
Extra Retries For Assembly	Yes

图 5-3　边中间节点选项

对于面体，可选择的网格划分方法有 Quad Dominant、Triangle、MultiZone 等，可在 Mesh 分支下加入 Method 分支，在 Method 选项中指定，如图 5-4 所示。

Details of "Automatic Method" - Method	
Scope	
Scoping Method	Geometry Selection
Geometry	1 Body
Definition	
Suppressed	No
Method	Quadrilateral Dominant
Element Midside Nodes	Quadrilateral Dominant
Free Face Mesh Type	Triangles
	MultiZone Quad/Tri

图 5-4　面网格划分方法

5.1.2　PLANE183 单元

PLANE183 单元的形状如图 5-5 所示，此单元的形状与其 KEYPOT(1) 相关。当 KEYPOT(1)＝0 为一个 8 节点的二阶单元，每个节点具有 UX、UY 两个自由度。如采用直接建模方法时，输入节点号要按照图中预设的节点顺序，节点依次为 I、J、K、L、M、N、O、P。如果节点 K、节点 L 与节点 M 重合，则退化为三角形形式。当 KEYOPT(1)＝1 为一个三角形单元，节点编号顺次为 I、J、K、L、M、N。

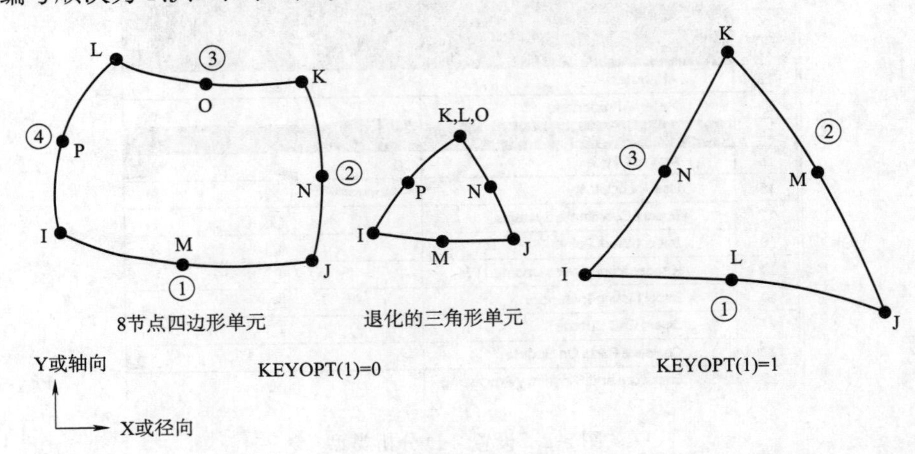

图 5-5　Plane183 单元形状

除了 KEYOPT(1)之外，PLANE183 单元的特性还受到如下两个 KEYOPT 选项的控制。

KEYOPT(3)选项用于控制 PLANE183 单元的力学行为。其中，KEYOPT(3)=0 表示单元是平面应力单元；KEYOPT(3)=1 表示单元为轴对称单元；KEYOPT(3)=2 表示单元为平面应变单元，Z 方向应变等于 0；KEYOPT(3)=3 表示单元是平面应力单元但需要输入厚度；KEYOPT(3)=5 表示单元是广义平面应变单元。

KEYOPT(6)选项用于控制单元的自由度和算法。其中，KEYOPT(6)=0 为缺省选项，表示单元为纯位移单元；KEYOPT(6)=1 表示单元为混合 u-P 单元，此算法不能用于平面应力情况。

PLANE183 单元可施加的荷载与 PLANE182 单元相似。

在 Workbench 环境中进行前处理时，与 PLANE182 一样，几何模型创建在 DM 中进行，网格划分在 Mechanical 中进行。在几何模型导入 Mechanical 之前，在 Workbench 中对 Geometry 组件单元格的 Properties 进行设置，选择 Analysis Type 为 2D。在 Mechanical 中进行 Mesh 时，在 Mesh 分支的 Details 中选择 Element MidSide Node 选项为 Kept。网格划分方法选择与 PLANE182 相同，不再重复介绍。

5.2　平面弹性结构计算例题

5.2.1　平面应力计算例题：带圆孔的平板

本节介绍一个 Workbench 环境中的平面应力计算例题。

1. 问题描述

如图 5-6 所示为带有中心圆孔的方形铝合金薄板，长宽均为 1.0 m，薄板厚度为 0.015 m，在其左右两侧面承受均布受拉载荷 0.50 MPa，通过 ANSYS Mechanical 分析薄板上的应力分布情况。

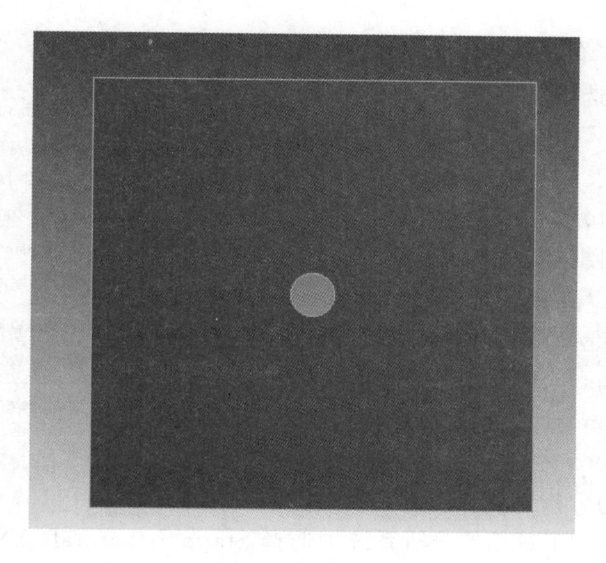

图 5-6　薄板示意图

该问题属于典型的二维平面应力问题，本例子目的主要是介绍 Workbench 分析环境中二维弹性力学问题的分析方法，并熟悉相应的操作步骤。本例题涉及到的操作要点包括：

✓ Engineering Data 工程材料界面使用

✓ DM 建立二维模型的方法

✓ 2D 模型在导入 Mechanical 时的选项设置

✓ Mechanical 面网格划分

✓ Mechanical 后处理操作

2. 建模计算过程

建模计算的过程包含创建项目文件、建立结构静力分析系统、创建薄板几何模型、Engineering Data 设置、前处理、加载以及求解、结果查看等环节。

(1)创建项目文件

第 1 步：启动 ANSYS Workbench。

第 2 步：进入 Workbench 之后，单击 Save As 按钮，选择存储路径并将文件另存为“Plane Stress”，如图 5-7 所示。

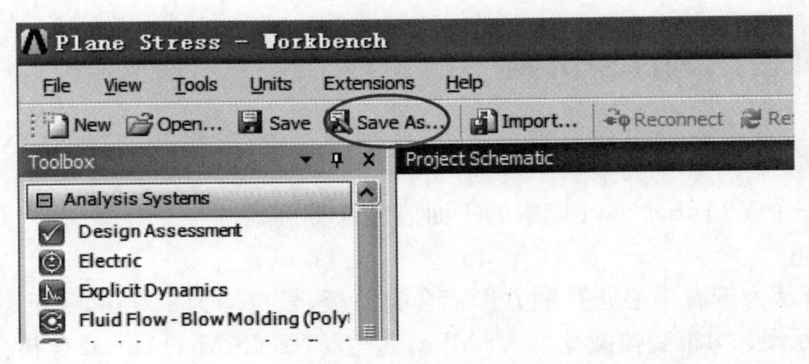

图 5-7　ANSYS Workbench 界面

第 3 步：设置工作单位系统。

通过菜单 Units，选择工作单位系统为 Metric(tonne, mm, s, ℃, mA, N, mV)，选择 Display Values in Project Units，如图 5-8 所示。

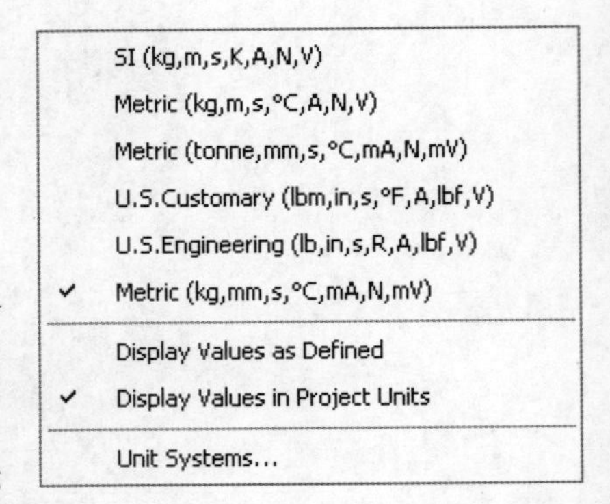

图 5-8　选择单位系统

(2)建立结构静力分析系统

第 1 步：创建几何组件

在 Workbench 工具箱的组件系统中，选择 Geometry 组件，将其用鼠标左键拖拽到 Project Schematic 窗口内(或者直接双击 Geometry 组件)。在 Project Schematic 内会出现名为 A 的 Geometry 组件，如图 5-9 所示。用鼠标选中 A2 栏(即 Geometry 栏)。

第 2 步：建立静力分析系统

在 Workbench 左侧工具箱的分析系统中选择 Static Structural(ANSYS)，用鼠标左键将其拖拽至 A2(Geometry)单元格中，形成静力分析系统 B，该系统的几何模型来源于几何组件 A，如图 5-10 所示。

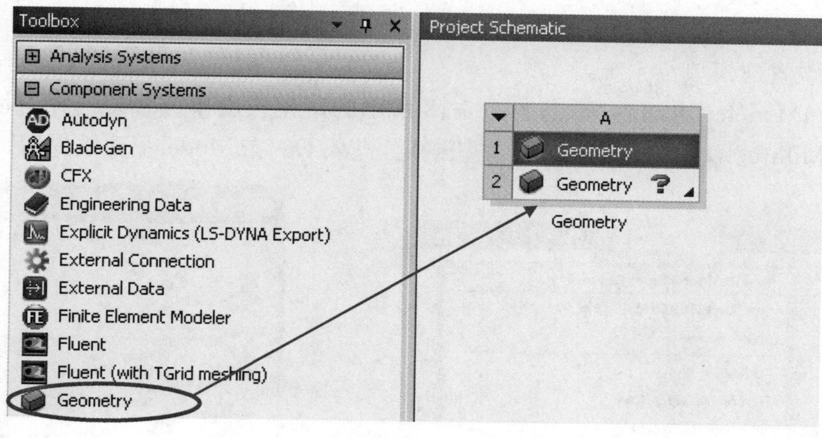

图 5-9　创建 Geometry 组件

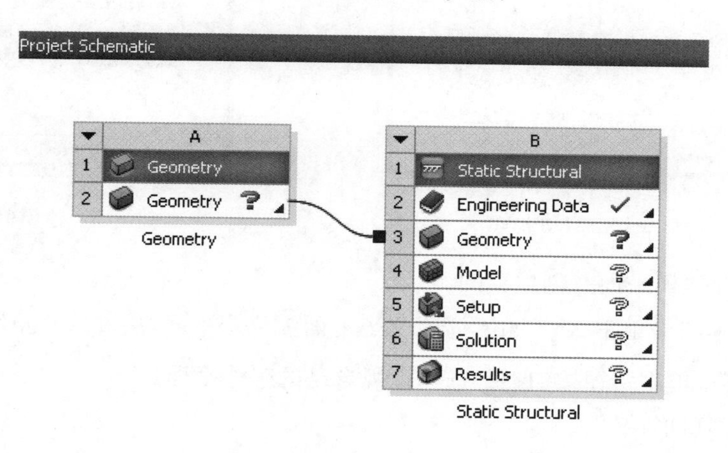

图 5-10　建立静力分析系统

第 3 步：设置几何属性

①用鼠标选择 A2 单元格(Geometry)，在右键菜单中选择 Properties，或通过勾选 View 菜单的 Properties 选项，在 Project Schematic 的右侧出现 Properties of Schematic A2：Geometry 属性栏。

②在 Geometry 属性栏的 Advanced Geometry Option 选项中，将 Analysis Type(分析类型)设为 2D(缺省为 3D)，如图 5-11 所示。

20	Advanced Geometry Options	
21	Analysis Type	2D
22	Use Associativity	3D
23	Import Coordinate Systems	2D

图 5-11　修改分析类型

(3)创建几何模型

第 1 步：启动 DM 组件

用鼠标点选 A2(Geometry)组件单元格，在其右键菜单中选择“New DesignModeler

Geometry”,启动 DM 建模组件,如图 5-12 所示。

第 2 步:设置建模单位系统

在 DesignModeler 启动后,弹出如图 5-13 所示的建模长度单位系统选择对话框,在其中选择单位为 Millimeter(mm),单击 OK 按钮确定,进入 DesignModeler 建模界面。

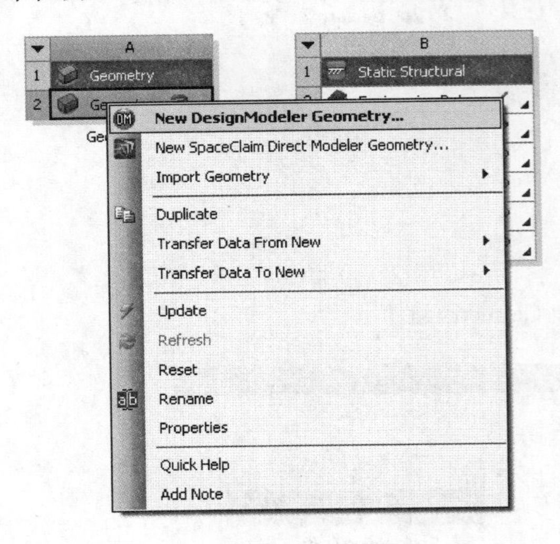

图 5-12　启动 DM

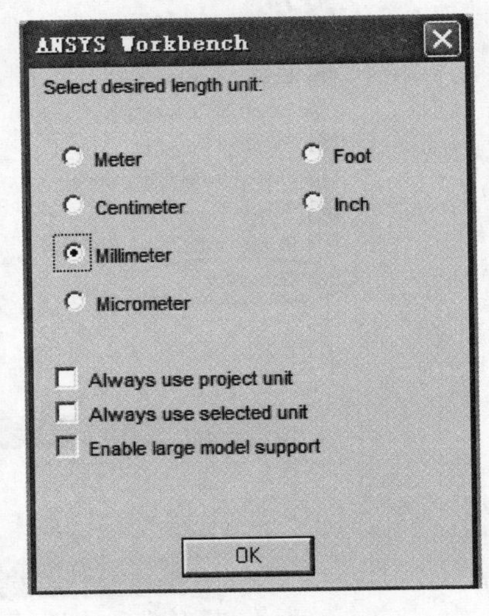

图 5-13　建模单位选择

第 3 步:选择建模平面并创建草图

在 Geometry 树中单击 XYPlane,选择 XY 平面为草图平面,接着选择草图按钮新建草图,为了便于操作,单击正视按钮,选择正视自己的工作平面。

第 4 步:绘制矩形

切换到草绘模式,进入绘图工具箱,选择 Rectangle 按钮画一矩形,然后在右边的图形界面上光标改变为画笔形状,单击拖动画笔绘制一个矩形,注意此矩形的四个顶点分别位于不同的象限内,以方便后续的标注,如图 5-14 所示。

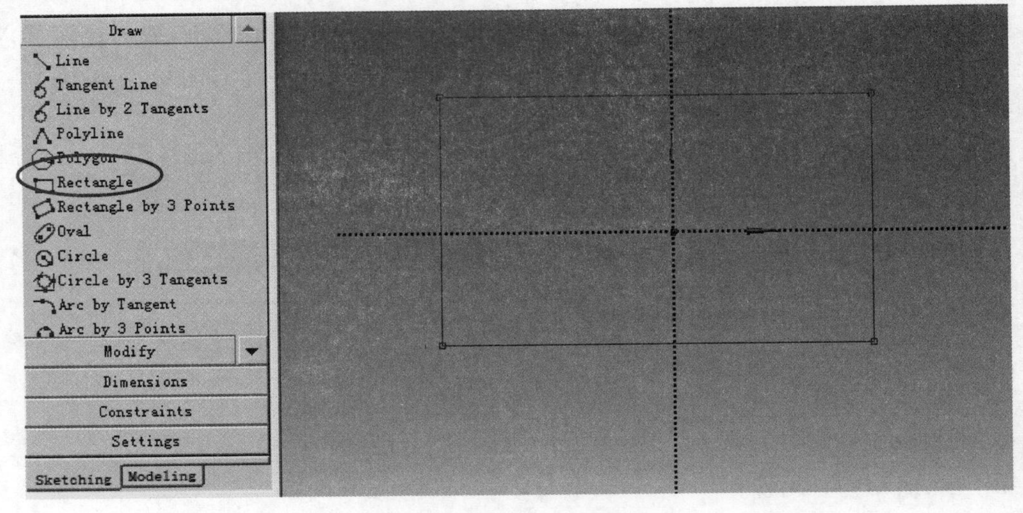

图 5-14　绘制一个矩形草图

第 5 步：矩形尺寸标注

接着选中左侧的 Dimensions（尺寸）项中的 General 标签，对矩形尺寸进行标注，并将长宽值设为 1 000 mm，矩形以坐标原点为对称点，如图 5-15 所示。

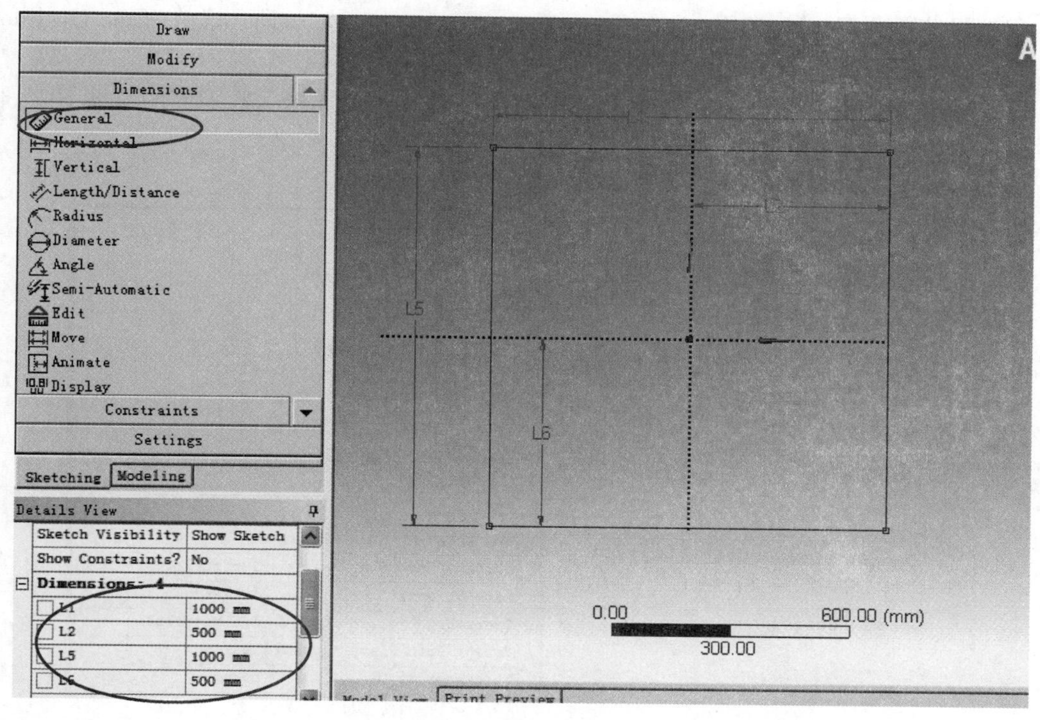

图 5-15　设置矩形尺寸

第 6 步：绘制圆孔

选择 DM 草绘工具面板中的 Draw Circle 按钮画圆，在右边的图形界面上光标再次改变为画笔形状，拖动画笔放到原点上时会出现一个“P”字的标志，表示圆心与原点重合，此时单击鼠标并拖动画一个圆，接着选中左侧的 Dimensions（尺寸）项中的 Diameter 圆直径标签，单击圆形，并将小圆直径设为 100 mm，如图 5-16 所示。

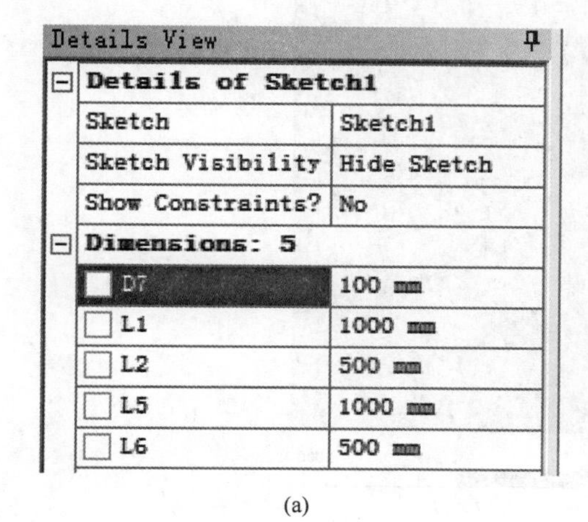

(a)

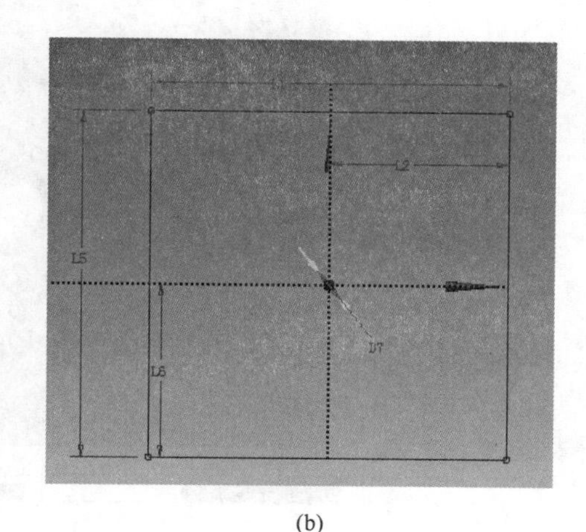

(b)

图 5-16　绘制圆孔草图

第 7 步:创建表面体

按照如下步骤创建表面体。

①在屏幕左侧将原来的草图标签(Sketching)切换为建模标签(Modeling)。

②选择菜单项 Concept>Surface From Sketches,如图 5-17(a)所示。在 Tree Outline 视图出现一个 SurfaceSk1 分支。

③在此分支的 Details View 属性设置中,"Base Objects"选择 XY 平面的草图 Sketch1,Operation 属性设置为 Add Material,如图 5-17(b)所示。

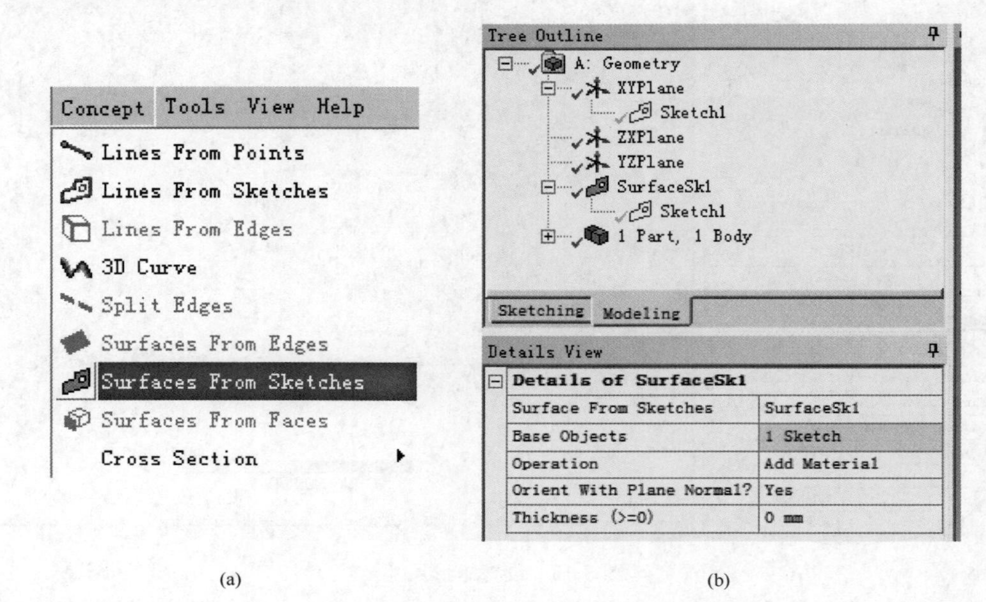

(a) (b)

图 5-17 基于草图创建面体

④单击工具栏上的 Generate 按钮完成面体的生成,得到如图 5-18 所示的面体模型。至此,薄板几何建模工作已经完成。

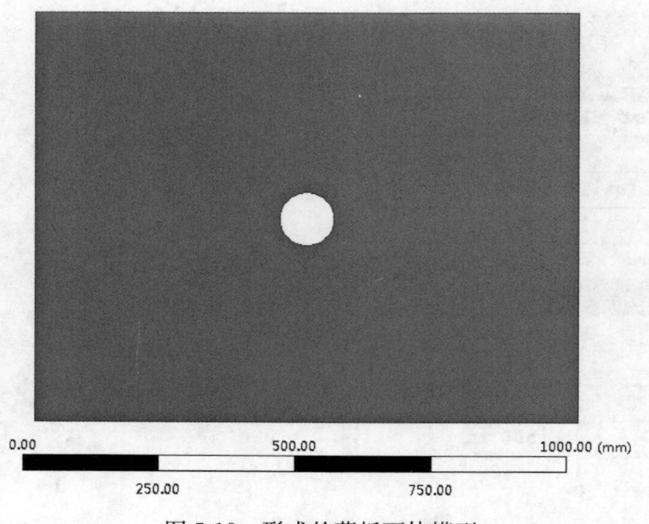

图 5-18 形成的薄板面体模型

⑤关闭 DesignModeler 界面，返回 ANSYS Workbench 界面。

(4)设置 Engineering Data 材料数据

按照如下步骤进行材料设置。

第 1 步:启动 Engineering Data 界面

在 Workbench 的 Project Schematic 窗口中，双击 B2（Engineering Data）组件，进入 Engineering Data 界面。

第 2 步:添加铝合金材料

①在工具按钮中，选择按钮调用 Workbench 材料库，此时在 Engineering Data Sorces 中出现一系列材料库，如图 5-19 所示。

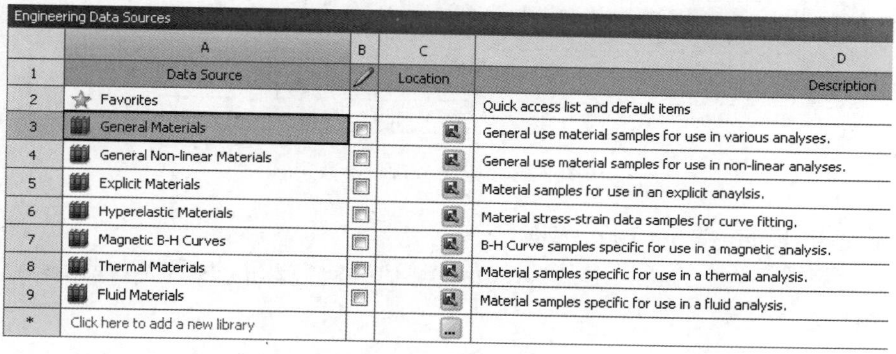

Engineering Data Sources

	A	B	C	D
1	Data Source		Location	Description
2	Favorites			Quick access list and default items
3	General Materials			General use material samples for use in various analyses.
4	General Non-linear Materials			General use material samples for use in non-linear analyses.
5	Explicit Materials			Material samples for use in an explicit anaylsis.
6	Hyperelastic Materials			Material stress-strain data samples for curve fitting.
7	Magnetic B-H Curves			B-H Curve samples specific for use in a magnetic analysis.
8	Thermal Materials			Material samples specific for use in a thermal analysis.
9	Fluid Materials			Material samples specific for use in a fluid analysis.
*	Click here to add a new library		...	

图 5-19　Workbench 中的备用材料库

②添加铝合金材料

在图 5-20 所列的材料库中选择 General Materials 材料库，这时在 Outline of General materials 区域列出了此库中包含的各种材料，在缺省情况下仅 Structural Steel 被包含在项目文件中，其 C 列标有图标。选择 Aluminum Alloy(铝合金)，单击 B 列的按钮，此时在铝合金材料的 C 列也出现图标，表示在项目文件中添加铝合金材料成功，如图 5-20 所示。

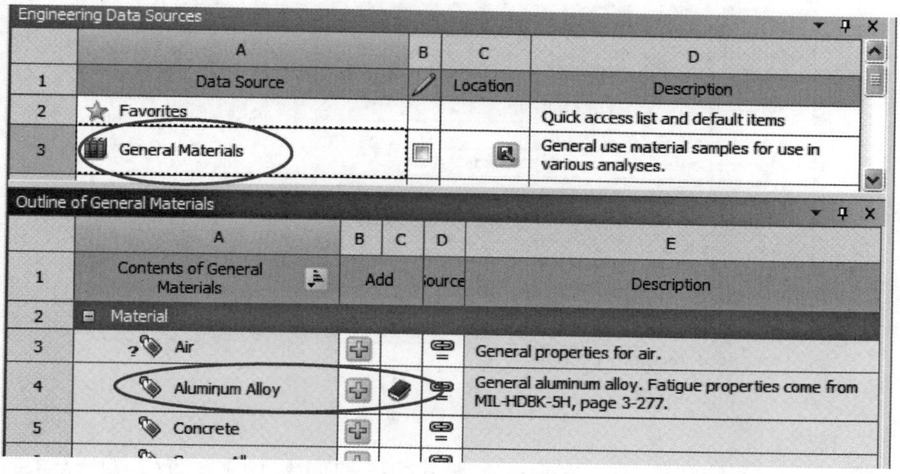

Engineering Data Sources

	A	B	C	D
1	Data Source		Location	Description
2	Favorites			Quick access list and default items
3	General Materials			General use material samples for use in various analyses.

Outline of General Materials

	A	B	C	D	E
1	Contents of General Materials	Add		Source	Description
2	Material				
3	Air				General properties for air.
4	Aluminum Alloy				General aluminum alloy. Fatigue properties come from MIL-HDBK-5H, page 3-277.
5	Concrete				

图 5-20　添加铝合金材料

铝合金材料的参数列于下方的 Properties of Outline Row 4：Aluminum Alloy 中，如图 5-21 所示。

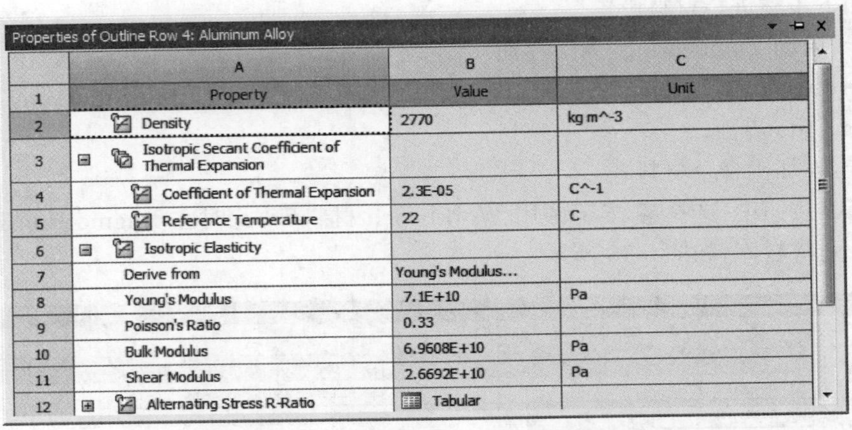

Properties of Outline Row 4: Aluminum Alloy

	A	B	C
1	Property	Value	Unit
2	Density	2770	kg m^-3
3	Isotropic Secant Coefficient of Thermal Expansion		
4	Coefficient of Thermal Expansion	2.3E-05	C^-1
5	Reference Temperature	22	C
6	Isotropic Elasticity		
7	Derive from	Young's Modulus...	
8	Young's Modulus	7.1E+10	Pa
9	Poisson's Ratio	0.33	
10	Bulk Modulus	6.9608E+10	Pa
11	Shear Modulus	2.6692E+10	Pa
12	Alternating Stress R-Ratio	Tabular	

图 5-21　铝合金材料参数

第 3 步：退出 Engineering Data 界面

上述设置完成后，点工具栏上的“Return to Project”按钮，返回 Workbench 的 Project Schematic 窗口。

(5)Mechanical 前处理

按照如下步骤进行 Mechanical 前处理操作。

第 1 步：启动 Mechanical 组件

在 Workbench 的 Project Schematic 中双击 B4(Modal)单元格，启动 Mechanical 组件。

第 2 步：设置几何属性

①在 Mechanical 的 Project 树中，选择 Geometry 分支，在界面左下方的“Details of Geometry”中进行属性设置。其中，2D Behavior 中选择 Plane Stress，如图 5-22 所示。

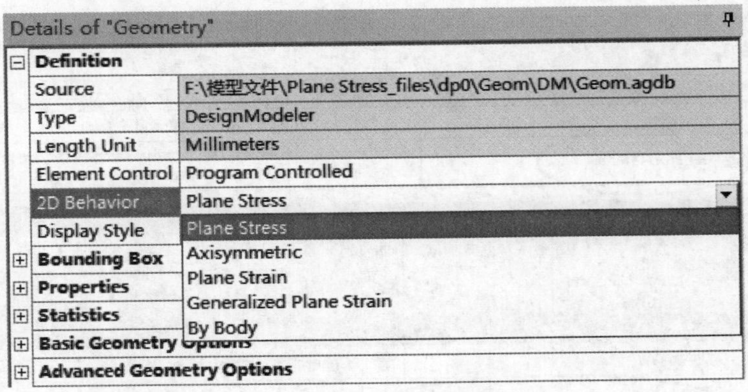

Details of "Geometry"

Definition	
Source	F:\模型文件\Plane Stress_files\dp0\Geom\DM\Geom.agdb
Type	DesignModeler
Length Unit	Millimeters
Element Control	Program Controlled
2D Behavior	Plane Stress
Display Style	Plane Stress
Bounding Box	Axisymmetric
Properties	Plane Strain
Statistics	Generalized Plane Strain
	By Body
Basic Geometry Options	
Advanced Geometry Options	

图 5-22　修改分析类型

②单击 Geometry 下的 Surface Body，在下方的详细列表中输入薄板厚度为 15 mm。

③下面详细列表中 Material 下的 Assignment 分支中将薄板的默认材料属性修改为 Aluminum Alloy(铝合金)。②及③操作如图 5-23 所示。

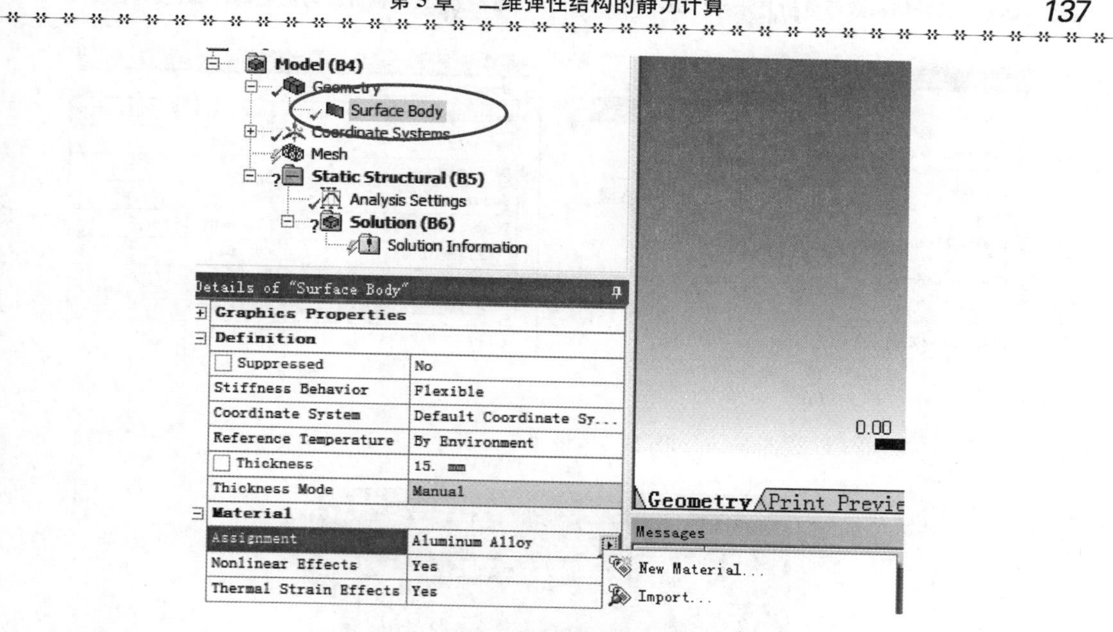

图 5-23　修改薄板厚度及材料属性

第 3 步：网格划分

按照如下步骤进行网格划分。

①用鼠标选择树形窗中的 Mesh 分支，在其右键菜单中选择 Insert>Mapped Face Meshing 加入面体的映射网格划分选项，如图 5-24 所示。

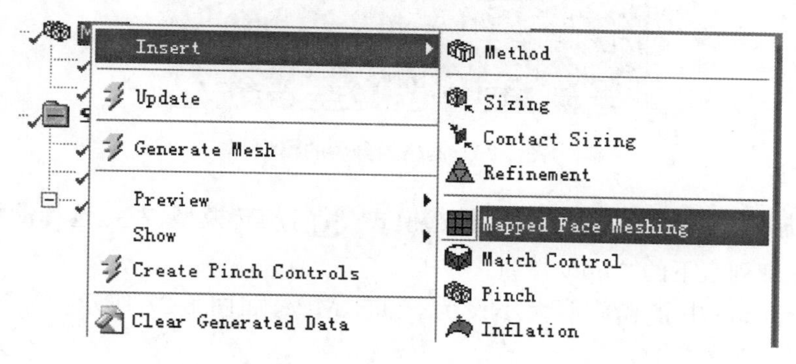

图 5-24　插入 Mapped Face Meshing 选项

②在 Mesh 分支的右键菜单中选择 Insert>Sizing，在其 Details 中的 Element Size 设置网格尺寸为 5 mm，如图 5-25(a)、(b)所示。

③在 Mesh 分支的右键菜单中选择 Generate Mesh，调用 Meshing 组件对薄板几何体进行整体网格划分。划分完成后的网格如图 5-26 所示。

(6)加载以及求解

按照如下步骤施加均布荷载并求解。

第 1 步：施加均布载荷

①选择 Static Structural 分支，在其右键菜单中选择 Insert>Pressure，加入一个 Pressure 荷载分支。

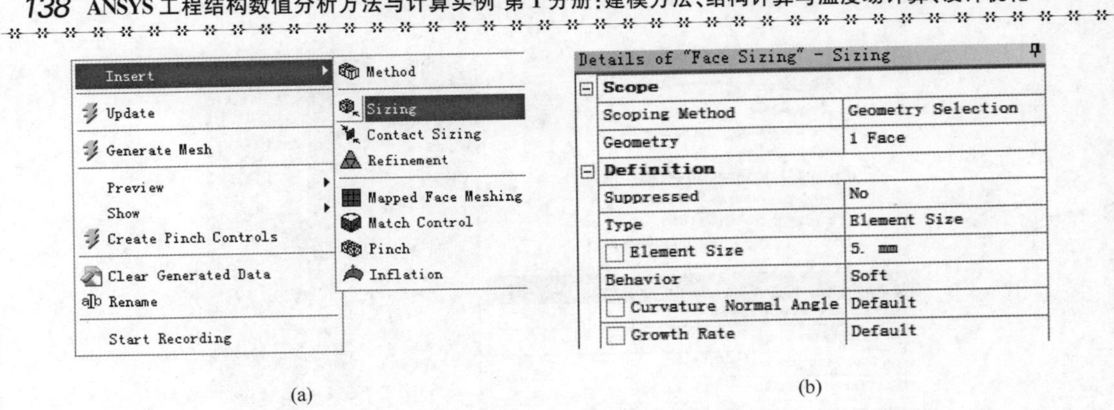

图 5-25 设置单元尺寸

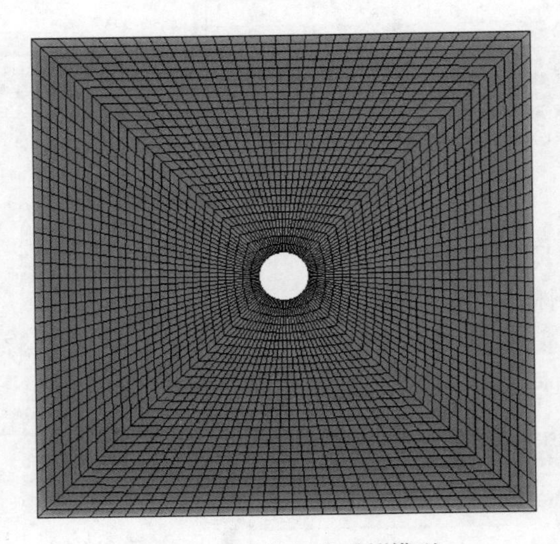

图 5-26 网格划分后的模型

②选择施加荷载的边。选择工具栏边选模式，旋转模型，左键选择薄板对称的两个边，最后点击详细列表下的 Apply 按钮。

③在 Magnitude 中将载荷值大小设为－0.5 MPa，如图 5-27 所示。注意负号表示拉应力。

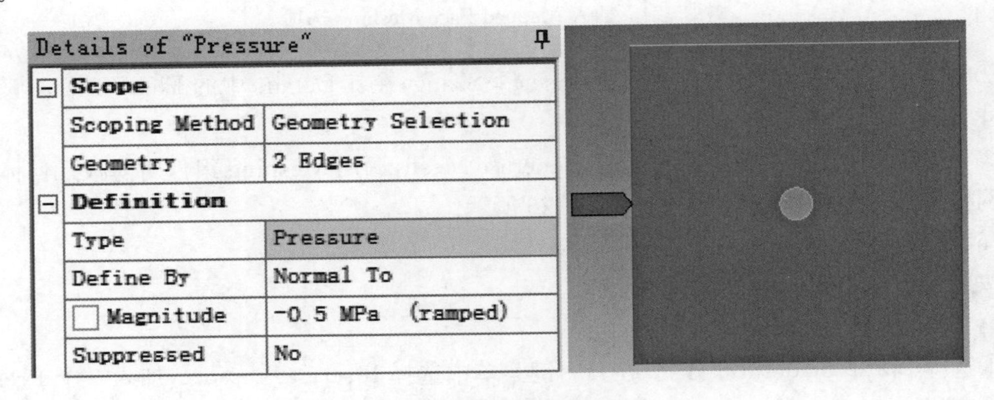

图 5-27 对薄板施加均布载荷

第2步：插入需要查看的结果项目

①选择 Project 树的 Solution(B6)分支，在其右键快捷菜单中选择 Insert＞Stress＞Normal，如图5-28所示。

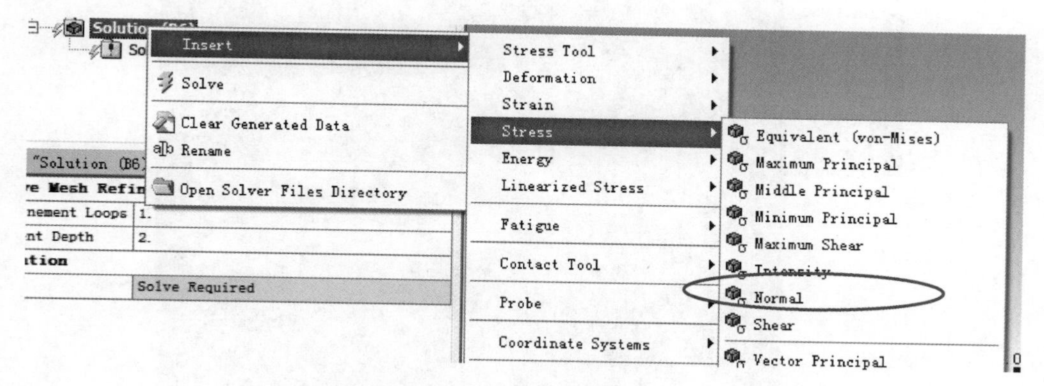

图5-28　插入 Normal Stress 结果

②设置 Normal Stress 属性

在插入的 Normal Stress 分支的 Details 选项中，设置其 Orientation 为 X Axis，Coordinate System 为 Global Coordinate System，如图5-29所示。

Details of "Normal Stress"

Scope	
Scoping Method	Geometry Selection
Geometry	All Bodies
Definition	
Type	Normal Stress
Orientation	X Axis
By	Time

图5-29　设置 Normal Stress 属性

第3步：求解

单击 Mechanical 工具栏的 Solve 按钮，程序开始计算，计算完成后 Solution 分支下的各二级分支左侧的状态图标均为绿色的√。

(7)结果查看与分析

选择 Solution 下的 Normal Stress 分支，显示模型中X方向的正应力分布如图5-30所示。圆孔边缘的最大正应力为1.46 MPa，约为平均正应力的3倍，这与单向拉伸无限大薄板中圆孔附近应力理论解是一致的，也表明计算结果正确无误。

5.2.2　平面应变计算例题：岩基上的重力坝

本节介绍一个 Mechanical APDL 环境下的平面应变计算例题。

1. 问题描述

混凝土重力坝的坝体剖面如图5-31所示，上游为垂直坡面，坝高70 m，坝肩宽度4 m，坝肩高3 m，坝底宽度60 m。上游水位线高67 m，下游水位线高45 m高，坝体混凝土的弹性模量2.0×10^{10} Pa，泊松比0.2密度2 500 kg/m^3。水的容重按10 kN/m^{3}计算。

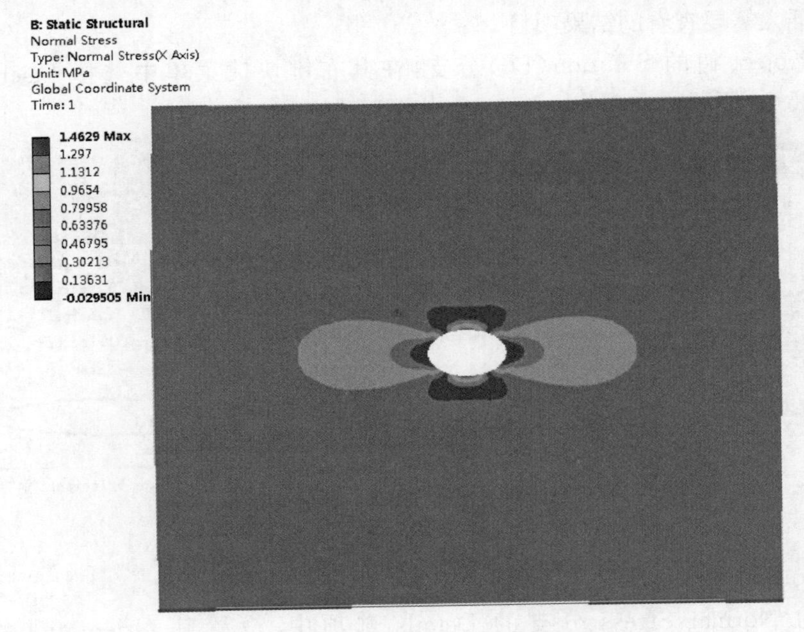

图 5-30 薄板中的 Normal Stress 应力分布情况

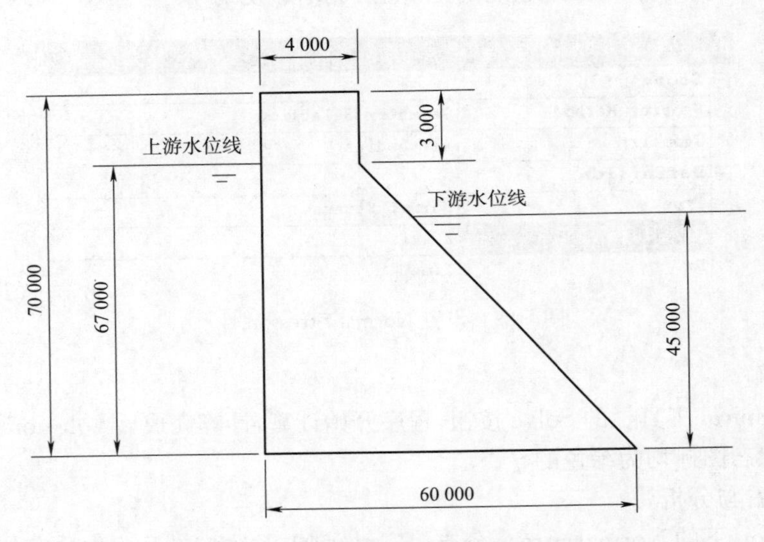

图 5-31 岩基上的重力坝尺寸示意图

由于重力坝的两端位移受到限制，且荷载沿坝体长度方向均匀分布，因此坝体的受力状态为平面应变状态。本例采用 APDL 命令操作方式进行建模以及计算，涉及到的操作要点包括：

✓ 平面问题的建模方法
✓ PLANE182 单元的使用
✓ 有梯度的表面力(静水压力)的施加方法
✓ 局部坐标系的定义与使用方法
✓ 数学函数(三角函数、反三角函数)的使用方法

2. 建模计算过程

建模计算过程分为三个阶段，前处理、加载求解以及后处理，下面给出各阶段的具体步骤说明、相关的操作命令以及注意事项。

(1)建立计算模型(前处理)

第 1 步：进入前处理器

```
/PREP7                                    ! 进入前处理器
```

第 2 步：定义单元类型

```
et,1,plane182,,,2                         ! 定义单元类型及平面应变选项
```

第 3 步：定义材料参数

```
mp,ex,1,2.1e10                            ! 定义材料参数
mp,prxy,1,0.2
mp,dens,1,2500
```

第 4 步：定义关键点

本例中需要定义的关键点及其坐标列于表 5-1 中。

表 5-1　模型关键点编号和坐标

关键点 ID	X	Y	Z
1	0	0	0
2	60	0	0
3	4	67	0
4	4	70	0
5	0	70	0
6	0	67	0

通过如下的命令定义坝体剖面的关键点：

```
k,1,                                      ! 定义关键点 1
k,2,60.0,0.0,0.0                          ! 定义关键点 2
k,3,4.0,67.0,0.0                          ! 定义关键点 3
k,4,4.0,70.0,0.0                          ! 定义关键点 4
k,5,0.0,70.0,0.0                          ! 定义关键点 5
k,6,0.0,67.0,0.0                          ! 定义关键点 6
```

第 5 步：创建坝体的剖面

通过命令 a 定义坝体的剖面，如图 5-32 所示。

```
a,1,2,3,4,5,6                             ! 创建坝体剖面
```

第 6 步：定义线网格密度

通过线段划分数控制面网格尺寸，操作命令如下：

```
lesize,1,,,15                             ! 坝底划分为 15 等份
lesize,2,,,30,0.33                        ! 下游轮廓线划分 30 份，长度比 3，顶部密
lesize,3,,,3                              ! 坝肩右侧线划分为 3 份
lesize,4,,,3                              ! 坝肩顶侧线划分为 3 份
lesize,5,,,3                              ! 坝肩左侧线划分为 3 份
```

```
lesize,6,,,30,3                ! 上游轮廓线划分 30 分,长度比 2,顶部密
```

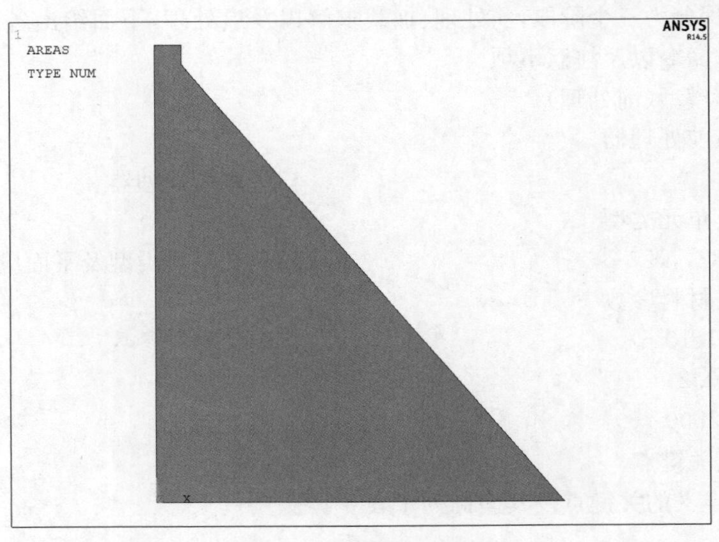

图 5-32 坝体剖面几何模型

第 7 步:指定网格选项并划分网格

通过下列命令指定网格划分属性、网格形状选项并划分单元。

```
type,1                         ! 指定单元类型号
mat,1                          ! 指定材料号
mshkey,0                       ! 自由网格划分
MSHAPE,0,2D                    ! 指定单元划分形状
amesh,1                        ! 划分网格
EPLOT                          ! 绘制单元
```

至此,已经完成全部的建模操作,得到的有限元模型如图 5-33 所示。

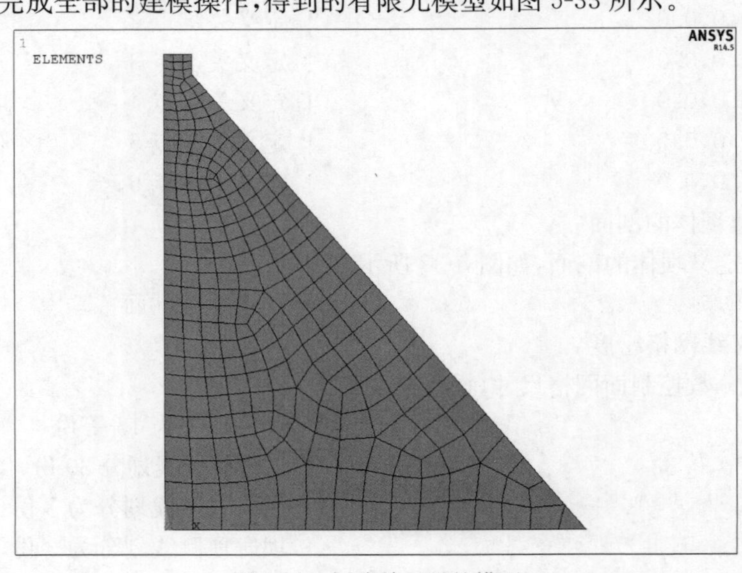

图 5-33 划分单元后的模型

第 8 步：退出前处理器

```
finish                                              ! 退出前处理器
```

(2)加载以及求解

第 1 步：进入求解器

```
/SOLU                                               ! 进入求解器
```

第 2 步：定义位移边界条件

坝基为岩石层，按固定位移边界来考虑，约束此边界上的全部位移自由度。

```
nsel,s,loc,y,0                                      ! 选择坝基节点
d,all,all                                           ! 固定坝基节点
allsel,all                                          ! 恢复选择全部的节点
```

第 3 步：对上游坝体施加侧向水压力

坝体受到的侧向水压力是一个随高而变的三角形荷载。最大深度为 67 m，此位置的压力由自由表面的 0 增加至 670 000 Pa，通过 SFL 施加到坝的左侧边上，线段编号为 6。

```
sfl,6,pres,,670000                                  ! 定义上游侧向水压力
```

第 4 步：定义一个局部坐标系

对于下游坝体，由于具有一定的坡度，为便于施加水压力而定义一个局部坐标系，原点位置在坝趾的右下角点处，X 方向垂直于坝下游侧面斜向上。

```
*AFUN,DEG                                           ! 设置角度单位为角度
local,11,0,60.0,,,atan(56/67)                       ! 定义局部坐标系 11
```

第 5 步：选择坝右侧面下游水位以下节点并加载

坝右侧承受下游静水压力，最大水深为 45 m，此深度的水压力为 450 000 Pa，沿斜边的梯度为－7 672.6 Pa/m。

```
nsel,s,loc,x,-0.001,0.001                           ! 在坐标系 11 下选择 X 坐标为 0 的节点
nsel,r,loc,y,0,45*sqrt(1+(56/67)**2)                ! 过滤选择下游水位下的静水压力加载节点
sfgrad,pres,11,y,0,-7672.6                          ! 定义三角形荷载坡度
sf,all,pres,450000                                  ! 对所选单元施加压力荷载
ALLSEL,ALL                                          ! 恢复选择全部对象
```

第 6 步：转换几何模型荷载并显示

```
SFTRAN                                              ! 将所有荷载转换为单元荷载
/psf,pres,norm,2,0,1                                ! 定义显示荷载选项
/REP                                                ! 显示所有已施加压力荷载
```

第 7 步：转换坐标系为整体坐标系并指定重力

```
csys,0                                              ! 转换为整体笛卡尔坐标系
acel,,9.8                                           ! 定义自重荷载
```

通过上述的命令指定重力加速度，在图形窗口出现一个指向 Y 轴正方向的红色箭头，表示已指定沿 Y 方向的重力加速度，重力方向为－Y 方向。

施加了边界条件、静水压力及重力的模型如图 5-34 所示。

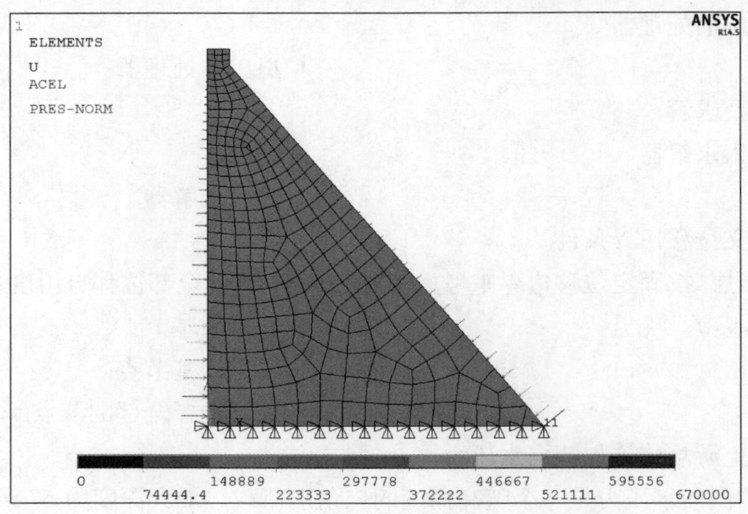

图 5-34 施加约束和载荷后的分析模型

第8步:求解

```
Solve                                    ! 求解
```

第9步:退出求解器

```
FINISH                                   ! 退出求解器
```

(3)后处理

第1步:进入通用后处理器

```
/post1                                   ! 进入通用后处理器
```

第2步:读入计算结果

```
SET,1                                    ! 读入结果
```

第3步:绘制变形形状

通过下列命令绘制放大的坝体剖面变形情况与变形前形状比较,如图5-35所示。

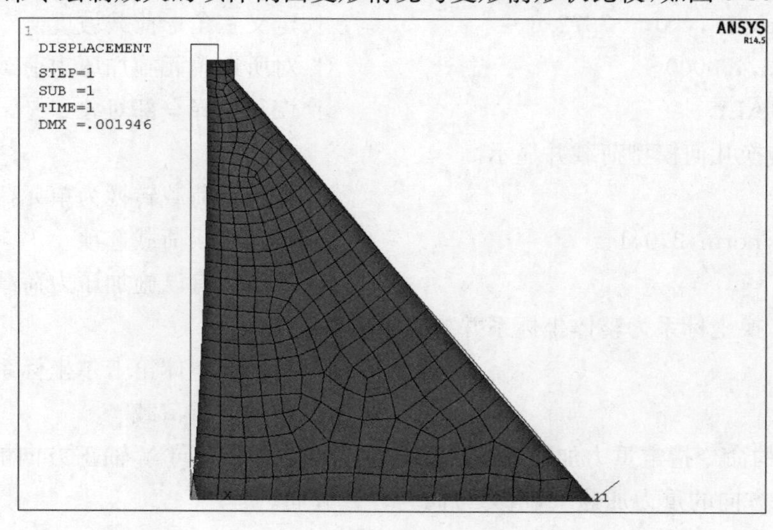

图 5-35 放大的坝体变形与未变形的结构轮廓

pldisp,2　　　　　　　　　　　　　　　　　　　　　　! 绘制变形形状

第 4 步:绘制变形等值线图

通过下列命令绘制坝体剖面位移等值线如图 5-36 所示。

plnsol,u,sum,0,1.0　　　　　　　　　　　　　　　　! 绘制位移等值线图

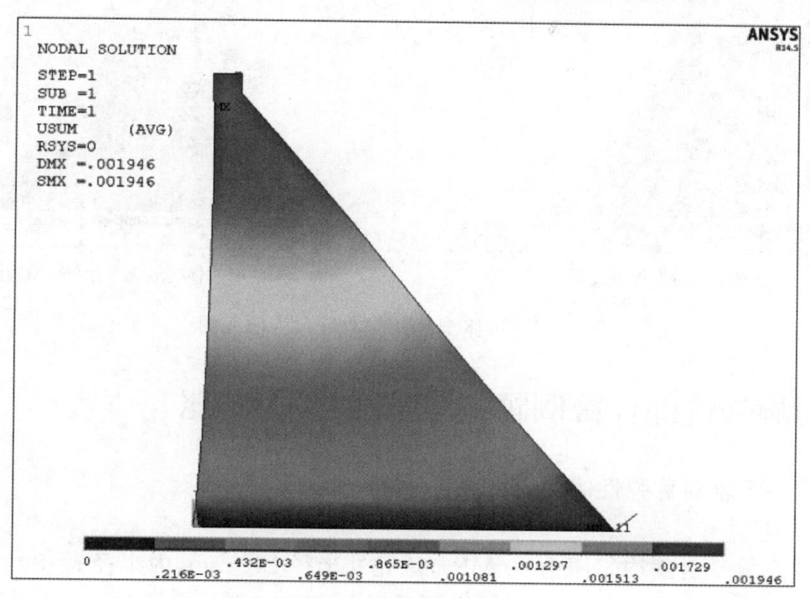

图 5-36　坝体的位移等值线图

第 5 步:查看应力分量与等效应力

通过下列命令查看坝体剖面的水平向应力分布等值线、竖向应力分布等值线、剪应力分布等值线、Von-Mises 等效应力分布等值线分别如图 5-37(a)、(b)、(c)、(d)所示。

plnsol,s,X,0,1.0　　　　　　　　　　　　　　　　! 绘制水平方向位移等值线图

plnsol,s,Y,0,1.0　　　　　　　　　　　　　　　　! 绘制竖向位移等值线图

plnsol,s,XY,0,1.0　　　　　　　　　　　　　　　! 绘制剪应力等值线图

plnsol,s,eqv,0,1.0　　　　　　　　　　　　　　　! 绘制等效应力等值线图

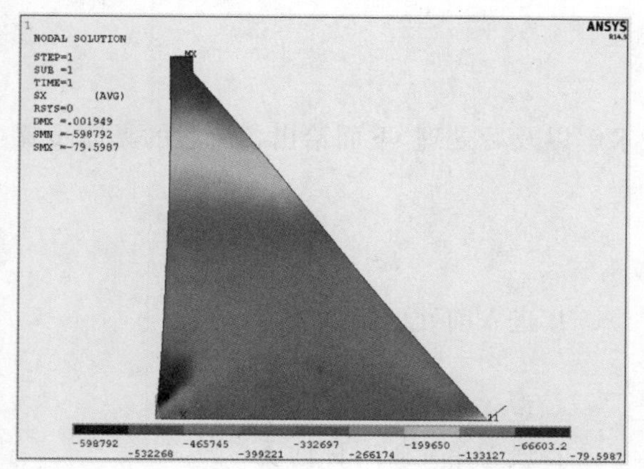

(a) 坝体水平向应力分布等值线图

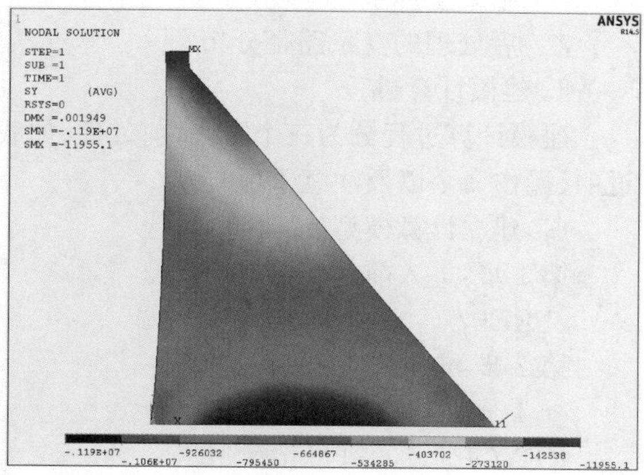

(b) 坝体竖向应力分布等值线图

图　5-37

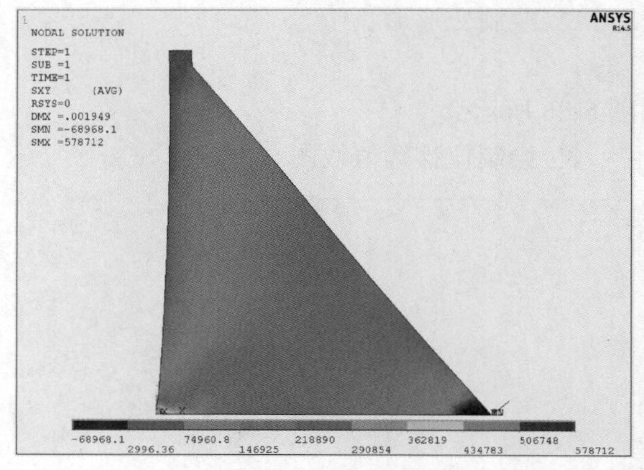

(c) 坝体剪应力分布等值线图

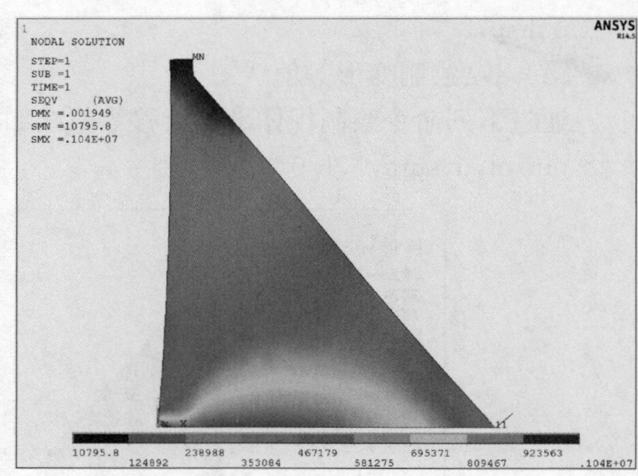

(d) 坝体等效应力分布等值线图

图 5-37 坝体剖面的应力分布等值线图

5.3 轴对称弹性体计算例题:受内压的球形容器

本节介绍一个轴对称弹性体的应力计算例题。

1. 问题描述

钢制厚球壳承受内部均匀压力 20 MPa,球壳外半径 120 mm,内半径 r=80 mm,弹性模量 E=200 GPa,泊松比=0.3。计算球壳的变形量以及内部应力分布情况。

本例中通过取轴对称的剖面进行 2D 分析,由于球壳受力的对称性,只取剖面的上半部分,即四分之一圆环面进行建模,圆环内侧承受均布压力,左右、上下对称轴位置施加对称边界条件约束法向位移。

本例采用 APDL 命令流操作方式进行建模计算,涉及到的操作要点包括:

- ✓ 轴对称问题的建模方法
- ✓ 轴对称计算的加载方法
- ✓ PLANE183 单元的使用方法
- ✓ 结果坐标系
- ✓ 后处理的变量路径分布图

2. 建模计算过程

建模计算过程分为三个阶段,前处理、加载求解以及后处理,下面给出各阶段的具体步骤说明、操作命令以及注意事项。

(1)建立计算模型(前处理)

第 1 步:进入前处理器

```
/PREP7                              ! 进入前处理器
```

第 2 步:定义单元类型及选项

```
et,1,plane183                       ! 定义单元类型
KEYOPT,1,3,1                        ! 设置单元轴对称性质
```

第 3 步:定义材料参数

```
MP,EX,1,2.00e11                     ! 指定弹性模量
```

```
MP,PRXY,1,0.3                              ! 指定泊松比
```

第4步:建立圆环几何

通过如下命令建立1/4圆环剖面如图5-38所示。

```
PCIRC,120e-3,80e-3,0,90,                   ! 定义圆环面积
```

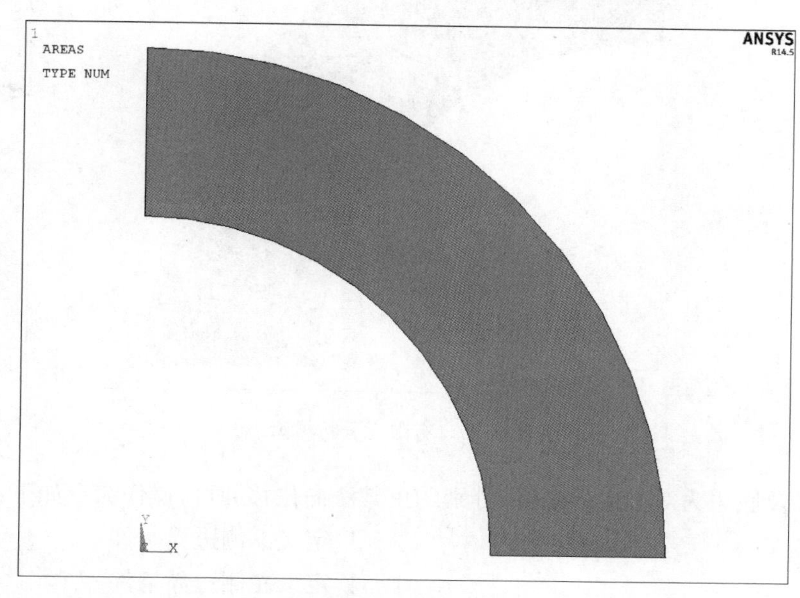

图5-38　轴对称分析几何模型

第5步:指定网格尺寸参数

```
LESIZE,2,,,5                               ! 沿圆环径向网格等分数
LESIZE,1,,,25,,,,,1                        ! 沿圆环切向网格等分数(外表面)
LESIZE,3,,,25                              ! 沿圆环切向网格等分数(内表面)
```

第6步:设置网格选项并划分单元

```
MSHAPE,0,2D                                ! 单元形状四边形
MSHKEY,1                                   ! 映射网格
TYPE,1                                     ! 声明单元类型
MAT,1                                      ! 声明材料类型
AMESH,1                                    ! 划分网格
```

至此,建模操作已经完成,轴对称分析的有限元模型如图5-39所示。

第7步:退出前处理器

```
FINISH                                     ! 退出前处理器
```

(2)加载以及求解

按照如下步骤完成加载及求解。

第1步:进入求解器

```
/SOLU                                      ! 进入求解器
```

第2步:定义位移边界条件

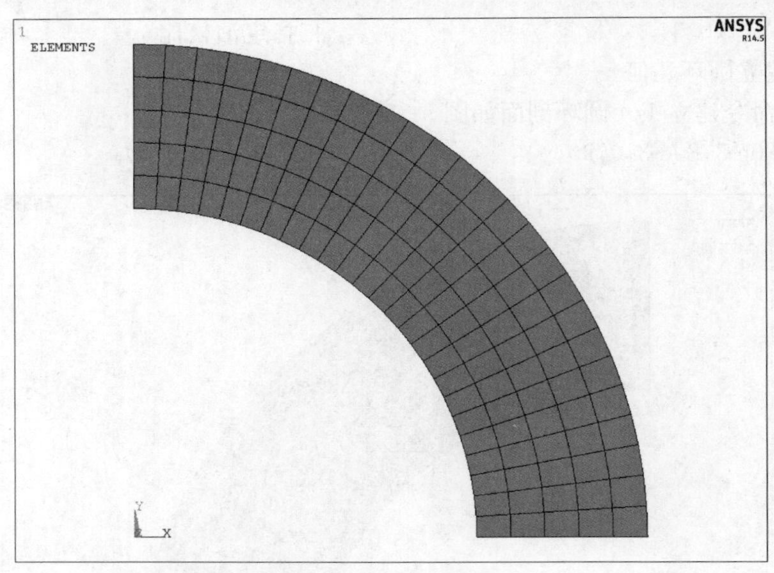

图 5-39 有限元分析模型

左侧边以及底边为对称边界条件,分别约束其法向位移即可,操作命令如下:

```
DL,4,,UY,                        ! 定义下侧边界条件
DL,2,,UX,                        ! 定义左侧边界条件
```

第3步:定义压力载荷

```
SFL,3,PRES,20e6                  ! 定义压力载荷
```

第4步:转换几何模型荷载并显示

```
sftran                           ! 将施加于几何荷载转换为有限元模型荷载
DTRAN                            ! 将几何模型边界条件转换至有限元模型
/psf,pres,norm,2,0,1             ! 定义显示荷载选项
/rep                             ! 显示所有已施加的载荷和约束
```

执行上述命令后,可以看到施加了约束及内压的半个轴对称结构剖面如图5-40所示。

第5步:求解

```
SOLVE                            ! 求解
```

第6步:退出求解器

```
FINISH                           ! 退出求解器
```

(3)结果后处理

按下列步骤完成结果后处理操作。

第1步:进入通用后处理器

```
/post1                           ! 进入通用后处理器
```

第2步:读入计算结果

```
SET,1                            ! 读入结果
```

第3步:指定结果坐标系

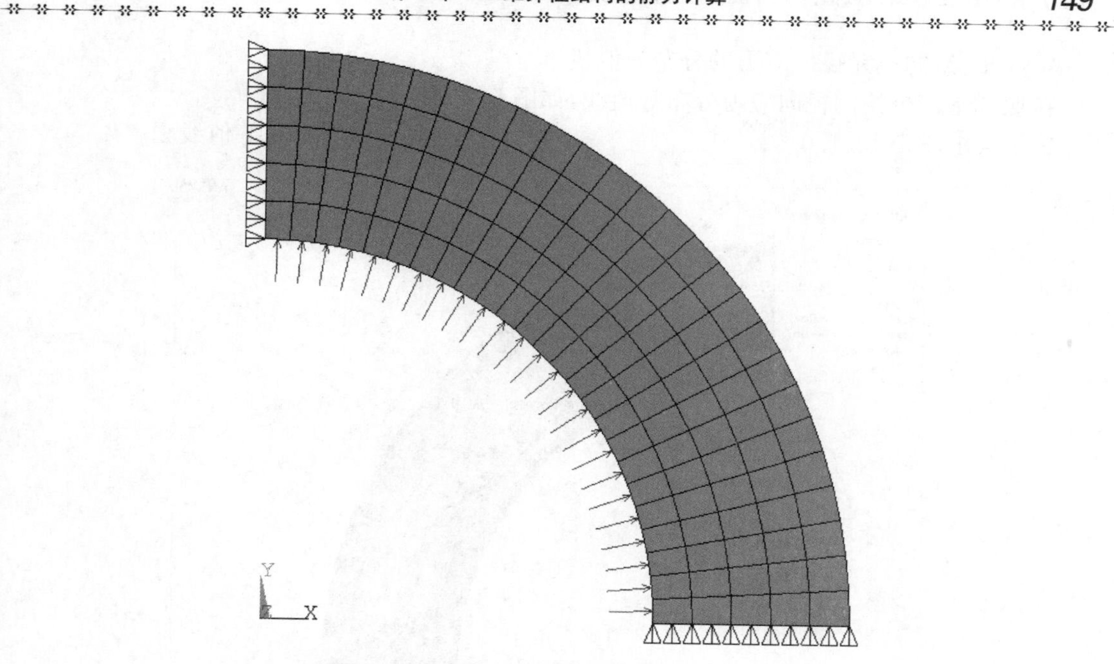

图 5-40　施加荷载与约束后的轴对称分析模型

由于此问题的轴对称性质，选择柱坐标系进行结果查看将会比较方便，在柱坐标系中 X 方向、Y 方向分别对应于径向、环向。

RSYS,1　　　　　　　　　　　　　　！指定结果坐标系为柱坐标系

第 4 步：绘制径向位移等值线

通过下列命令绘制径向位移等值线图，如图 5-41 所示。

plnsol,u,sum,0,1.0　　　　　　　　　！指定结果坐标系为柱坐标系

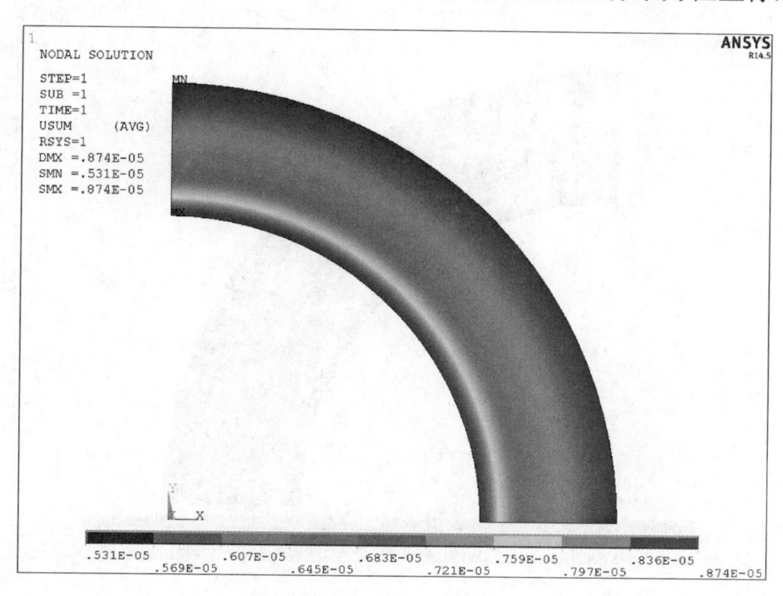

图 5-41　结构位移等值线图

第 5 步:绘制单元径向应力的分布等值线

按照如下命令绘制径向应力分布等值线,如图 5-42 所示。

```
PLESOL,S,X,0,1.0                    ! 绘制径向应力分布等值线图
```

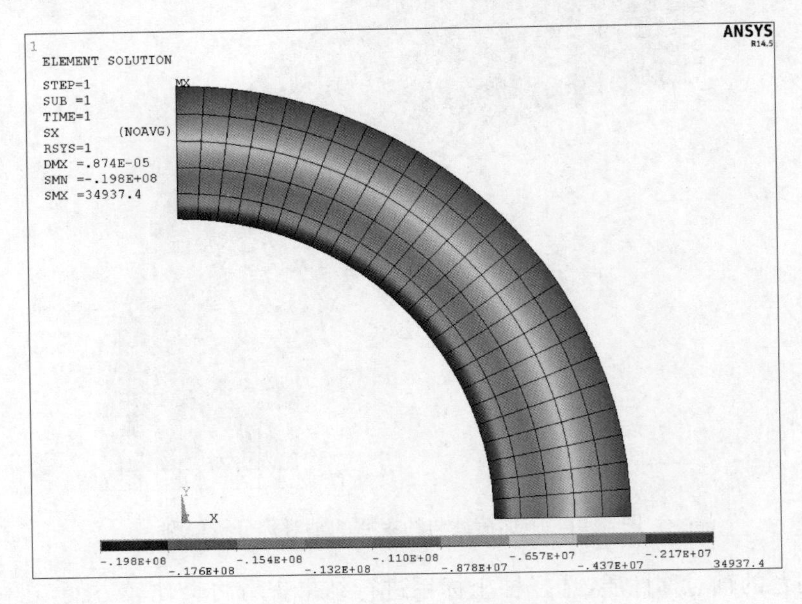

图 5-42 径向应力分布等值线

第 6 步:绘制环向应力的分布等值线

按照如下命令绘制环向应力分布等值线,如图 5-43 所示。

```
PLESOL,S,Y,0,1.0                    ! 绘制环向应力分布等值线图
```

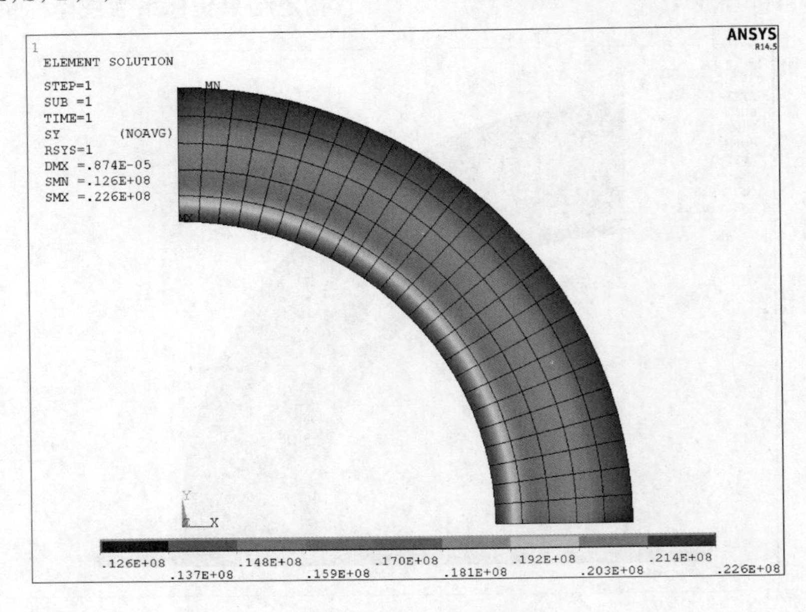

图 5-43 环向应力分布等值线

第 7 步:定义结果路径

采用如下命令定义结果路径。

```
PATH,Path_1,2,30,20              ! 定义径向路径 Path_1
PPATH,1,,80e-3,,,1               ! 定义径向路径 Path_1 的起点
PPATH,2,,120e-3,,,1              ! 定义径向路径 Path_1 的终点
```

第 8 步:映射径向应力并绘制其沿路径分布曲线

采用下列命令映射径向应力、环向应力到路径上,并分别绘制其沿路径分布曲线,如图 5-44 及图 5-45 所示。

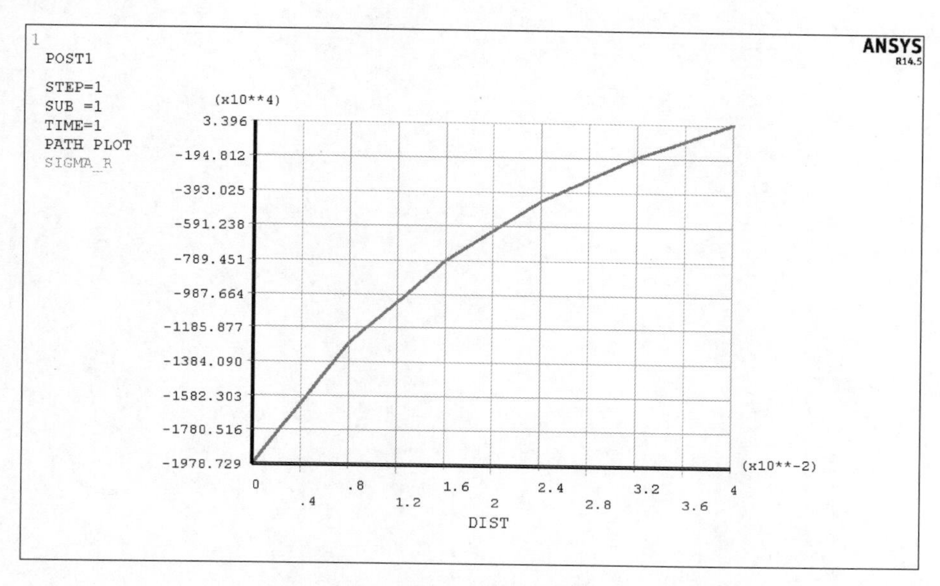

图 5-44　径向应力沿路径 Path_1 分布曲线

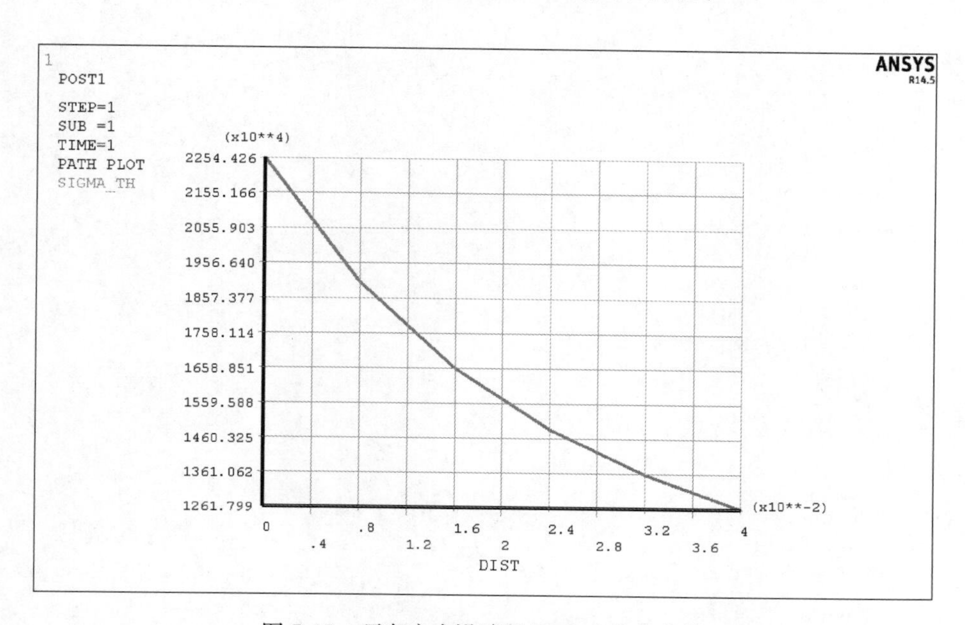

图 5-45　环向应力沿路径 Path_1 分布曲线

```
PDEF,sigma_r,S,X,AVG                    ! 映射径向应力到路径 Path_1
PLPATH,Sigma_r                          ! 绘制径向应力沿路径 Path_1 的分布图
PDEF,sigma_theta,S,Y,AVG                ! 映射环向应力到路径 Path_1
PLPATH,Sigma_THETA                      ! 绘制环向应力沿路径 Path_1 的分布图
```

第6章　三维弹性体的静力计算

三维实体结构的计算是有限元计算中最为常见的问题类型。本章首先介绍 ANSYS 中常用的三维体单元的使用方法和注意事项，然后给出几个典型的三维弹性体分析的 ANSYS 建模及计算实例。

6.1　三维弹性体单元应用详解

目前，ANSYS 中最常用的的三维体单元是 SOLID185、SOLID186 以及 SOLID187 单元，本节对这些单元的特点及应用注意事项进行介绍。

6.1.1　SOLID185 单元

SOLID185 单元是一个 8 节点的线性六面体单元，同时支持棱柱体、五面体金字塔、四面体等退化形式。图 6-1 为 SOLID185 单元及其退化形状的示意图。

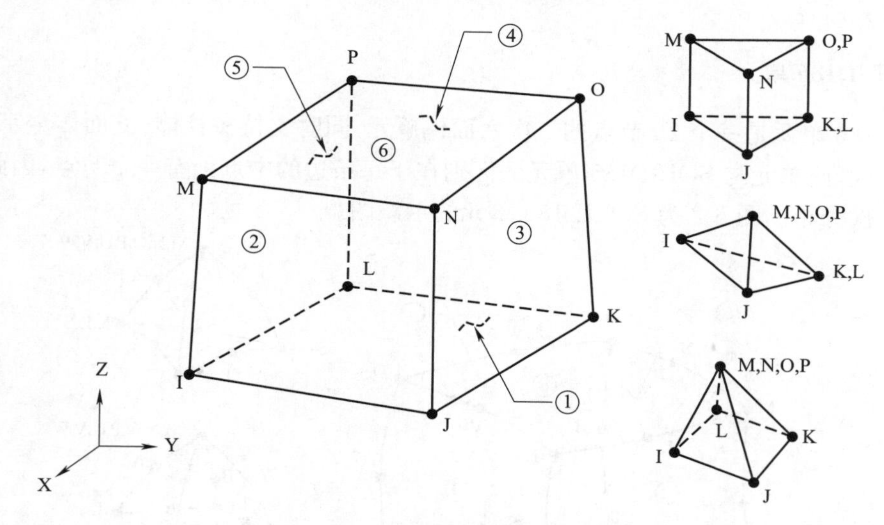

图 6-1　SOLID185 单元形状示意图

如采用直接建模方法时，输入节点号要按照图 6-1 中预设的节点顺序，节点依次为 I、J、K、L、M、N、O、P。如果节点 K 与节点 L 重合且节点 O 与节点 P 重合，则退化为三棱柱形式；如果节点 K 与节点 L 重合且节点 M、N、O、P 重合于一点，则退化为四面体单元形式；如果仅节点 M、N、O、P 重合于一点，则退化为五面体的金字塔单元形式，此退化形状可以用于连接四面体网格与六面体网格的过渡单元。

SOLID185 单元的算法和单元的力学行为通过其 KEYOPT 选项所决定，此单元的

KEYOPT 选项如下。

KEYOPT(2)选项用于控制单元算法。其中,KEYOPT(2)=0 为缺省选项,表示单元采用带有 B-Bar 的全积分算法;KEYOPT(2)=1 表示单元采用一致缩减积分且带有沙漏控制的算法;KEYOPT(2)=2 表示单元采用增强应变算法;KEYOPT(2)=3 表示单元采用简化的增强应变算法。

KEYOPT(3)选项用于控制单元的力学行为。其中,KEYOPT(3)=0 是缺省选项,这种情况下 SOLID185 单元是匀质体单元;KEYOPT(3)=1 表示单元为多层复合材料单元。

KEYOPT(6)选项用于控制单元自由度算法。其中,KEYOPT(6)=0 为缺省选项,表示单元为纯位移单元;KEYOPT(6)=1 表示单元为混合 u-P 单元。

SOLID185 单元的荷载包括表面荷载、温度作用以及体积荷载。一般情况下,SOLID185 单元的节点上不建议直接施加集中力,这样的加载方式会引起应力异常。施加温度作用时,可以为各节点指定不相等的温度值。施加体积力时包括 X、Y、Z 三个方向的分量。

SOLID185 单元坐标系缺省条件下为总体直角坐标系,可根据需要转换到其他的方向。对正交异性材料模型,其参数与单元坐标系相关。SOLID185 单元应力计算结果也是在单元坐标系中的。

在 Mechanical APDL 中,SOLID185 单元通过对 Volume 划分网格形成,这部分相关操作参照第 2 章的相关内容。在 Mechanical 中 Mesh 时,选择 Mesh 分支 Details 中的 Element Midside Node 选项为 Dropped,划分得到 SOLID185 单元。网格划分的方法和控制等请参照第 3 章的相关内容。

6.1.2 SOLID186 单元

SOLID186 单元是一个 20 节点的二次六面体单元,同时支持棱柱体、五面体金字塔、四面体等退化形式,此单元与 SOLID185 单元的区别在于每条边的中点处有一个节点,因此在各边上位移为二次分布。图 6-2 为 SOLID186 单元的示意图。

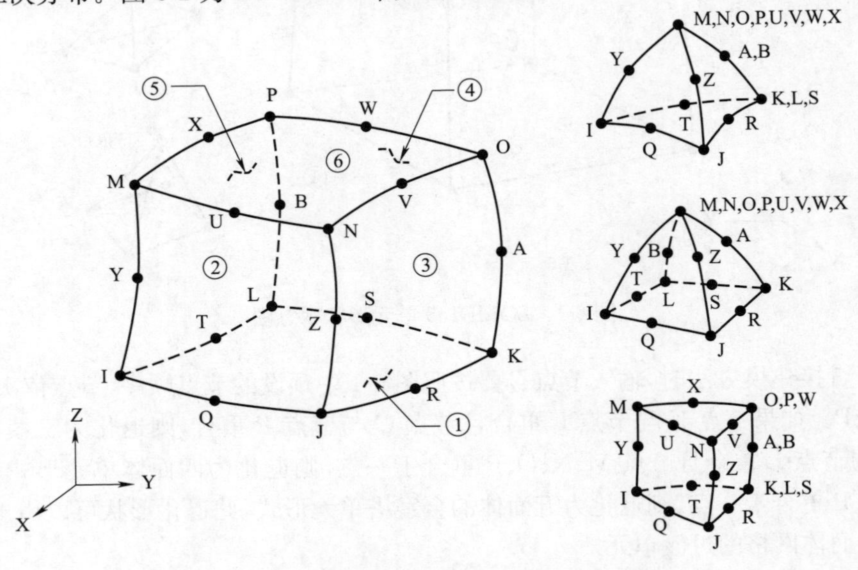

图 6-2 SOLID186 单元示意图

SOLID186 单元的算法和单元的力学行为通过其 KEYOPT 选项所决定，此单元的 KEYOPT 选项如下。

KEYOPT(2)选项用于控制单元积分算法。其中，KEYOPT(2)＝0 为缺省选项，表示单元采用一致缩减积分算法，此算法用于防止几乎不可压缩材料的体积锁定，但是当每个方向单元少于两层时会引起沙漏的传播；KEYOPT(2)＝1 表示单元采用全积分算法，此算法一般用于线性分析或某个方向仅一层单元的情况。

KEYOPT(3)选项用于控制单元的力学行为。其中，KEYOPT(3)＝0 是缺省选项，这种情况下 SOLID186 单元是匀质体单元；KEYOPT(3)＝1 表示单元为多层复合材料单元。

KEYOPT(6)选项用于控制单元自由度算法。其中，KEYOPT(6)＝0 为缺省选项，表示单元为纯位移单元；KEYOPT(6)＝1 表示单元为混合 u-P 单元。

SOLID186 单元的荷载包括表面荷载、温度作用以及体积荷载。一般情况下，SOLID186 单元的节点上不建议直接施加集中力，这样的加载方式会引起应力异常。施加温度作用时，可以为各节点指定不相等的温度值。施加体积力时包括 X、Y、Z 三个方向的分量。

SOLID186 单元坐标系缺省条件下为总体直角坐标系，可根据需要转换到其他的方向。对正交异性材料模型，其参数与单元坐标系相关。SOLID186 单元应力计算结果也是在单元坐标系中的。

在 Mechanical APDL 中，SOLID186 单元通过对 Volume 划分网格形成，这部分相关操作参照第 2 章的相关内容。在 Mechanical 中 SOLID186 单元是 Solid Body 网格划分的缺省选项。网格划分的方法和控制等请参照第 3 章的相关内容。

6.1.3　SOLID187 单元

SOLID187 单元是一个 10 节点的四面体单元，由于每条边的中点处有节点，因此在各边上位移为二次插值。SOLID187 单元可与 SOLID186 单元混合使用，在 Mechanical APDL 中可以仅定义 SOLID186 单元，对几何体的不规则部分划分网格后再通过 TCHG 命令(或对应菜单 Main Menu>Preprocessor>Meshing>Modify Mesh>Change Tets)把退化的 20 节点 SOLID186 单元转换为 10 节点 SOLID187 单元。在 Mechanical 中则直接自动进行这种转换。图 6-3 为 SOLID187 单元的示意图。

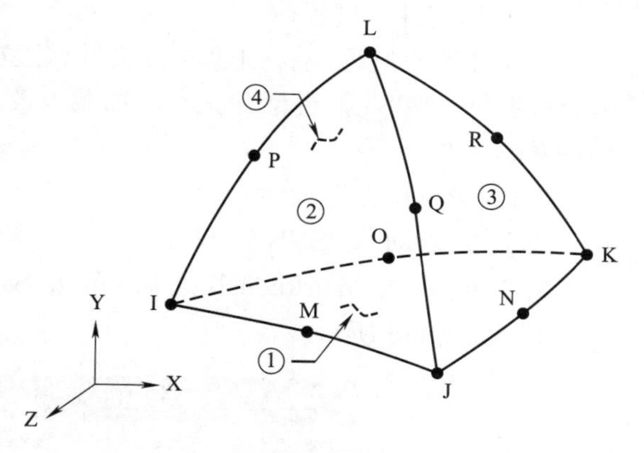

图 6-3　SOLID187 单元示意图

SOLID187 单元的算法通过其 KEYOPT 选项所决定，此单元的 KEYOPT 选项如下。

KEYOPT(6)用于控制 SOLID187 单元的算法。其中，KEYOPT(6)＝0 为缺省选项，表示单元为纯位移算法；KEYOPT(6)＝1 时单元为混合算法，单元中的静水压力是常数，推荐用于超弹性材料；KEYOPT(6)＝2 时单元为混合算法，单元中的静水压力线性插值变化，推荐用于几乎不可压缩弹塑性材料。

SOLID187 单元的荷载包括表面荷载、温度作用以及体积荷载。一般情况下，SOLID186

单元的节点上不建议直接施加集中力,这样的加载方式会引起应力异常。施加温度作用时,可以为各节点指定不相等的温度值。施加体积力时包括X、Y、Z三个方向的分量。

SOLID187单元坐标系缺省条件下为总体直角坐标系,可根据需要转换到其他的方向。对正交异性材料模型,其参数与单元坐标系相关。SOLID186单元应力计算结果也是在单元坐标系中的。

6.2 三维弹性结构例题

本节给出几个典型的三维弹性结构的计算例题。

6.2.1 空腹梁的应力计算

1. 问题描述

如图6-4所示两端固定的空腹工字钢梁,跨度1 500 mm,截面高度500 mm,翼缘板宽度160 mm,厚度14 mm,腹板厚度14 mm。梁顶面承受0.50 MPa的均布荷载,通过三维SOLID单元分析此梁的受力和变形情况。

本例题的主要目的是介绍Workbench分析环境中三维弹性体的建模以及分析方法。本例题涉及到的操作要点包括:

✓ DM建立三维模型的方法

✓ Mechanical SOLID单元网格划分及后处理技术

✓ Mechanical节点选择集合的定义方法

2. 建模与计算过程

建模计算的过程包含创建项目文件、建立结构静力分析系统、创建几何模型、前处理、加载以及求解、结果查看等环节。

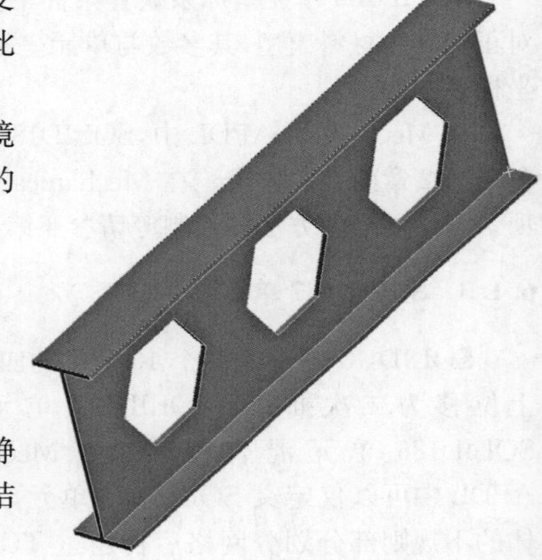

图6-4 空腹梁结构示意图

(1)创建项目文件

第1步:启动ANSYS Workbench。

第2步:进入Workbench之后,单击Save As按钮,选择存储路径并将文件另存为"Beam",如图6-5所示。

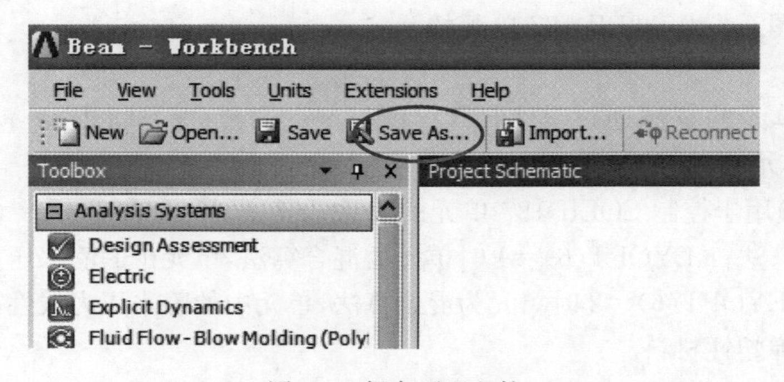

图6-5 保存项目文件

第3步:设置工作单位系统。

通过菜单 Units,选择工作单位系统为 Metric(tonne, mm,s,℃,mA,N,mV),选择 Display Values in Project Units,如图 6-6 所示。

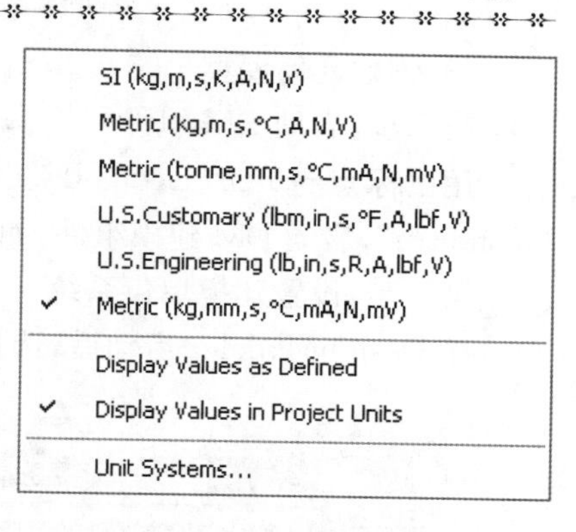

图 6-6 选择单位系统

(2)建立结构静力分析系统

第1步:创建几何组件

在 Workbench 工具箱的组件系统中,选择 Geometry 组件,将其用鼠标左键拖拽到 Project Schematic 窗口内(或者直接双击 Geometry 组件)。在 Project Schematic 内会出现名为 A 的 Geometry 组件,如图 6-7 所示。用鼠标选中 A2 栏(即 Geometry 栏)。

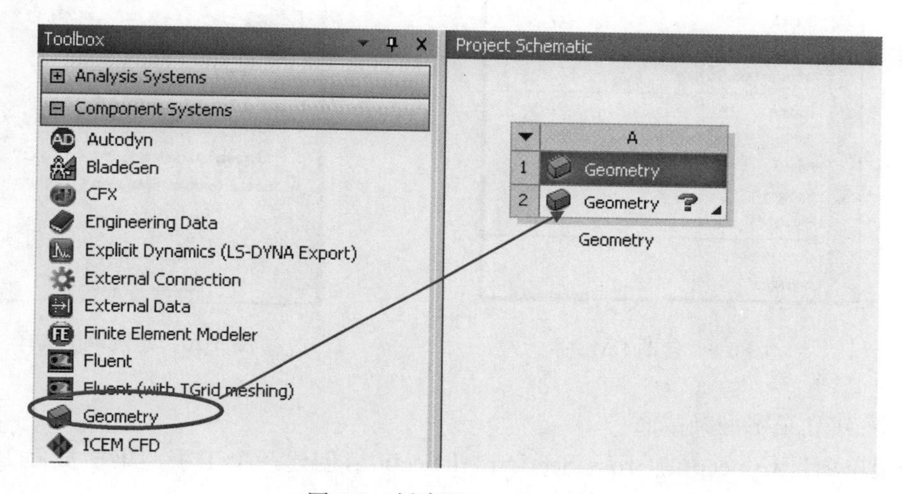

图 6-7 创建 Geometry 组件

第2步:建立静力分析系统

在 Workbench 左侧工具箱的分析系统中选择 Static Structural(ANSYS),用鼠标左键将其拖拽至 A2(Geometry)单元格中,形成静力分析系统 B,该系统的几何模型来源于几何组件 A,如图 6-8 所示。

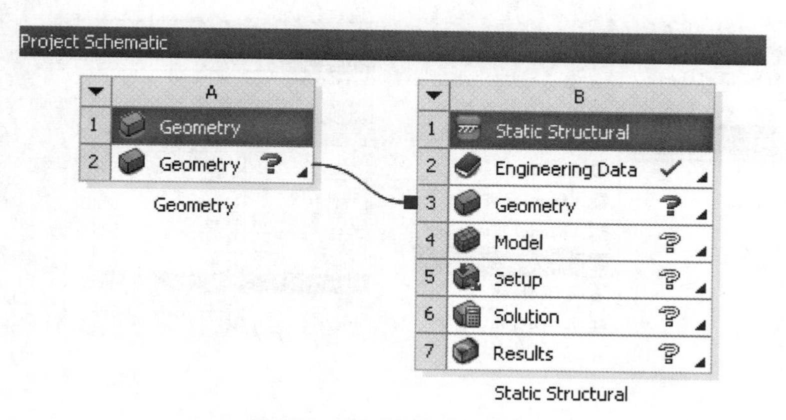

图 6-8 建立静力分析系统

(3)创建几何模型

第 1 步:启动 DM 组件

用鼠标点选 A2(Geometry)组件单元格,在其右键菜单中选择“New DesignModeler Geometry”,启动 DM 建模组件,如图 6-9 所示。

第 2 步:设置建模单位系统

在 DesignModeler 启动后,选择建模单位为 Millimeter(mm),如图 6-10 所示。

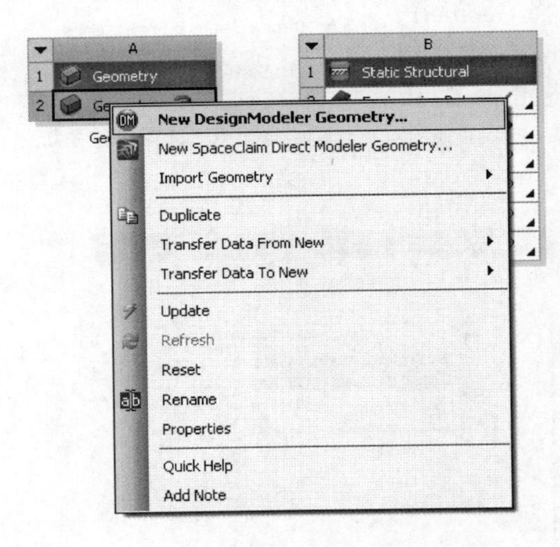

图 6-9 启动 DM

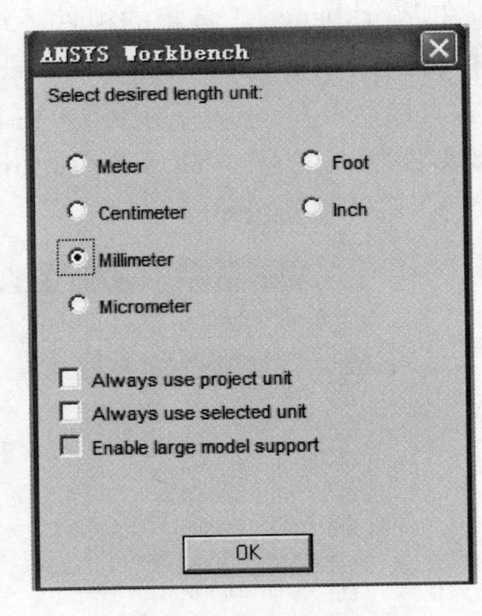

图 6-10 建模单位选择

第 3 步:建立工字型梁截面

选择菜单项目 Concept>Cross Section>I Section,创建一个工字型梁横截面 I1,并在详细列表中修改横截面尺寸,如图 6-11(a)、(b)所示。

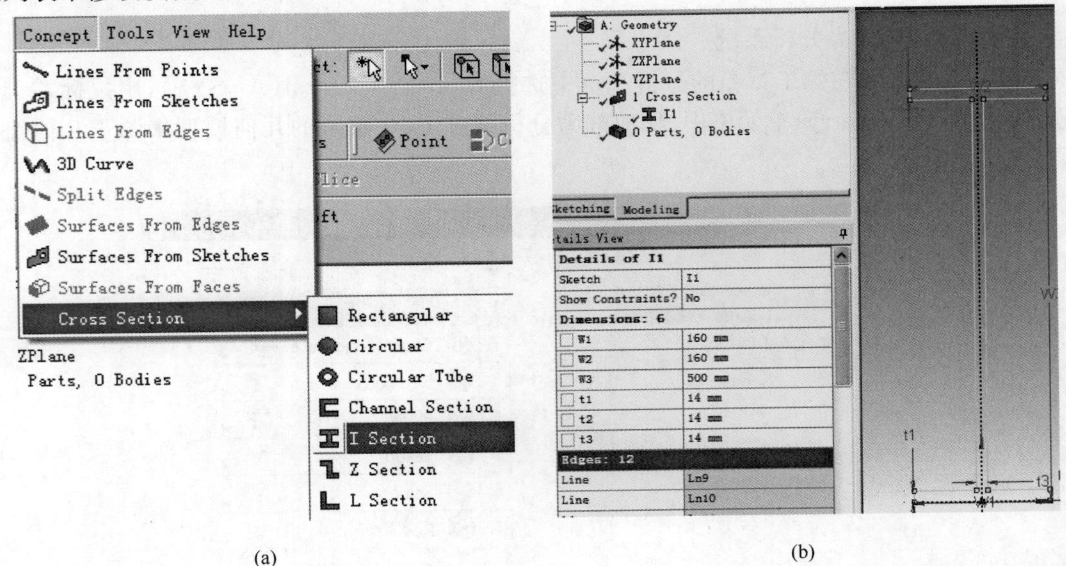

(a)

(b)

图 6-11 建立工字形截面

第 4 步:拉伸生成工字型梁

①用鼠标单击建模工具栏的 Extrude 按钮,在建模树中加入一个 Extrude1 分支。

②在 Extrude1 的 Details View 中,Geometry 属性选择上步创建的横截面草图 I1,点击 Apply。

③在 Extrude1 的 Details View 中,输入拉伸长度 FD1=1 500 mm。如图 6-12(a)所示。

④点 Generate 按钮,形成拉伸后的工字梁实体模型,如图 6-12(b)所示。

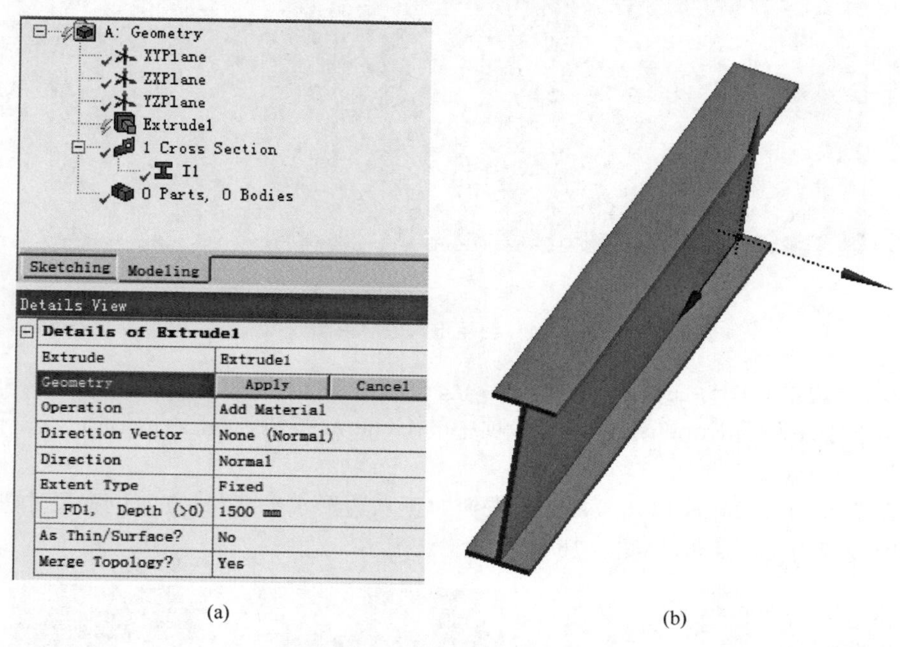

图 6-12　拉伸形成工字形梁

第 5 步:创建一个腹板开洞六边形草图

①首先选择一工作平面,在工具栏中按下面面过滤选择模式,选取如图 6-13 所示的平面,随后通过 Sketching 标签切换到草绘模式下,这时 DM 自动创建一个平面。

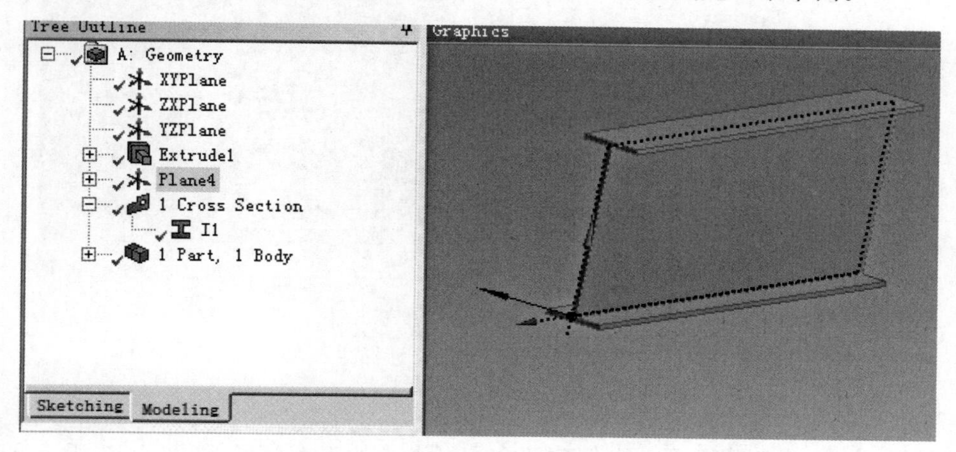

图 6-13　自动创建的工作平面

②单击正视按钮，选择正视新建的草绘工作平面。

③在草绘的 Draw 绘图工具面板中选择 Polygon ，并将 n 设置为 6。此时，在右边的图形界面上出现一个画笔，单击拖动画笔在工作平面上画一正六边形，待出现一个"H"标志时，单击鼠标完成正六边形草图，如图 6-14 所示。

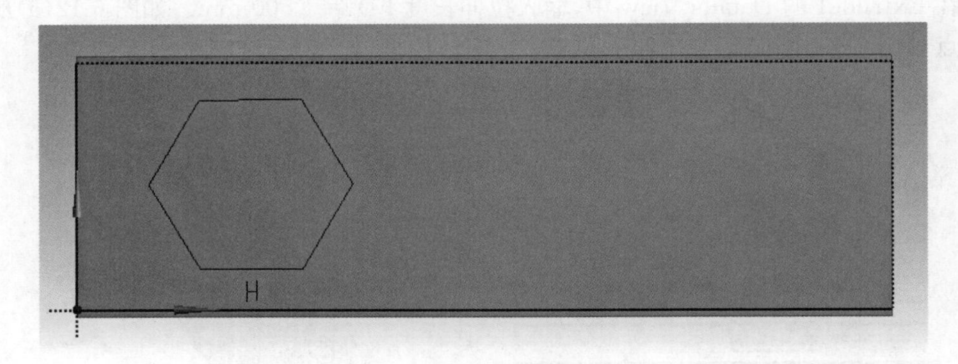

图 6-14　创建正六边形草图

第 6 步：六边形草图标注尺寸

①单击选中左侧的 Dimensions(尺寸)项中的 General 按钮，对正六边形边长进行标注，设置边长值为 150 mm。

②分别单击 Horizontal 以及 Vertical 按钮对正六边形水平、竖直方向位置尺寸进行标注，并将值分别设置为 150、106，如图 6-15 所示。

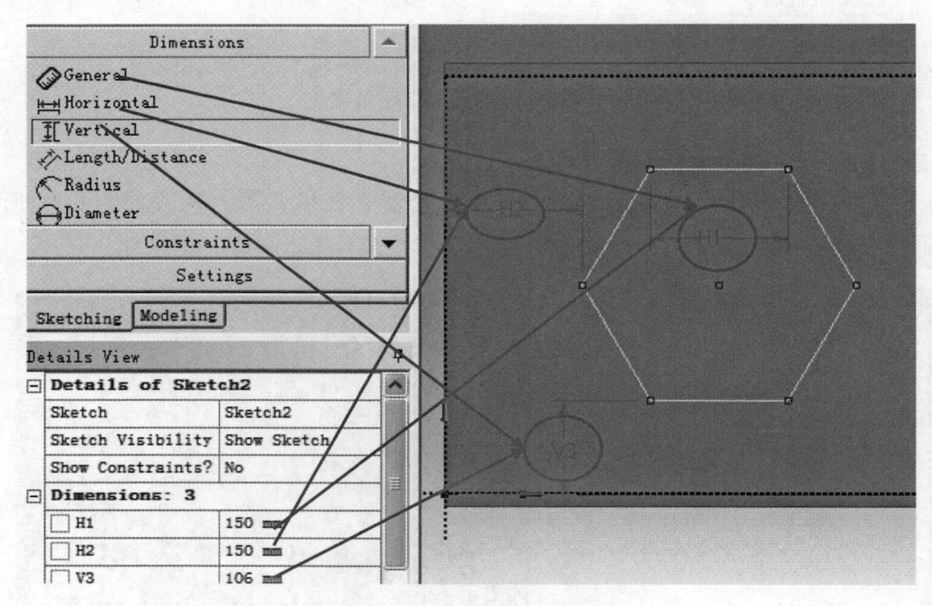

图 6-15　正六边形尺寸标注

第 7 步：绘制另外两个六边形

以同样的方法，在工作平面上再创建两个相同大小的正六变形，如图 6-16 所示。其位置尺寸标注情况列于表 6-1 中。

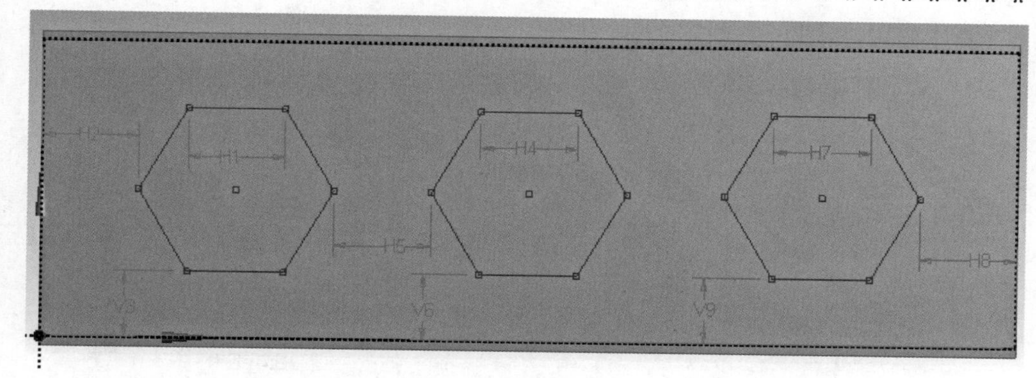

图 6-16　创建六边形

表 6-1　草绘标注一览表

标注名称	数　值
H1	150 mm
H2	150 mm
V3	106 mm
H4	150 mm
H5	150 mm
V6	106 mm
H7	150 mm
H8	150 mm
V9	106 mm

第 8 步：腹板开洞操作

①切换草图标签（Sketching）为建模标签（Modeling），进入建模状态。

②鼠标单击工具栏的 Extrude 按钮，在建模树中插入 Extrude2 分支。

③在 Extrude2 分支的 Details View 属性中，设置 Geometry 为包含 3 个正六边形的草图 Sketch1；设置 Operation 选项为 Cut Material，切除材料；Extent Type 选项中选择 Through All，相关设置情况如图 6-17 所示。

④单击 Gernerate 按钮，完成开洞操作，形成几何模型如图 6-18 所示。

Details View

Details of Extrude2	
Extrude	Extrude2
Geometry	Sketch1
Operation	Cut Material
Direction Vector	None (Normal)
Direction	Reversed
Extent Type	Through All
As Thin/Surface?	No
Target Bodies	All Bodies
Merge Topology?	Yes
Geometry Selection: 1	
Sketch	Sketch1

图 6-17　Extrude 设置

第 9 步：保存模型并导出

①单击工具栏中的 Save Project 按钮保存模型。

②单击工具栏中的 Export 按钮，或通过菜单 File>Export…，在弹出的对话框中选择导出几何文件的目录，在保存文件类型下拉列表中选择 Parasolid Text(*.x_t; *.xmt_txt)，指定文件名为 beam_solid，单击保存按钮保存此模型文

件在下一章中待用,如图 6-19 所示。

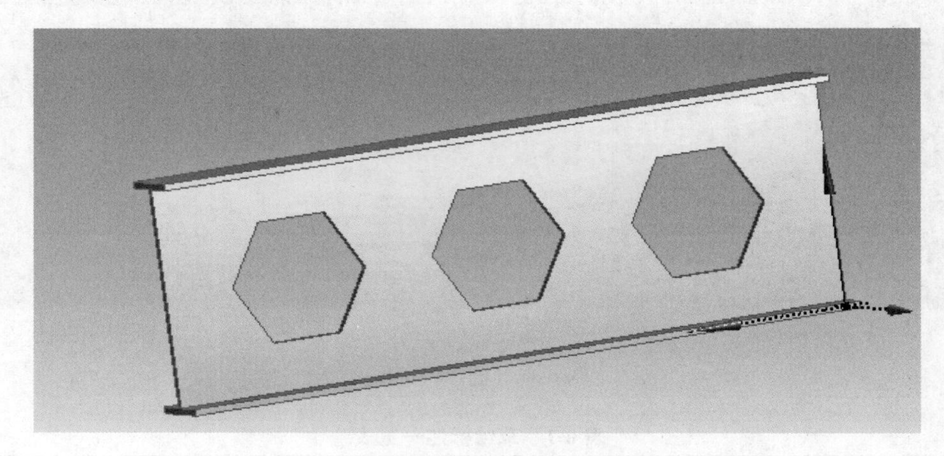

图 6-18　空腹工字梁的几何模型

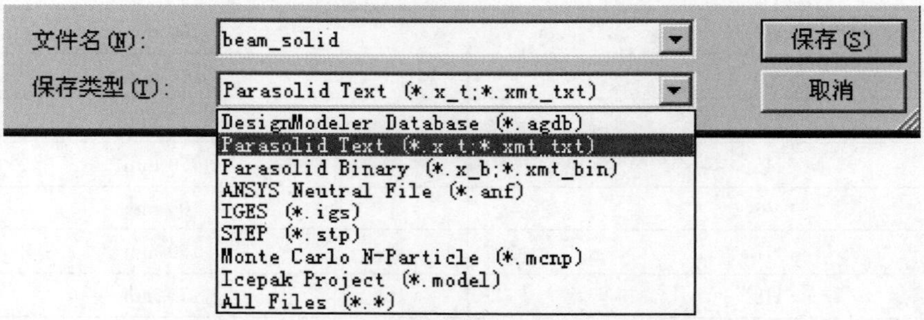

文件名(N): beam_solid　保存(S)
保存类型(T): Parasolid Text (*.x_t;*.xmt_txt)　取消
DesignModeler Database (*.agdb)
Parasolid Text (*.x_t;*.xmt_txt)
Parasolid Binary (*.x_b;*.xmt_bin)
ANSYS Neutral File (*.anf)
IGES (*.igs)
STEP (*.stp)
Monte Carlo N-Particle (*.mcnp)
Icepak Project (*.model)
All Files (*.*)

图 6-19　选择保存文件类型

第 10 步:退出 DM 组件

空腹工字钢梁的 3D 几何体模型创建完毕,关闭 DesignModeler,回到 ANSYS Workbench 界面中。

(4)前处理

按照下列步骤完成前处理操作。

第 1 步:启动 Mechanical 组件

在 Workbench 的 Project Schematic 中双击 B4(Modal)单元格,启动 Mechanical 组件。

第 2 步:设置单位系统

通过 Mechanical 的 Units 菜单,选择单位系统为 Metric(mm,kg,N,s,mV,mA),如图 6-20 所示。

第 3 步:确认材料

确认 SOLID body 材料为 Structural Steel,如图 6-21 所示。

第 4 步:网格划分

按照如下步骤完成网格划分。

①用鼠标选择树形窗中的 Mesh 分支。在鼠标右键菜单中选择 Insert>Method,在 Mesh 下出现 Method 分支,在 Method 分支的属性中选择 Method 为 MultiZone,如图 6-22 所示。

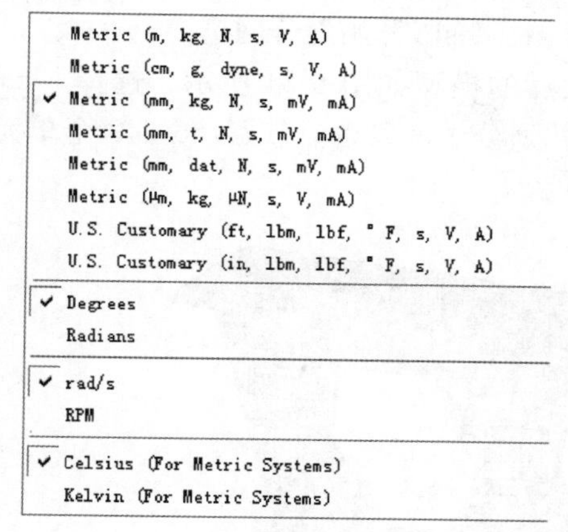

图 6-20　单位制

Details of "Solid"

Details of "Solid"	
⊞ Graphics Properties	
⊟ Definition	
Suppressed	No
Stiffness Behavior	Flexible
Coordinate System	Default Coordinate
Reference Temperature	By Environment
⊟ Material	
Assignment	Structural Steel
Nonlinear Effects	Yes
Thermal Strain Effects	Yes
⊞ Bounding Box	
⊞ Properties	
⊞ Statistics	

图 6-21　线体材料确认

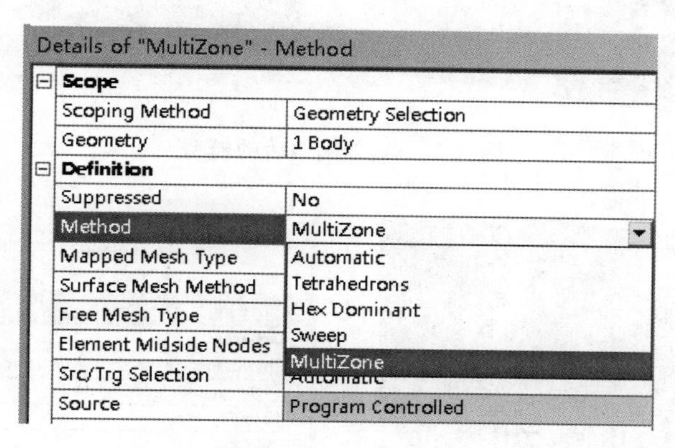

图 6-22　Mesh 方法选择

②选择 Mesh 分支，在其鼠标右键菜单中选择 Insert>Sizing，在 Mesh 分支下面出现一个 Sizing 分支。在 Sizing 分支的属性中点 Geometry 域，在图形区域中按住 Ctrl 键，结合视图的旋转移动，选择如图 6-23(a)所示的一些面：梁的左右断面以及上下翼缘板的前后侧面，共计 6 个面。然后点 Apply，设置这些面的 Element Size 为 5 mm，这时在 Mesh 分支下的 Sizing 分支名字自动地改变为 Face Sizing，其 Details 如图 6-23(b)所示。

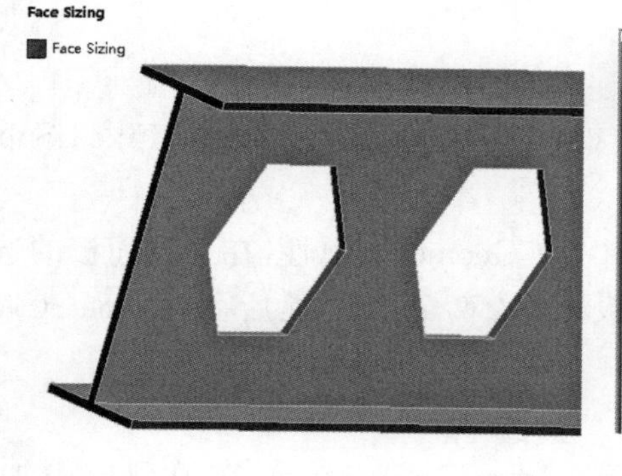

(a)

Details of "Face Sizing" - Sizing	
⊟ Scope	
Scoping Method	Geometry Selection
Geometry	6 Faces
⊟ Definition	
Suppressed	No
Type	Element Size
Element Size	5. mm
Behavior	Hard

(b)

图 6-23　面网格尺寸设置

③选择 Mesh 分支,在其右键菜单中选择 Generate Mesh,开始划分网格。

④划分后的网格模型如图 6-24 所示,局部放大后的模型如图 6-24 所示。选择 Mesh 分支,在其 Details 中查看单元的统计信息,可以看到共划分 338 730 个节点,65 643 个单元,网格统计信息如图 6-25 所示,局部的放大如图 6-26 所示。

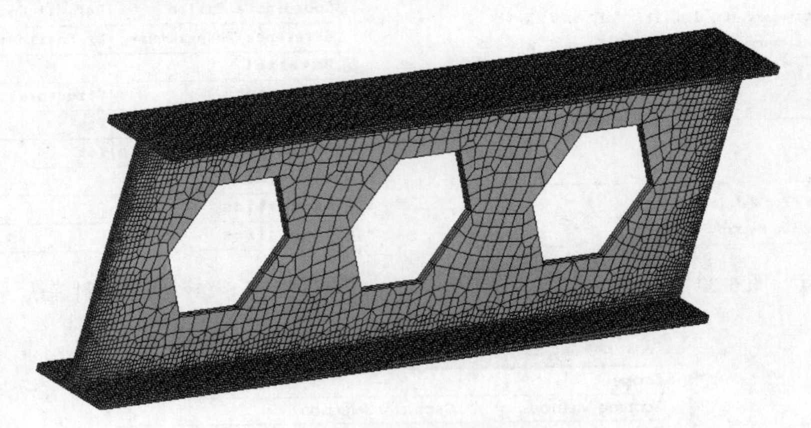

图 6-24 划分网格后的模型

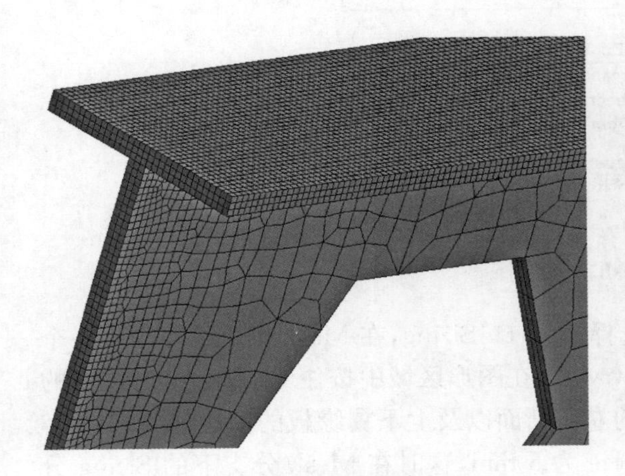

图 6-25 网格局部放大

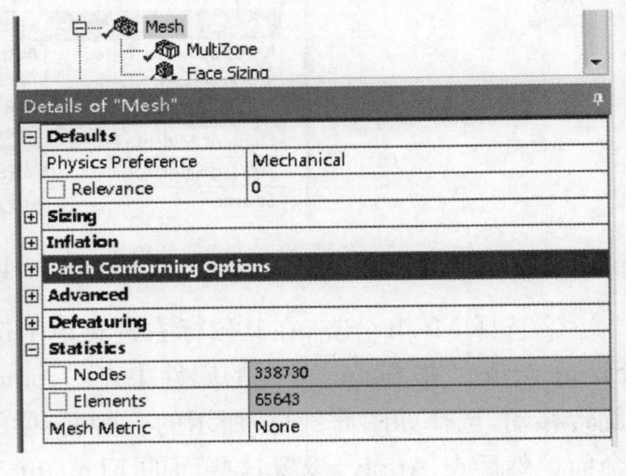

图 6-26 网格统计信息

(5)加载以及求解

第 1 步:施加约束

①选择 Structural Static(B5)分支,在图形区域右键菜单,选择 Insert>Fixed Support,插入 Fixed Support 分支。

②在 Fixed Support 分支的 Details View 中,点 Geometry 属性,在工具面板的选择过滤栏中按下选择面按钮,按住 CTRL 键用鼠标选取梁左右两个端面,然后在 Geometry 属性中点 Apply 按钮完成施加约束,如图 6-27 所示。

第 2 步:施加梁上的均布面荷载

①选择 Structural Static(B5)分支,选择>Insert>Pressure,在模型树中加入一个 Pressure 分支。

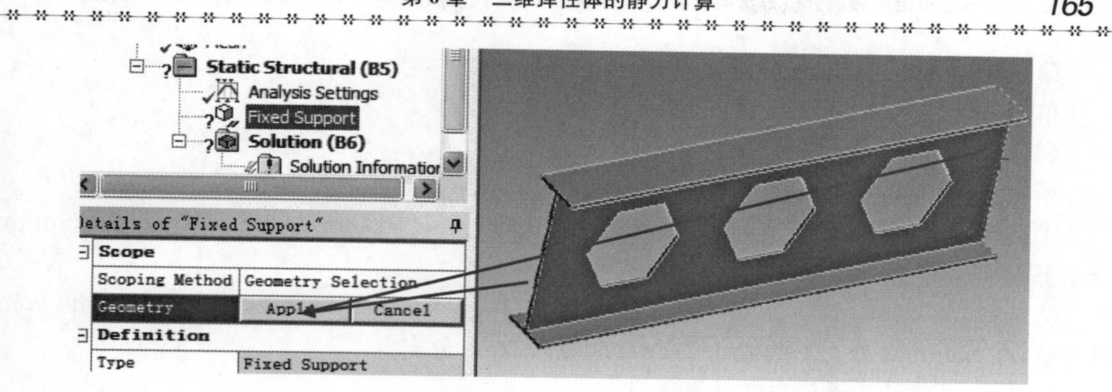

图 6-27　添加固定约束

②在 Pressure 分支的 Details View 中，点 Geometry 属性，用鼠标选取梁的顶面，然后在 Geometry 属性中点 Apply 按钮。

③在 Magnitude 中将载荷值大小设为 0.5 MPa，如图 6-28 所示。

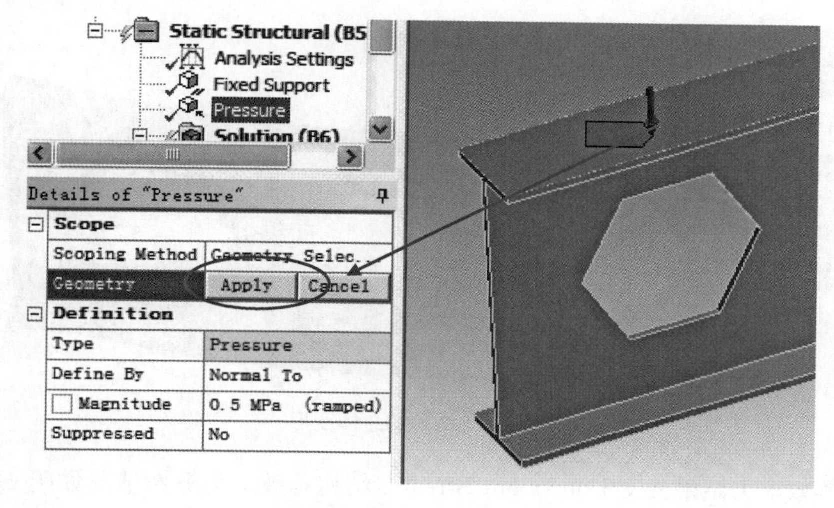

图 6-28　施加均布载荷

④选择 Static Structural(B5)，查看全部施加的载荷及约束，如图 6-29 所示。

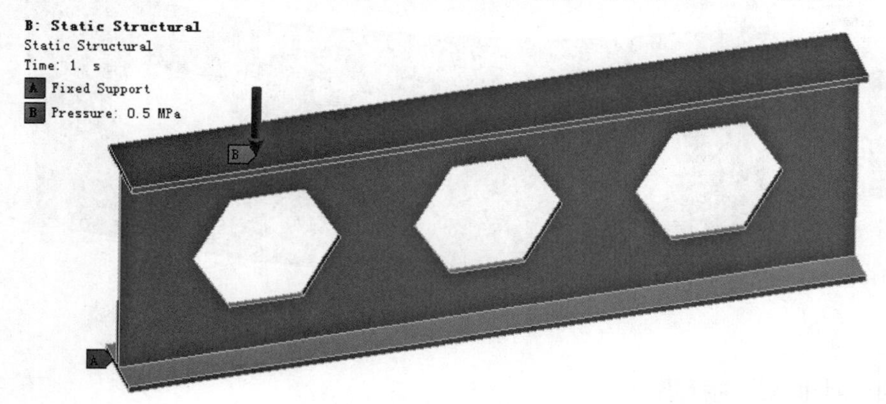

图 6-29　模型约束及加载情况

第 3 步：求解

单击工具栏上的 Solve 按钮进行结构计算。

(6)结果后处理

第 1 步：添加总体结果

①选择 Solution(B6)分支，在其右键菜单中选择 Insert＞Deformation＞Total，在 Solution 分支下添加一个 Total Deformation 分支。

②选择 Solution(B6)分支，在其右键菜单中选择 Insert＞Stress＞Equivalent(von-Mises)，在 Solution 分支下添加一个 Equivalent Stress 分支。

第 2 步：评估待查看的总体结果项目

按下工具栏上的 Solve 按钮，评估上述加入的结果项目。

第 3 步：查看总体结果

①选择变形结果分支 Total Deformation。结构的总体变形如图 6-30 所示，变形呈现出对称的分布特点，最大变形发生在梁的跨中位置，上翼缘由于受到分布力的作用，其两侧有面外的挠度。

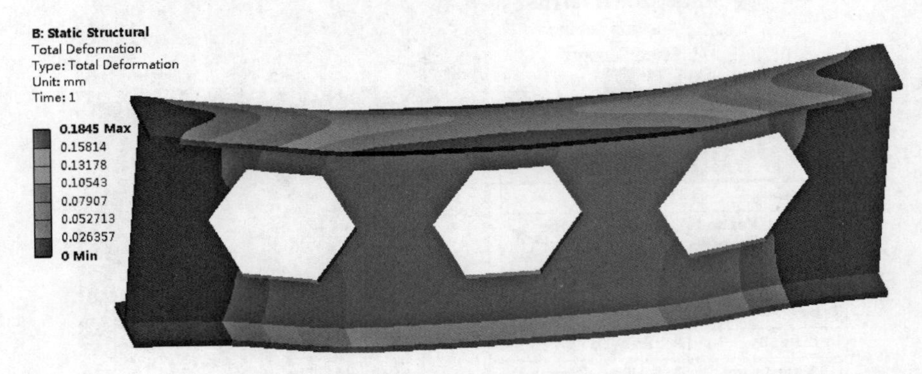

图 6-30 结构的总体变形

②选择等效应力结果分支 Equivalent Stress。结构等效应力分布情况如图 6-31 所示，应力分布也呈现出对称分布的特点，最大应力发生在两侧孔洞的一些角点附近。

图 6-31 结构等效应力

第 4 步：创建节点选择集

①在 Mechanical 界面中选择 Model(B4)分支，工具栏的 Model 一栏中选择 Named

Selection，在其右键菜单中选择 Insert>Named Selection，此分支下出现一个 Selection。

②选中 Selection，在其 Detail 的 Scoping Method 选项选择 Worksheet，如图 6-32(a)所示；视图切换至 Worksheet。

③在 Worksheet 视图中右键添加两行选择过滤信息，选择 Z 坐标位于 749.5 mm 到 750.5 mm 中间的以及 Y 坐标等于 0 的节点，如图 6-33 所示。点 Worksheet 视图中的 Generate 按钮，形成节点选择集。此时，选择 Selection 分支的属性中显示形成了 34 个节点的选择集，如图 6-32(b)所示。此时，切换至 Graphics 模式，显示 Selection 所选择的节点集合如图 6-34 所示。

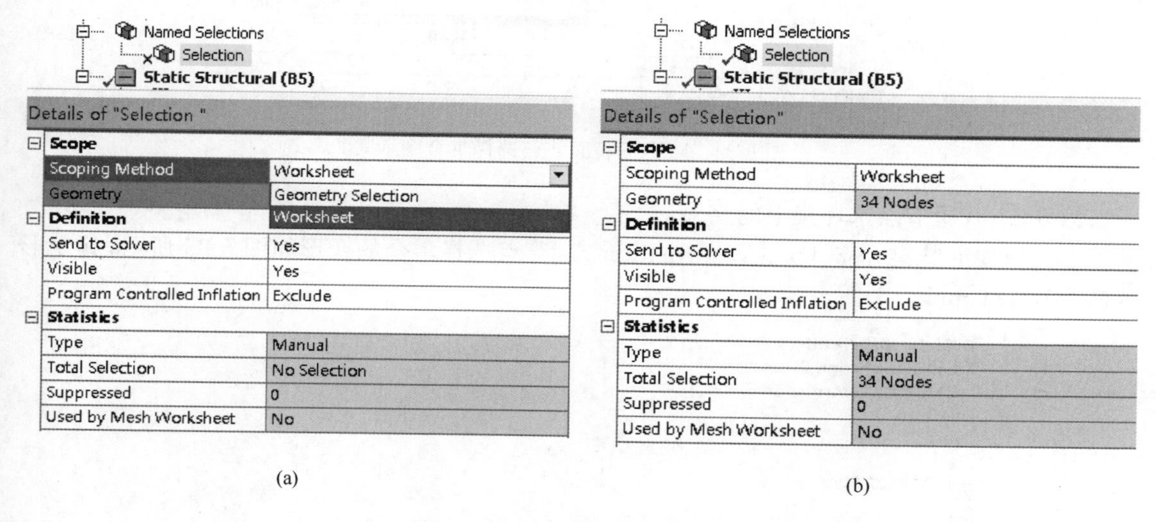

图 6-32　Selection 形成前后的 Details

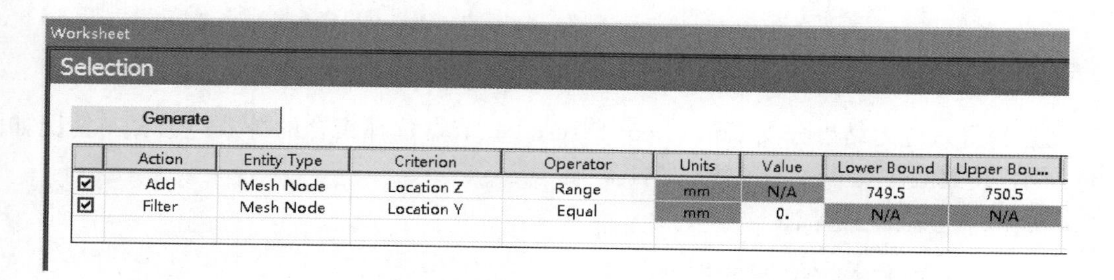

图 6-33　通过节点坐标过滤选择节点

第 5 步：添加节点选择集上的结果

①在 Solution 分支右键菜单中选择 Insert>Deformation>Total，在 Solution 分支下添加一个 Total Deformation 2 分支，在 Total Deformation 2 的 Details 中设置 Scoping Method 为 Named Selection，在 Named Selection 中选择上一步定义的节点集合 Selection。

②Insert>Stress>Equivalent(von-Mises)，在 Solution 分支下添加一个 Equivalent Stress 2 分支，在 Equivalent Stress 2 的 Details 中设置 Scoping Method 为 Named Selection，在 Named Selection 中选择上一步定义的节点集合 Selection。

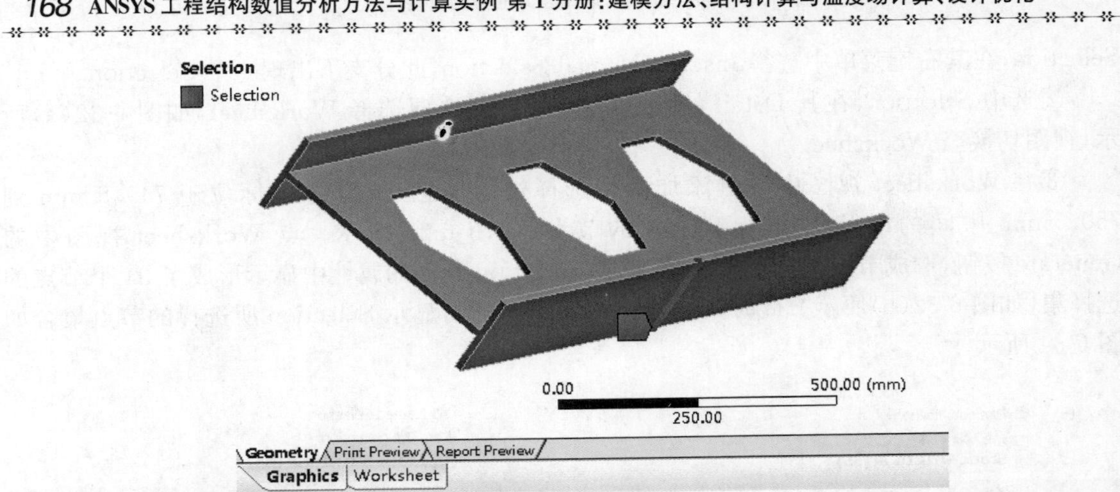

图 6-34 跨中下表面节点选择集合图示

第 6 步:查看节点选择集上的结果

①选择变形结果分支 Total Deformation 2。节点选择集合的变形如图 6-35 所示,其变形数值为 0.121 mm。

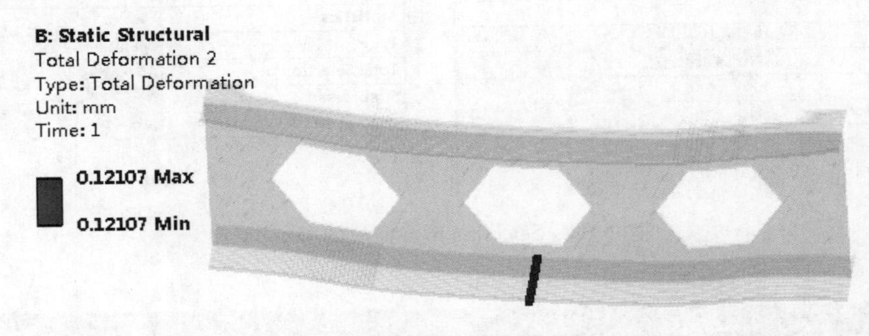

图 6-35 节点选择集上变形

②选择等效应力结果分支 Equivalent Stress 2。节点选择集合的等效应力分布情况如图 6-36 所示,其数值在 5.6~5.7 MPa 左右。

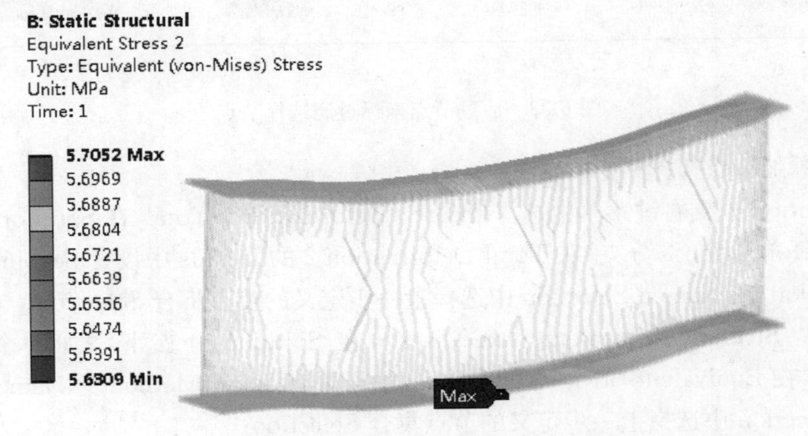

图 6-36 跨中节点选择集等效应力

6.2.2　结构静力计算例题:Remote Force 的应用

本节给出一个在 Workbench 环境中的 Remote Force(远程作用力)的计算例题。

1. 问题描述

直径 50 mm 的内孔上受到轴承传递的远程力的作用,如图 6-37 所示,其中力的作用点位于孔的轴线上,距离孔的底面 50 mm,计算结构在远程作用力下的变形和受力情况,并比较轴承孔是可变性及刚性情况下的受力差别。

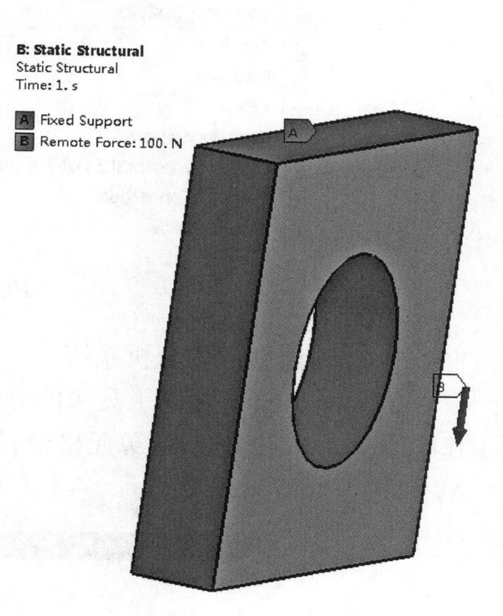

图 6-37　远程力作用的轴承座

本例题涉及到的操作要点包括:

✓　Mechanical 中网格划分的控制

✓　Mechanical 中 Remote Force 的定义

✓　Mechanical 后处理技术

2. 建模计算过程

建模计算的过程包含创建项目文件、建立结构静力分析系统、创建几何模型、前处理、加载以及求解、结果查看等环节。

(1)创建项目文件

第 1 步:启动 ANSYS Workbench。

第 2 步:进入 Workbench 之后,单击 Save As 按钮,选择存储路径并将文件另存为“Remote Force”,如图 6-38 所示。

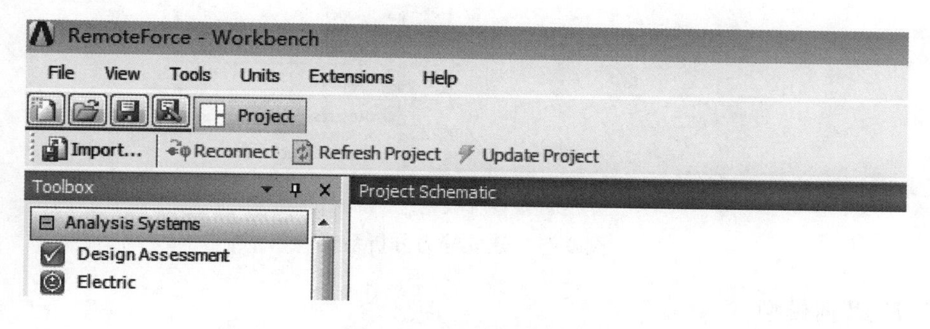

图 6-38　保存项目文件

第 3 步:设置工作单位系统。

通过菜单 Units,选择工作单位系统为 Metric(kg,mm,s,℃,mA,N,mV),选择 Display Values in Project Units,如图 6-39 所示。

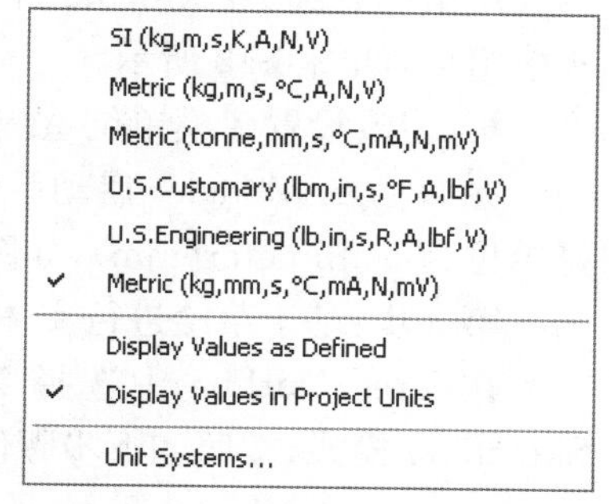

图 6-39　选择单位系统

(2)建立结构静力分析系统

第 1 步:创建几何组件

在 Workbench 工具箱的组件系统中,选择 Geometry 组件,将其用鼠标左键拖拽到 Project Schematic 窗口内(或者直接双击 Geometry 组件)。在 Project Schematic 内会出现名为

A的Geometry组件,如图6-40所示。

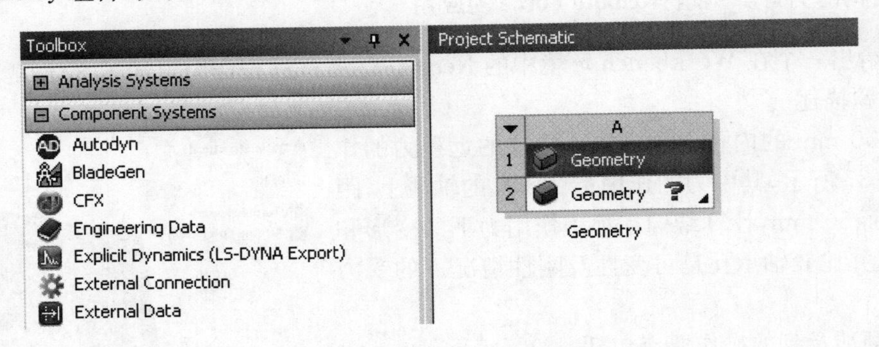

图6-40 创建Geometry组件

第2步:建立静力分析系统

在Workbench左侧工具箱的分析系统中选择Static Structural(ANSYS),用鼠标左键将其拖拽至A2(Geometry)单元格中,形成静力分析系统B,该系统的几何模型来源于几何组件A,如图6-41所示。

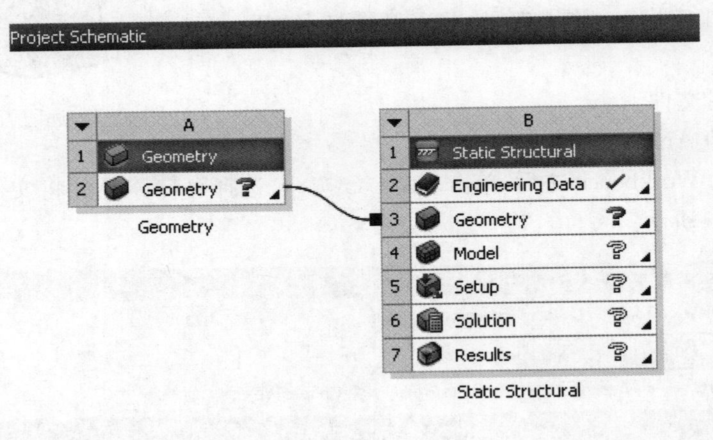

图6-41 建立静力分析系统

(3)创建几何模型

第1步:启动DM组件

用鼠标点选A2(Geometry)组件单元格,在其右键菜单中选择"New Geometry",启动DM建模组件,如图6-42所示。

第2步:设置建模单位系统

在Design Modeler启动后,在弹出的单位设置框中选择单位为mm,或在Units菜单中选择单位为Millimeter(mm),如图6-43所示。

第3步:基于草绘进行实体建模

在Tree Outline中选择XYPlane后单击Tree Outline下的Sketching标签,切换至Sketching模式,按照如下步骤创建草图及三维几何模型。

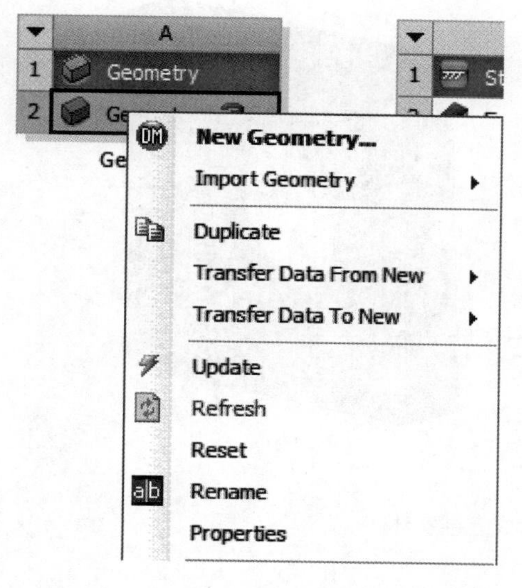

图 6-42　启动 DM

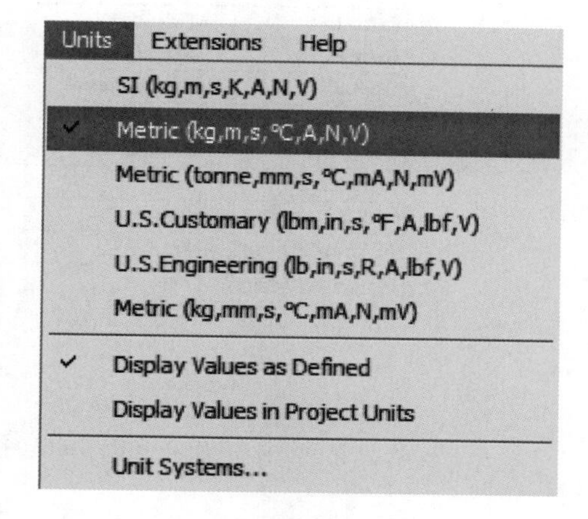

图 6-43　建模单位选择

①选择 Draw 工具面板的绘图工具绘制如图 6-44 所示的草图，并用 Dimension 下的尺寸标注工具标注如图 6-45 所示的尺寸。

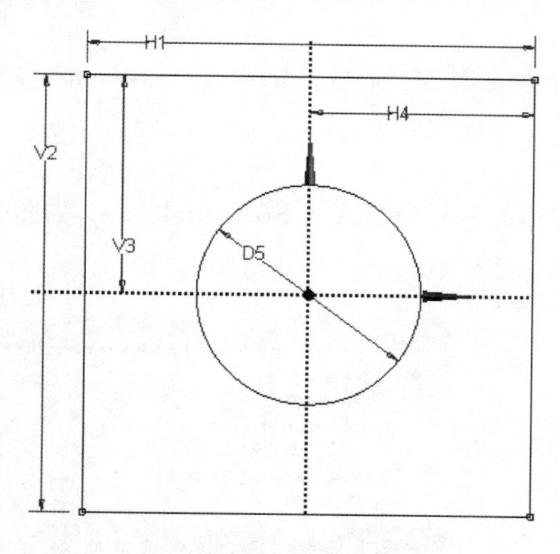

图 6-44　草图绘制

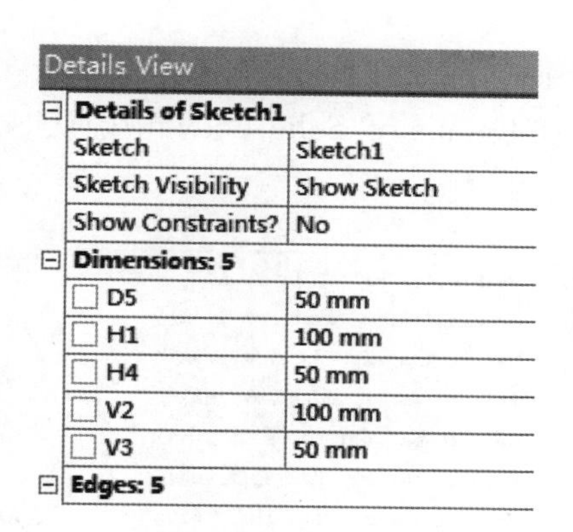

图 6-45　尺寸控制

②切换至 Modeling 模式，单击工具栏上的 Extrude 按钮加入拉伸对象 Extrude1。在 Extrude1 的 Details 中将 Geometry 选择为刚才创建的 Sketch1，并单击 Apply，设置 Operation 为 Add Material，将 Extent Type 改为 Fixed，在 FD1，Depth(>0)中输入拉伸厚度 20 mm，如图 6-46(a)所示。然后单击工具栏上的 Generate 按钮，生成三维实体，如图 6-46(b)所示。

③至此几何建模操作已经完成。关闭 DesignModeler，返回 Workbench 界面。

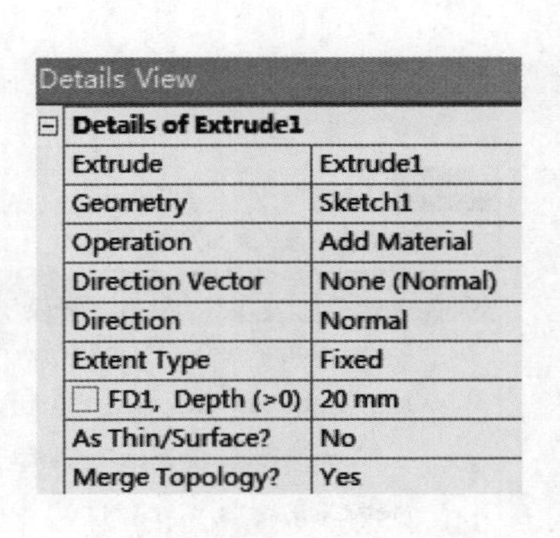

(a)

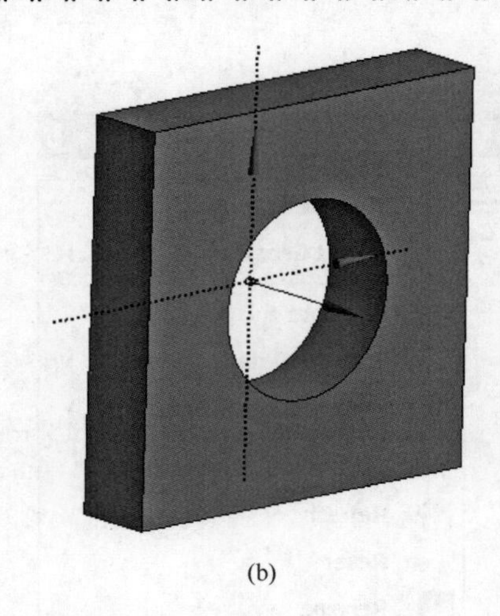

(b)

图 6-46　拉伸形成三维实体

(4)前处理

按照如下步骤在 Mechanical 中完成前处理操作。

第 1 步:启动 Mechanical 组件

在 Workbench 的 Project Schematic 中双击 B4(Model)单元格,启动 Mechanical 组件。

第 2 步:设置单位系统

通过 Mechanical 的 Units 菜单,选择单位系统为 Metric(mm,kg,N,s,mV,mA),如图 6-47 所示。

第 3 步:确认 Solid Body 的材料

在 Details of"Solid Body"中确认 Solid 实体的材料为默认的 Structural Steel,如图 6-48 所示。

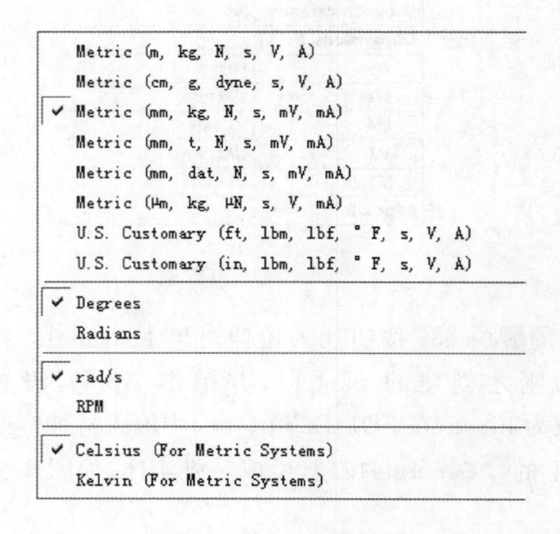

图 6-47　单位制

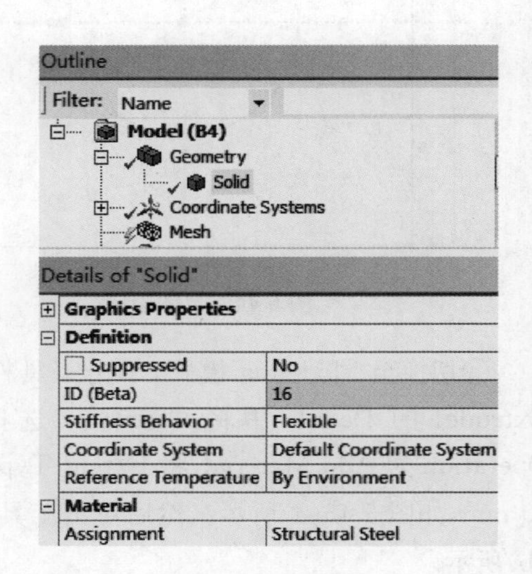

图 6-48　材料的确认

第 4 步：网格划分

①用鼠标选择树形窗中的 Mesh 分支。然后将 Details 列表中的 Sizing 下的 Element Size 设置为 5 mm，控制生成网格的最大尺寸，如图 6-49 所示。

Outline

Filter: Name

- Geometry
  - Solid
- Coordinate Systems
- Mesh

Details of "Mesh"

Defaults	
Physics Preference	Mechanical
Relevance	0
Sizing	
Use Advanced Size Function	Off
Relevance Center	Coarse
Element Size	5.0 mm
Initial Size Seed	Active Assembly

图 6-49　整体网格控制

②用鼠标选择树形窗中的 Mesh 分支，在鼠标右键菜单中选择 Insert>Method，在 Mesh 下出现 Method 分支。在 Method 分支的属性中点 Geometry 域，在图形区域中选择整个实体，然后点 Apply，然后将 Details 列表中的 Method 由默认的 Automatic 改为 Sweep，这时在 Mesh 分支下的 Method 分支名字改变为 Sweep Method。将 Details 列表中的 Src/TrgSelection 改为手动选择扫掠源面，如图 6-50(a)所示，选择图 6-50(b)中高亮度显示的上表面并单击 Apply。

Details of "Sweep Method" - Method

Scope	
Scoping Method	Geometry Selection
Geometry	1 Body
Definition	
Suppressed	No
Method	Sweep
Element Midside Nodes	Use Global Setting
Src/Trg Selection	Manual Source
Source	Apply　Cancel
Target	Program Controlled

(a)

(b)

图 6-50　Sweep 网格控制

③选择 Mesh 分支，在其右键菜单中选择 Generate Mesh，划分网格后得到的有限元分析模型如图 6-51 所示。

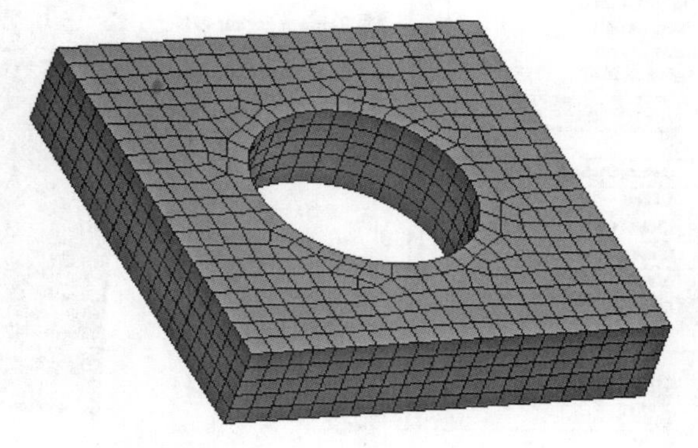

图 6-51　划分网格后的模型

(5)加载以及求解

按照如下步骤进行加载和求解。

第1步：施加约束

①选择 Structural Static(B5)分支，在图形区域右键菜单，选择 Insert>Fixed Support，插入 Fixed Support 分支。

②在 Fixed Support 分支的 Details View 中，点 Geometry 属性，在工具面板的选择过滤栏中按下选择点按钮，选取结构四个侧面，如图 6-52 所示，然后在 Geometry 属性中点 Apply 按钮完成约束的施加。

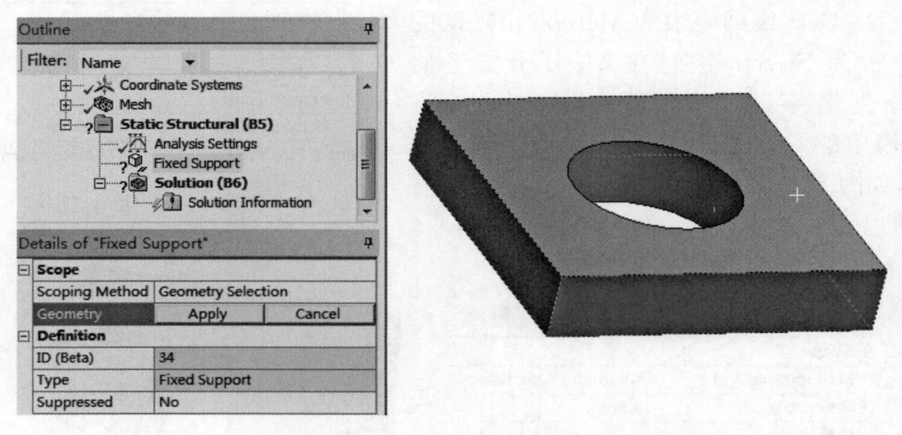

图 6-52 添加固定约束

第2步：施加 Remote Force

①选择 Structural Static(B5)分支，右键选择 Insert>Remote Force，在模型树中加入一个 Remote Force 分支。

②在 Remote Force 分支的的 Details View 中，点 Geometry 属性，用鼠标选取壳孔的内表面，然后在 Geometry 属性中点 Apply 按钮，并将力的作用点的坐标改为 X=0，Y=0，Z=50，如图 6-53 所示。

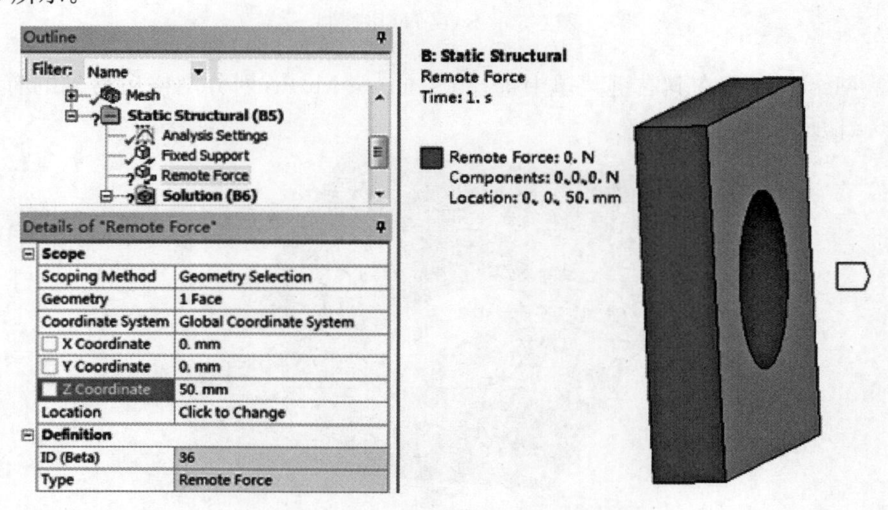

图 6-53 Remote Force 载荷面及作用点

③在 Details 列表中，将 Definition 下的“Defined By”改为 Components，设置沿 Y 轴正方向 100 N 的力，保持 Behavior 为 Deformable，如图 6-54 所示。

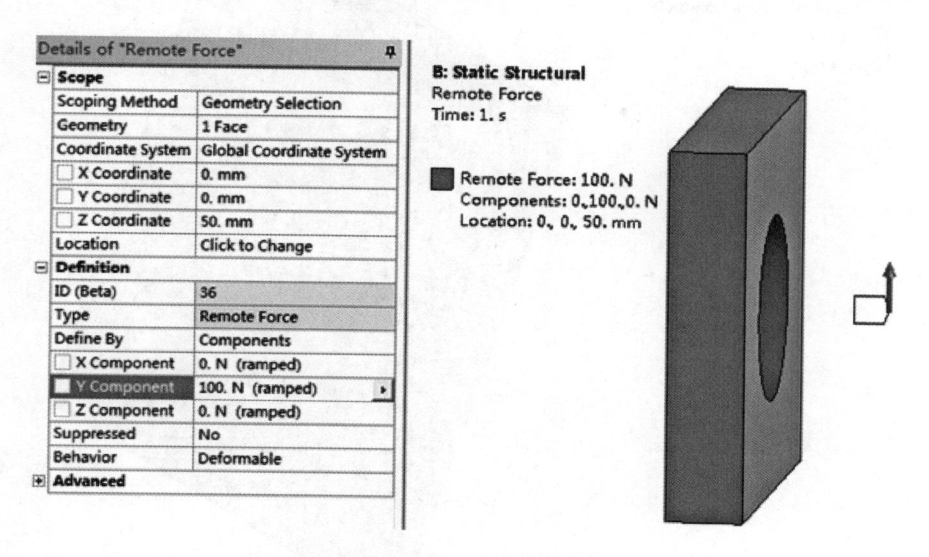

图 6-54　设置 Remote Force 方向和数值

④选择 Static Structural(B5)，查看全部施加的载荷及约束如图 6-55 所示。

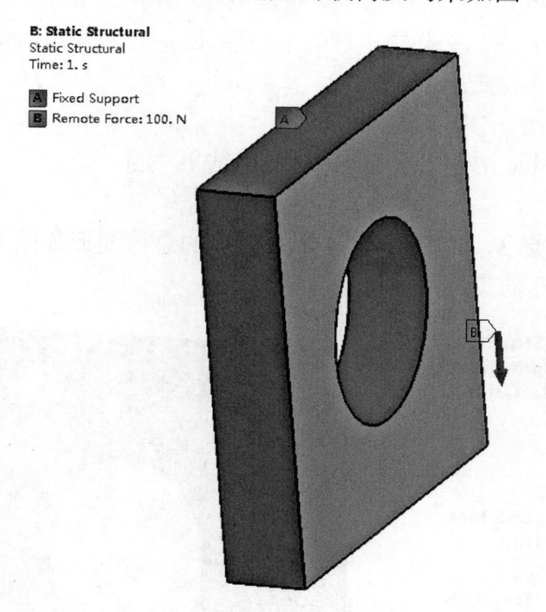

图 6-55　模型约束及加载情况

第 3 步：求解

点工具栏上的 Solve 按钮进行结构计算，求解过程中选择 Solution Information 分支，切换至 Graphics 视图，能看到远程力创建的约束方程，如图 6-56 所示。

(6)结果后处理

第 1 步：选择要查看的结果

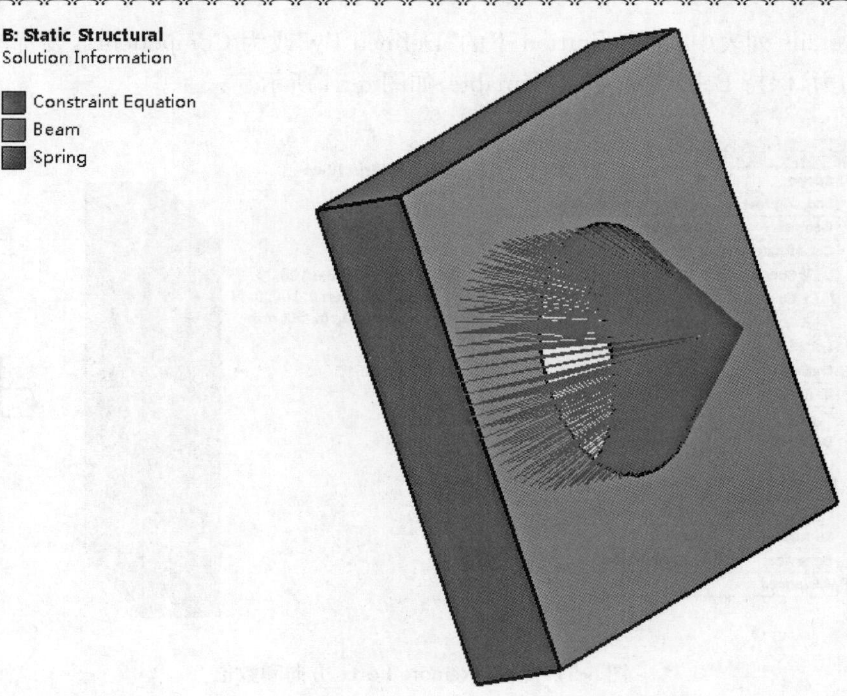

图 6-56 远程力创建的约束方程显示

选择 Solution(B6)分支,在其右键菜单中选择 Insert>Deformation>Total,在 Solution 分支下添加一个 Total Deformation 分支。

第 2 步:评估待查看的结果项目

按下工具栏上的 Solve 按钮,评估上述加入的结果项目。

第 3 步:查看结果

①选择变形结果分支 Total Deformation。结构的总体变形如图 6-57 所示,其中最大变形约为 6.1e -5 mm,位于孔的顶部和底部位置。

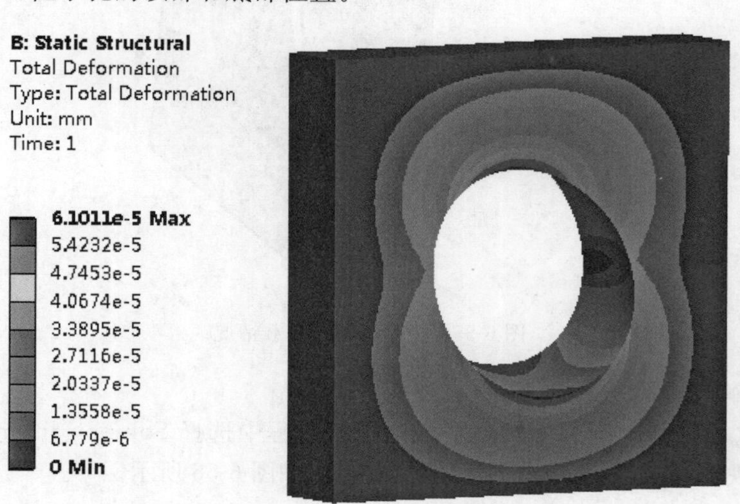

图 6-57 结构变形分布云图

②将载荷面的行为由 Deformable 改为 Rigid，如图 6-58 所示。重新计算后得到如图 6-59 所示的结果，最大变形约为 1.99e-5 mm，可以看到建立有 Rigid 约束方程的圆周保持刚性不变形。

Remote Force

Details of "Remote Force"

Details of "Remote Force"	
Scope	
Definition	
ID (Beta)	36
Type	Remote Force
Define By	Components
X Component	0. N (ramped)
Y Component	100. N (ramped)
Z Component	0. N (ramped)
Suppressed	No
Behavior	Rigid

图 6-58　更改载荷面 Behavior

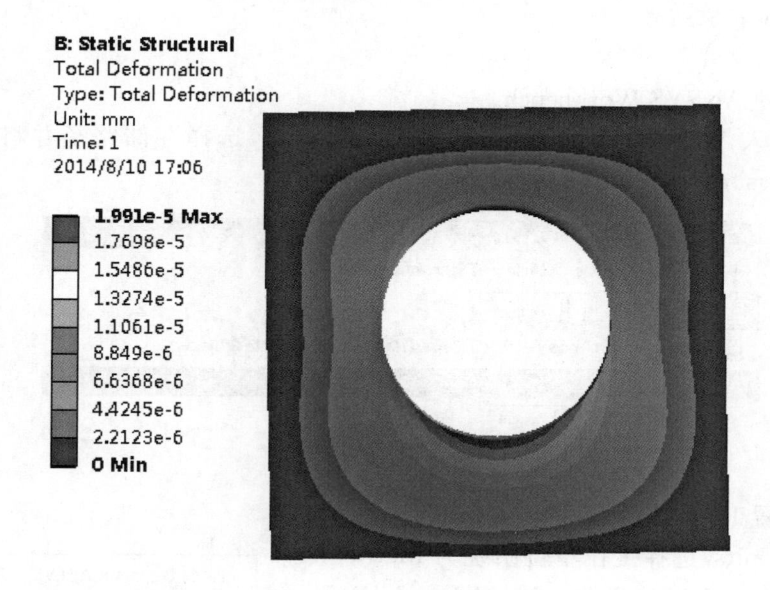

图 6-59　重新计算后的结果

6.2.3　结构静力计算例题：Functional Pressure

本节给出一个在 Workbench 环境中的 Functional Pressure（随方程变化的载荷）的计算例题。

1. 问题描述

有一 20 mm×20 mm×100 mm 的悬臂梁，左端为固定，在上表面受到距左端距离 Z 的线性变化的压力载荷的作用，Pressure＝0.02×Z(MPa)，如图 6-60 所示。计算悬臂梁在载荷作用下的变形。

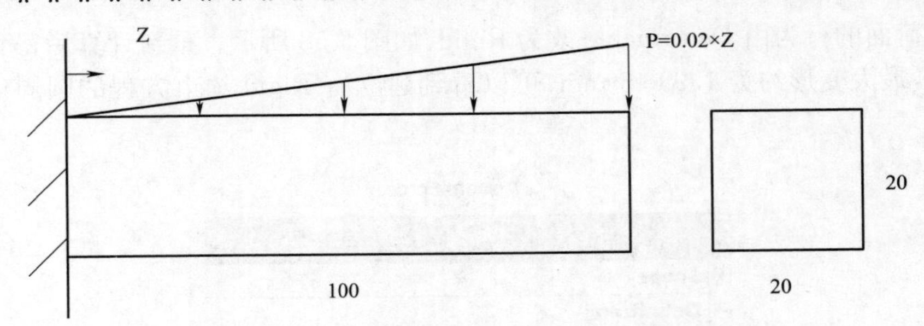

图 6-60 压力随位置函数变化的悬臂结构

本例题涉及到的操作要点包括:

✓ Mechanical 中局部坐标系的定义

✓ Mechanical 中 Functional Pressure 的定义

✓ Mechanical 后处理技术

2. 建模计算过程

建模计算的过程包含创建项目文件、建立结构静力分析系统、创建几何模型、前处理、加载以及求解、结果查看等环节。

(1)创建项目文件

第1步:启动 ANSYS Workbench。

第2步:进入 Workbench 之后,单击 Save As 按钮,选择存储路径并将文件另存为"Functional Pressure",如图 6-61 所示。

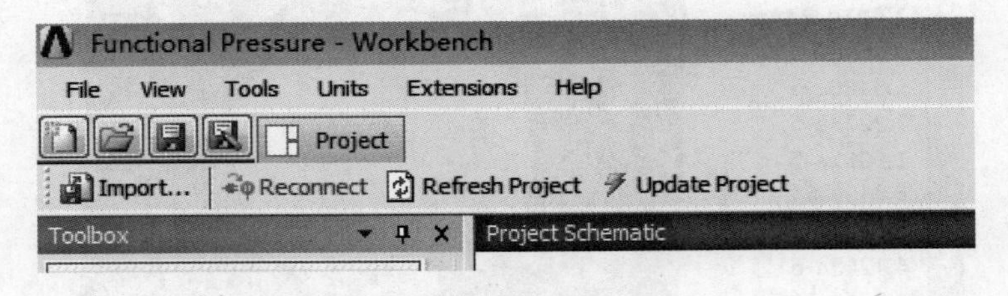

图 6-61 保存项目文件

第3步:设置工作单位系统。

通过菜单 Units,选择工作单位系统为 Metric(kg,mm,s,℃,mA,N,mV),选择 Display Values in Project Units,如图 6-62 所示。

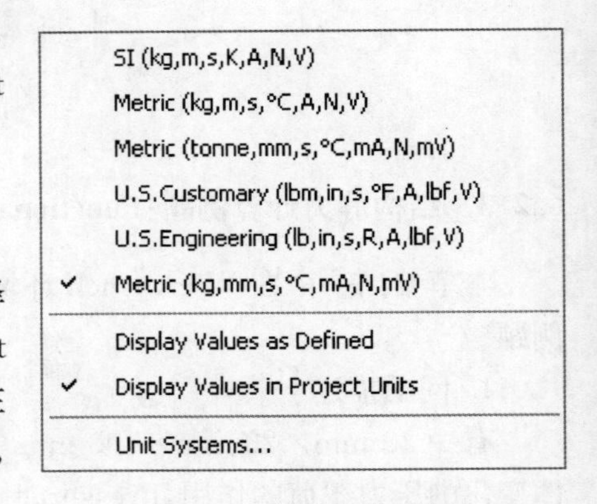

图 6-62 选择单位系统

(2)建立结构静力分析系统

第1步:创建几何组件

在 Workbench 工具箱的组件系统中,选择 Geometry 组件,将其用鼠标左键拖拽到 Project Schematic 窗口内(或者直接双击 Geometry 组件)。在 Project Schematic 内会出现名为 A 的 Geometry 组件,如图 6-63 所示。

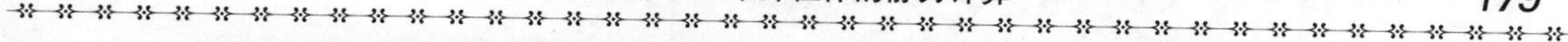

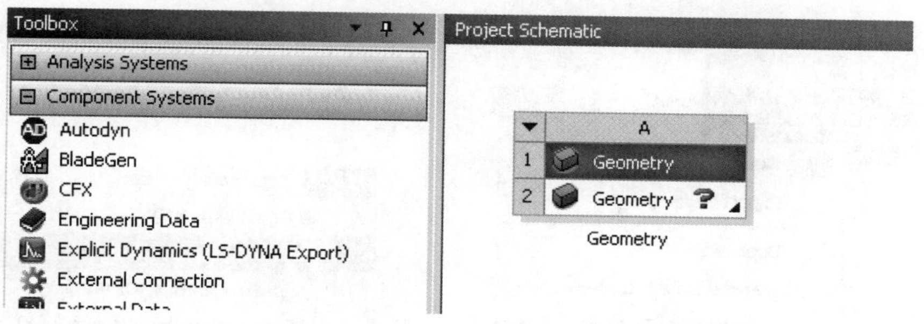

图 6-63　创建 Geometry 组件

第 2 步：建立静力分析系统

在 Workbench 左侧工具箱的分析系统中选择 Static Structural(ANSYS)，用鼠标左键将其拖拽至 A2(Geometry)单元格中，形成静力分析系统 B，该系统的几何模型来源于几何组件 A，如图 6-64 所示。

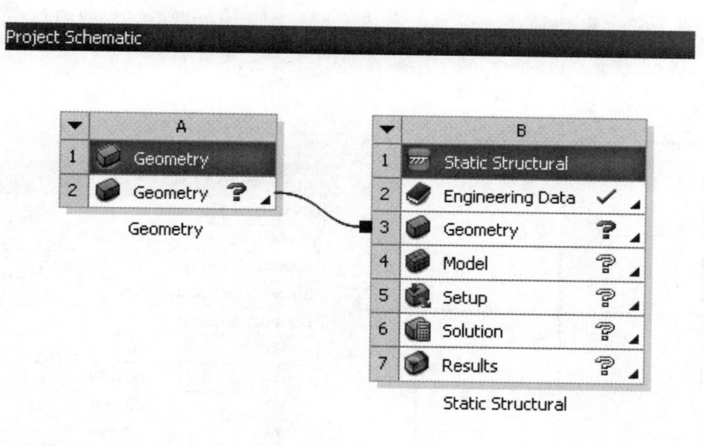

图 6-64　建立静力分析系统

(3)创建几何模型

第 1 步：启动 DM 组件

用鼠标点选 A2(Geometry)组件单元格，在其右键菜单中选择"New Geometry"，启动 DM 建模组件，如图 6-65 所示。

第 2 步：设置建模单位系统

在 Design Modeler 启动后，在弹出的单位选择框中或在 Units 菜单中选择单位为 Millimeter(mm)，如图 6-66 所示。

第 3 步：草绘建模

在 Tree Outline 中选择 XYPlane 后单击 Tree Outline 下的 Sketching 标签，切换至 Sketching 模式，按照如下操作步骤完成几何建模过程。

①单击 Draw 工具栏的 Rectangular 工具绘制如图 6-67(a)所示的草图，并用 Dimension 下的尺寸标注工具标注如图 6-67(b)所示的尺寸。

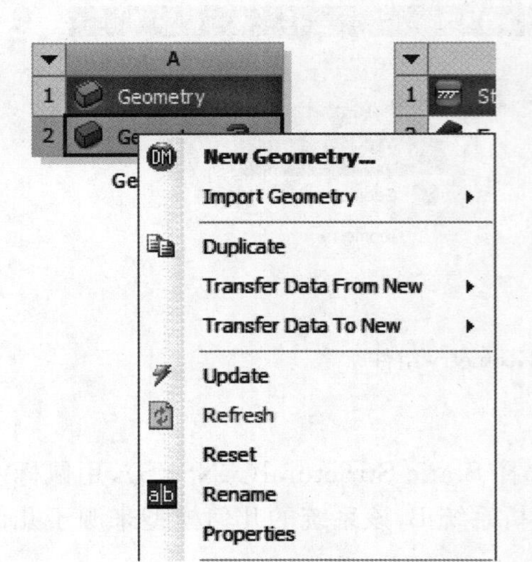

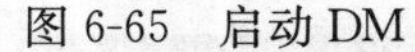
图 6-65 启动 DM

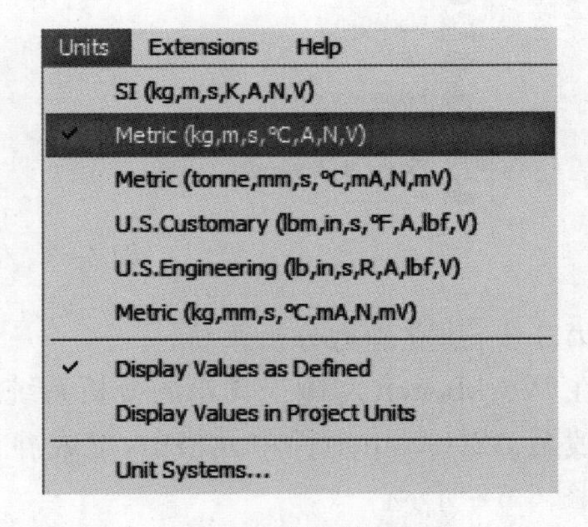

图 6-66 建模单位选择

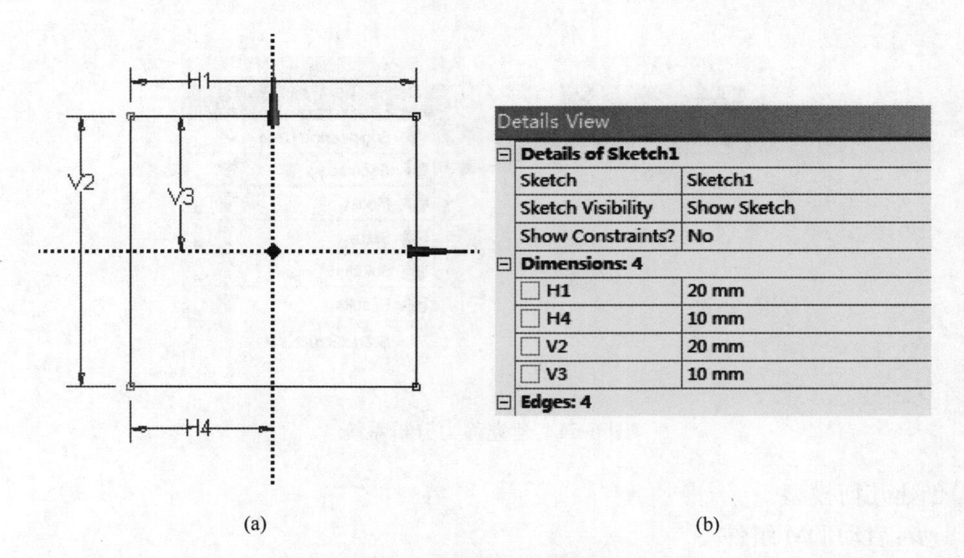

图 6-67 绘制的草图及标注尺寸

②单击工具栏上的 Extrude 按钮,自动跳转到三维建模界面进行拉伸操作。在 Extrude1 的 Details 中将 Geometry 选择为刚才创建的 Sketch1,并单击 Apply,设置 Operation 为 Add Material,将 Extent Type 改为 Fixed,在 FD1,Depth(>0)中输入拉伸厚度 100 mm,如图 6-68(a)所示。然后单击工具栏上的 Generate 按钮,生成三维模型,如图 6-68(b)所示。关闭 DesignModeler,返回 Workbench 界面。

(4)前处理

按照如下步骤进行前处理操作。

第 1 步:启动 Mechanical 组件

在 Workbench 的 Project Schematic 中双击 B4(Model)单元格,启动 Mechanical 组件。

Details View	
Details of Extrude1	
Extrude	Extrude1
Geometry	Sketch1
Operation	Add Material
Direction Vector	None (Normal)
Direction	Normal
Extent Type	Fixed
FD1, Depth (>0)	100 mm
As Thin/Surface?	No
Merge Topology?	Yes
Geometry Selection: 1	

(a)

(b)

图 6-68　拉伸控制及效果

第 2 步：设置单位系统

通过 Mechanical 的 Units 菜单，选择分析单位系统为 Metric(mm,kg,N,s,mV,mA)，如图 6-69 所示。

第 3 步：确认材料

在 Details of"Solid"中确认 Solid 的材料为默认的 Structural Steel，如图 6-70 所示。

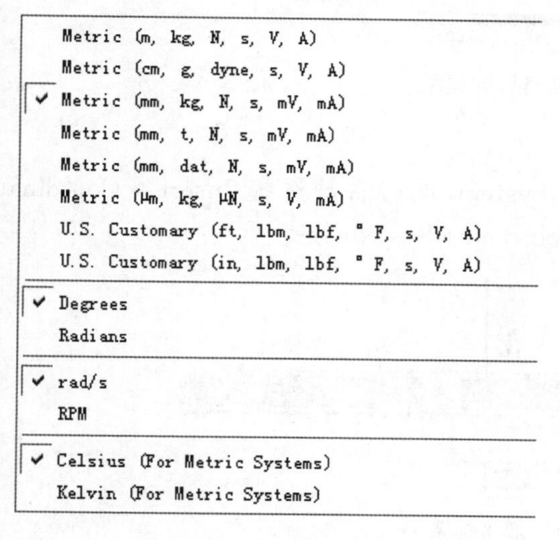

图 6-69　单位制

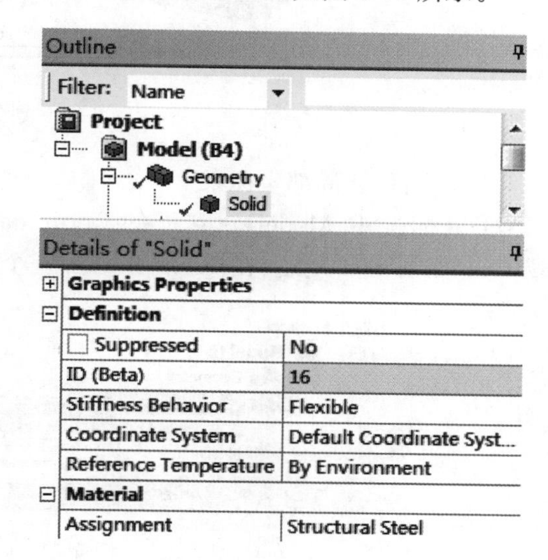

图 6-70　材料确认

第 4 步：网格划分

①用鼠标选择树形窗中的 Mesh 分支。在鼠标右键菜单中选择 Insert>Sizing，在 Mesh 下出现 Sizing 分支。在 Sizing 分支的属性中点 Geometry，在图形区域中选择整个实体，然后点 Apply，如图 6-71(a)所示，设置这些面的 Element Size 为 10 mm，这时在 Mesh 分支下的 Sizing 分支名字改变为 Body Sizing，其 Details 如图 6-71(b)所示。

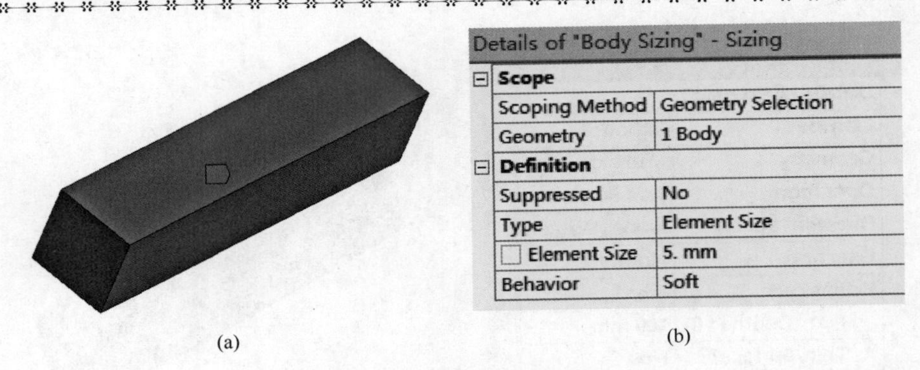

(a) (b)

图 6-71 网格尺寸设置

②选择 Mesh 分支，在其右键菜单中选择 Generate Mesh，划分网格后得到的有限元模型如图 6-72 所示。

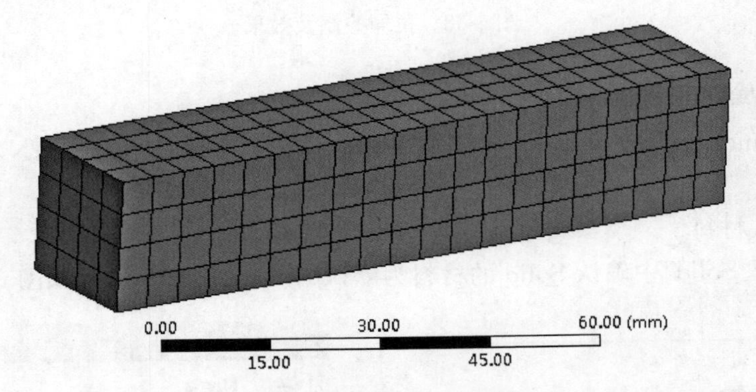

图 6-72 划分网格后的模型

第 5 步：创建局部坐标系

①鼠标选中 Model 分支下的 Coordinate System，然后右键选择 Insert＞Coordinate System，如图 6-73 所示，在树状图中添加一个 Coordinate System 分支。

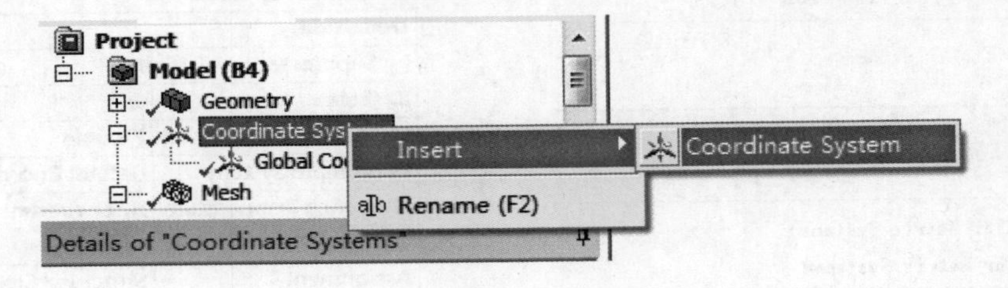

图 6-73 创建局部坐标系

②在 Details of“Coordinate System”中选择 Origin＞Geometry，定义局部坐标系的原点位置，选择左端面，并在局部坐标系 Details 中的 Geometry 中单击 Apply，其余保持默认设置，得到局部坐标系如图 6-74 所示。

(5)加载以及求解

按照如下步骤完成加载以及求解过程的操作。

第 1 步：施加约束

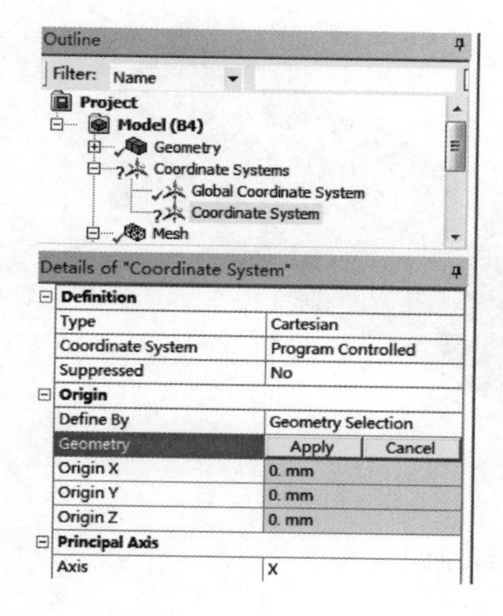

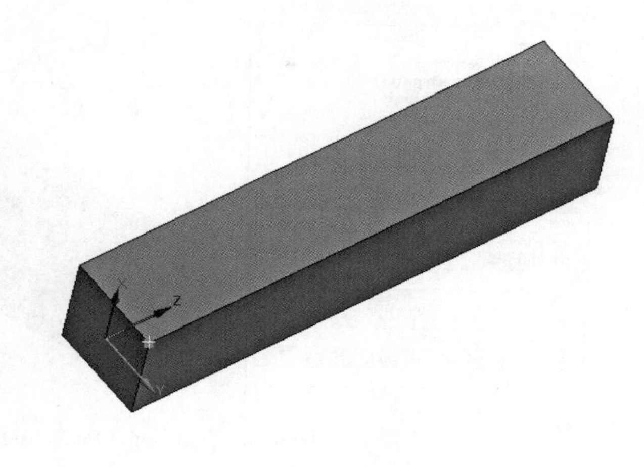

图 6-74　定义局部坐标系

①选择 Structural Static(B5)分支，在图形区域右键菜单，选择 Insert>Fixed Support，插入 Fixed Support 分支。

②在 Fixed Support 分支的 Details View 中，点 Geometry 属性，在工具面板的选择过滤栏中按下选择面按钮，选取悬臂梁左端面，然后在 Geometry 属性中点 Apply 按钮完成施加约束，如图 6-75 所示。

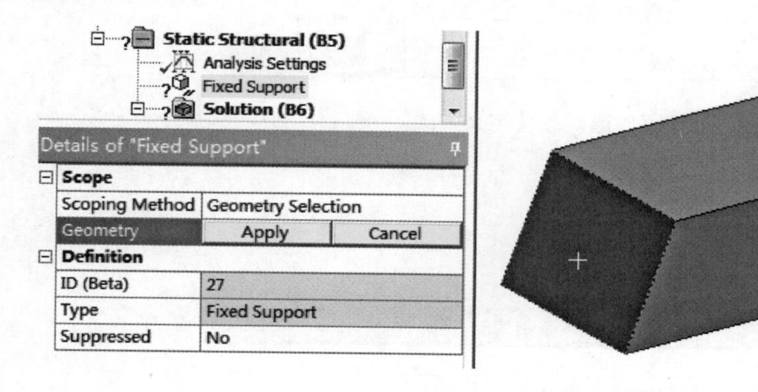

图 6-75　添加固定约束

第 2 步：施加 Functional Pressure

①选择 Structural Static(B5)分支，选择 Insert>Pressure，在模型树中加入一个 Pressure 分支。

②Pressure 分支的 Details View 中，点 Geometry 属性，用鼠标选取悬臂梁的一个侧面，如图 6-76 所示，然后在 Geometry 属性中点 Apply 按钮。

③选择 Definition>Magnitude 黄色区域后面的小箭头，弹出选择菜单，将载荷定义方式更改为 Function，如图 6-77 所示。

④在 Magnitude 后面输入线性变化的载荷 F＝0.02 * z(z 为坐标)，并将下面的 Coordinate System 由默认的 Global Coordinate System 更改为前面创建的局部坐标系 Coordinate System，如图 6-78 所示，施加得到随线性方程变化的载荷。

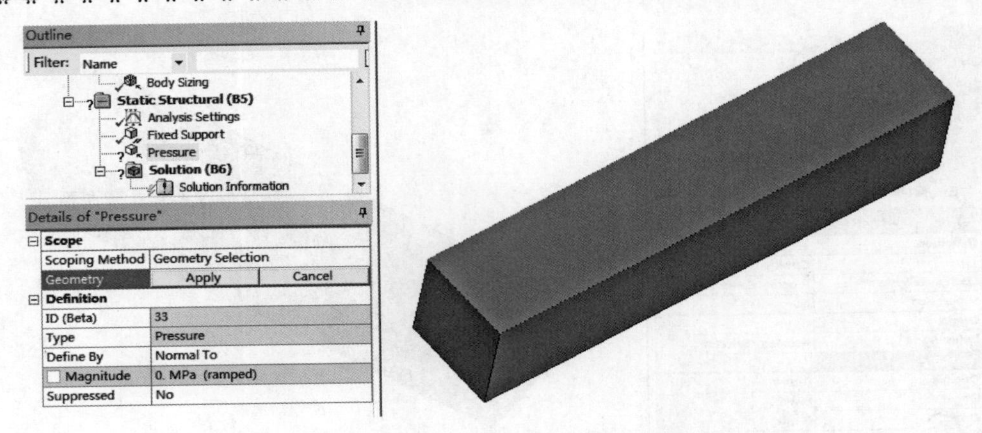

图 6-76 Functional Pressure 载荷面

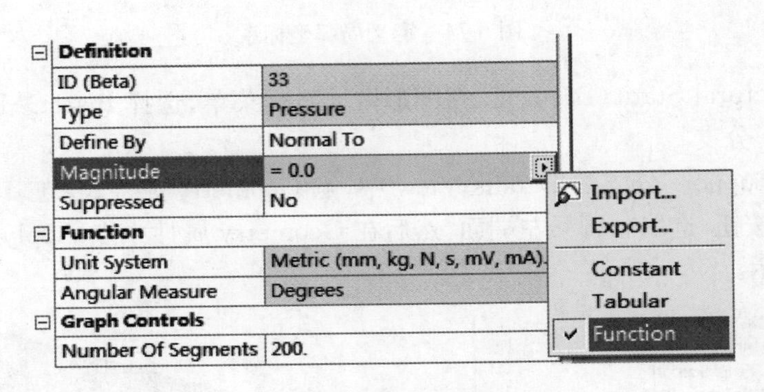

图 6-77 选择载荷定义方式

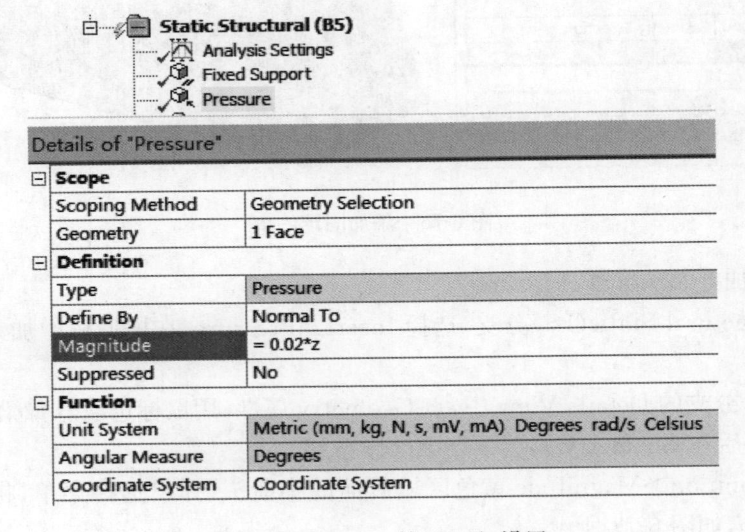

图 6-78 Pressure 的 Details 设置

压力载荷施加后,在表面的分布等值线显示情况如图 6-79 所示。荷载随坐标变化的函数曲线显示在 Graph 区域,如图 6-80 所示。

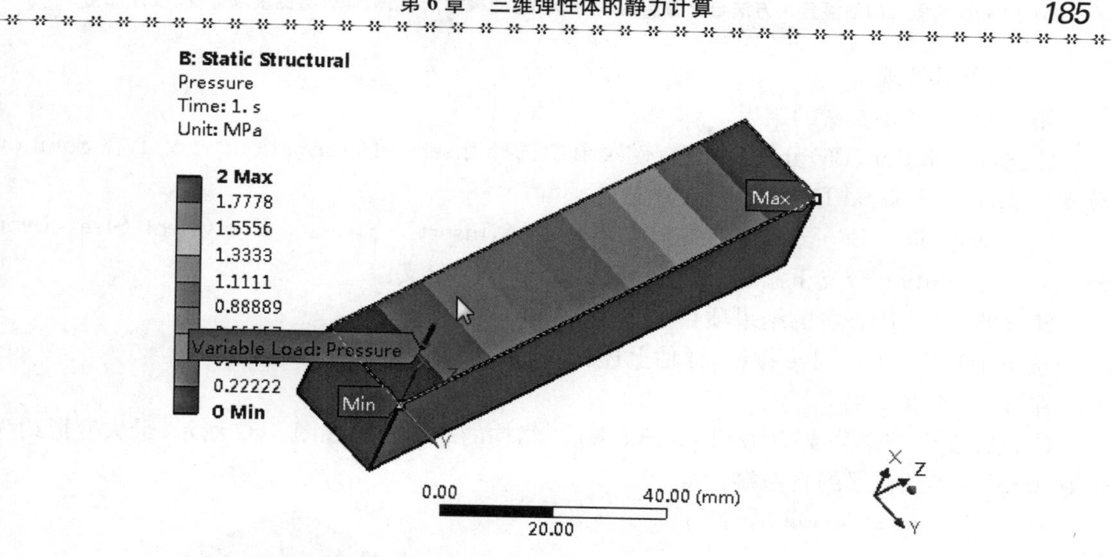

图 6-79　Functional Pressure 等值线分布图

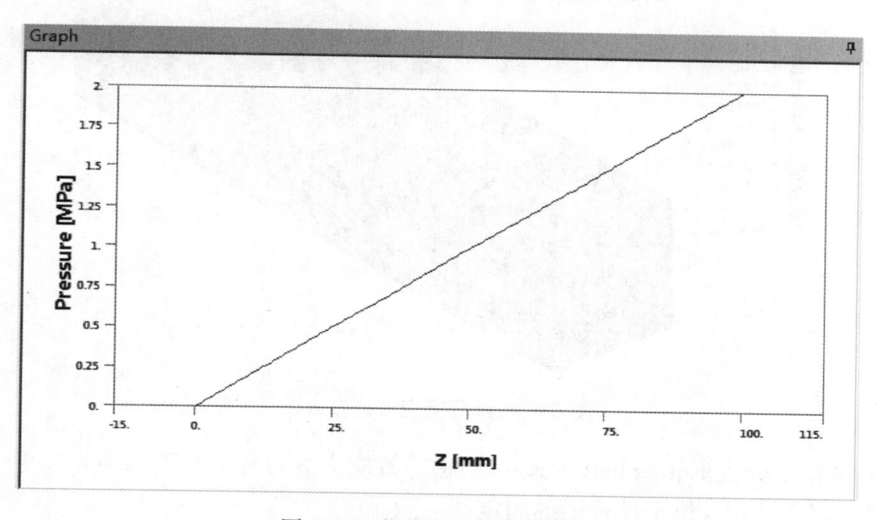

图 6-80　荷载坐标函数曲线图

⑤选择 Static Structural(B5),查看全部施加的载荷及约束如图 6-81 所示。

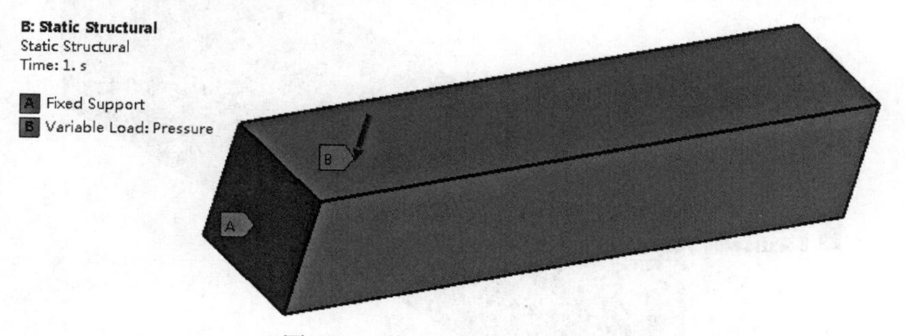

图 6-81　模型约束及加载情况

第 3 步:求解

点工具栏上的 Solve 按钮进行结构计算。

(6)结果后处理

第 1 步:选择要查看的结果

①选择 Solution(B6)分支,在其右键菜单中选择 Insert>Deformation>Total,在 Solution 分支下添加一个 Total Deformation 分支。

②在 Solution(B6)分支的右键菜单中选择 Insert>Stress>Equivalent Stress(von Mises),在 Solution 分支下添加一个 Equivalent Stress 分支。

第 2 步:评估待查看的结果项目

按下工具栏上的 Solve 按钮,评估上述加入的结果项目。

第 3 步:查看结果

①选择变形结果分支 Total Deformation。结构的总体变形如图 6-82 所示,最大变形约为 0.14 mm,位于悬臂梁的自由端。

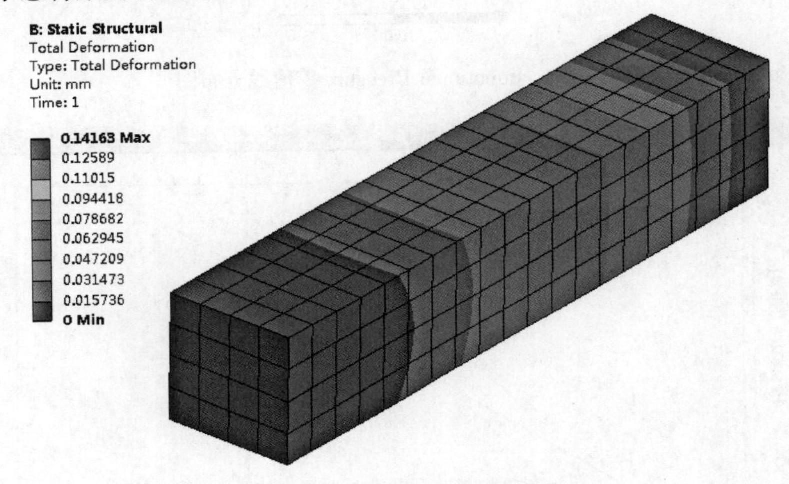

图 6-82 悬臂梁变形分布云图

②择应力结果分支 Equivalent Stress,结构等效应力分布等值线图如图 6-83 所示,最大等效应力约为 104.9 MPa,位于悬臂梁的固定端一侧。

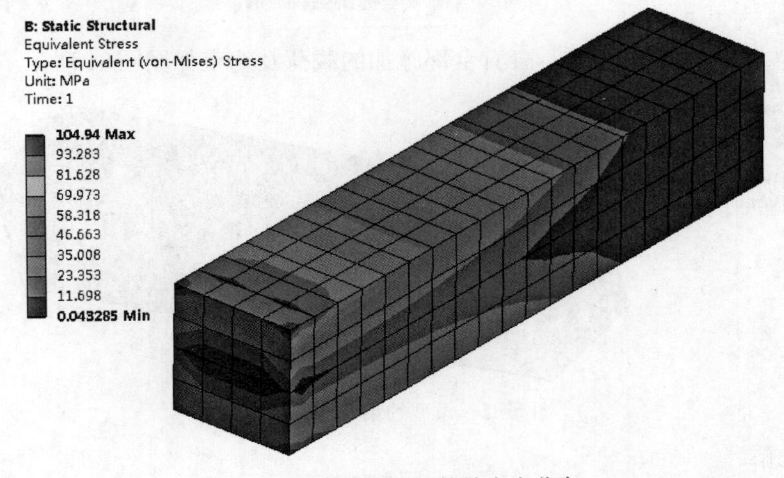

图 6-83 悬臂结构的等效应力分布

第 7 章　板壳结构的静力计算

板壳结构的计算是有限元计算中最为常见的问题类型。本章首先介绍 ANSYS 中常用的板壳单元的使用方法和注意事项，然后给出几个典型的板壳结构分析的 ANSYS 建模及计算实例，读者可以对照练习。

7.1　ANSYS 板壳单元应用详解

板壳结构是一种常见的结构形式，其特点是厚度尺寸显著小于平面内尺寸。本节介绍 ANSYS 用于板壳结构分析的壳单元 SHELL181 以及实体壳单元 SOLSH190 的使用方法。

7.1.1　SHELL181 单元应用详解

SHELL181 单元为一个 4 节点的线性板壳单元，其节点组成及形状如图 7-1 所示。如采用直接建模方法时，输入节点号要按照图中预设的节点顺序，节点依次为 I、J、K、L。如果节点 K 与节点 L 重合，则退化为三角形形式。对于壳单元算法，SHELL181 的每个节点具有 6 个自由度，即 UX、UY、UZ、ROTX、ROTY、ROTZ；对于膜单元算法，SHELL181 的每个节点具有 3 个自由度，即 UX、UY、UZ。SHELL181 单元可以用于大变形以及大应变分析，单元算法是基于对数应变和真实应力度量。SHELL181 单元还能够用于模拟多层复合材料结构。

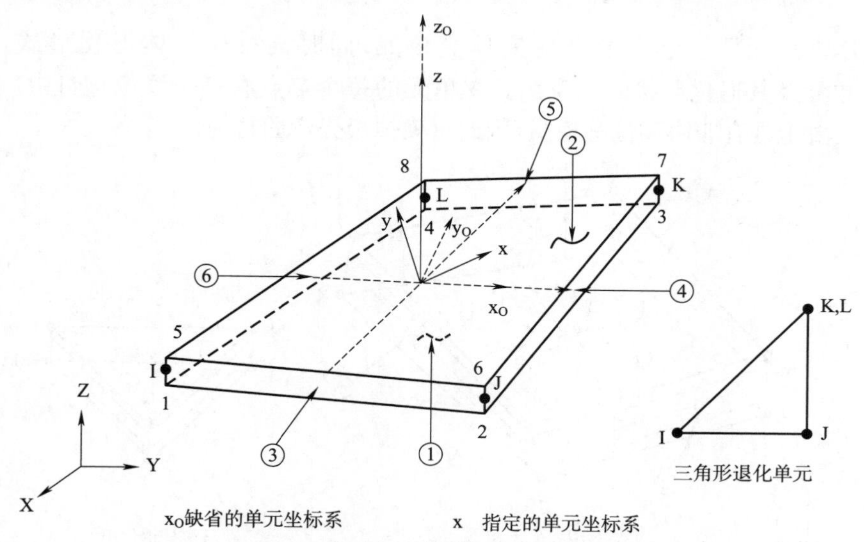

图 7-1　SHELL181 单元及其单元坐标系

SHELL181 单元的算法和单元的力学行为通过其 KEYOPT 选项所决定，此单元的 KEYOPT 选项如下。

KEYOPT(1)选项用于控制单元刚度。KEYOPT(1)＝0 为缺省选项,表示单元同时具有弯曲刚度和膜刚度。KEYOPT(1)＝1 时,单元仅有膜刚度;KEYOPT(1)＝2 时,单元不提供任何刚度,附着在实体单元表面,用于评估表面的应力和应变。

KEYOPT(3)选项用于控制积分选项。KEYOPT(3)＝0 是缺省选项,表示单元采用有沙漏控制的缩减积分;KEYOPT(3)＝2 时,单元采用带有非协调模式的全积分算法。

KEYOPT(5)选项用于控制曲面 SHELL 单元算法。KEYOPT(5)＝0 为缺省选项,表示单元采用标准 shell 公式;KEYOPT(5)＝1 时,单元采用高级 shell 公式,可以考虑壳的初始曲率效应。

KEYOPT(8)选项用于控制层数据存储。KEYOPT(8)＝0 为缺省选项,表示对于多层 SHELL 单元,存储底层的底面以及顶层的顶面的数据;KEYOPT(8)＝1 时,表示对于多层 SHELL 单元,存储每一层的顶面以及底面的数据;KEYOPT(8)＝2 时,表示对于单层或多层 SHELL 单元,存储所有层的顶面、底面以及中面的数据。

KEYOPT(9)选项用于控制用户厚度选项。KEYOPT(9)＝0 为缺省选项,表示没有用户子程序提供初始厚度;KEYOPT(9)＝1 时,表示由用户子程序 UTHICK 中读取初始厚度数据。

SHELL181 单元的荷载包括节点力、表面荷载、温度作用以及体积荷载。施加温度作用时,对壳单元算法可以为每一层的底面和顶面的各角点指定不相等的温度值;对于膜单元算法,为每一层的各个角点指定一个温度值。

在 Mechanical APDL 界面中通过对 Area 划分网格得到 SHELL181 单元;在 Mechanical 中,通过对 Surface Body 划分网格得到 SHELL181 单元。具体方法和注意事项请参照第 2 章和第 3 章的有关内容。

7.1.2 SOLSH190 单元应用详解

SOLSH190 单元是一个 8 节点的实体壳单元,同时支持棱柱体退化形式,图 7-2 为 SOLSH190 单元及其退化形状的示意图。此单元的每个节点有三个线位移自由度,即:UX、UY、UZ,但是由于具有非协调位移模式,因此可模拟板壳弯曲行为。

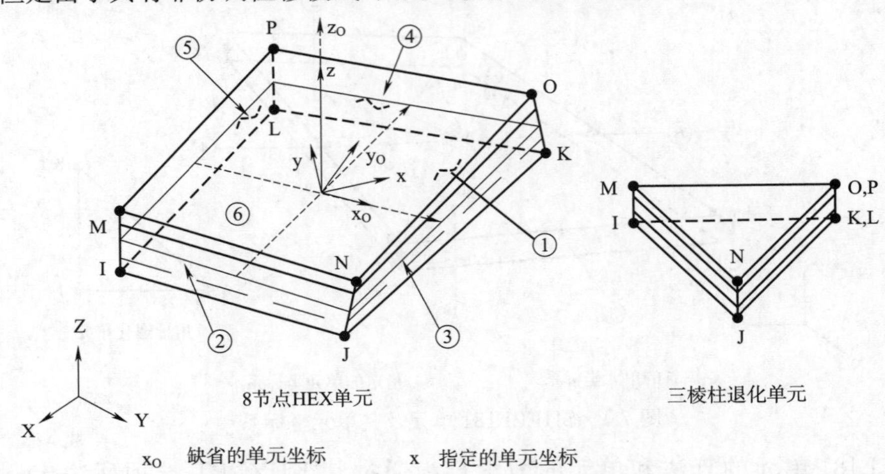

图 7-2 SOLSH190 单元形状及单元坐标系

如采用直接建模方法时，输入节点号要按照图 7-2 中预设的节点顺序，节点依次为 I、J、K、L、M、N、O、P。如果节点 K 与节点 L 重合且节点 O 与节点 P 重合，则退化为三棱柱形式。由于此单元具有与实体单元一致的拓扑，因此与 SOLID 单元连接十分方便。SOLSH190 单元是基于对数应变和真实应力度量，可以分析各种大变形及大应变问题，支持广泛的非线性材料本构关系。

SOLSH190 单元的算法和单元的力学行为通过其 KEYOPT 选项所决定，此单元的 KEYOPT 选项如下。

KEYOPT(2)选项用于控制增强横向剪切应变。其中，KEYOPT(2)＝0 为缺省选项，表示单元没有横向增强剪切应变；KEYOPT(2)＝1 表示单元包含横向增强剪切应变。

KEYOPT(6)选项用于控制单元算法。其中，KEYOPT(6)＝0 是缺省选项，这种情况下 SOLSH190 单元采用纯位移算法；KEYOPT(6)＝1 则表示单元采用混合 u-P 单元算法。

KEYOPT(8)选项用于控制层数据的存储。其中，KEYOPT(8)＝0 为缺省选项，表示对于多层复合材料单元情况，存储底层的底面以及顶层的顶面的数据；选择 KEYOPT(8)＝1 选项时，表示对于多层复合材料单元，存储所有层的顶面和底面数据。

SOLSH190 单元的荷载包括表面荷载、温度作用以及体积荷载。施加温度作用时，可以为各节点指定不相等的温度值。施加体积力时包括 X、Y、Z 三个方向的分量。

在 Mechanical APDL 中，SOLSH190 单元通过对 Volume 划分网格形成，对于非线性问题，厚度方向可划分多层单元。在 Mechanical 中 Mesh 时，选择 Mesh 方法为 Sweep 中的 Automatic Thin(自动薄壁扫略)、Manual Thin(手工薄壁扫略)，Element Option 选择 Solid Shell，划分网格即得到 SOLSH190 单元，如图 7-3 所示。

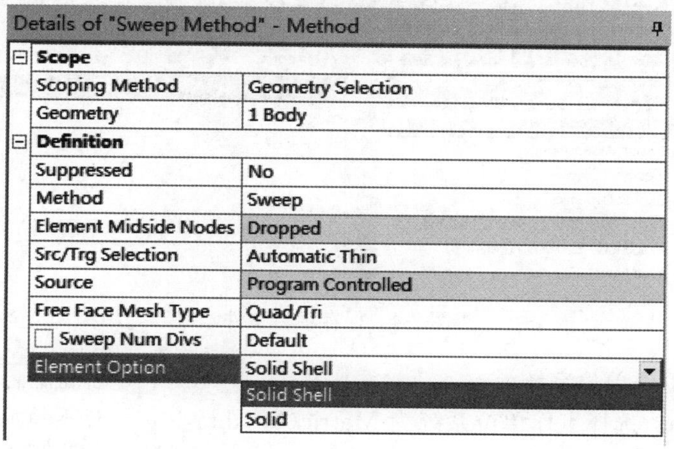

Details of "Sweep Method" - Method

Scope	
Scoping Method	Geometry Selection
Geometry	1 Body
Definition	
Suppressed	No
Method	Sweep
Element Midside Nodes	Dropped
Src/Trg Selection	Automatic Thin
Source	Program Controlled
Free Face Mesh Type	Quad/Tri
Sweep Num Divs	Default
Element Option	Solid Shell
	Solid Shell
	Solid

图 7-3　划分 SOLIDSHELL 单元的选项

SOLSH190 单元坐标系缺省条件下为图 7-2 中所指的方向(x_0、y_0、z_0)，可根据需要转换到其他的方向。对正交异性材料模型，其参数与单元坐标系相关。SOLSH190 单元应力计算原始结果也是基于单元坐标系的方向。

7.2 板壳结构静力计算例题:空腹梁的应力计算

本节给出一个在 Workbench 环境中的板壳结构计算例题。

1. 问题描述

上一章的空腹梁 SOLID 单元计算例题,现在改用 SHELL 单元进行重新分析,并与 SOLID 单元的计算结果进行比较。

本例题涉及到的操作要点包括:

✓ DM 中面抽取的方法
✓ DM 边 Joint 的使用方法
✓ Mechanical 板壳结构网格划分
✓ Mechanical 节点选择集合的定义
✓ Mechanical 后处理技术

2. 建模计算过程

建模计算的过程包含创建项目文件、建立结构静力分析系统、创建几何模型、前处理、加载以及求解、结果查看等环节。

(1)创建项目文件

第 1 步:启动 ANSYS Workbench。

第 2 步:进入 Workbench 之后,单击 Save As 按钮,选择存储路径并将文件另存为“Beam_Shell_Element”,如图 7-4 所示。

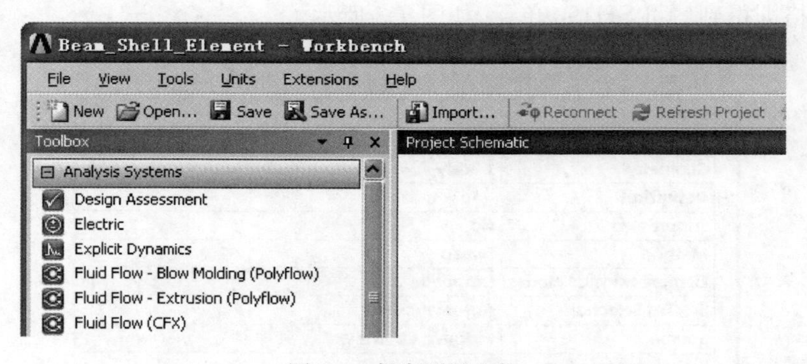

图 7-4 保存项目文件

第 3 步:设置工作单位系统。

通过菜单 Units,选择工作单位系统为 Metric(kg,mm,s,℃,mA,N,mV),选择 Display Values in Project Units,如图 7-5 所示。

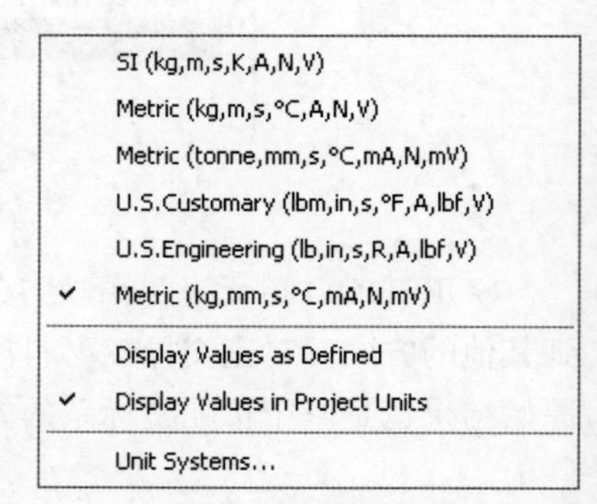

图 7-5 选择单位系统

(2)建立结构静力分析系统

第 1 步:创建几何组件

在 Workbench 工具箱的组件系统中,选择 Geometry 组件,将其用鼠标左键拖拽到 Project Schematic 窗口内(或者直接双击 Geometry 组件)。在 Project Schematic 内会出现名为 A 的 Geometry 组件，如图 7-6 所示。

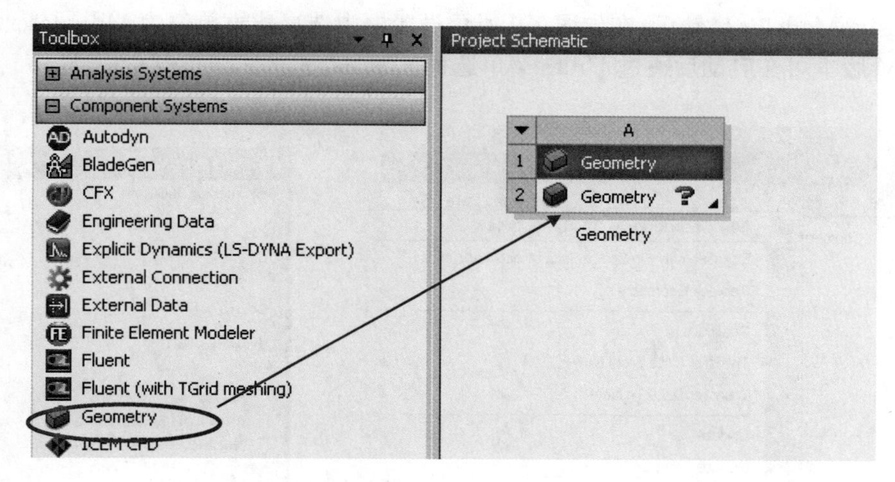

图 7-6　创建 Geometry 组件

第 2 步：建立静力分析系统

在 Workbench 左侧工具箱的分析系统中选择 Static Structural(ANSYS)，用鼠标左键将其拖拽至 A2(Geometry)单元格中，形成静力分析系统 B，该系统的几何模型来源于几何组件 A，如图 7-7 所示。

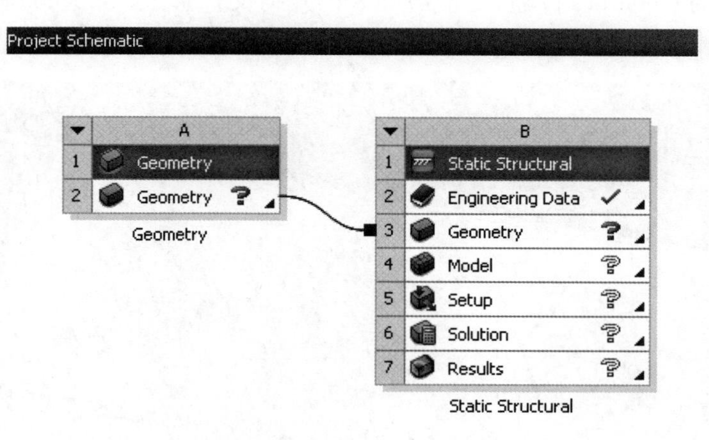

图 7-7　建立静力分析系统

(3)创建几何模型

第 1 步：导入几何文件

用鼠标点选 A2(Geometry)组件单元格，在其右键菜单中选择 Import Geometry>Browse，然后在弹出对话框中选择上一章几何建模中导出的实体几何文件 beam_solid. x_t。导入完成后，Geometry 组件图标变为 P 字母，表示几何文件为 Parasolid 格式。

第 2 步：启动 DM 组件

用鼠标点选 A2(Geometry)组件单元格，在其右键菜单中选择“Edit Geometry in DesignModeler”，启动 DM 建模组件，如图 7-8 所示。

第 3 步:设置建模单位系统

在 DesignModeler 启动后,在如图 7-9 所示设置框中选择建模单位为 Millimeter(mm),对最新的 DM 版本可在启动后通过 Units 菜单选择。

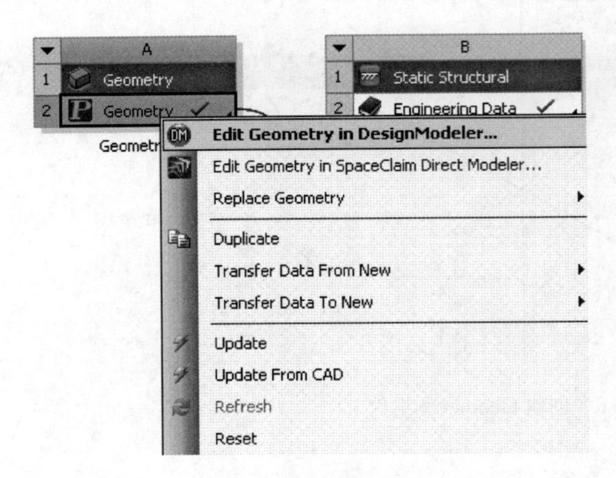

图 7-8　启动 DM

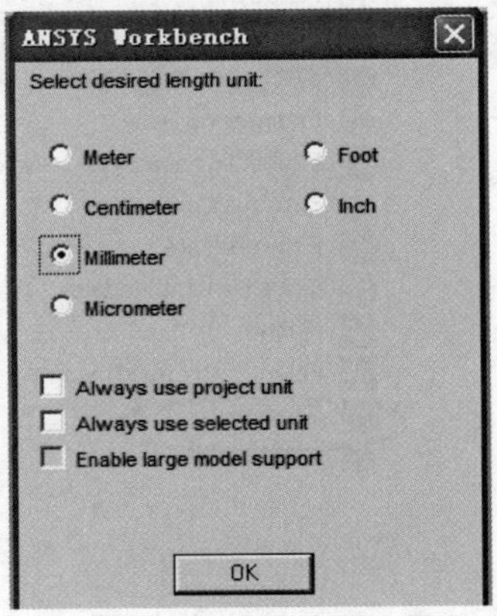

图 7-9　建模单位选择

第 4 步:导入实体

点工具栏上的 Generate 按钮,之前所导入的几何文件形成 solid body,如图 7-10 所示。在 Tree Outline 中显示 1 Part,1 Body。

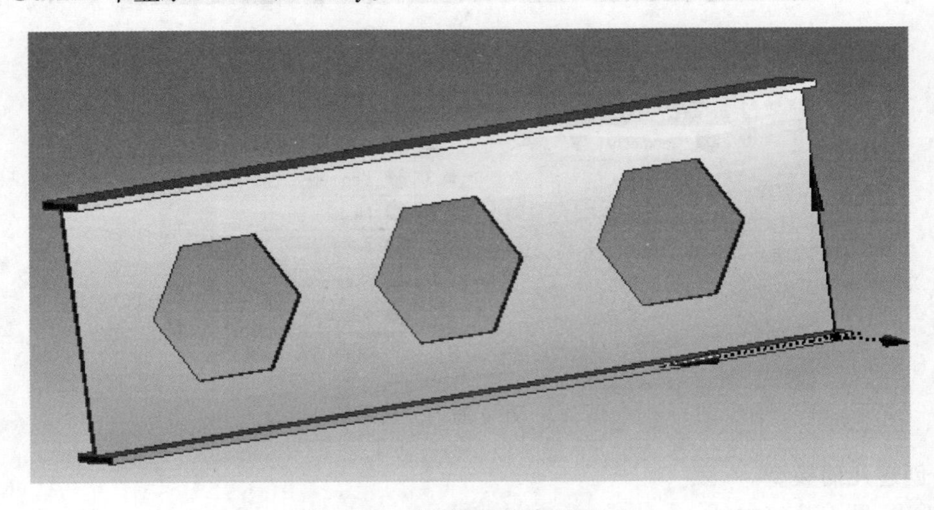

图 7-10　导入形成的 Solid Body

第 5 步:进行中面抽取

按照下列步骤进行中面的抽取。

①在菜单栏选择 Tools>Mid-Surface 命令,在 Tree Outline 中增加一个 MidSurf1 分支。

②在 MidSurf1 分支的 Details 属性中,选择 Selection Method 为 Automatic(自动创建中面模式),在 Minimum Threshold 以及 Maximum Threshold 中输入 14 mm,在 Find Face Pairs Now 中选择 Yes,设置如图 7-11 所示。

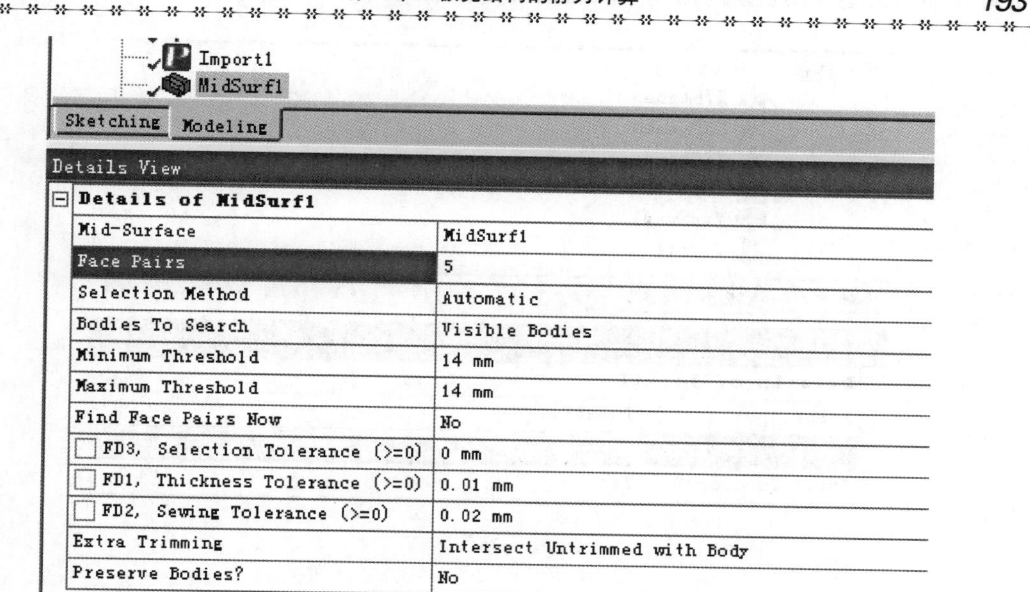

图 7-11　中间面及其设置

③上述设置完成后，单击工具栏上的 Generate 按钮，形成中面模型如图 7-12 所示。在 Tree Outline 中显示 1 Part，3 Bodies，在名称为 Solid 的 Part 下包含 3 个 Surface Body。

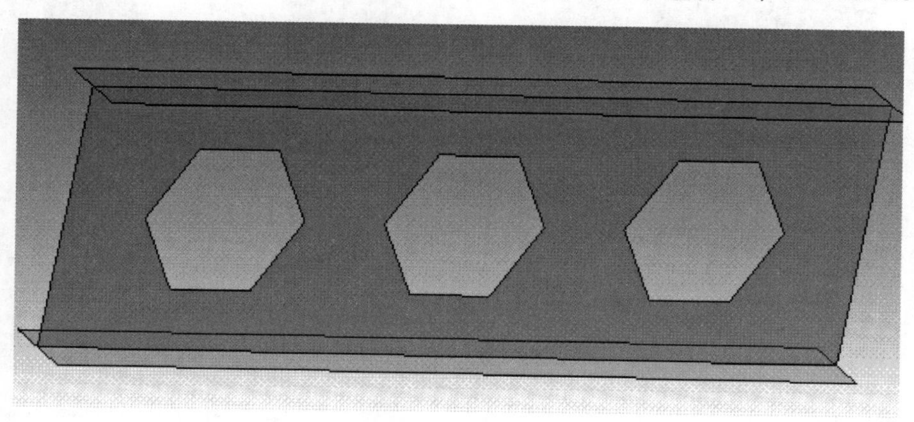

图 7-12　抽取的中间面结果

第 6 步：Joint 连接

①在菜单栏中选择菜单 Tools>Joint，在 Tree Outline 中增加一个 Joint1 分支。

②在其 Details 属性中，选择 Target Geometries 为上述的 3 个 Surface Body，然后点 Apply 按钮，如图 7-13(a)所示。

③单击工具栏上的 Generate 按钮完成表面边结合操作，这时上下翼缘与腹板交线处形成边结合并高亮度显示，如图 7-13(b)所示。

第 7 步：保存模型并退出 DesignModeler

①单击工具栏上的 Save Project 按钮，保存模型。

②关闭 DesignModeler，返回 Workbench 界面。

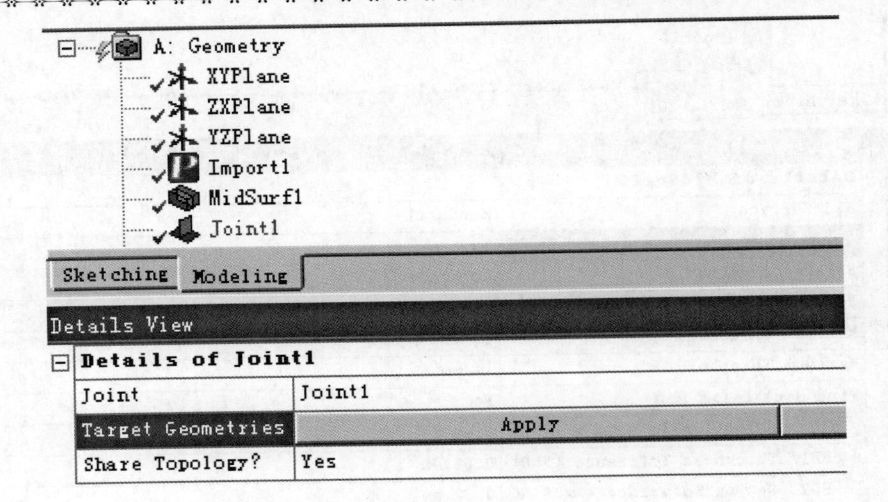

(a)

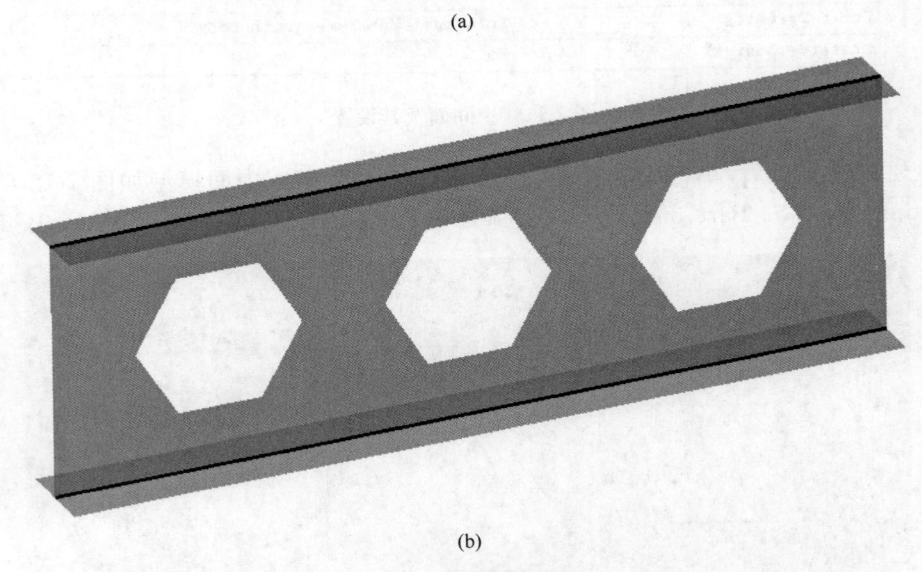

(b)

图 7-13　边结合

(4)前处理

按照如下步骤进行前处理操作。

第1步:启动 Mechanical 组件

在 Workbench 的 Project Schematic 中双击 B4(Modal)单元格,启动 Mechanical 组件,进入 Mechanical 分析界面。

第2步:设置单位系统

在 Mechanical 界面下,选择 Units 菜单,选择单位系统为 Metric(mm, kg, N, s, mV, mA),如图 7-14 所示。

第3步:确认 Surface Body 的材料及厚度

确认 Solid 部件下各个 Surface body 的厚度均为 14 mm,材料为 Structural Steel,如图 7-15 所示。

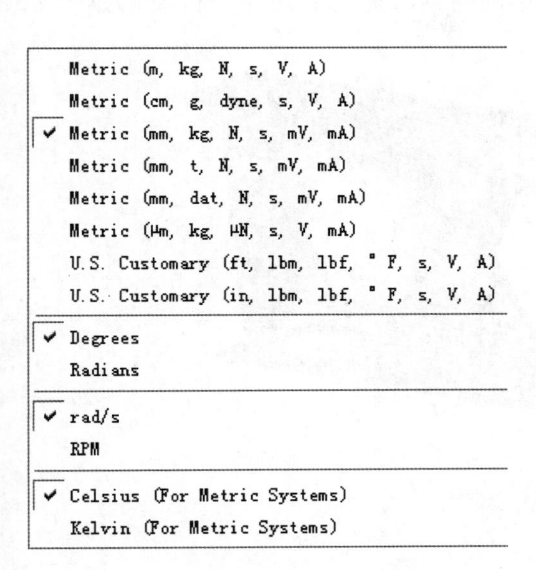

图 7-14　单位制

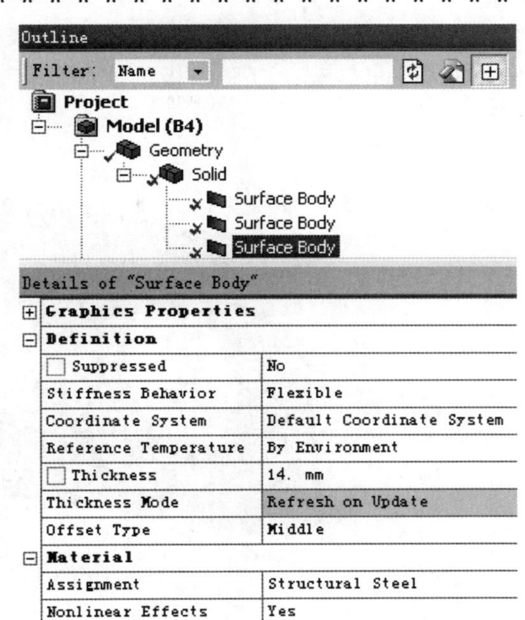

图 7-15　面体材料厚度的确认

第 4 步:网格划分

按照如下步骤进行面网格的划分。

①用鼠标选择树形窗中的 Mesh 分支。在鼠标右键菜单中选择 Insert>Sizing,在 Mesh 下出现 Sizing 分支。在 Sizing 分支的属性中点 Geometry 域,在图形区域中通过 Box Select 选择全部的 5 个表面,然后点 Apply,设置这些面的 Element Size 为 15 mm,这时在 Mesh 分支下的 Sizing 分支名字改变为 Face Sizing,其 Details 如图 7-16 所示。

②用鼠标选择树形窗中的 Mesh 分支。在鼠标右键菜单中选择 Insert>Mapped Face Meshing,在 Mesh 下出现 Mapped Face Meshing 分支。在 Mapped Face Meshing 分支的属性中点 Geometry 域,选择上下翼缘的表面共计 4 个面,然后点 Apply,如图 7-17 所示。

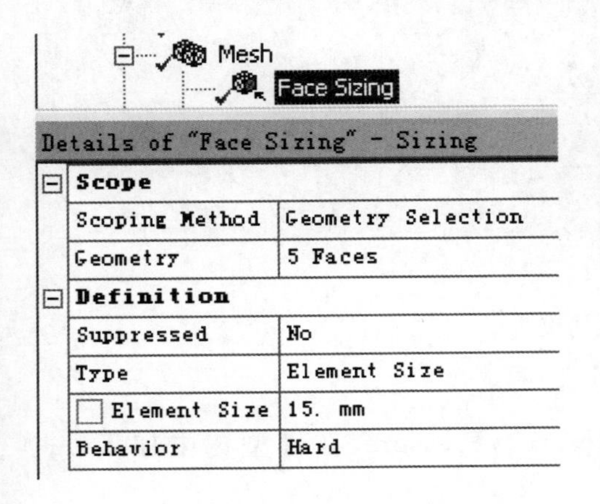

图 7-16　Face Sizing 设置

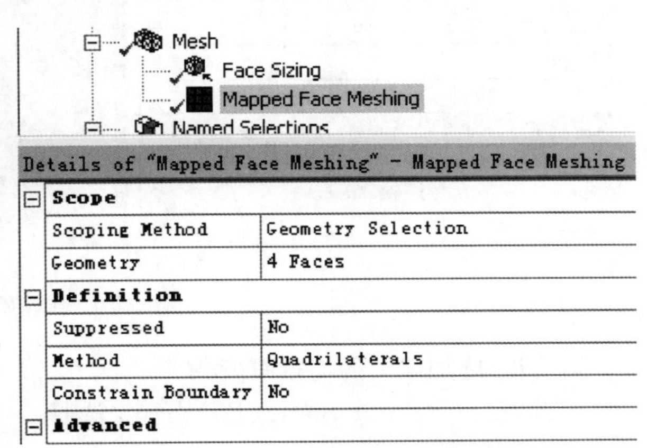

图 7-17　添加映射面网格

③选择 Mesh 分支，在其右键菜单中选择 Generate Mesh 进行网格划分，选择菜单 View＞Thick Shell and Beams 以显示板的实际厚度，观察网格划分后的有限元分析模型如图 7-18 所示。

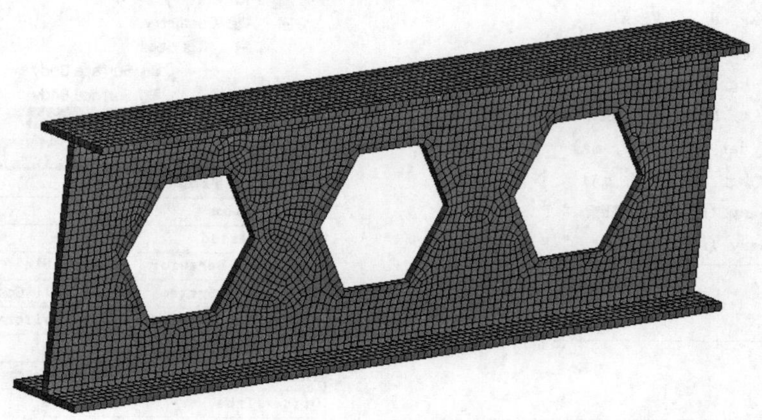

图 7-18　有限元模型

(5)加载以及求解

按照如下步骤完成加载以及求解过程。

第 1 步：施加约束

①选择 Structural Static(B5)分支，在图形区域右键菜单，选择 Insert＞Fixed Support，插入 Fixed Support 分支。

②在 Fixed Support 分支的 Details View 中，点 Geometry 属性，在工具面板的选择过滤栏中按下选择线按钮，按住 CTRL 键用鼠标选取梁左右两个端面的线段，然后在 Geometry 属性中点 Apply 按钮完成施加约束，如图 7-19 所示。

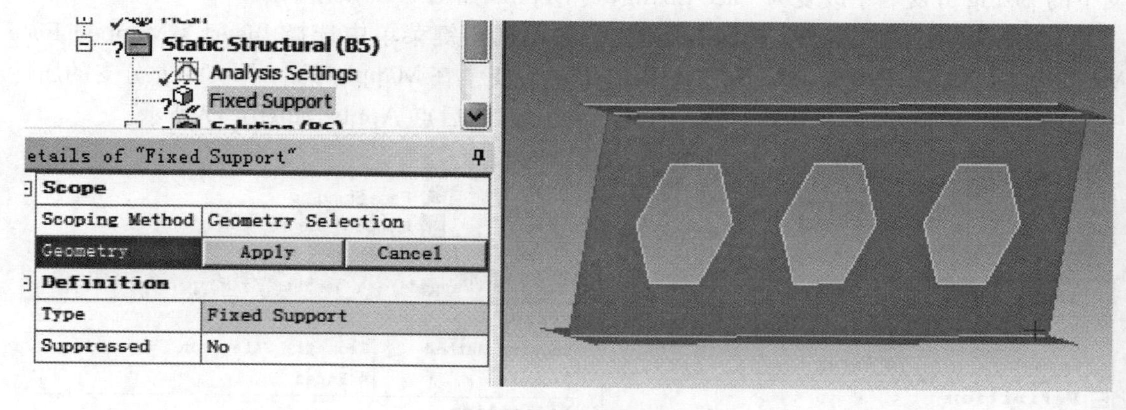

图 7-19　固定端约束

第 2 步：施加梁上的均布面荷载

①选择 Structural Static(B5)分支，选择＞Insert＞Pressure，在模型树中加入一个 Pressure 分支。

②在 Pressure 分支的 Details View 中，点 Geometry 属性，用鼠标选取梁的顶面，然后在 Geometry 属性中点 Apply 按钮。

③在 Magnitude 中将载荷值大小设为 0.5 MPa，如图 7-20 所示。

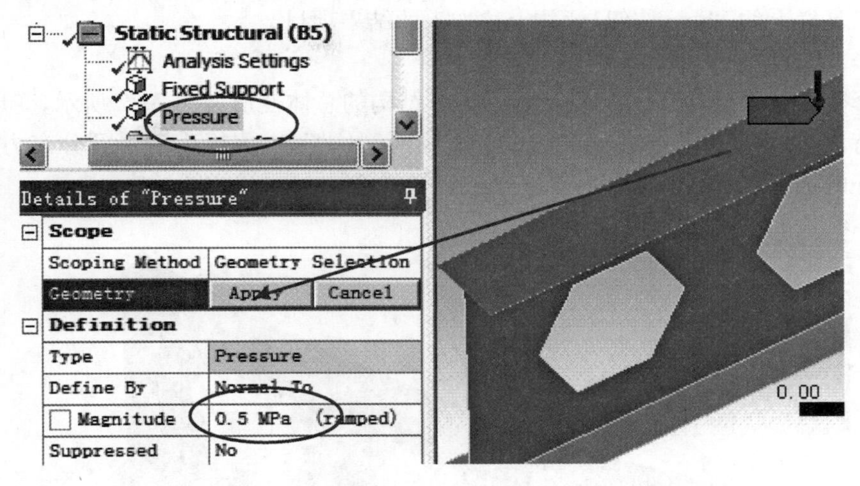

图 7-20　施加均布载荷

④选择 Static Structural(B5)，查看全部施加的载荷及约束如图 7-21 所示。

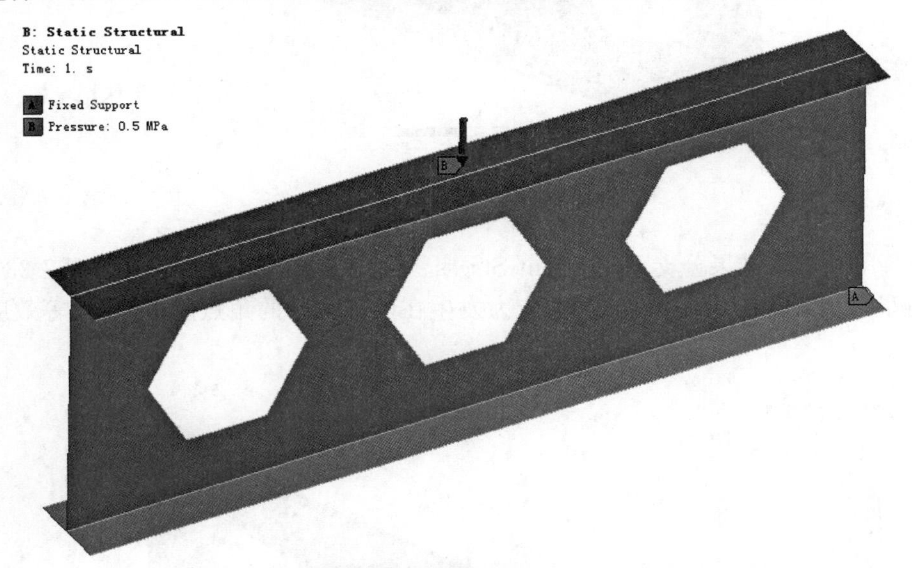

图 7-21　模型约束及加载情况

第 3 步：求解

点工具栏上的 Solve 按钮进行结构计算。

(6)结果后处理

按照如下的步骤进行结果的后处理。

第 1 步：选择要查看的结果

①选择 Solution(B6)分支，在其右键菜单中选择 Insert>Deformation>Total，在 Solution 分支下添加一个 Total Deformation 分支。

②选择 Solution(B6)分支，在其右键菜单中选择 Insert>Stress>Equivalent(von-Mises)，在 Solution 分支下添加一个 Equivalent Stress 分支。

第 2 步：评估待查看的结果项目

按下工具栏上的 Solve 按钮，评估上述加入的结果项目。

第 3 步：查看结果

①选择变形结果分支 Total Deformation。结构的总体变形如图 7-22 所示，变形呈现出对称的分布特点，最大变形发生在梁的跨中上翼缘两侧位置，上翼缘由于受到分布力的作用，其两侧有面外的挠度，最大位移约为 0.19 mm。

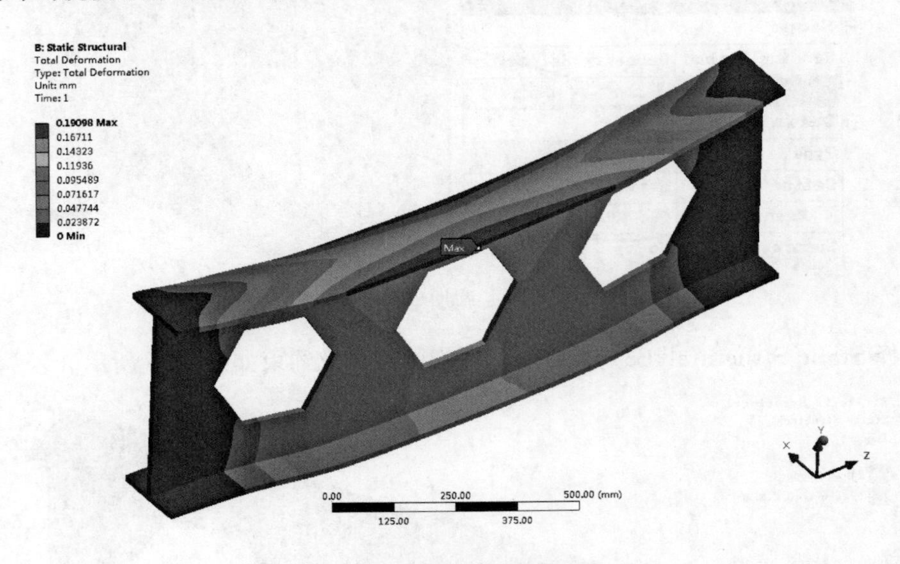

图 7-22　变形分布图

②选择等效应力结果分支 Equivalent Stress。结构等效应力分布情况如图 7-23 所示，应力分布也呈现出对称分布的特点，最大应力发生在两侧孔洞的角点附近，最大等效应力约为 74.5 MPa。

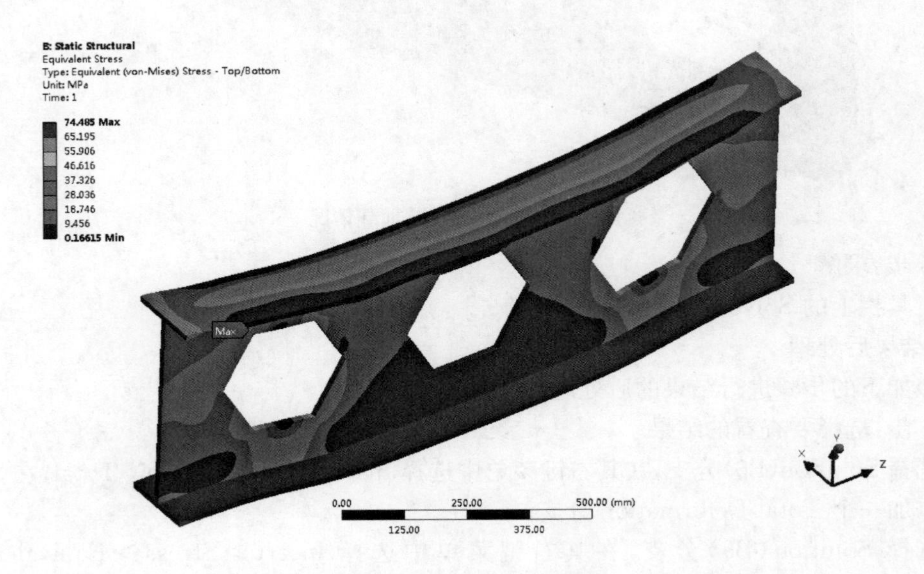

图 7-23　等效应力分布图

第4步:创建节点选择集

①在 Mechanical 界面中选择 Model(B4)分支,工具栏的 Model 一栏中选择 Named Selection,在其右键菜单中选择 Insert>Named Selection,此分支下出现一个 Selection。

②选中 Selection,在其 Detail 的 Scoping Method 选项选择 Worksheet,如图 7-24(a)所示;视图切换至 Worksheet。

③在 Worksheet 视图中右键添加两行选择过滤信息,选择 Z 坐标位于 749.5 mm 到 750.5 mm 中间的以及 Y 坐标等于 7 mm 的节点,如图 7-25 所示。点 Worksheet 视图中的 Generate 按钮,形成节点选择集。此时,选择 Selection 分支的属性中显示形成了包含 11 个节点的选择集,如图 7-24(b)所示。此时,切换至 Graphics 模式,显示 Selection 所选择的节点集合如图 7-26 所示。

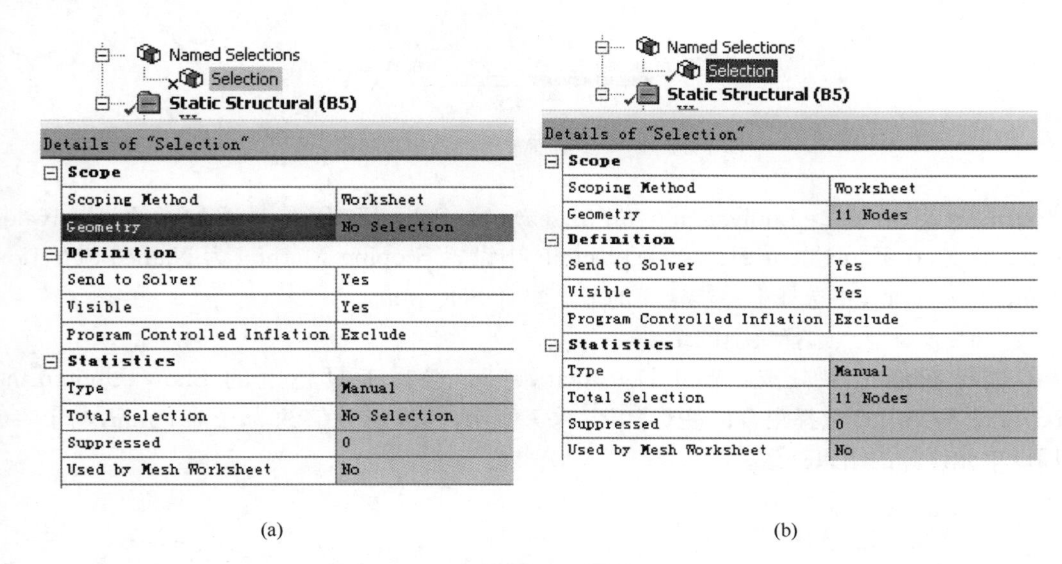

(a)　　　　(b)

图 7-24　Selection 形成前后的 Details

Worksheet

Selection

Generate

	Action	Entity Type	Criterion	Operator	Units	Value	Lower Bound	Upper Bound
☑	Add	Mesh Node	Location Z	Range	mm	N/A	749.5	750.5
☑	Filter	Mesh Node	Location Y	Equal	mm	7.	N/A	N/A

图 7-25　通过节点坐标过滤选择节点

第5步:添加节点选择集上的结果

①在 Solution 分支右键菜单中选择 Insert>Deformation>Total,在 Solution 分支下添加一个 Total Deformation 2 分支,在 Total Deformation 2 的 Details 中设置 Scoping Method 为 Named Selection,在 Named Selection 中选择上一步定义的节点集合 Selection。

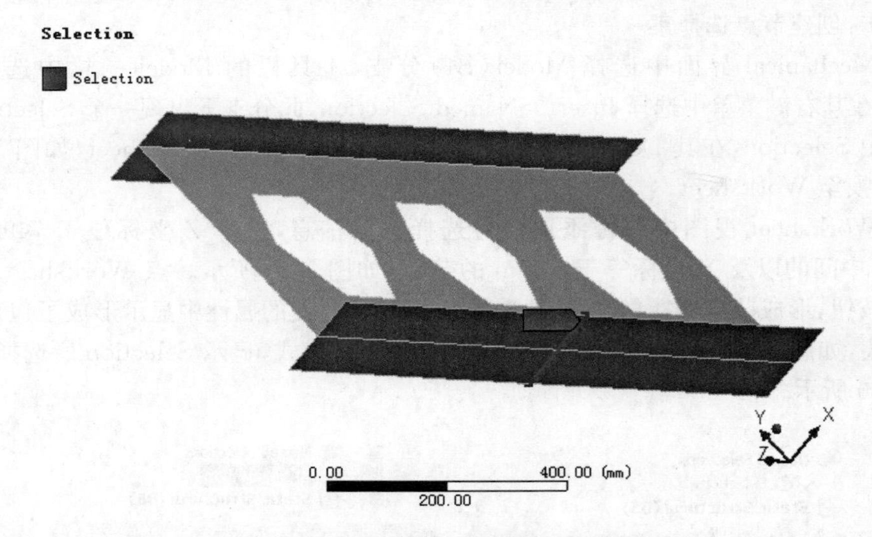

图 7-26　跨中下表面节点选择集合图示

②Insert＞Stress＞Equivalent（von-Mises），在 Solution 分支下添加一个 Equivalent Stress 2 分支，在 Equivalent Stress 2 的 Details 中设置 Scoping Method 为 Named Selection，在 Named Selection 中选择上一步定义的节点集合 Selection。

第 6 步：查看节点选择集上的结果

①选择变形结果分支 Total Deformation 2。选择工具栏上的 Show Undeformed Wireframe，得到节点选择集合的变形如图 7-27 所示，其变形数值约为 0.121 mm，与上一章 SOLID 单元计算的结果一致。

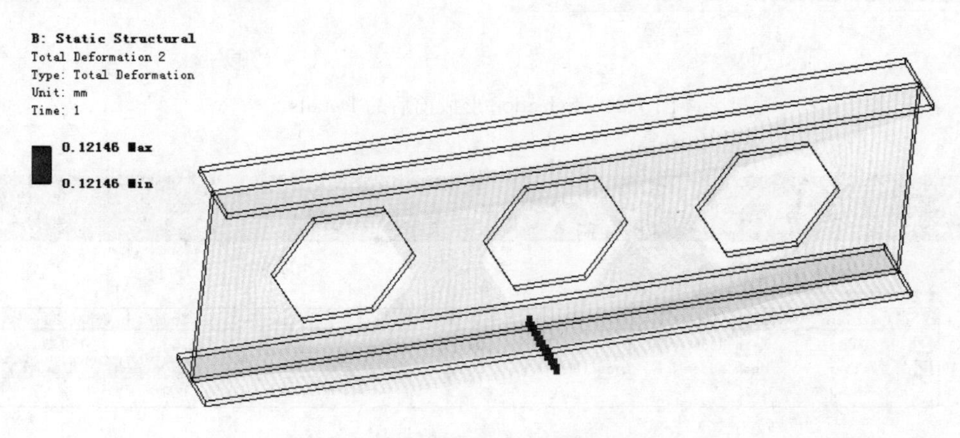

图 7-27　节点选择集上的变形结果

②选择等效应力结果分支 Equivalent Stress 2，选择其 Details 属性中的 Shell 属性为 Top/Bottom，点 Solve 按钮计算此结果后得到节点选择集合的等效应力分布情况如图 7-28 所示，跨中翼缘板底位置的等效应力数值为 5.55 MPa，与上一章用 SOLID 单元计算的结果基本一致，相差仅为 3%左右。

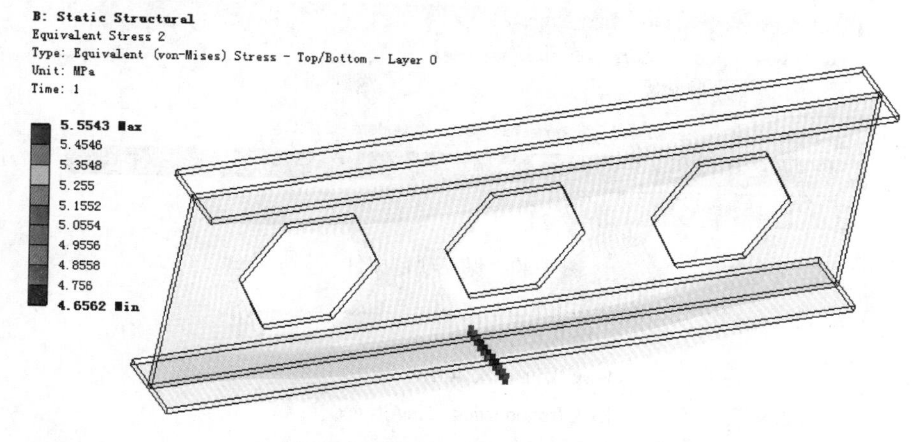

图 7-28 节点选择集合的应力结果

7.3 板壳结构静力计算例题:Hydrostatic Pressure

本节给出一个在 Workbench 环境中的 Hydrostatic Pressure(静水压)的计算例题。

1. 问题描述

如图 7-29 所示的方形薄壁容器,有两种受力情况:(1)容器放置于一定深度的液体中(液体在容器外,容器内没有液体);(2)其中装有一定深度的某种液体(液体在容器内)。假设容器底面为固定,分别计算两种情况下结构变形和受力情况。

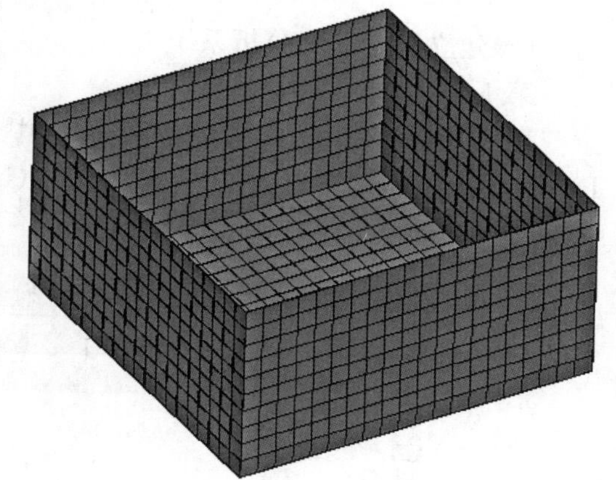

图 7-29 方形薄壁容器示意图

本例题涉及到的操作要点包括:

✓ DM 中抽壳的方法

✓ Mechanical 壳单元的网格划分

✓ SHELL 单元施加荷载的 Top/Bottom 面

✓ Mechanical 中 Hydrostatic Pressure 的定义

✓ Mechanical 后处理技术

2. 建模计算过程

建模计算的过程包含创建项目文件、建立结构静力分析系统、创建几何模型、前处理、加载以及求解、结果查看等环节。

(1)创建项目文件

第 1 步:启动 ANSYS Workbench。

第 2 步:进入 Workbench 之后,单击 Save As 按钮,选择存储路径并将项目文件另存为"Hydrostatic Pressure",如图 7-30 所示。

第 3 步:设置工作单位系统。

通过菜单 Units,选择工作单位系统为 Metric(kg,mm,s,℃,mA,N,mV),选择 Display Values in Project Units,如图 7-31 所示。

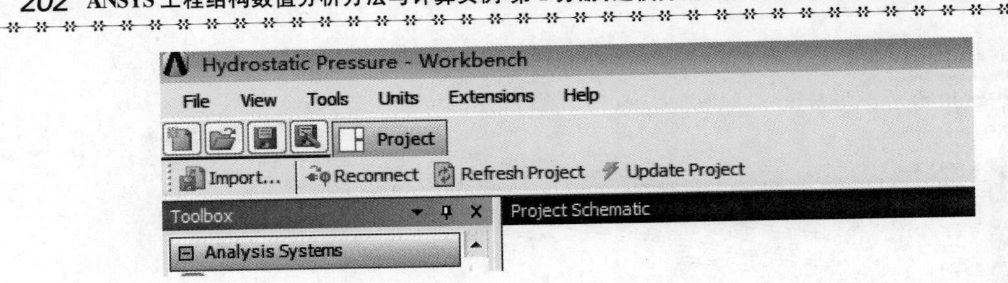

图 7-30 保存项目文件

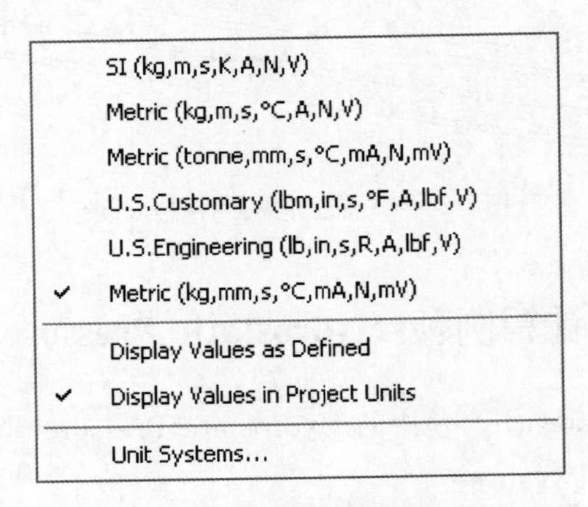

图 7-31 选择单位系统

(2)建立结构静力分析系统

第 1 步:创建几何组件

在 Workbench 工具箱的组件系统中,选择 Geometry 组件,将其用鼠标左键拖拽到 Project Schematic 窗口内(或者直接双击 Geometry 组件)。在 Project Schematic 内会出现名为 A 的 Geometry 组件,如图 7-32 所示。

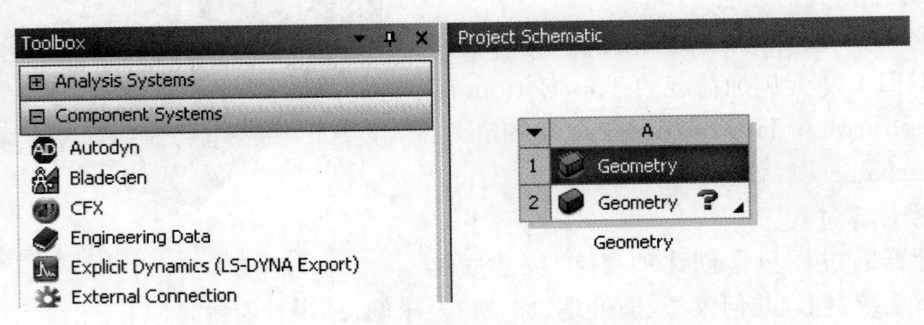

图 7-32 创建 Geometry 组件

第 2 步:建立静力分析系统

在 Workbench 左侧工具箱的分析系统中选择 Static Structural(ANSYS),用鼠标左键将其拖拽至 A2(Geometry)单元格中,形成静力分析系统 B,该系统的几何模型来源于几何组件 A,如图 7-33 所示。

(3)创建几何模型

第 1 步:启动 DM 组件

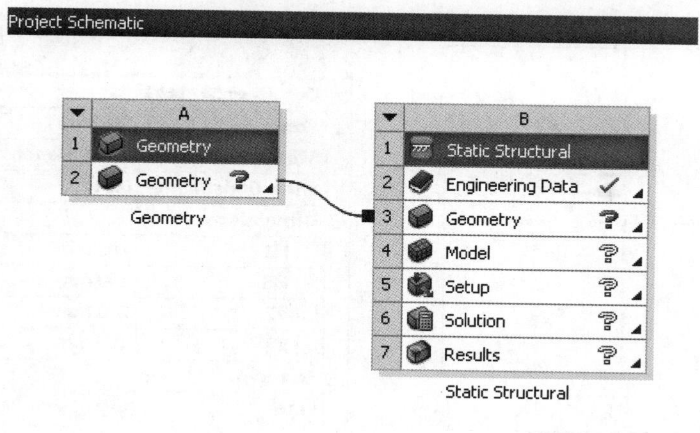

图 7-33　建立静力分析系统

用鼠标点选 A2(Geometry)组件单元格,在其右键菜单中选择“New Geometry”,启动 DM 建模组件,如图 7-34 所示。

第 2 步:设置建模单位系统

在 DesignModeler 启动后,在弹出的单位设置框中或在 Units 菜单中选择建模单位为 Millimeter(mm),如图 7-35 所示。

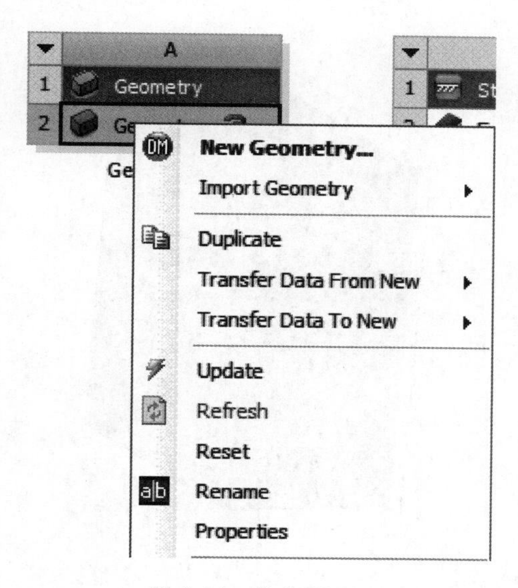

图 7-34　启动 DM

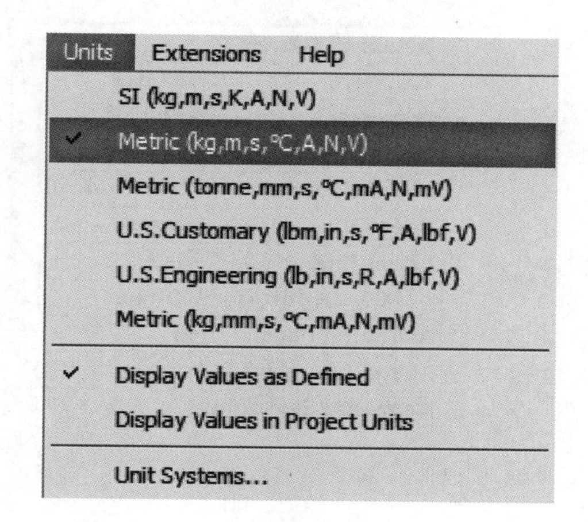

图 7-35　建模单位选择

第 3 步:草绘建模

在 Tree Outline 中选择 XYPlane 后单击 Tree Outline 下的 Sketching 标签,切换至草绘模式,按照以下步骤完成实体建模操作。

①绘制草图。单击 Draw 工具栏的 Rectangular 工具绘制如图 7-36(a)所示的草图,并用 Dimension 下的尺寸标注工具标注如图 7-36(b)所示的尺寸。

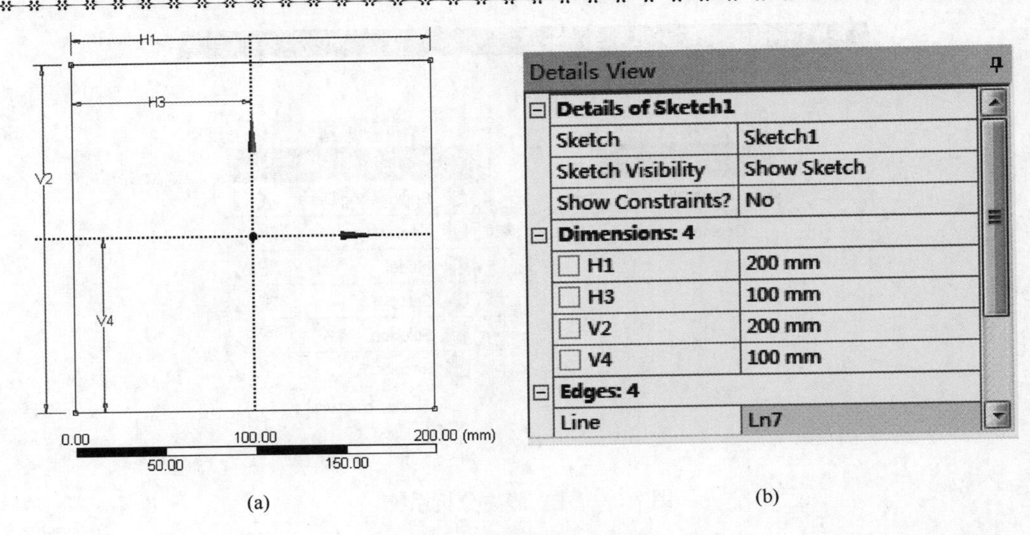

图 7-36　草图及标注尺寸

②拉伸形成 3D 实体。单击工具栏上的 Extrude 按钮,自动跳转到三维建模界面进行拉伸操作。在 Extrude1 的 Details 中将 Geometry 选择为刚才创建的 Sketch1,并单击 Apply,设置 Operation 为 Add Material,将 Extent Type 改为 Fixed,在 FD1,Depth(>0)中输入拉伸厚度 100 mm,如图 7-37(a)所示。然后单击工具栏上的 Generate 按钮,生成三维模型,如图 7-37(b)所示。

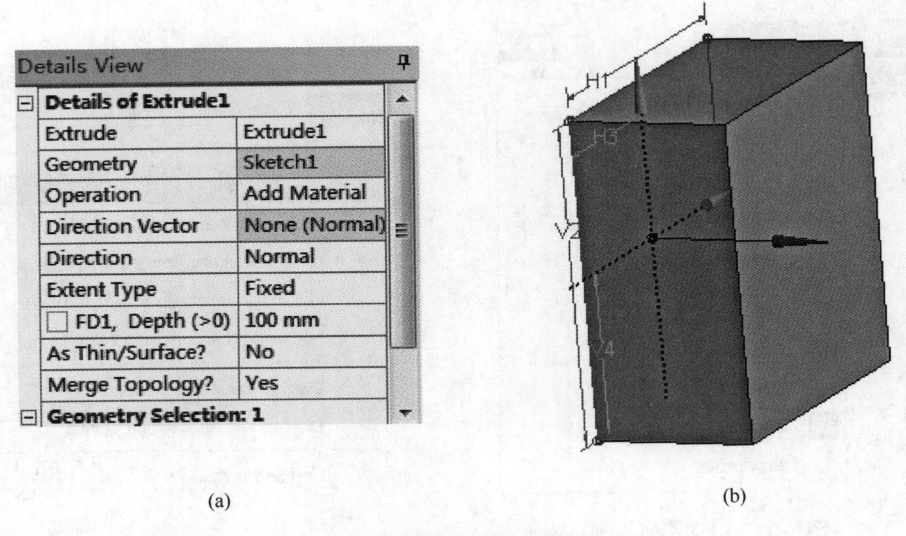

图 7-37　拉伸设置及效果

第 4 步:抽壳

按照如下步骤抽取表面壳体。

①在菜单栏选择 Concept>Thin/Surface 命令,或者直接单击工具栏上的 Thin/Surface 按钮在 Tree Outline 中增加一个 Thin 分支。

②在 Thin 分支的 Details 属性中,选择 Selection Type 为 Faces to Remove,Geometry 选

为如图7-38所示的模型的上表面，并将厚度值改为0 mm，如图7-39所示，然后单击工具栏上 Generate 按钮，生成如图7-40所示面体模型。关闭DesignModeler，返回Workbench界面。

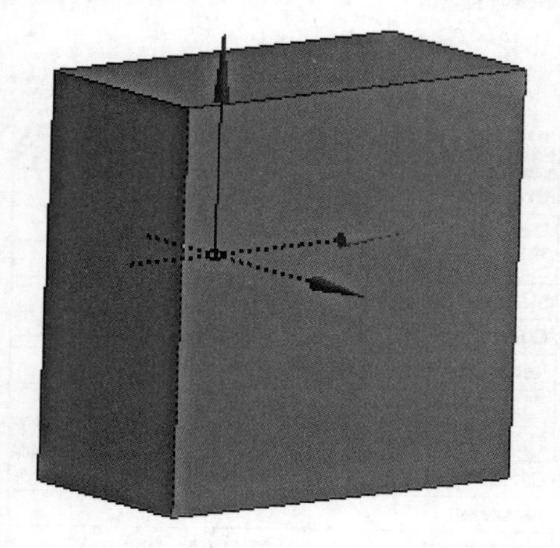

图7-38　选择Faces to Remove

Details View

Details of Thin1	
Thin/Surface	Thin1
Selection Type	Faces to Remove
Geometry	1 Face
Direction	Inward
FD1, Thickness (>=0)	0 mm
FD2, Face Offset (>=0)	0 mm
Preserve Bodies?	No

图7-39　Thin控制

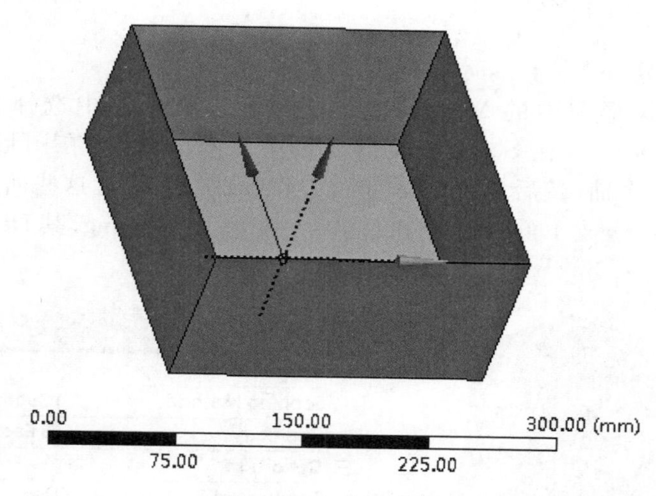

图7-40　生成容器模型

(4)前处理

按照如下步骤完成结构分析的前处理操作。

第1步：启动Mechanical组件

在Workbench的Project Schematic中双击B4(Model)单元格，启动Mechanical组件。

第2步：设置单位系统

通过Mechanical的Units菜单，选择分析单位系统为Metric(mm,kg,N,s,mV,mA)，如图7-41所示。

第3步：确认Surface Body的厚度和材料

在Details of“Surface Body”中确认Surface Body的材料为默认的Structural Steel，在Thickness中设置面体的厚度为0.5 mm，如图7-42所示。

Metric (m, kg, N, s, V, A)
Metric (cm, g, dyne, s, V, A)
✓ Metric (mm, kg, N, s, mV, mA)
Metric (mm, t, N, s, mV, mA)
Metric (mm, dat, N, s, mV, mA)
Metric (μm, kg, μN, s, V, mA)
U.S. Customary (ft, lbm, lbf, °F, s, V, A)
U.S. Customary (in, lbm, lbf, °F, s, V, A)

✓ Degrees
Radians

✓ rad/s
RPM

✓ Celsius (For Metric Systems)
Kelvin (For Metric Systems)

图 7-41 单位制选择

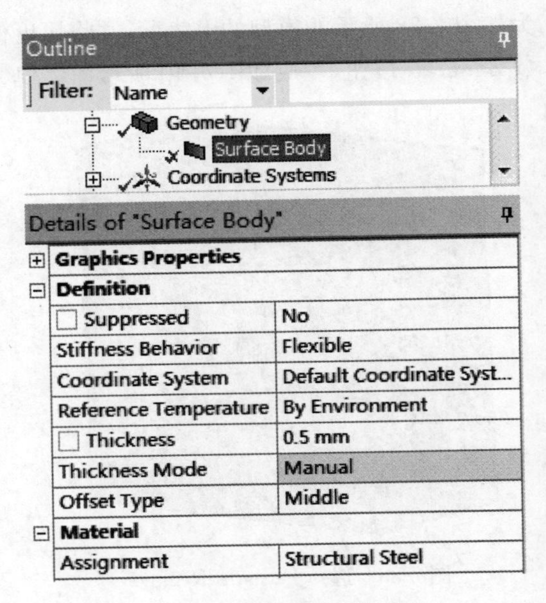

图 7-42 面体材料和厚度

第 4 步:网格划分

①用鼠标选择树形窗中的 Mesh 分支。在鼠标右键菜单中选择 Insert>Sizing,在 Mesh 下出现 Sizing 分支。在 Sizing 分支的属性中点 Geometry,在图形区域中通过 Box Select 选择全部的 5 个面,然后点 Apply,如图 7-43(a)所示,设置这些面的 Element Size 为 10 mm,这时在 Mesh 分支下的 Sizing 分支名字改变为 Face Sizing,其 Details 如图 7-43(b)所示。

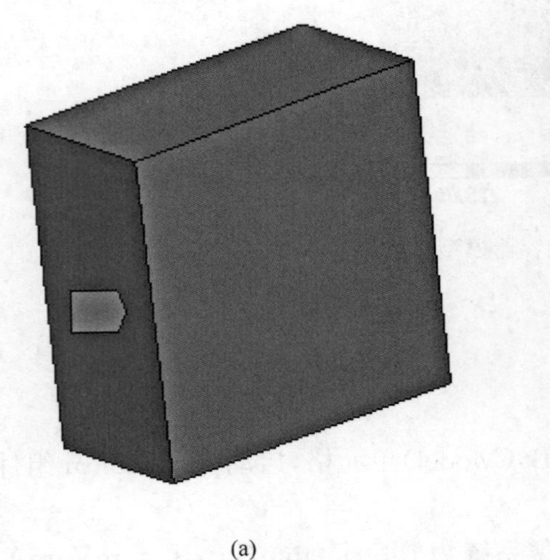

(a)

Details of "Face Sizing" - Sizing

Scope	
Scoping Method	Geometry Selection
Geometry	5 Faces
Definition	
Suppressed	No
Type	Element Size
Element Size	10. mm
Behavior	Soft
Curvature Normal Angle	Default
Growth Rate	Default
Local Min Size	Default (3.873 mm)

(b)

图 7-43 网格尺寸设置

②选择 Mesh 分支,在其右键菜单中选择 Generate Mesh,划分网格后得到的分析模型如图 7-44 所示。

(5)加载以及求解

按照如下步骤进行加载和求解。

第1步:施加约束

①选择 Structural Static(B5)分支,在图形区域右键菜单,选择 Insert＞Fixed Support,插入 Fixed Support 分支。

②在 Fixed Support 分支的 Details View 中,点 Geometry 属性,在工具面板的选择过滤栏中按下选择点按钮,选取壳体下表面,然后在 Geometry 属性中点 Apply 按钮完成施加约束,如图 7-45 所示。

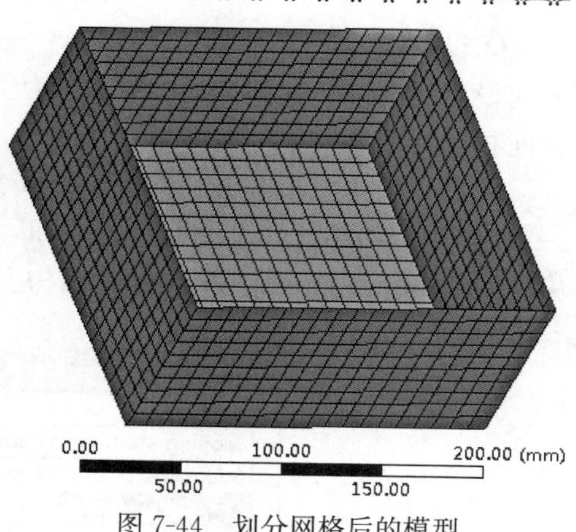

图 7-44　划分网格后的模型

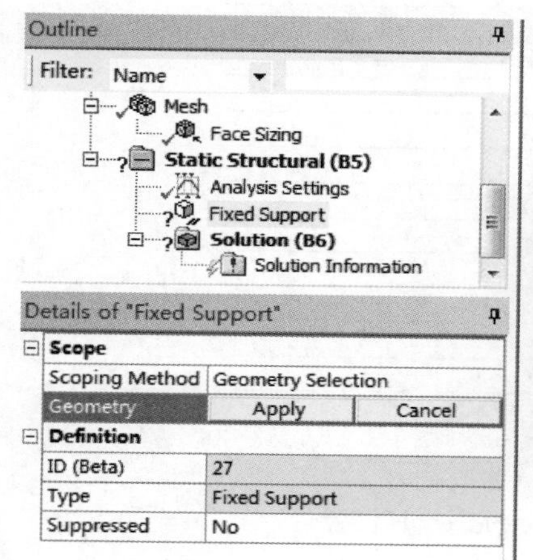

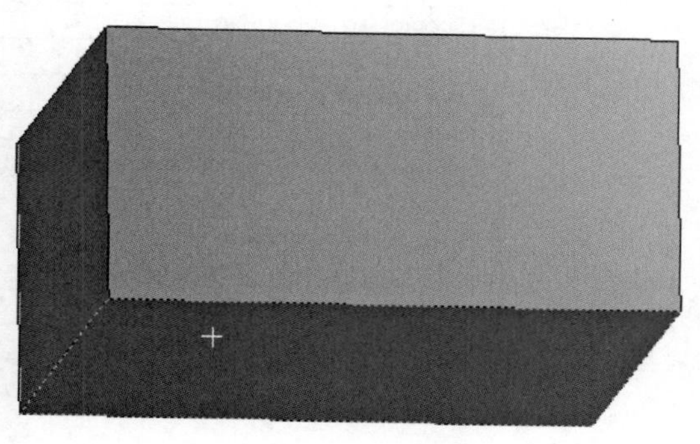

图 7-45　添加固定约束

第2步:施加 Hydrostatic Pressure

①选择 Structural Static(B5)分支,选择 Insert＞Hydrostatic Pressure,在模型树中加入一个 Hydrostatic Pressure 分支。

②在 Hydrostatic Pressure 分支的 Details View 中选择 Geometry 属性,用鼠标选取壳体的四个侧面,如图 7-46 所示,然后在 Geometry 属性中点 Apply 按钮。

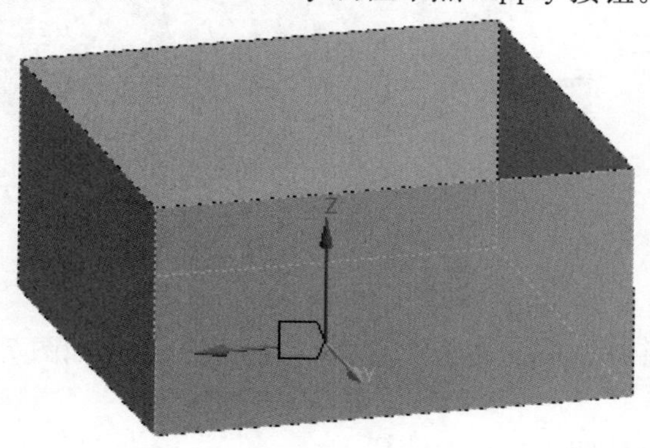

图 7-46　Hydrostatic Pressure 载荷面

③设置 Fluid Density 为 1. e-006 kg/mm³，设置液体受到的重力加速度为 10 000 mm/s²，方向设置为容器一条侧楞，更改方向为竖直向上（Workbench 中定义的加速度方向与惯性力方向相反）。

④设置自由液面位置。在 Free Surface Location 中，将 Location 容器设置成容器最上部一条边，并单击 Apply。设置完成后 Hydrostatic Pressure 的 Details 如图 7-47 所示，注意到其中的 Shell Face 选项为 Top，这时结构上作用的荷载分布如图 7-48 所示。

Details of "Hydrostatic Pressure"	
Scope	
Scoping Method	Geometry Selection
Geometry	4 Faces
Shell Face	Top
Definition	
Type	Hydrostatic Pressure
Coordinate System	Global Coordinate System
Suppressed	No
Fluid Density	1.e-006 kg/mm³
Hydrostatic Acceleration	
Define By	Vector
Magnitude	10000 mm/s² (ramped)
Direction	Click to Change
Free Surface Location	
X Coordinate	-100. mm
Y Coordinate	0. mm
Z Coordinate	100. mm
Location	Click to Change

图 7-47　Hydrostatic Pressure 的 Details 设置

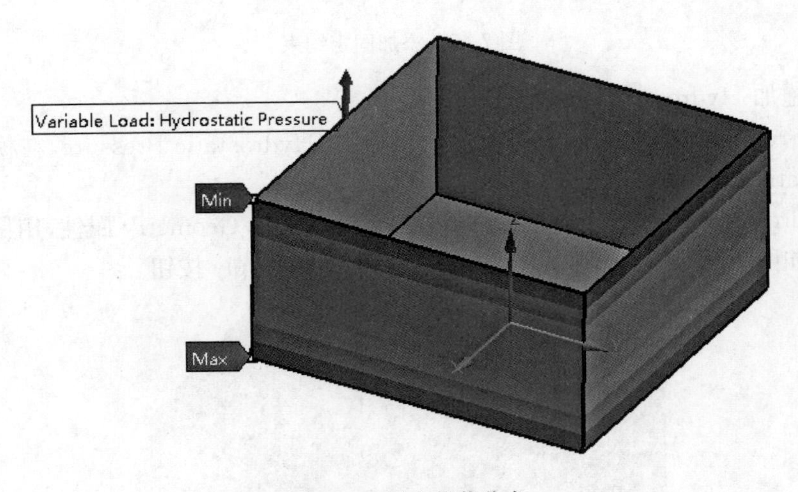

图 7-48　压力载荷分布

⑤选择 Static Structural(B5)，查看全部施加的载荷及约束如图 7-49 所示。

第 3 步：求解

点工具栏上的 Solve 按钮进行结构计算。

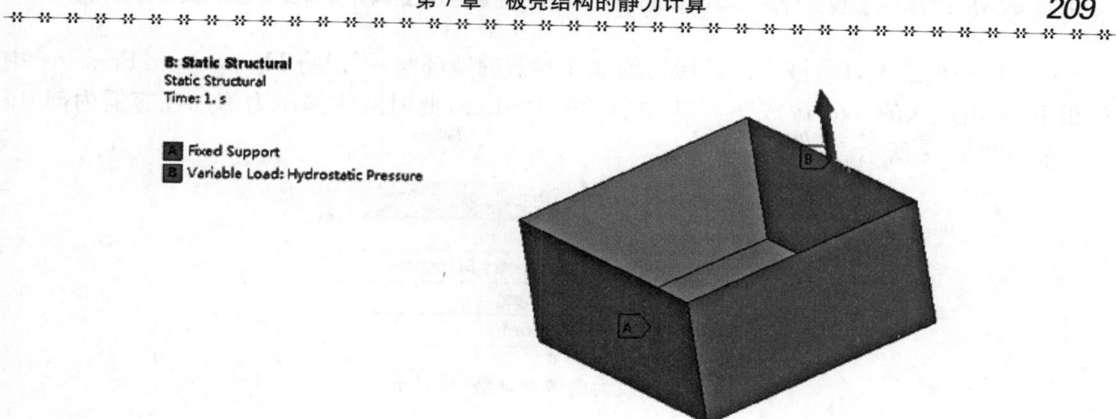

图 7-49　模型约束及加载情况

(6)结果后处理

按照如下步骤进行结果的后处理。

第 1 步:选择要查看的结果

选择 Solution(B6)分支,在其右键菜单中选择 Insert>Deformation>Total,在 Solution 分支下添加一个 Total Deformation 分支。

第 2 步:评估待查看的结果项目

按下工具栏上的 Solve 按钮,评估上述加入的结果项目。

第 3 步:查看结果

选择变形结果分支 Total Deformation。结构的总体变形如图 7-50 所示,由于结构和载荷完全对称,所以结构变形结果也呈现出对称性的特点,其中容器最大变形约为 0.358 mm,位于侧板最上部中间位置。

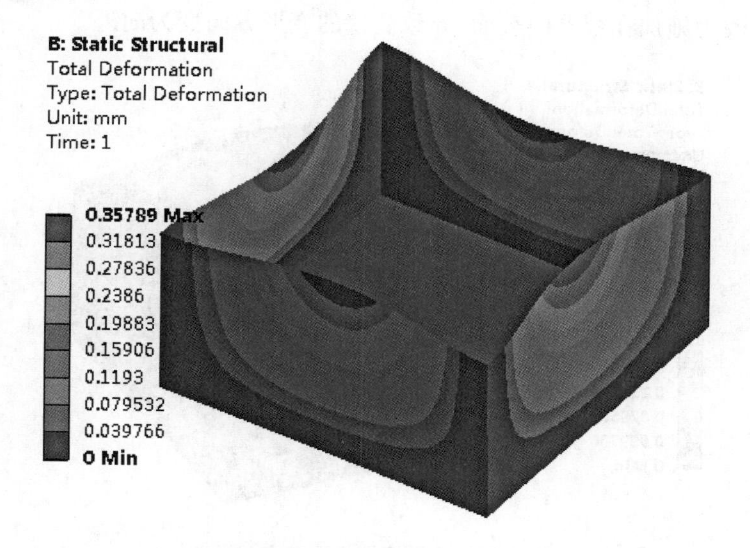

图 7-50　容器变形分布云图

对于后一种工况,即:液体的静压力施加在容器的外部时,可以将 Hydrostatic Pressure 中 Shell Face 由默认的 Top 改成图 7-51 中所示的 Bottom,此时液体静压力施加在容器内部,压力分布如图 7-52 所示。

Details of "Hydrostatic Pressure"	
Scope	
Scoping Method	Geometry Selection
Geometry	4 Faces
Shell Face	Bottom

图 7-51　改为内侧面加载(Bottom)

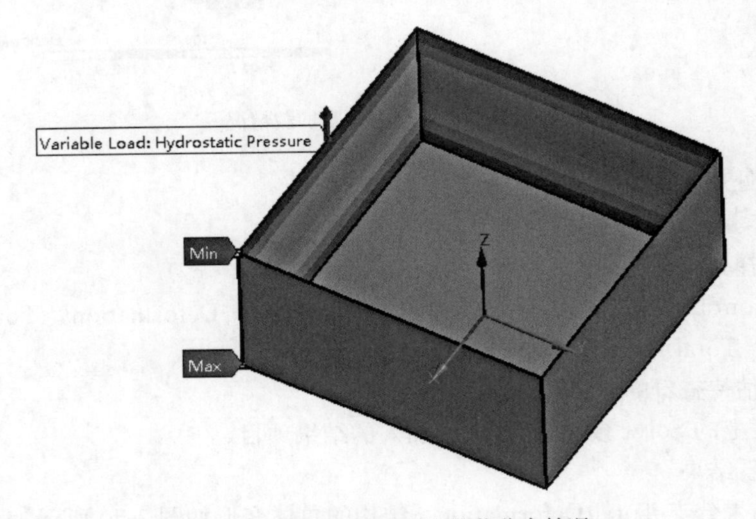

图 7-52　更改载荷面后的荷载分布情况

重新进行计算,得到结构变形结果如图 7-53 所示,其中结构最大变形仍然约为 0.358 mm,只是由于静水压改为施加在容器内表面,导致侧壁的变形方向变为向外。

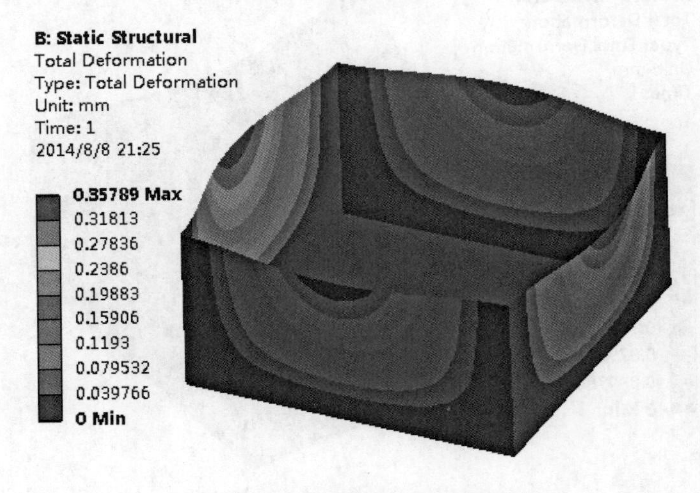

图 7-53　内压容器变形分布云图

第 8 章　装配体接触及螺栓预紧计算

装配体接触是一种最为常见的接触行为，通常是假设被装配的部件之间绑定连接，因此这类接触一般不涉及非线性过程和行为。在装配体结构分析中，螺栓预紧力也是一个常见问题。本章介绍装配体接触及螺栓预紧的计算方法，结合 Workbench 环境中的例题进行讲解。

8.1　装配体接触的建模与分析

接触是一种强非线性行为，但是装配体接触则是其中最简单的一类接触。被装配的部件之间通常被假设为绑定连接或表面不分离连接，因此这类问题一般不涉及复杂的接触过程和行为。对于小变形范围的受力分析，计算过程只需一次迭代，相当于一次线性分析。装配体接触分析的关键是建立装配面之间的接触对。本节介绍在 Mechanical APDL 及 Workbench 中创建接触装配关系的方法。

8.1.1　在 Mechanical APDL 中进行装配体建模

在 Mechanical APDL 中，部件之间的接触对可以通过 Contact Manager 进行创建和管理，如图 8-1 所示。

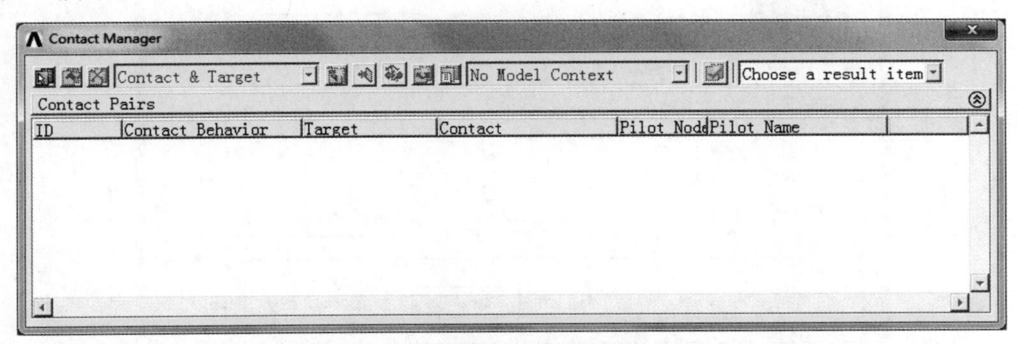

图 8-1　Contact Manager 对话框

Contact Manager 可通过菜单 Main Menu>Modeling>Create>Contact pair 来调用，也可通过工具栏上的“▣”按钮（位于 APDL 命令输入区域右侧）打开。选择 Contact Manager 最左边的按钮，即可启动 Contact Wizard（接触向导），如图 8-2 所示。

对于一般的面-面装配接触，根据接触向导按照如下步骤进行接触对的创建。

1. 选择目标面

在 Target Surface 区域选择 Areas 选项，在 Target Type 域选择 Flexible 选项，单击 Pick Target 按钮，弹出拾取对话框，拾取目标面，单击 OK 按钮关闭拾取框。返回 Contact Wizard 中单击 Next 按钮，接触向导进入到定义接触面环节，如图 8-3 所示。

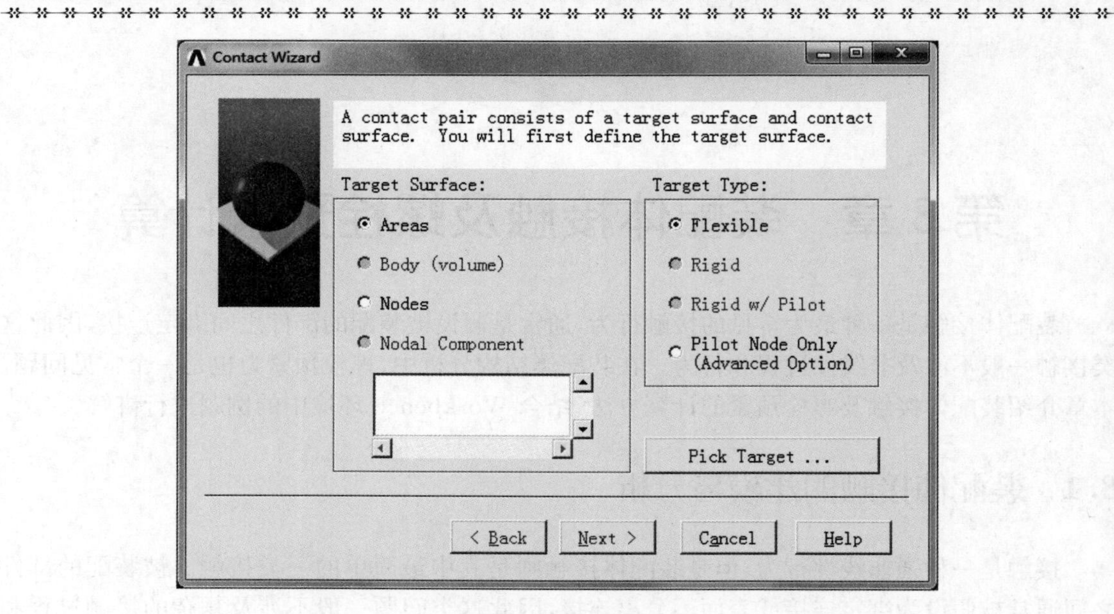

图 8-2 接触向导

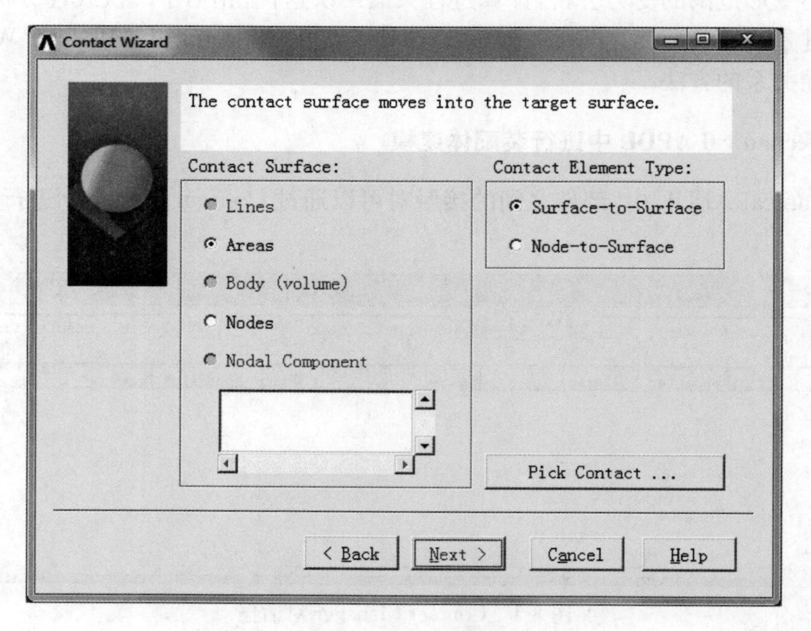

图 8-3 定义接触面

2. 选择接触面

在如图 8-3 所示的向导设置框中,在 Contact Surface 区域选择 Areas 选项,在 Contact element type 区域选择 Surface-to-Surface 选项,单击 Pick Contact 按钮,弹出拾取对话框,选择接触面并单击 OK 按钮关闭拾取框。

3. 接触属性设置

在 Contact Wizard 界面下,点 Next,进入如图 8-4 所示的设置框。点 Optional Settings 按钮,打开 Contact Properties 设置面板,在 Basic 表的 Behavior of Contact Surface 区域选择

Bonded(Always)或 No Separation(Always),如图 8-5 所示。其中 No Separation 为法向不分离的装配接触类型。接触算法可选择 MPC 方法。

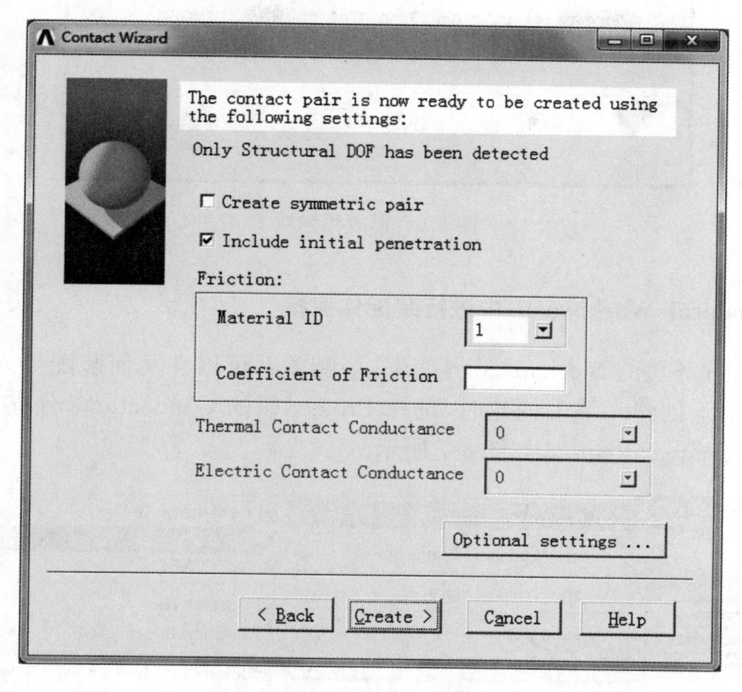

图 8-4　接触选项设置

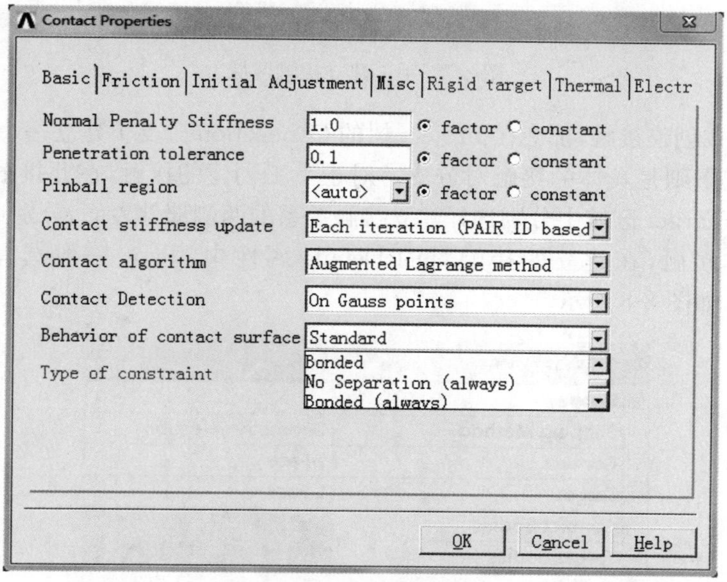

图 8-5　可选属性设置

4. 形成接触对

返回 Contact Wizard,单击 Create 按钮,弹出如图 8-6 所示的消息框,提示接触单元已经生成。单击 Finish 按钮关闭此消息框。

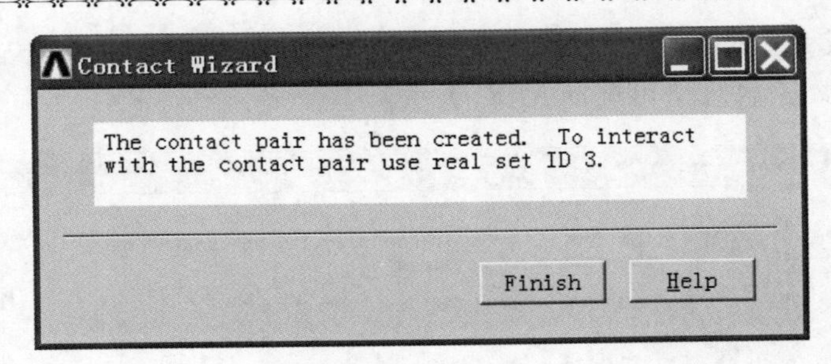

图 8-6 形成接触对

8.1.2 在 Mechanical（Workbench）中进行装配体建模

在 Workbench 环境的 Mechanical 界面下，接触关系可以在几何装配导入过程中自动创建，也可以用户手工创建。手工创建时，选择 Project 树的 Connections 分支，右键菜单选择 Insert>Manual Contact Region，如图 8-7 所示。

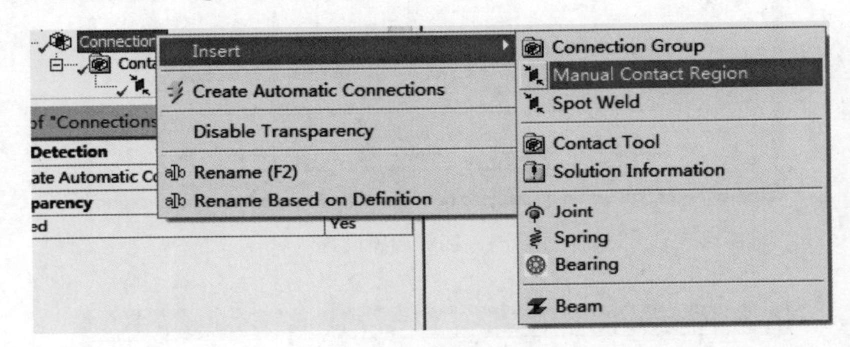

图 8-7 手工建立接触区域

无论何种方式创建接触，都会在 Project 树的 Connection 分支下建立一个 Contacts 分支，在 Contacts 分支下则是具体的接触对分支。对于手工创建的接触，在此接触对 Details 列表中的 Contact 和 Target 区域中分别选择建立接触关系的两侧部件表面，分别点 Apply 确认。

对于装配体接触，在建立的接触对的 Details 属性中，Type 一般选择 Bonded 或 No Separation 即可，如图 8-8 所示。

Details of "Bonded - Solid To Solid"

Scope	
Scoping Method	Geometry Selection
Contact	1 Face
Target	1 Face
Contact Bodies	Solid
Target Bodies	Solid
Definition	
Type	Bonded
Scope Mode	Bonded
Behavior	No Separation

图 8-8 接触对的属性设置

在 Project 树中选择一个已经建立的接触对的分支时，在图形显示区域中会以红、蓝两种颜色区分显示接触面以及目标面，其他与此接触对无关的体被半透明显示，图 8-9(a)为三个部件的几何模型，图 8-9(b)为下部圆盘与中间块体的接触面显示，上部的块体被半透明显示，因为其与所选择的接触无关。

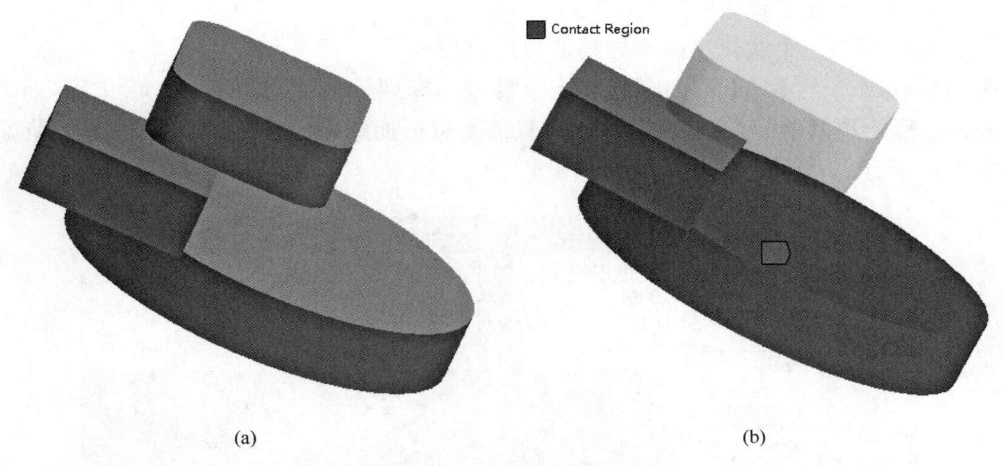

图 8-9　几何显示与接触面显示

选择工具栏上的 Body Views 按钮打开 Body View 视图，可更清楚地观察接触面两侧的部件，如图 8-10 所示。在 Body View 视图中，接触面(Contact)一侧的视图中，目标面(Target)所在体被半透明显示；在目标面一侧的视图中，接触面所在体被半透明显示。

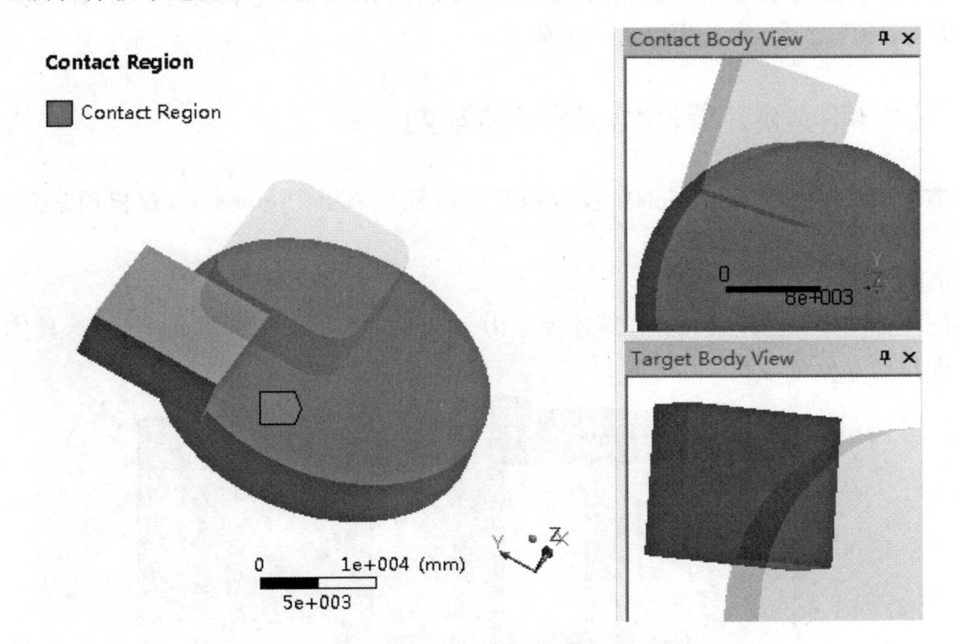

图 8-10　Body View 显示接触对两侧的部件

在装配体分析中，施加螺栓预紧力是一个很常见的问题。在 ANSYS 中螺栓预紧力是通过 PRETS179 单元实现的，可以施加预紧力或预紧位移量，在 Mechanical APDL 及 Mechanical

中均可施加，其操作过程为如下。

Step 1：给结构划分网格。

Step 2：创建螺栓预紧单元。

Step 3：施加螺栓预紧力。

Step 4：锁定施加了预紧的螺栓。

Step 5：在新的一个载荷步内施加其他的外荷载。

在 Workbench 的 Mechanical 中，螺栓预紧可选择螺栓表面，然后右键菜单 Insert＞Bolt Pretension，螺栓预紧单元在内部创建，用户只需要进行加载和锁定操作即可，预紧载荷施加历史如图 8-11 所示。

Tabular Data

	Steps	Define By	Preload [N]	Preadjustment [mm]	Increment [mm]
1	1.	Load	1000.	N/A	N/A
2	2.	Lock	N/A	N/A	N/A
*					

Load
Adjustment
Lock
Open

图 8-11 Bolt Pretension 的施加和管理

施加螺栓预紧有三种方式，即：Preload（预紧力）、Preadjustment（预紧量）、Increment（预紧位移增量，不能用于第一个载荷步）。对于前面两种方式，加载后的一个载荷步可选择 Lock，即锁定预紧变形，之后可施加其他荷载。

8.2 装配体接触计算例题：螺栓预紧力

本节给出一个在 Workbench 中包含装配体接触与 Bolt Pretension（螺栓预紧力）的计算例题。

1. 问题描述

装配体如图 8-12 所示，计算在螺栓预紧力 5 000 N 作用下结构的受力情况，具体几何尺寸见后面建模及分析过程。

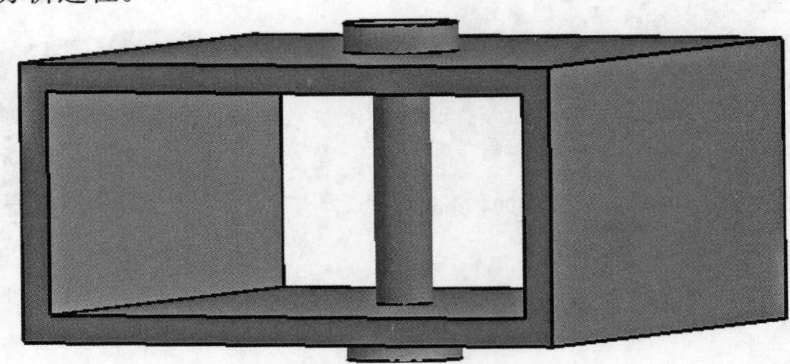

图 8-12 装配体示意

本例题涉及到的操作要点包括：

✓ DM 装配体建模的方法

✓ Mechanical 中 Bolt Pretension 的定义

✓ Mechanical 装配接触

✓ 后处理技术

2. 建模计算过程

建模计算的过程包含创建项目文件、建立结构静力分析系统、创建几何模型、前处理、加载以及求解、结果查看等环节。

(1)创建项目文件

第 1 步：启动 ANSYS Workbench。

第 2 步：进入 Workbench 之后，单击 Save As 按钮，选择存储路径并将文件另存为“Bolt Pretension”，如图 8-13 所示。

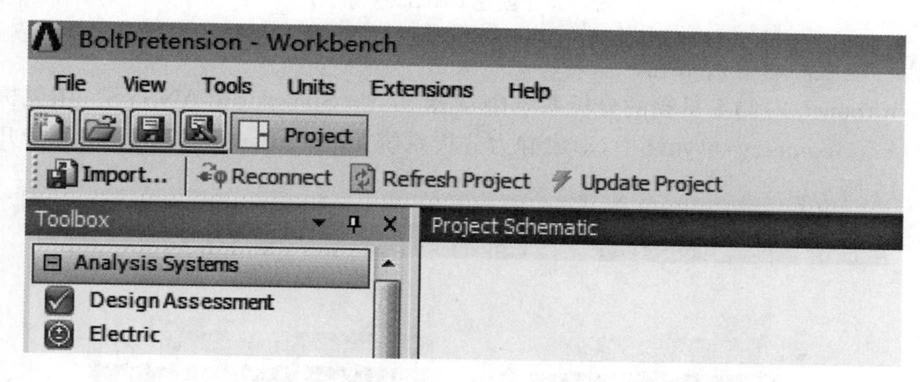

图 8-13　保存项目文件

第 3 步：设置工作单位系统。

通过菜单 Units，选择工作单位统为 Metric(kg，mm，s，℃，mA，N，mV)，选择 Display Values in Project Units，如图 8-14 所示。

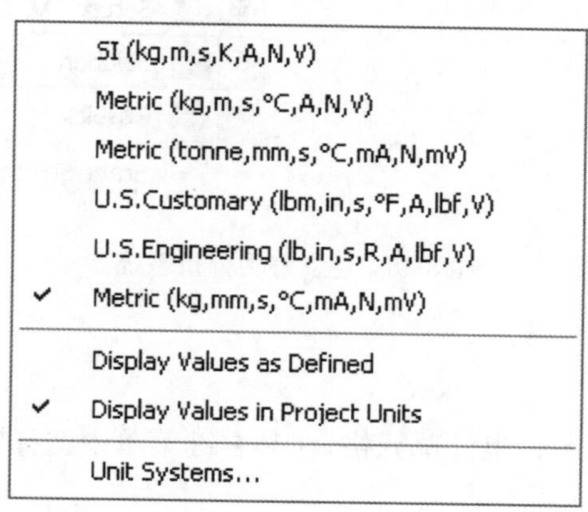

图 8-14　选择单位系统

(2)建立结构静力分析系统

第 1 步：创建几何组件

在 Workbench 工具箱的组件系统中,选择 Geometry 组件,将其用鼠标左键拖拽到 Project Schematic 窗口内(或者直接双击 Geometry 组件)。在 Project Schematic 内会出现名为 A 的 Geometry 组件,如图 8-15 所示。

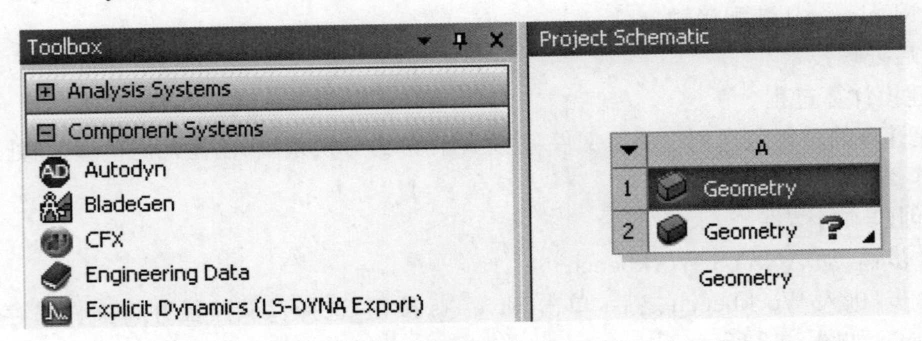

图 8-15 创建 Geometry 组件

第 2 步:建立静力分析系统

在 Workbench 左侧工具箱的分析系统中选择 Static Structural(ANSYS),用鼠标左键将其拖拽至 A2(Geometry)单元格中,形成静力分析系统 B,该系统的几何模型来源于几何组件 A,如图 8-16 所示。

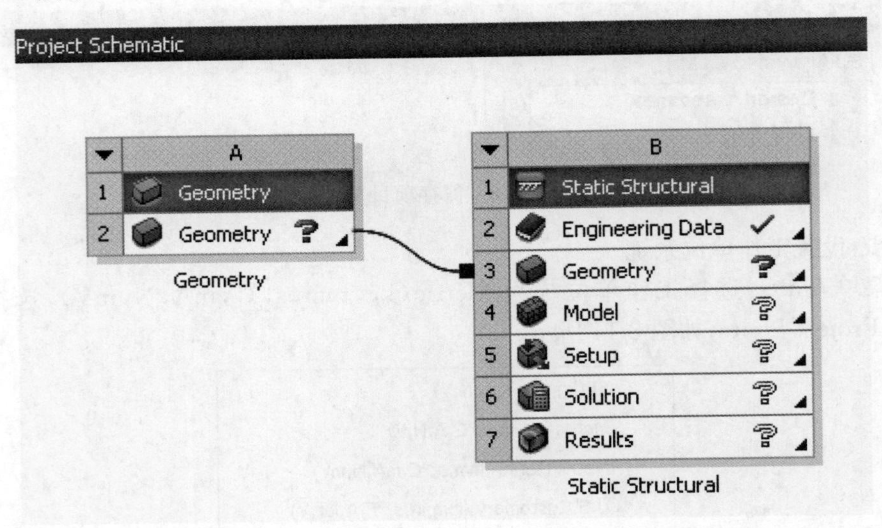

图 8-16 建立静力分析系统

(3)创建几何模型

第 1 步:启动 DM 组件

用鼠标点选 A2(Geometry)组件单元格,在其右键菜单中选择“New Geometry”,启动 DM 建模组件,如图 8-17 所示。

第 2 步:设置建模单位系统

在 DesignModeler 启动后,在弹出的单位选择框中或启动后在 Units 菜单中选择单位为 Millimeter(mm),如图 8-18 所示。

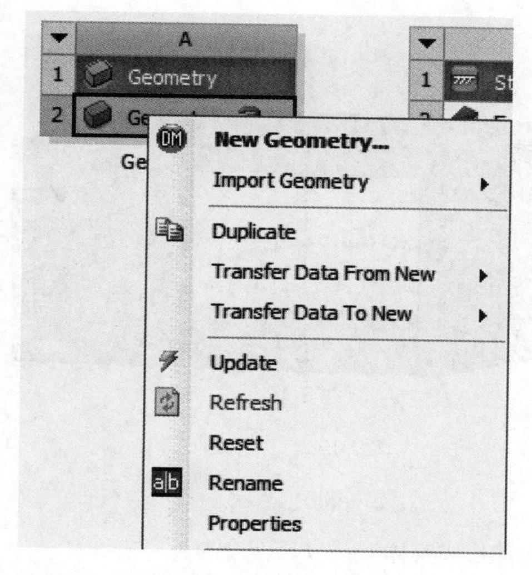

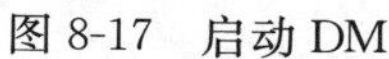
图 8-17　启动 DM

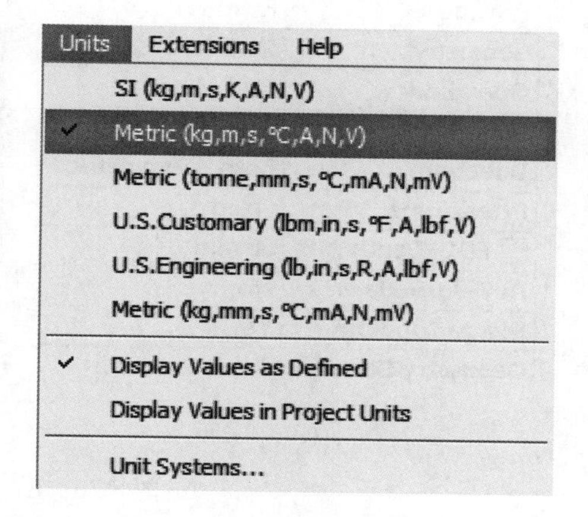

图 8-18　建模单位选择

第 3 步：装配件建模

①在 Tree Outline 中选择 XYPlane 后单击 Tree Outline 下的 Sketching 标签，切换至草绘模式下。

②单击 Draw 工具栏的 Rectangular 工具绘制如图 8-19(a)所示的草图，并用 Dimension 下的尺寸标注工具标注如图 8-19(b)所示的尺寸。

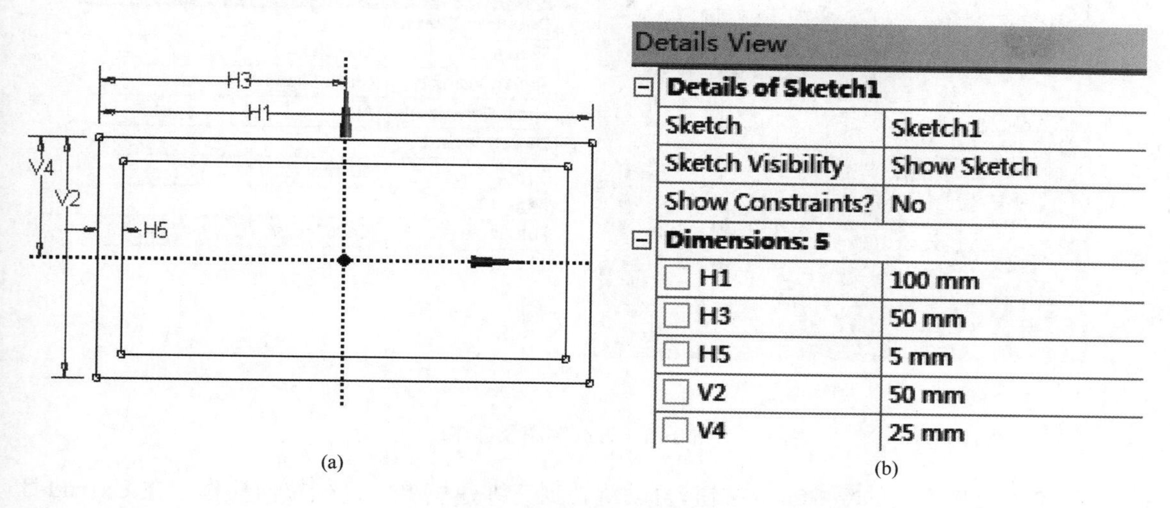

(a)　(b)

图 8-19　草图及尺寸标注

③单击工具栏上的 Extrude 按钮，自动跳转到三维建模界面进行拉伸操作。在 Extrude1 的 Details 中将 Geometry 选择为刚才创建的 Sketch1，并单击 Apply，设置 Operation 为 Add Material，Direction 为 Both-Symmetric，将 Extent Type 改为 Fixed，在 FD1，Depth(＞0)中输入拉伸厚度 50 mm。如图 8-20(a)所示，然后单击工具栏上的 Generate 按钮，形成三维实体，如图 8-20(b)所示。

Details View

Details of Extrude1	
Extrude	Extrude1
Geometry	Sketch1
Operation	Add Material
Direction Vector	None (Normal)
Direction	Both - Symmetric
Extent Type	Fixed
FD1, Depth (>0)	50 mm
As Thin/Surface?	No
Merge Topology?	Yes
Geometry Selection: 1	

(a)

(b)

图 8-20 Extrude 拉伸形成实体

④在 Tree Outline 中选择 ZXPlane 后单击 Tree Outline 下的 Sketching 标签,切换到草绘环境下,单击 Draw 工具栏的 Circular 工具绘制如图 8-21(a)所示的草图,并用 Dimension 下的尺寸标注工具标注如图 8-21(b)所示的尺寸。

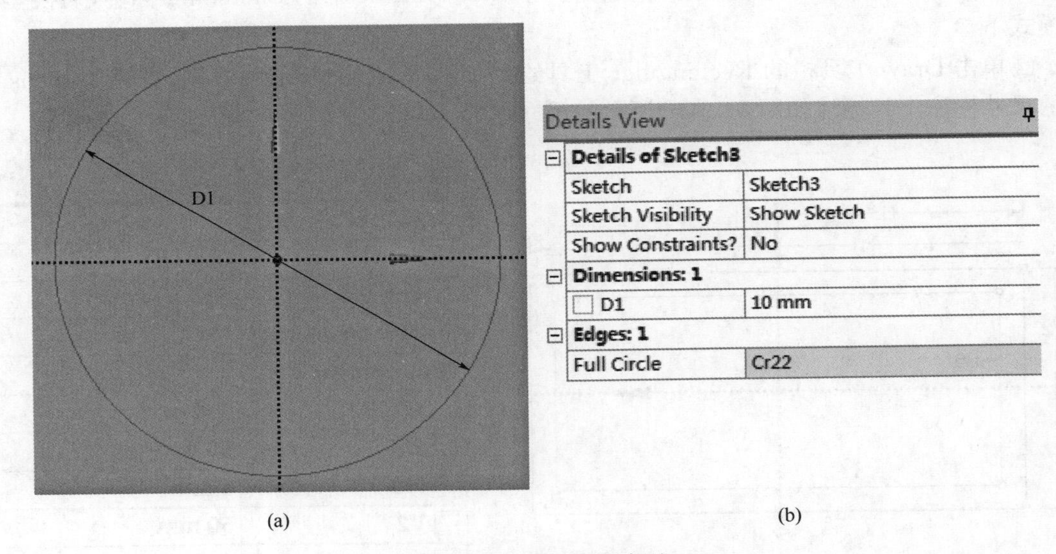

Details View

Details of Sketch3	
Sketch	Sketch3
Sketch Visibility	Show Sketch
Show Constraints?	No
Dimensions: 1	
D1	10 mm
Edges: 1	
Full Circle	Cr22

(a) (b)

图 8-21 开孔草图及标注

⑤单击工具栏上的 Extrude 按钮,自动跳转到三维建模界面进行拉伸操作。在 Extrude2 的 Details 中将 Geometry 选择为刚才创建的草图,并单击 Apply,设置 Operation 为 Cut Material,Direction 为 Both-Symmetric,将 Extent Type 改为 Fixed,在 FD1,Depth(>0)中输入拉伸厚度 25 mm。如图 8-22(a)所示,然后单击工具栏上的 Generate 按钮,生成三维模型。如图 8-22(b)所示。

第 4 步:螺栓建模

①在 Tree Outline 中选择 YZPlane 后单击 Tree Outline 下的 Sketching 标签,切换至草绘模式。

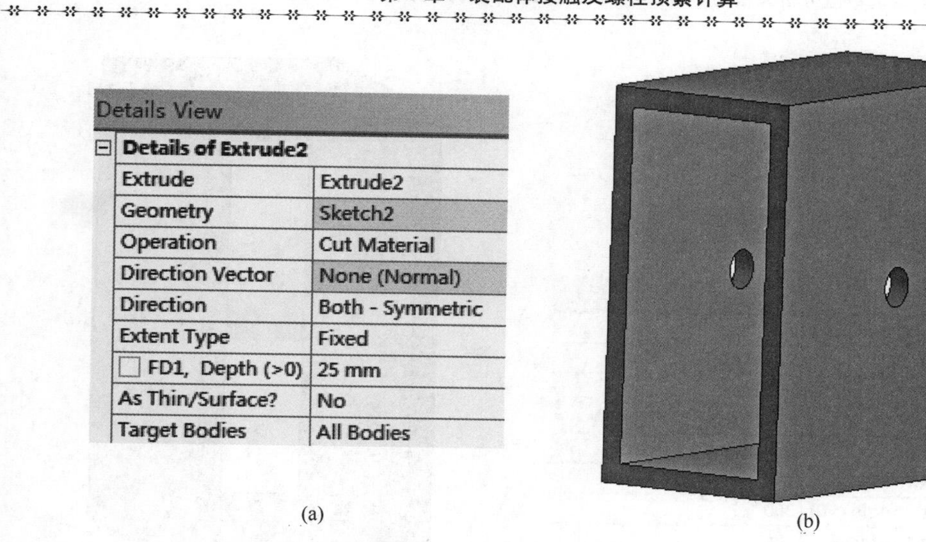

图 8-22　开孔操作

②选择 Draw 工具栏的草绘工具绘制如图 8-23(a)所示的草图，并用 Dimension 下的尺寸标注工具标注如图 8-23(b)所示的尺寸。

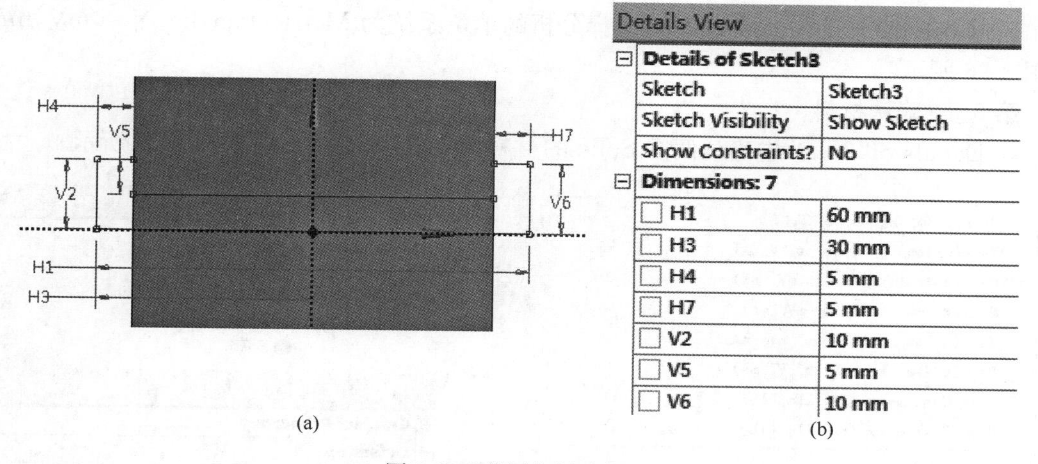

图 8-23　草图与尺寸标注

③单击工具栏上的 Extrude 按钮，自动跳转到三维建模界面进行旋转操作。在 Revolve1 的 Details 中将 Geometry 选择为刚才创建的草图，并单击 Apply，在 Axis 中选择 Y 轴并单击 Apply，设置 Operation 为 Add Frozen，如图 8-24 所示。然后单击工具栏上的 Generate 按钮，生成三维装配体模型，如图 8-25 所示。

至此，已经完成装配体几何模型的创建。关闭 DesignModeler，返回 Workbench 界面。

(4)前处理

按照如下步骤完成前处理操作。

第 1 步：启动 Mechanical 组件

在 Workbench 的 Project Schematic 中双击 B4(Model)单元格，启动 Mechanical 组件。

Details View

Details of Revolve1	
Revolve	Revolve1
Geometry	Sketch3
Axis	2D Edge
Operation	Add Frozen
Direction	Normal
FD1, Angle (>0)	360 °
As Thin/Surface?	No
Merge Topology?	Yes

图 8-24 Revolve1 的选项

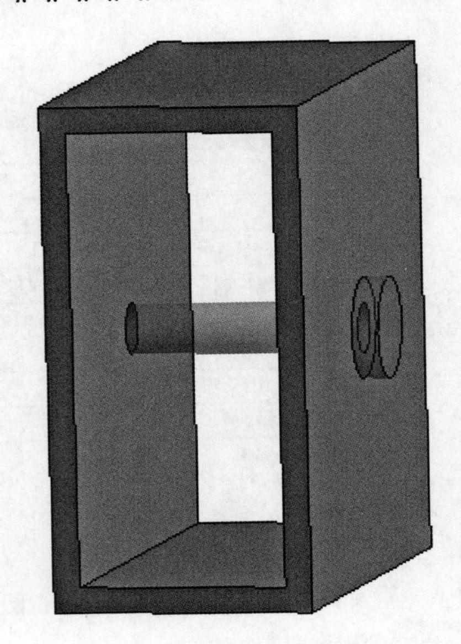

图 8-25 装配体模型

第 2 步:设置单位系统

通过 Mechanical 的 Units 菜单,选择分析的单位系统为 Metric(mm,kg,N,s,mV,mA),如图 8-26 所示。

第 3 步:确认材料

在 Details of"Solid"中确认两个 Solid 的材料为 Structural Steel,如图 8-27 所示。

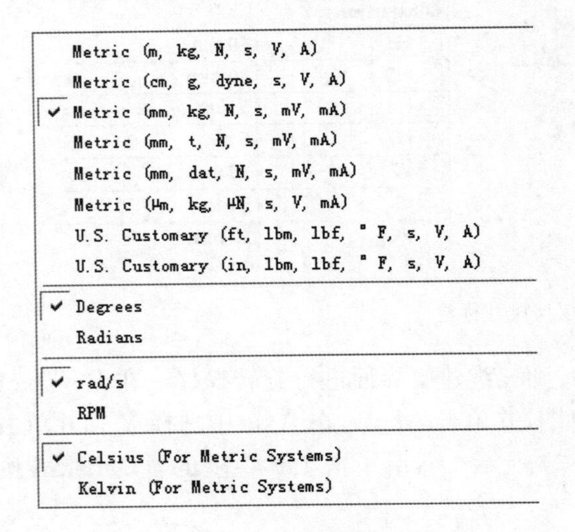

图 8-26 单位制

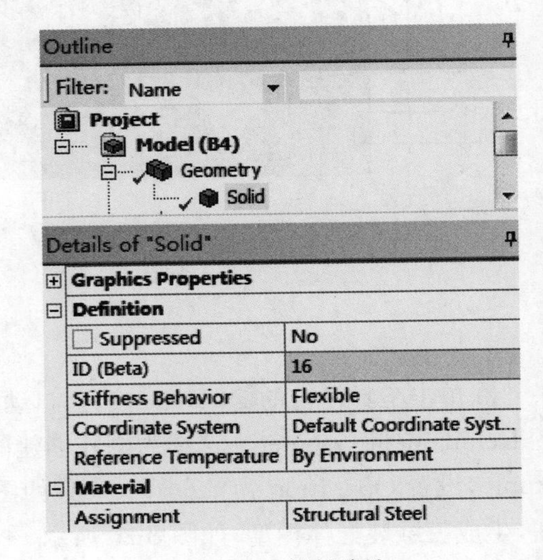

图 8-27 材料确认

第 4 步:确认接触

选择 Connections 分支下的 Contacts,将其中默认的接触类型改成 No Separation,如图 8-28 所示。

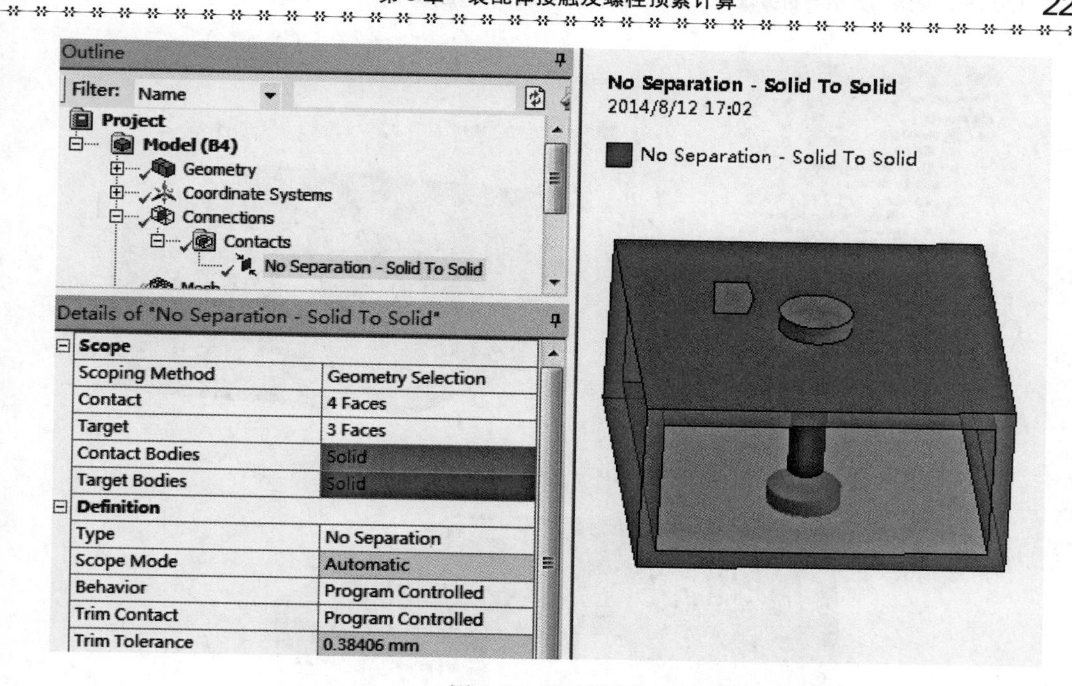

图 8-28　定义接触

第 5 步：网格划分

①用鼠标选择树形窗中的 Mesh 分支，然后在其 Details 列表中的 Sizing 下的 Element Size 设置为 5 mm，控制生成网格的最大尺寸，如图 8-29 所示。

Details of "Mesh"

Defaults	
Physics Preference	Mechanical
Relevance	0
Sizing	
Use Advanced Size Function	Off
Relevance Center	Coarse
Element Size	5.0 mm
Initial Size Seed	Active Assembly
Smoothing	Medium

图 8-29　整体网格控制

②用鼠标选择树形窗中的 Mesh 分支，在鼠标右键菜单中选择 Insert>Method，在 Mesh 下出现 Method 分支。在 Method 分支的属性中点 Geometry，在图形区域中选择所有实体，然后点 Apply，如图 8-30 所示。然后将 Details 列表中的 Method 由默认的 Automatic 改为 Hex Dominate，这时在 Mesh 分支下的 Method 分支名字改变为 Hex Dominate Method。

③选择 Mesh 分支，在其右键菜单中选择 Generate Mesh，划分后的网格模型如图 8-31 所示。

（5）加载以及求解

按照如下步骤完成加载及求解操作。

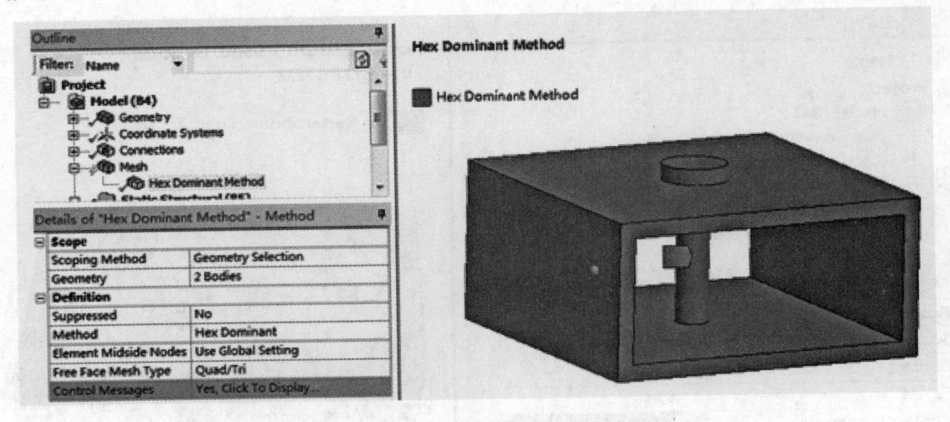

图 8-30 Hex Dominate 网格控制

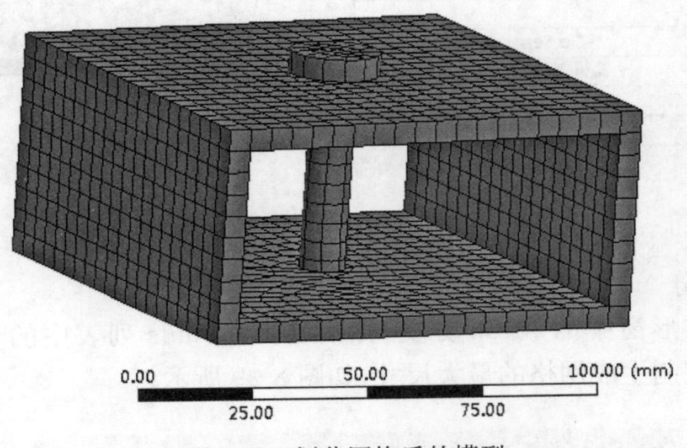

图 8-31 划分网格后的模型

第 1 步:施加约束

①选择 Structural Static(B5)分支,在图形区域右键菜单,选择 Insert>Fixed Support,插入 Fixed Support 分支。

②在 Fixed Support 分支的 Details View 中,点 Geometry 属性,在工具面板的选择过滤栏中按下选择面按钮,选取结构两个侧面,然后在 Geometry 属性中点 Apply 按钮完成施加约束,如图 8-32 所示。

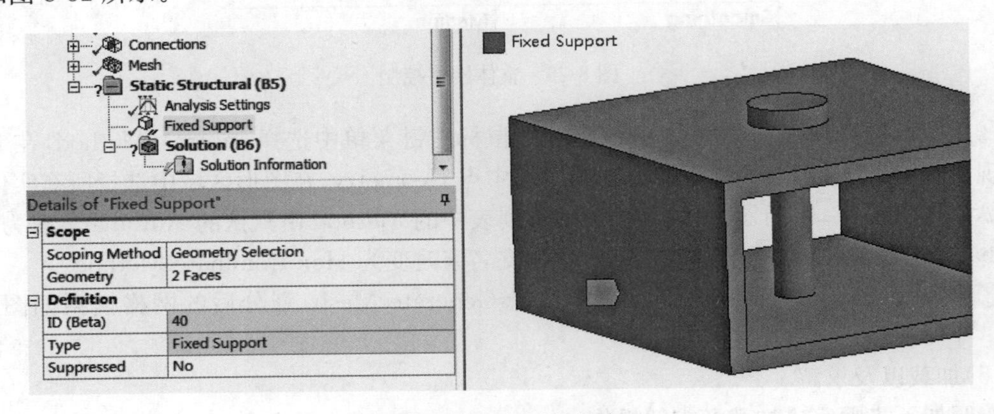

图 8-32 添加固定约束

第 2 步:施加 Bolt Pretension

①加入螺栓预紧分支

选择 Structural Static(B5)分支,右键选择 Insert>Bolt Pretension,在模型树中加入一个 Bolt Pretension 分支。

②设置螺栓预紧力

在 Bolt Pretension 分支的 Details View 中,点 Geometry 属性,用鼠标选取螺栓圆柱外表面,如图 8-33 所示,然后在 Geometry 属性中点 Apply 按钮,在 Preload 中输入螺栓预紧力 5 000 N。

Details of "Bolt Pretension"

Scope	
Scoping Method	Geometry Selection
Geometry	1 Face
Definition	
Type	Bolt Pretension
Suppressed	No
Define By	Load
Preload	5000. N

图 8-33　Bolt Pretension 的设置

在图形窗口中显示的箭头表示螺栓预紧力已经施加到螺栓上,如图 8-34 所示。

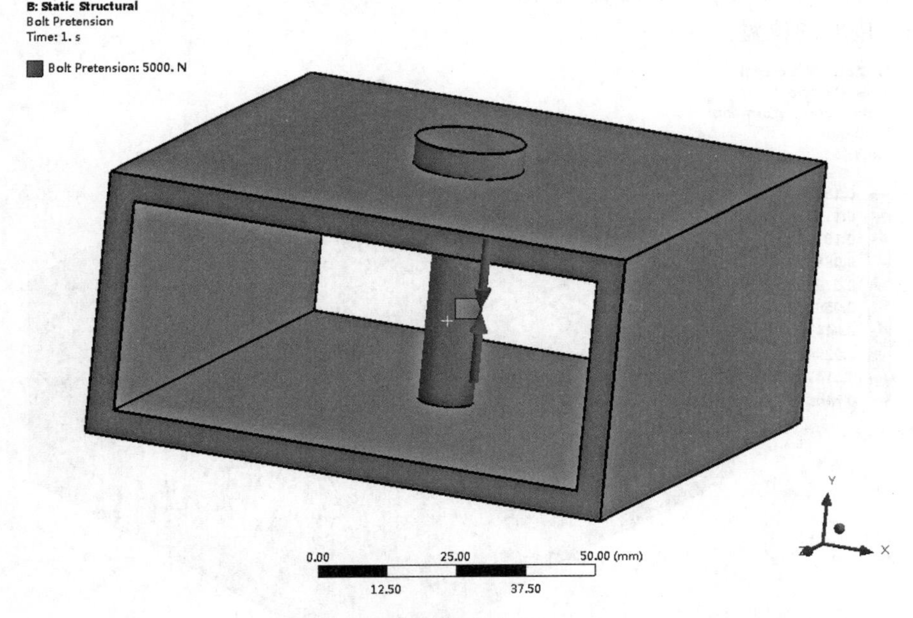

图 8-34　施加的 Bolt Pretension

第 3 步:求解

点工具栏上的 Solve 按钮进行结构计算。

(6)结果后处理

按照如下步骤完成后处理操作。

第 1 步:选择要查看的结果

①添加变形结果

选择 Solution(B6)分支,在其右键菜单中选择 Insert>Deformation>Total,在 Solution 分支下添加一个 Total Deformation 分支。

②添加等效应力结果

选择 Solution(B6)分支,在其右键菜单中选择 Insert>Stress>Equivalent von Mises,在 Solution 分支下添加一个 Equivalent Stress 分支。

③添加螺栓的轴向应力结果

选择 Solution(B6)分支,在模型显示窗口中选择螺栓体,右键菜单中选择 Insert>Stress>Normal,在 Solution 分支下添加一个 Normal Stress 分支,选择 Orientation 为 Y Axis,如图 8-35 所示。

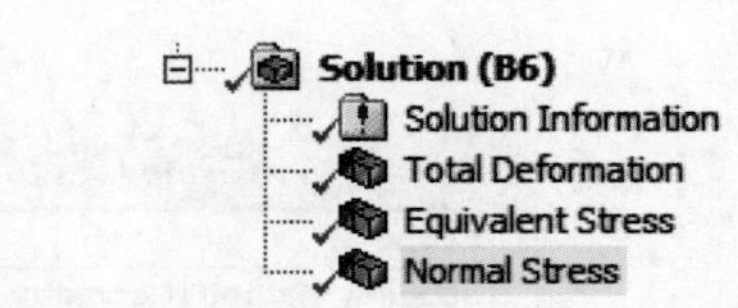

Details of "Normal Stress"

Scope	
Scoping Method	Geometry Selection
Geometry	1 Body
Definition	
Type	Normal Stress
Orientation	Y Axis
By	Time

图 8-35 Normal Stress 的 Details 设置

第 2 步:评估待查看的结果项目

按下工具栏上的 Solve 按钮,评估上述加入的结果项目。

第 3 步:查看结果

①选择变形结果分支 Total Deformation。结构的总体变形如图 8-36 所示,最大变形位于螺帽与基体接触的位置。

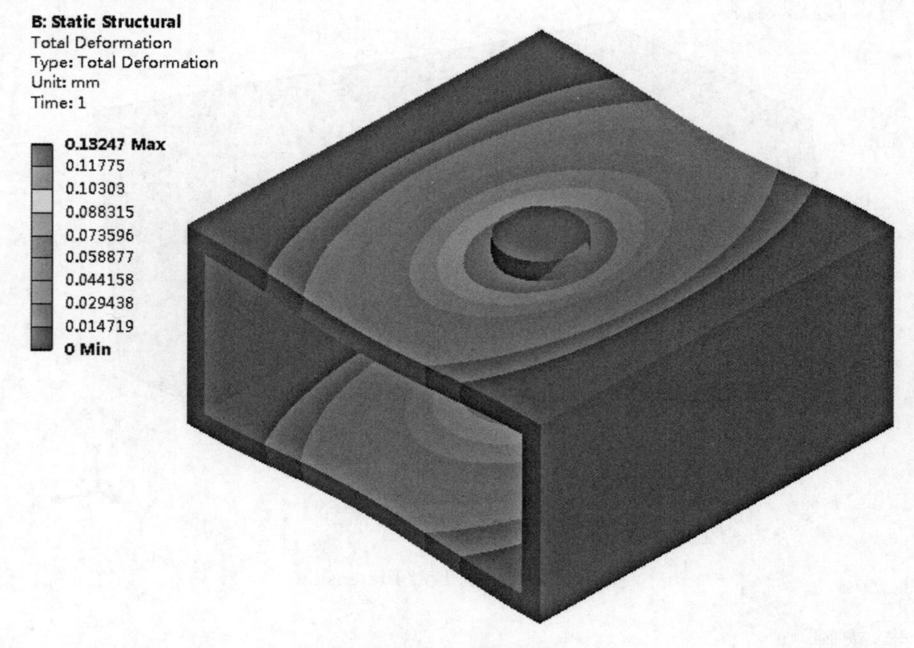

图 8-36 结构变形分布云图

②选择等效应力结果分支 Equivalent Stress。结构等效应力分布如图 8-37 所示,最大应力为 263 MPa,最大等效应力位于螺帽与基体接触的部位。

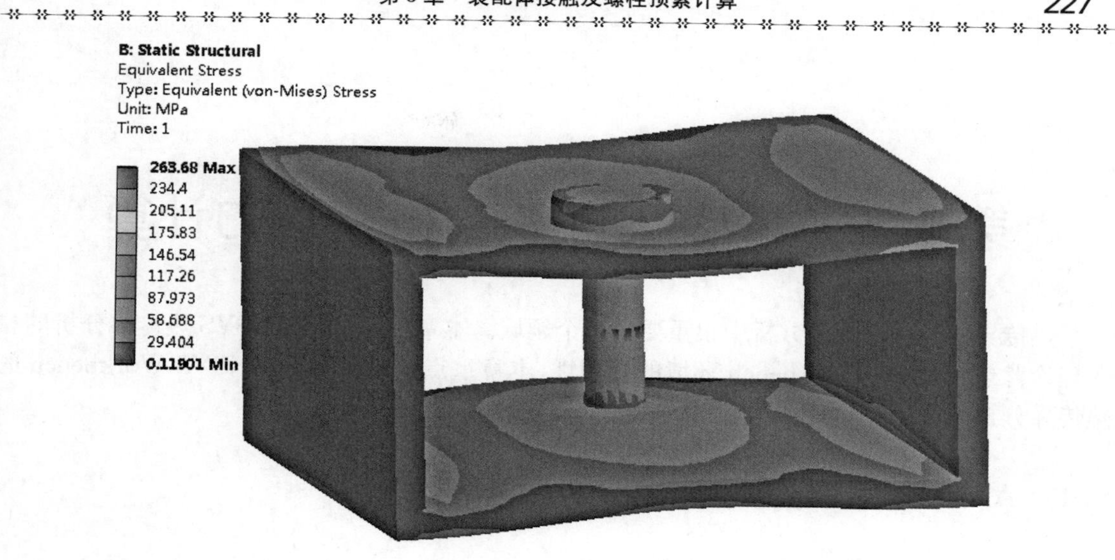

图 8-37　等效应力分布云图

③选择 Normal Stress 应力结果分支，观察螺栓杆的轴向应力分布，如图 8-38 所示，用 Probe 工具在螺栓杆中部选择一点，可见其轴向应力为 63 MPa 左右，与预紧力作用的理论轴向应力基本一致，说明计算结果的正确性。

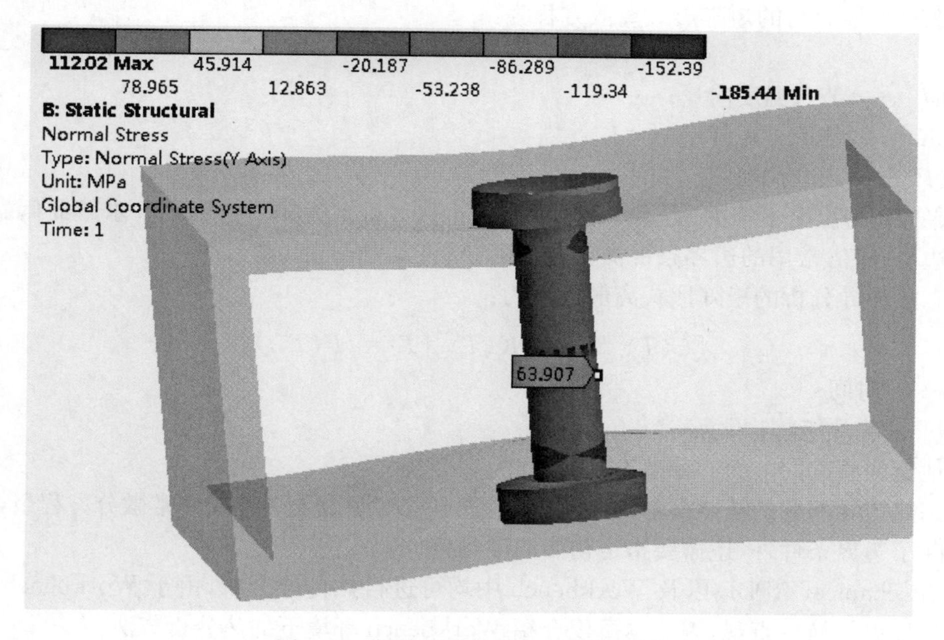

图 8-38　螺栓杆上的轴向应力分布图

第9章 ANSYS热传导与热应力计算

热传导分析是有限元分析中很重要的一个领域。本章首先介绍 ANSYS 热传导分析的相关理论背景，考虑到 Workbench 环境的易用性，本章重点介绍了基于 ANSYS Workbench 的热传导分析方法，并给出建模和计算例题。

9.1 ANSYS热传导分析的概念和方法

9.1.1 热传导分析的基本概念

ANSYS 提供了稳态、瞬态两种固体结构热传导分析。稳态热传导是指系统达到热平衡状态，即系统吸收热量等于放出的热量，任意位置处的温度不随时间变化；瞬态热传导问题是系统未达到热平衡，温度不仅与位置相关还随时间变化的热传导问题。

稳态热传导分析的矩阵形式离散方程为：

$$[K(T)]\{T\}=\{P(T)\} \tag{9-1}$$

式中 $\{T\}$——节点温度向量；

$[K]$——热传导矩阵；

$\{P\}$——热载荷向量。

如果$[K]$与温度不相关，则属于线性热传导问题，否则为非线性问题。求解此问题，需要定义热边界条件，常用的边界条件类型在下面介绍。

瞬态热传导分析的矩阵形式离散方程为：

$$[C(T)]\{\dot{T}\}+[K(T)]\{T\}=\{P(T,t)\} \tag{9-2}$$

式中 t——时间；

$[C]$——比热矩阵；

其他量的意义同上面的稳态方程。

瞬态热传导问题的特点是与时间相关，上述方程实际上是一个线性常微分方程组，计算瞬态问题除了边界条件外，还需要指定初始温度场条件。

在 Mechanical APDL 以及 Workbench 中均可进行热传导分析，由于 Workbench 环境下的分析过程更加简单直观，因此本章仅介绍 Workbench 环境下的热分析方法。

9.1.2 Workbench 热传导分析方法

目前，在 ANSYS Workbench 环境中，固体结构的导热分析可直接调用预置在工具箱中的热分析模板系统，其中 Steady State Thermal 为稳态热分析模板，Transient Thermal 为瞬态热分析模板，分别如图 9-1(a)、(b)所示。

无论是稳态还是瞬态的热传导分析模板系统，都包括如下的组件或分析环节，即：

✓　工程数据指定
✓　创建几何模型
✓　有限元分析模型
✓　边界条件、荷载及分析设置
✓　求解
✓　后处理

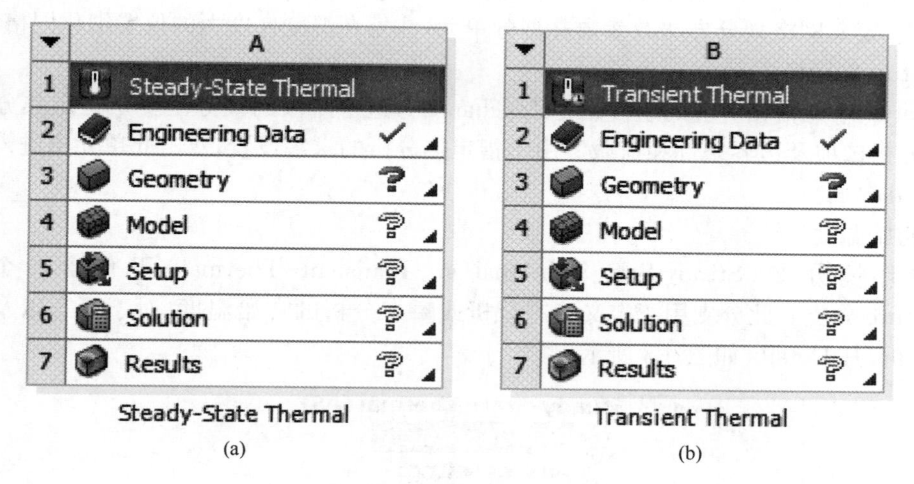

(a)　(b)

图 9-1　热分析模板

下面结合上述流程，对热传导分析的相关操作实现方法进行系统的介绍。

1. Engineering Data 组件

上述 Steady State Thermal 以及 Transient Thermal 模板的 Engineering Data 组件用于定义热分析的材料参数。对于 Steady State Thermal 分析，需要为材料指定导热系数；对于 Transient Thermal 分析，需要为材料指定导热系数、密度以及比热，如图 9-2 所示。

Outline of Schematic C2: Engineering Data

	A	B	C	D
1	Contents of Engineering Data		Source	Description
2	Material			
3	Structural Steel		General_M	Fatigue Data at zero mean stress comes from 1998 ASME BPV Code, Section 8, Div 2, Table 5-110.1
4	new_mat			
*	Click here to add a new material			

Properties of Outline Row 4: new_mat

	A	B	C	D	E
1	Property	Value	Unit		
2	Density		kg m^-3		
3	Isotropic Thermal Conductivity		W m^-1 C^-1		
4	Specific Heat		J kg^-1 C^-1		

图 9-2　瞬态热分析的材料参数

2. Geometry 组件

Geometry 组件用于提供仿真分析的几何模型,可以是导入的外部几何文件,也可以通过 ANSYS DM 创建热分析的几何模型。

3. Model 单元格

Model 单元格用于提供热分析的有限元模型,双击此单元格可进入 Mechanical 界面。在 Mechanical 中,为导入的几何模型各部件指定 Engineering Data 中添加的材料模型。选择 Mesh 分支,定义网格划分方法及参数并划分单元,注意在温度梯度大的位置细化网格。

4. Setup 单元格

与 Setup 单元格相对应的组件也是 Mechanical,这个阶段的任务主要是指定热分析的初始条件、分析选项及边界条件和荷载。用于指定热分析的求解设置,双击此单元格进入的也是 Mechanical 界面。

(1)初始温度

分析环境分支(Steady-State Thermal 或 Transient Thermal)下包含一个 Initial Temperature 分支。此分支用于定义稳态分析或瞬态分析的初始温度,对于稳态以及独立的瞬态热分析,其 Details 如图 9-3 所示。

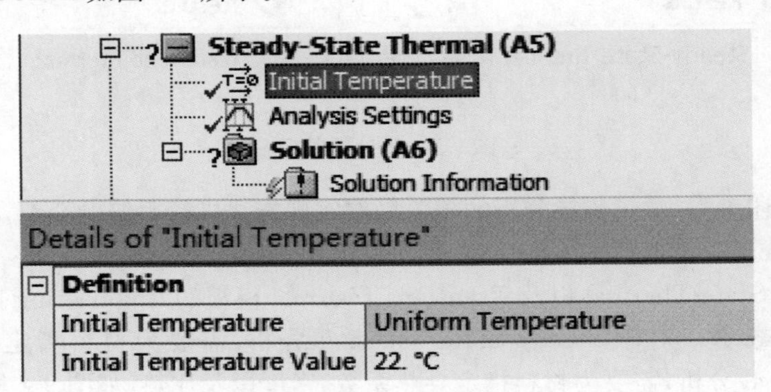

图 9-3 Initial Temperature

对于瞬态热分析,还可把稳态热分析的温度场作为初始温度场。要实现这种效果,在 Project Schematic 首先添加一个稳态热分析系统 A:Steady-State Thermal,然后在 Toolbox 中选择 Transient Thermal,用鼠标左键将其拖放至 A6:Solution 单元格中,如图 9-4(a)所示,这时在 Project Schematic 中增加一个瞬态热分析系统 B:Transient Thermal,如图 9-4(b)所示。在 Project Schematic 中可以看到,系统 A 和系统 B 共享 Engineering Data、Geometry 以及 Model,并且系统 A 的 Solution 单元格到系统 B 的 Setup 单元格之间有数据传递的连线,连线的右端为实心的原点,表示数据传递。

在上述稳态基础上的瞬态分析流程中,双击任意一个系统的 Model 单元格进入 Mechanical 界面后,在 Transient Thermal 分析环境分支下选择 Initial Temperature 分支,其 Details 中显示其 Initial Temperature 为 Non-Uniform Temperature,Initial Temperature Environment 为稳态热分析环境 Steady-State Thermal,所采用的初始温度场可选择稳态分析的任意"时刻"的温度场,缺省条件下为 End Time,即稳态分析最后时刻(载荷步的结束时刻)的温度场,如图 9-5 所示。

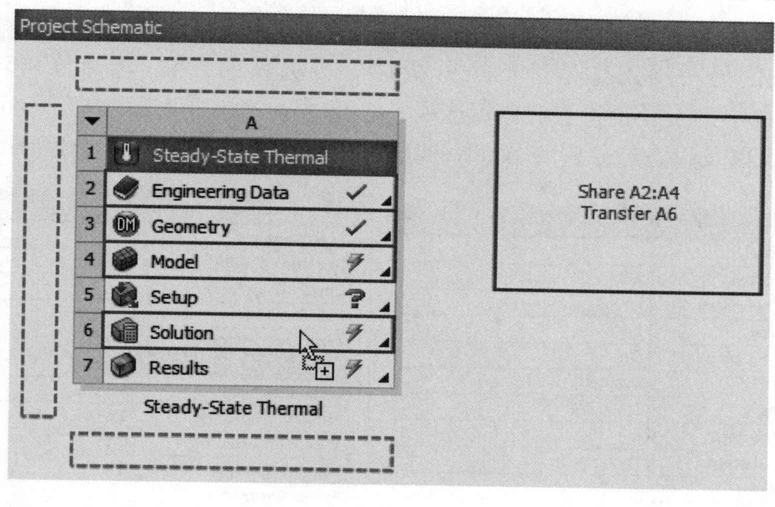

(a)

(b)

图 9-4　稳态热分析基础上的瞬态热分析

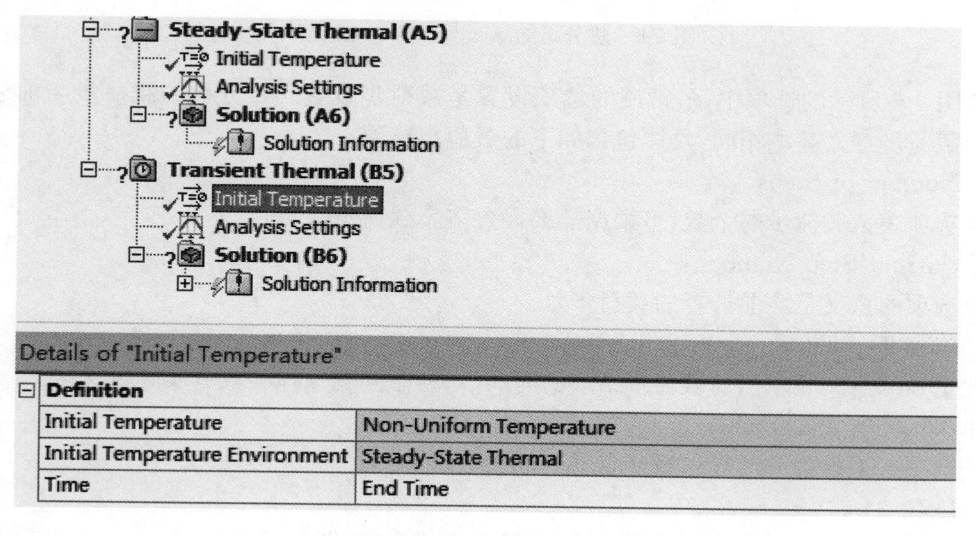

图 9-5　稳态分析结果作为瞬态分析的初始条件

(2)分析设置

Setup 阶段的另一项工作是进行热分析的分析选项的设置，选择分析环境分支下的 Analysis Settings 分支，设置相关的分析选项。

稳态热分析以及瞬态热分析的 Analysis Settings 分别如图 9-6(a)、(b)所示。

Details of "Analysis Settings"	
Step Controls	
Number Of Steps	1.
Current Step Number	1.
Step End Time	1. s
Auto Time Stepping	On
Define By	Substeps
Initial Substeps	1.
Minimum Substeps	1.
Maximum Substeps	10.
Solver Controls	
Solver Type	Program Controlled
Radiosity Controls	
Radiosity Solver	Program Controlled
Flux Convergence	1.e-004
Maximum Iteration	1000.
Solver Tolerance	1.e-007 W/mm²
Over Relaxation	0.1
Hemicube Resolution	10.
Nonlinear Controls	
Heat Convergence	Program Controlled
Temperature Convergence	Program Controlled
Line Search	Program Controlled
Output Controls	
Calculate Thermal Flux	Yes
General Miscellaneous	No
Store Results At	All Time Points
Analysis Data Management	

(a) 稳态

Details of "Analysis Settings"	
Step Controls	
Number Of Steps	1.
Current Step Number	1.
Step End Time	1. s
Auto Time Stepping	On
Define By	Time
Initial Time Step	1.e-002 s
Minimum Time Step	1.e-003 s
Maximum Time Step	0.1 s
Time Integration	On
Solver Controls	
Solver Type	Program Controlled
Radiosity Controls	
Radiosity Solver	Program Controlled
Flux Convergence	1.e-004
Maximum Iteration	1000.
Solver Tolerance	1.e-007 W/mm²
Over Relaxation	0.1
Hemicube Resolution	10.
Nonlinear Controls	
Heat Convergence	Program Controlled
Temperature Convergence	Program Controlled
Line Search	Program Controlled
Nonlinear Formulation	Program Controlled
Output Controls	
Calculate Thermal Flux	Yes
General Miscellaneous	No
Store Results At	All Time Points

(b) 瞬态

图 9-6　热分析的 Analysis Settings 选项

在图 9-6 所示的选项中，最常用的选项设置是载荷步设置。热分析的载荷步与前述结构分析的载荷步意义基本相同，具体包含如下的载荷步选项：

①Number of Steps

此选项表示载荷步的个数，可根据需要设置多个载荷步。

②Current Step Number

此选项的意义是当前选择的载荷步号。

③Step End Time

此选项的意义表示当前载荷步结束的时间，对稳态问题“时间”没有实际意义。

④Auto Time Stepping

此选项如果设为 ON 表示打开自动时间步。

⑤Define by

此选项表示自动时间步的定义方式，有两种方式可选，即 Define by Substeps 或 Define by Time，与结构分析中的意义完全相同。

如果选择了 Define by Substeps，则需要指定 Initial Substeps、Minimum Substeps、Maximum Substeps；如果选择了 Define by Time，则需要指定的参数是 Initial Time Step、Minimum Time Step、Maximum Time Step。

⑥Time Integration

此选项为瞬态分析的时间积分开关，缺省为 ON。

热分析的 Analysis Settings 中的其他选项还包括辐射选项、非线性选项、输出选项等，稳态分析和瞬态分析大体一致。在 Output 控制中，缺省为计算输出热通量，及 Calculate Thermal Flux 为 Yes。

(3)施加边界条件及热荷载

选择分析环境分支（Steady-State Thermal 或 Transient Thermal），在右键菜单中选择 Insert 添加边界条件及热荷载，如图 9-7 所示。

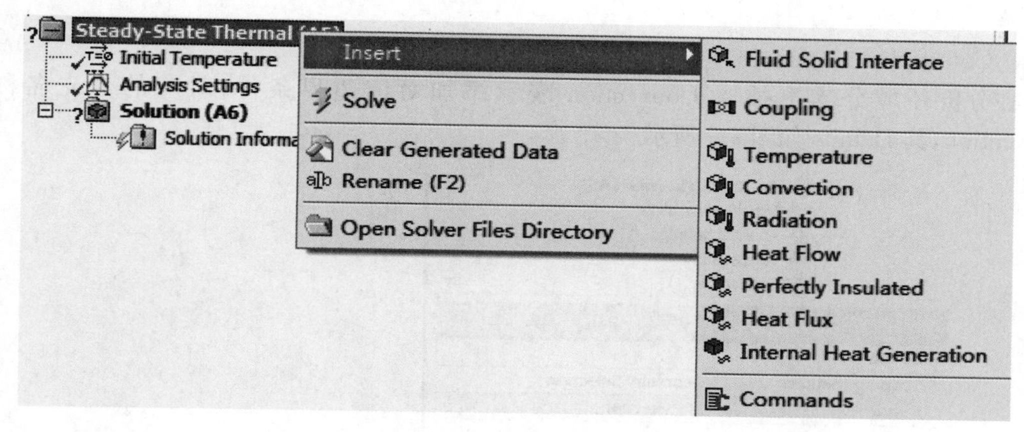

图 9-7 在稳态分析中加入边界条件或荷载

常用的热分析问题边界及荷载类型及其意义列于表 9-1 中。

表 9-1 热分析中的边界条件及荷载类型

名　称	意　义
Temperature	恒温边界条件
Convection	对流边界条件
Radiation	辐射边界条件
Heat Flow	热流量
Perfectly Insulated	绝热边界条件
Heat Flux	热通量
Internal Heat Generation	体积内部热生成

下面简单介绍以上各类边界条件及荷载的施加方法及选项。

①Temperature

在分析环境分支下插入 Temperature 表示添加恒温边界条件，对应的分支名称为 Temperature，其 Details 如图 9-8 所示。需要选择指定边界条件的几何对象和温度值。

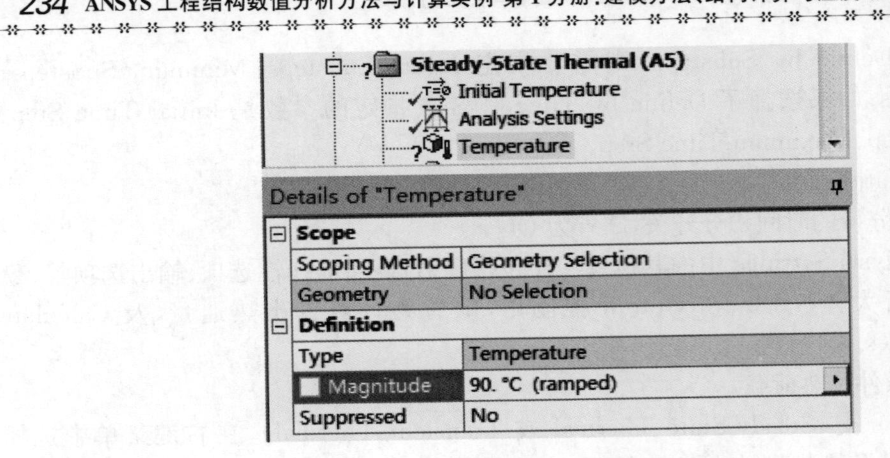

图 9-8 恒温边界条件

②Convection

在分析环境分支下插入 Convection 表示添加对流边界条件,对应的分支名称为 Convection,其 Details 如图 9-9 所示。

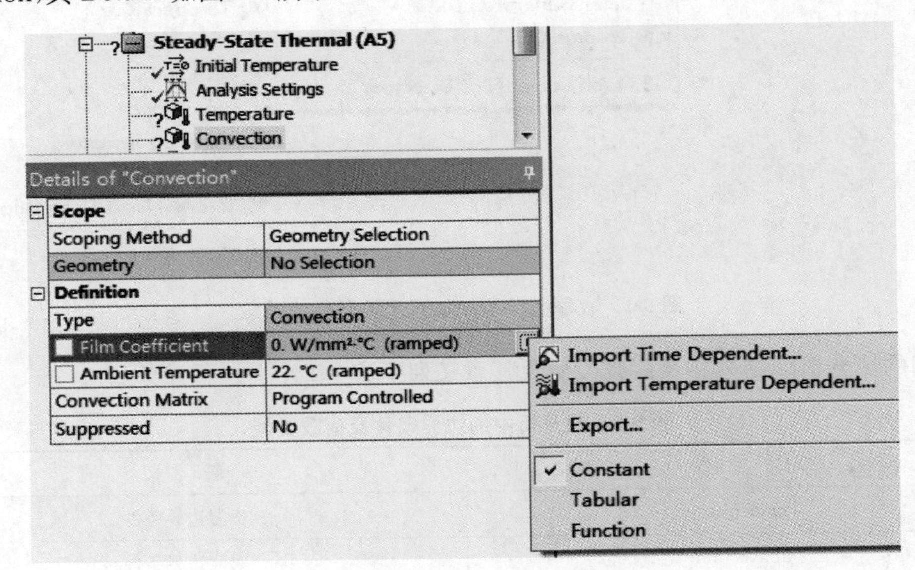

图 9-9 对流边界条件

对流边界条件只能施加于面上,需要在 Details 中选择 Geometry 对象。Ambient Temperature 为环境温度,可以是一个常数,也可以随位置和时间改变。Film Coefficient 为对流换热系数,此系数的值可以是常数 Constant,也可以通过 Tabular 或温度的函数形式指定,或由外部导入与温度相关的值。Film Coefficient 为与温度相关时,出现 Coefficient Type 选项,如图 9-10(a)所示。在下拉列表中选择 Bulk Temperature,即可定义与环境温度相关的对流换热系数,如图 9-10(b)所示。

③Radiation

在分析环境分支下插入 Radiation 表示添加辐射边界条件,对应的分支名称为 Convection,其 Details 如图 9-11 所示。

Details of "Convection"

Scope	
Scoping Method	Geometry Selection
Geometry	No Selection
Definition	
Type	Convection
Film Coefficient	Tabular Data
Coefficient Type	Difference of Surface and B...
Ambient Temperature	Bulk Temperature
Convection Matrix	Surface Temperature
Suppressed	Average Film Temperature
Edit Data For	Difference of Surface and Bulk Te
Tabular Data	
Independent Variable	Temperature

(a)

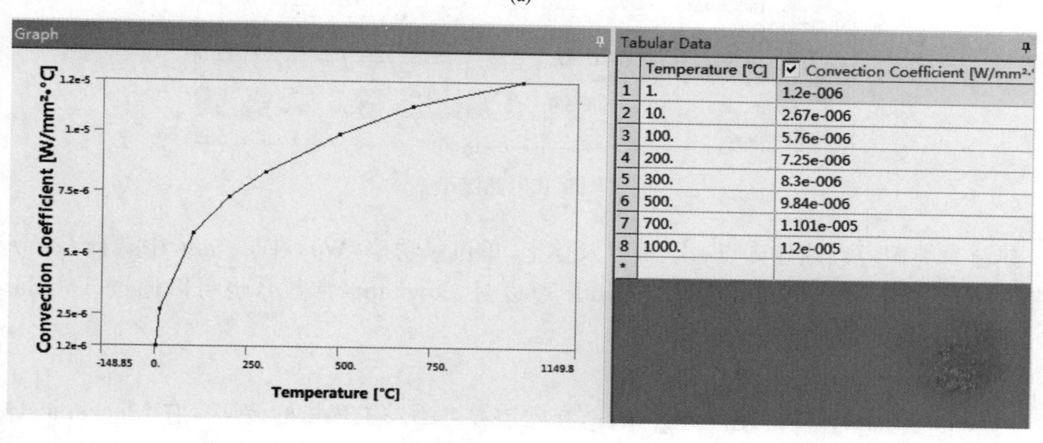

Tabular Data

	Temperature [°C]	Convection Coefficient [W/mm²·°
1	1.	1.2e-006
2	10.	2.67e-006
3	100.	5.76e-006
4	200.	7.25e-006
5	300.	8.3e-006
6	500.	9.84e-006
7	700.	1.101e-005
8	1000.	1.2e-005
*		

(b)

图 9-10　与温度相关的对流换热系数定义

Steady-State Thermal (A5)
Initial Temperature
Analysis Settings
Radiation

Details of "Radiation"

Scope	
Scoping Method	Geometry Selection
Geometry	No Selection
Definition	
Type	Radiation
Correlation	To Ambient
Emissivity	1.　(step applied)
Ambient Temperature	22. °C　(ramped)
Suppressed	No

图 9-11　辐射边界条件

辐射边界条件是一个非线性边界条件，施加于表面上。需要在 Details 中选择 Geometry 对象。可选择 Correlation 为 To Ambient 或 Surface to Surface。Emissivity 为放射率，

Ambient Temperature 为环境温度。

④Heat Flow

在分析环境分支下插入 Heat Flow 表示添加热流量荷载,对应的分支名称为 Heat Flow,其 Details 如图 9-12 所示。

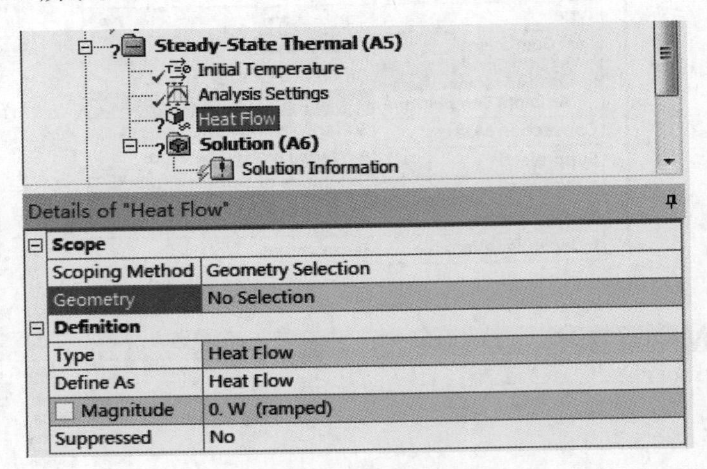

图 9-12　热流量

热流量荷载可以施加到点、线、面以及体上,单位是功率(W),在 Details 中选择 Geometry 对象并指定数值 Magnitude,其 Magnitude 可以是 Constant(常数),也可以通过 Tabular(表格)或 Function(函数)的方式来指定。

⑤Perfectly Insulated 绝热边界条件

Perfectly Insulated 即绝热边界条件,在此边界上不发生热量的传递。在 Mechanical 中可以通过以下两种方式施加绝热边界条件。

第一种方式是,在热分析环境分支右键菜单中直接选择 Insert>Perfectly Insulated,这时在分析环境分支下出现一个 Heat Flow 分支,其 Details 如图 9-13 所示。这种情况下 Type 属性为 Perfectly Insulated,而不是 Heat Flow;Define As 属性为 Perfect Insulation;Magnitude 为 0 W(热功率为零,即没有热交换)。这种情况下,用户只需要直接选择绝热面的 Geometry 对象即可。

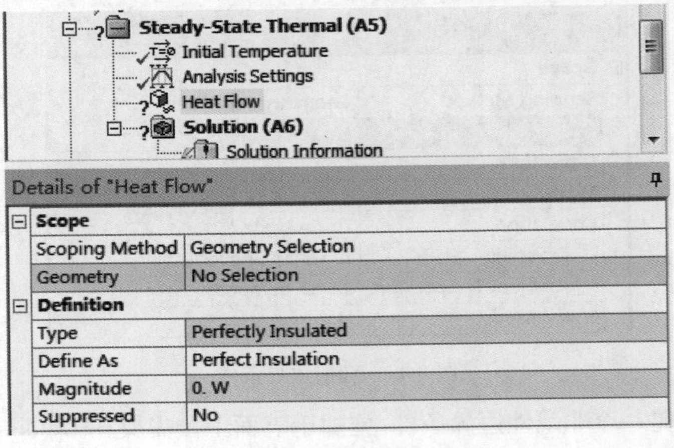

图 9-13　绝热边界条件

另一种方式是在热分析环境分支中选择 Insert>Heat Flow，即插入前述的热流量荷载，在分析环境分支下将出现一个 Heat Flow 分支，在其 Details 中选择 Define As 属性，在下拉列表中选择为 Perfect Insulation，随后 Heat Flow 的 Type 属性自动改为 Perfectly Insulated，Magnitude 会自动改为 0 W，与上述第一种方式的 Details 设置完全一致，如图 9-14 所示，这时用户选择绝热面的 Geometry 对象即可。

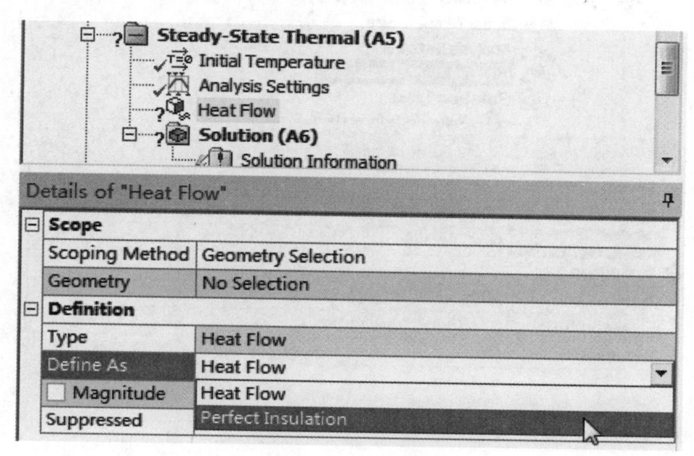

图 9-14　Heat Flow 改为绝热边界

⑥Heat Flux 热通量荷载

Heat Flux 是热通量荷载，其施加方法是在热分析环境分支右键菜单中选择 Insert>Heat Flux，随后在分析环境分支下出现一个 Heat Flux 分支，其 Details 如图 9-15 所示。热通量荷载的单位是 W/m²，即单位面积上的功率，Heat Flux 荷载因此只能施加到面上。在 Heat flux 的 Details 中的 Geometry 对象中选择施加的面，然后在 Magnitude 中指定其数值，Magnitude 可以是常量，也可以是随时间变化的 Tabular 或 Function 形式。

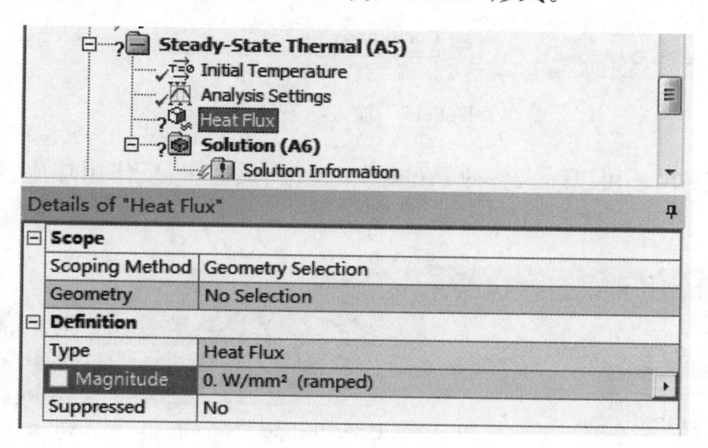

图 9-15　热通量

⑦Internal Heat Generation 体积生成热

Internal Heat Generation 即体积内部热生成荷载，其施加方法是在热分析环境分支右键菜单中选择 Insert>Internal Heat Generation，随后在分析环境分支下出现一个 Internal Heat

Generation 分支，其 Details 如图 9-16 所示。Internal Heat Generation 的单位是 W/m^3，即单位体积上的热功率，因此 Internal Heat Generation 只能施加于体积上。在 Internal Heat Generation 荷载分支的 Details 中，选择要施加的 Geometry 体积对象，然后在 Magnitude 中指定其数值，数值可以是常量，也可以是随时间变化的 Tabular 或 Function 形式。

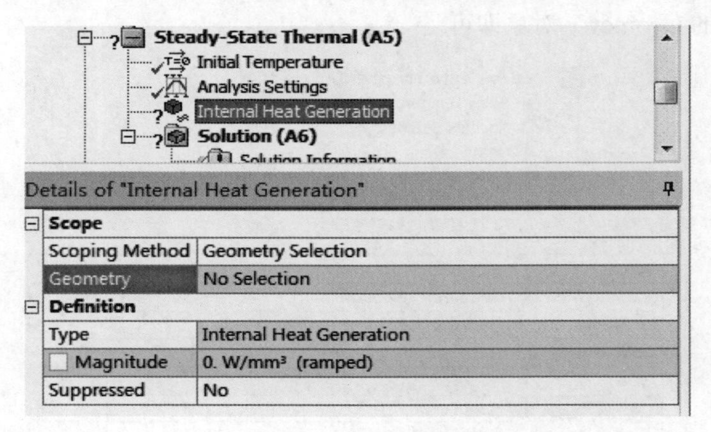

图 9-16 内部生成热

5. 求解

上述设置完成后，在 Mechanical 中选择 Solution 分支，在其中添加所需的结果项目，如：温度、总体热通量、方向热通量，如图 9-17 所示。

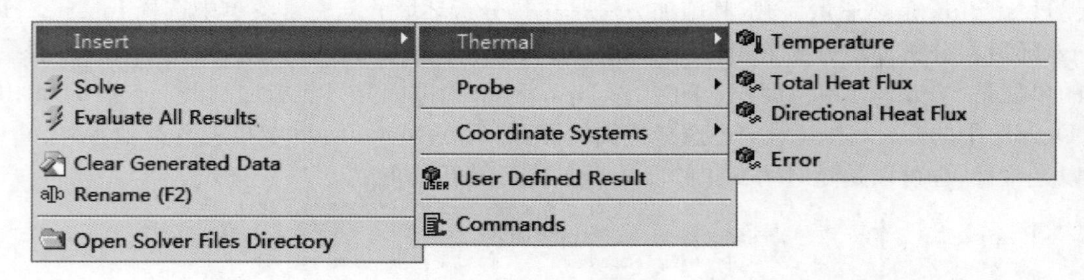

图 9-17 加入结果项目

除了上述结果外，还可以插入各种 Probe，如：温度、热通量、反作用热流、辐射等，如图 9-18 所示。

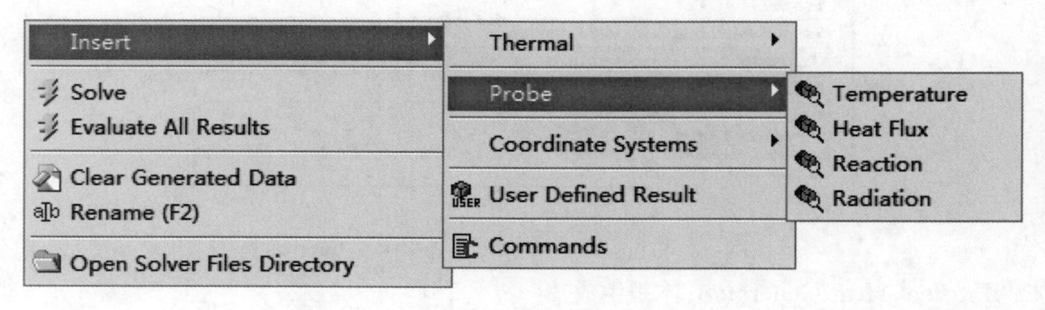

图 9-18 加入 Probe

对于反作用热流，也可选择某一个边界条件(如：对流边界)在Project树中的分支，将其拖至Solution分支上，在Solution分支下即可添加此边界条件的反作用热流Probe，如图9-19(a)、(b)所示。

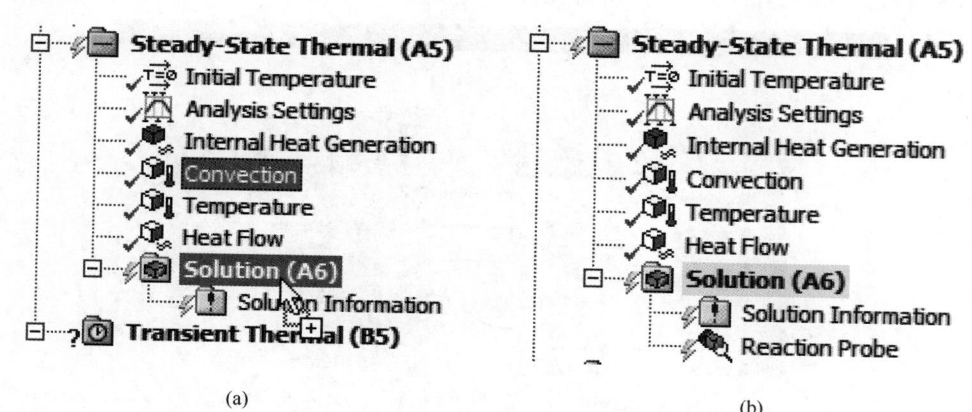

图9-19　形成Reaction Probe的方法

结果添加完成后，选择Solution分支，按下工具条上的Solve按钮进行求解。

6. 后处理

求解完成后，查看热分析的结果。可用结果包括温度、热通量、各种Probe曲线等。具体后处理方法请参考本章后面的例题。

9.2　ANSYS热应力计算的概念和方法

本节介绍ANSYS热应力计算的相关概念和实现方法。

受到约束的结构温度变化时，由于不能自由伸缩会引起温度应力(热应力)。由此可见，结构中的热应力是由温度应变引起的，结构中一点的温度应变向量$\{\varepsilon^{th}\}$可以表示为：

$$\{\varepsilon^{th}\}=\alpha\Delta T\{1,1,1,0,0,0\}^{T} \tag{9-3}$$

式中　α——热膨胀系数(1/℃)；

ΔT——温度的变化梁(℃)。

结构中引起应力的是弹性应变，弹性应变应为总应变扣除温度应变，即：

$$\{\varepsilon^{el}\}=\{\varepsilon\}-\{\varepsilon^{th}\}=[B]\{u^{e}\}-\{\varepsilon^{th}\} \tag{9-4}$$

$$\{\sigma\}=[D]\{\varepsilon^{el}\} \tag{9-5}$$

对单元建立虚功方程：

$$\int_{V_e}\{u^{e*}\}^{T}[B]^{T}[D]([B]\{u^{e}\}-\{\varepsilon^{th}\})dV=0 \tag{9-6}$$

整理得到单元热应力分析的基本方程：

$$[K^{e}]\{u^{e}\}=\int_{V_e}[B]^{T}[D]\{\varepsilon^{th}\}dV \tag{9-7}$$

式中，$[K^{e}]=\int_{V_e}[B]^{T}[D][B]dV$为单元刚度矩阵，右端项为单元等效温度荷载。

在ANSYS Mechanical APDL中，对于梁单元、杆单元，可以直接输入温度的改变量以计算热应力，这在前面相关章节的单元使用方法中已经介绍过了。更一般的情况是，首先通过热分析计算温度场，然后把计算的温度施加到结构上计算热应力。在 Mechanical APDL 中，可通过直接耦合方法或顺序耦合方法进行计算。在 Workbench 中，可通过热分析系统和结构静力分析系统联合完成耦合计算，其分析流程如图 9-20 所示。

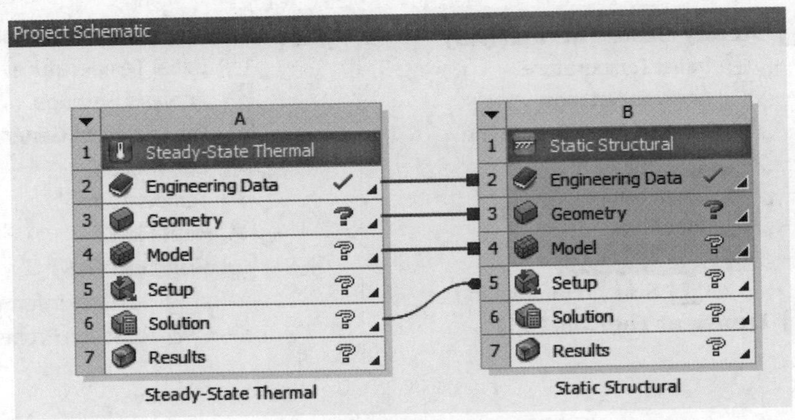

图 9-20 热应力计算的分析流程

创建上述流程时，首先添加稳态热分析系统 A：Steady-State Thermal，然后用鼠标左键拖住 Static Structural 系统并放置在 A6：Solution 单元上，这时出现分析系统 B：Static Structural。可以看到，A6：Solution 与 B5：Setup 之间有一条连线，右端为实心圆点，表示数据的传递。在打开 Mechanical 界面后，在静力分析环境分支 Static Structural(B5)下有一个 Imported Load(A6)分支，下面有一个 Imported Body Temperature 分支，表示热分析的温度场传递到结构分析中，作为静力分析的荷载出现，如图 9-21 所示。

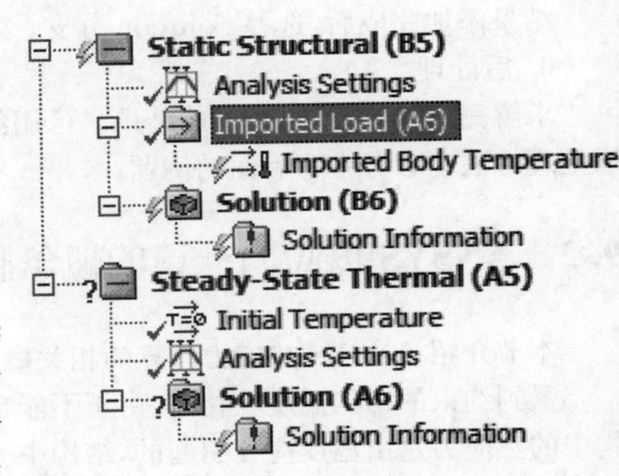

图 9-21 导入的温度场

热应力分析的其他过程与一般的结构分析或热分析没有区别，但是在 Engineering Data 中要注意输入材料的热膨胀系数和参考温度，如图 9-22 所示。

	A	B	C
1	Property	Value	Unit
2	Isotropic Secant Coefficient of Thermal Expansion		
3	Coefficient of Thermal Expansion		C^-1
4	Reference Temperature		C
5	Isotropic Elasticity		
6	Derive from	Young's Modulus ...	
7	Young's Modulus		Pa
8	Poisson's Ratio		
9	Bulk Modulus		Pa
10	Shear Modulus		Pa

图 9-22 热应力分析的材料参数

9.3　计算例题：电路板的热传导及热应力计算

9.3.1　问题描述及分析流程搭建

1. 问题描述

如图 9-23 所示的电路板工作时，包含 3 个产热的芯片。芯片①在开始时工作直到达到热稳态，随后芯片②在稳态后的 20～40 s 的时间范围及芯片③在稳态后的 60～70 s 的时间范围间断性发热。各芯片的发热功率均标注于图中。

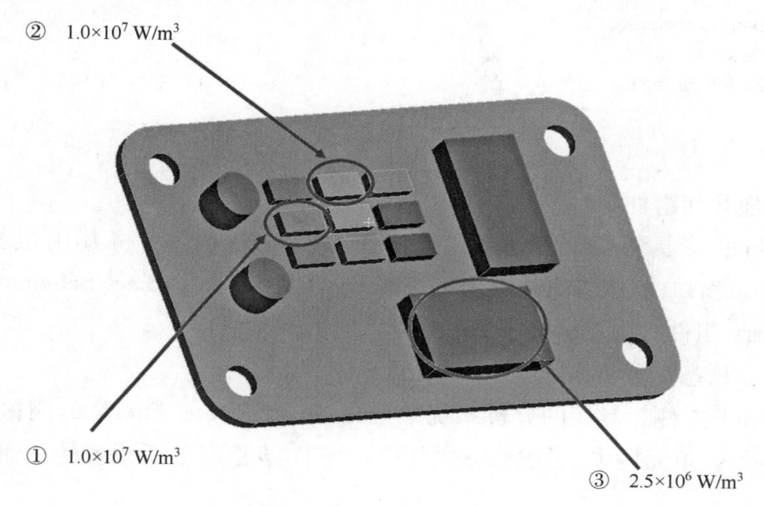

图 9-23　热分析模型示意图

要求：

(1)计算芯片①发热达到稳态时的温度场；

(2)计算另外两块芯片②及③发热过程的瞬态温度场；

(3)计算(1)中热稳态时固定各安装孔后的温度应力场。

请注意，本节例题中的材料参数均采用 Mechanical 中缺省的材料参数，不反映实际材料参数，本例题仅用于说明有关的分析方法和操作实现步骤。

本例题涉及到的知识点包括：

✓ 热分析及热应力分析流程搭建

✓ DM 建模方法

✓ Mechanical 热分析的材料参数和边界处理

✓ Mechanical 稳态热分析的选项设置

✓ Mechanical 瞬态热分析的初始条件及选项设置

✓ Mechanical 热分析的结果后处理方法

✓ Mechanical 热应力计算方法

2. 分析流程搭建

按照如下步骤搭建分析流程：

第 1 步：启动 ANSYS Workbench

第 2 步:创建项目文件

进入 Workbench 之后,单击 Save As 按钮,选择存储路径并将文件另存为"Thermal_Analysis",保存后的文件名出现在窗口标题栏上,如图 9-24 所示。

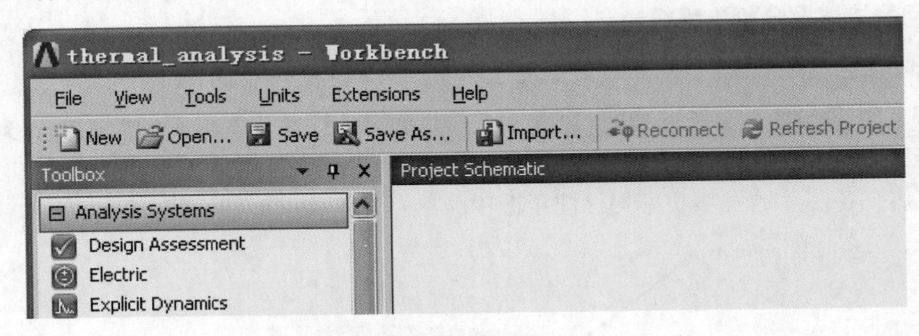

图 9-24 创建项目文件

第 3 步:创建几何组件

在 Workbench 工具箱的组件系统中,选择 Geometry 组件,将其用鼠标左键拖拽到 Project Schematic 窗口内(或者直接双击 Geometry 组件)。在 Project Schematic 内会出现名为 A 的 Geometry 组件。用鼠标选中 A2 栏(即 Geometry 栏)。

第 4 步:建立稳态热分析系统

在 Workbench 左侧工具箱的分析系统中选择 Steady-State Thermal,用鼠标左键将其拖拽至 A2(Geometry)单元格中,形成稳态热分析系统 B,该稳态分析系统的几何模型来源于几何组件 A。

第 5 步:建立瞬态热分析系统

在 Workbench 左侧工具箱的分析系统中选择 Transient Thermal,用鼠标左键将其拖拽至 B6(Solution)单元格上,在稳态热分析系统 B 的右侧形成瞬态热分析系统 C,该系统与稳态热分析系统共享 Engineering Data、Geometry、Model 单元格的数据,还采用稳态系统的结果作为初始条件。

第 6 步:建立静力结构分析(热应力计算)系统

在 Workbench 左侧工具箱的分析系统中选择 Static Structural,用鼠标左键将其拖拽至 B6(Solution)单元格上,在瞬态热分析系统 C 的下面形成静力结构分析(热应力计算)系统 D,该系统与稳态热分析系统共享 Engineering Data、Geometry、Model,还采用稳态系统的温度场分布结果作为载荷。

以上操作完成后,在 Project Schematic 中形成的分析流程如图 9-25 所示。

9.3.2 创建几何模型

在 ANSYS DM 中按照如下步骤来创建几何模型。

1. 启动 DM 组件

用鼠标点选 A2(Geometry)组件单元格,在其右键菜单中选择"New DesignModeler Geometry",如图 9-26(a)所示,启动 DM 建模组件。

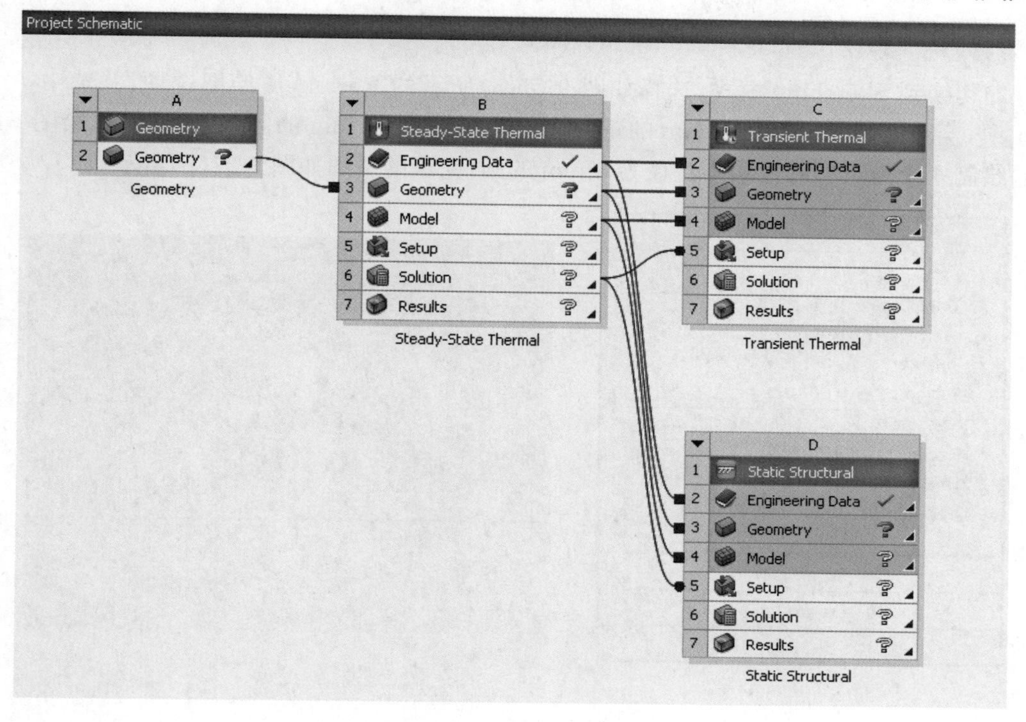

图 9-25　搭建的分析流程

2. 设置建模单位系统

在 DesignModeler 启动后，在如图 9-26(b)所示对话框设置建模长度单位为 Millimeter (mm)。

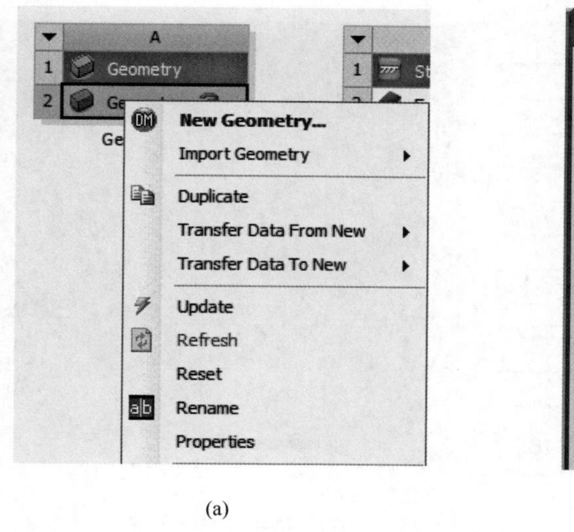

(a)

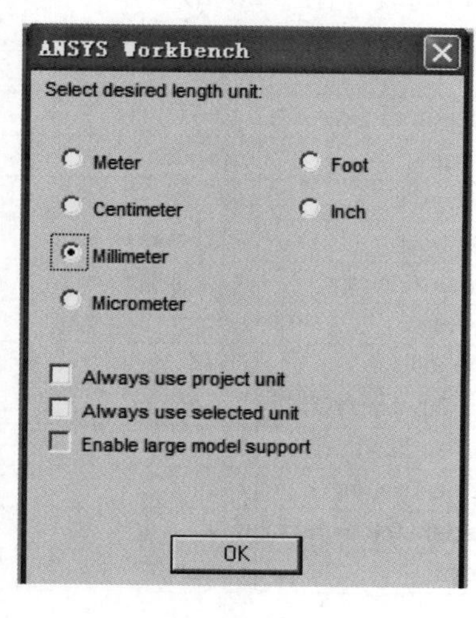

(b)

图 9-26　启动 DM 并选择建模单位

3. 绘制主电路板草图

按如下的分步骤进行操作：

(1)选择 按钮,正视于图纸。

(2)切换到 Sketching 模式,选择如图 9-27(a)所示的 Rectangle 绘图选项,并选中 Auto-Fillet 项,绘制长 48 mm、宽 28 mm 的矩形框,并倒半径为 4 mm 的圆角;然后使用绘图 circle 功能,绘制 4 个与矩形圆角同心直径为 3 mm 的圆;完成的草图如图 9-27(b)所示。

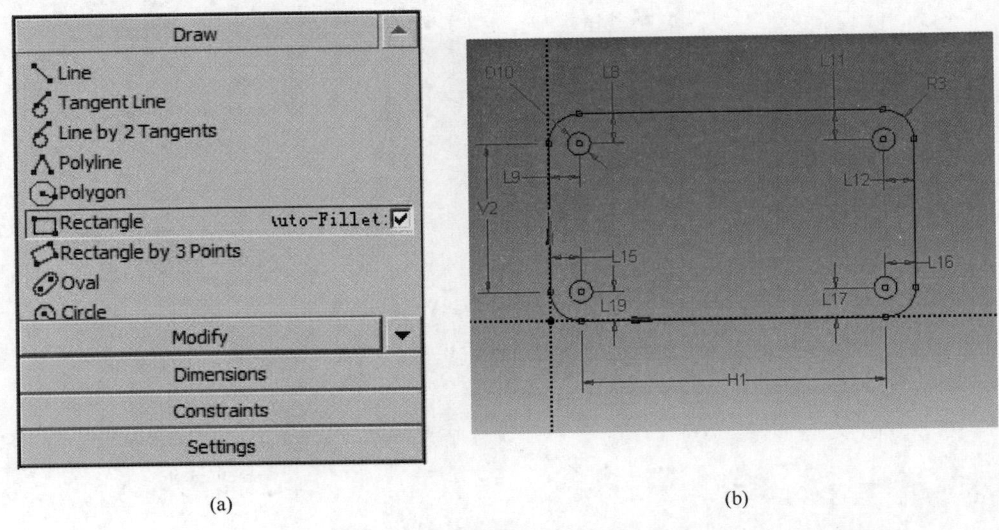

(a)　　　　　　　　　　(b)

图 9-27　主电路板草图及尺寸标注

4. 形成基板模型

切换到 3D 模式,使用 Extrude 功能,拉伸草图 Sketch1,拉伸厚度为 1 mm,该拉伸操作的详细窗口列表如图 9-28(a)所示,点 Generate 按钮,形成的拉伸效果图如图 9-28(b)所示。

Details of Extrude1	
Extrude	Extrude1
Geometry	Sketch1
Operation	Add Material
Direction Vector	None (Normal)
Direction	Normal
Extent Type	Fixed
FD1, Depth (>0)	1 mm
As Thin/Surface?	No
Merge Topology?	Yes
Geometry Selection: 1	
Sketch	Sketch1

(a) Extrude1的详细窗口列表

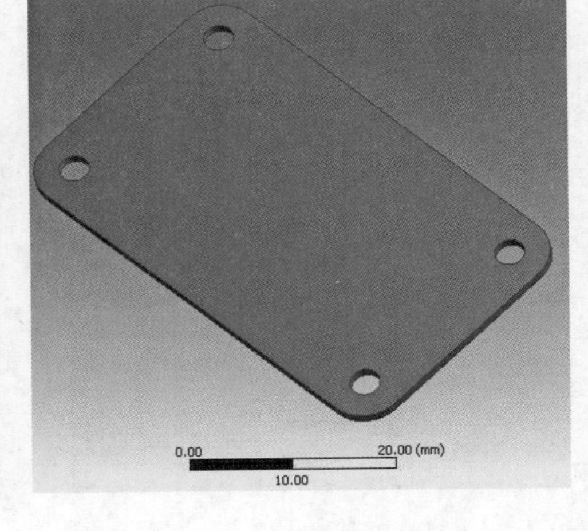

(b) Extrude1的最终效果图

图 9-28　Sketch1 的拉伸

5. 创建电路板上的圆柱元件模型

按如下的分步骤进行操作:

(1)选择基板模型的上表面,点击创建新平面 Plane4。

(2)基于新建的 Plane4 创建草图 Sketch2,点击,并正视于该草图。

(3)在 Sketch2 中画两个直径为 4 mm 的圆,两个圆的位置分别由到最近的基底薄板边的距离确定,上边圆的圆心到基底薄板上边和左边的距离都是 8 mm,下边圆的圆心到基底薄板左边与底边的距离分别为 8 mm、12 mm。草图 Sketch2 的效果图如图 9-29 所示。

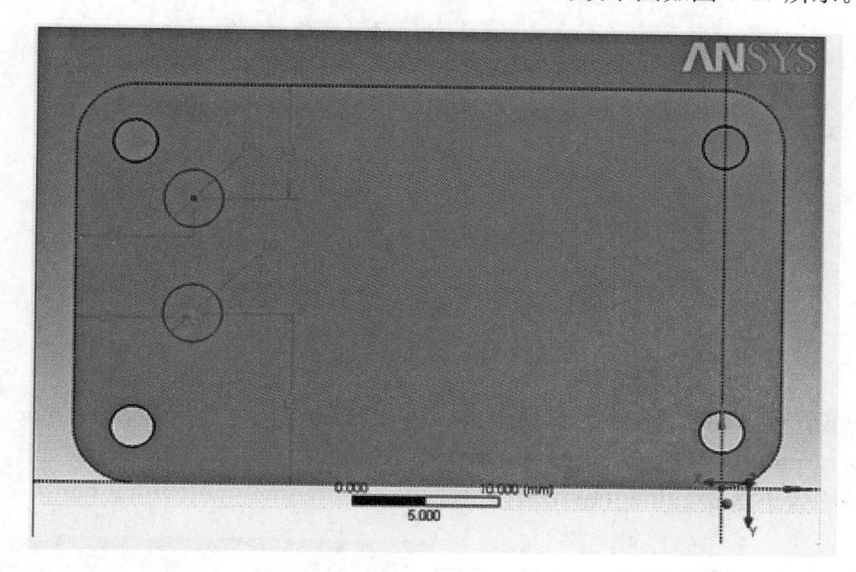

图 9-29　Sketch2 草图

(4)切换到 3D 模式。

(5)添加一个 Extrude,在其 Details 选项中,设置 Geometry 为 Sketch2,Operation 为 Add Frozen,拉伸的厚度 3 mm,该操作的详细窗口列表其他选项如图 9-30(a)所示。

(6)点 Generate 按钮,拉伸形成的模型如图 9-30(b)所示。

Details of Extrude2	
Extrude	Extrude2
Geometry	Sketch2
Operation	Add Frozen
Direction Vector	None (Normal)
Direction	Normal
Extent Type	Fixed
☐ FD1, Depth (>0)	3 mm
As Thin/Surface?	No
Merge Topology?	Yes
Geometry Selection: 1	
Sketch	Sketch2

(a)

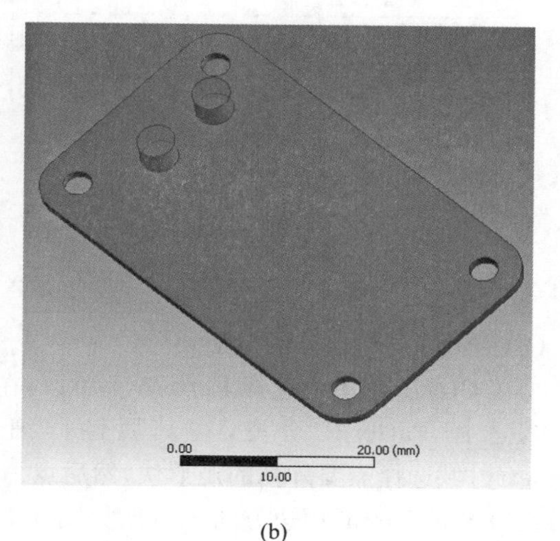

(b)

图 9-30　Sketch2 的拉伸

6. 创建矩形阵列元件

按如下的分步骤进行操作：

(1)基于 Plane4 创建草图 Sketch3，绘制长 4 mm、高 2 mm 的矩形如图 9-31 所示，矩形块左边到基底薄板左边的距离为 13 mm，矩形块上边到基底薄板上边的距离为 6 mm。

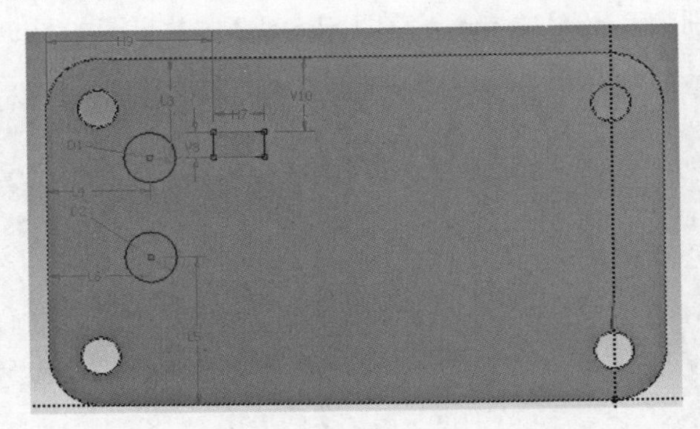

图 9-31　草图 Sketch3

(2)切换到 3D 模式，加入一个 Extrude，在其 Details 设置中选择 Geometry 为草图 Sketch3，Operation 为 Add Frozen，拉伸的距离为 1 mm，拉伸的其他详细选项如图 9-32(a)所示，拉伸的最终效果图如图 9-32(b)所示。

Details of Extrude3	
Extrude	Extrude3
Geometry	Sketch3
Operation	Add Frozen
Direction Vector	None (Normal)
Direction	Normal
Extent Type	Fixed
FD1, Depth (>0)	1 mm
As Thin/Surface?	No
Merge Topology?	Yes
Geometry Selection: 1	
Sketch	Sketch3

(a) Extrude3的详细窗口列表

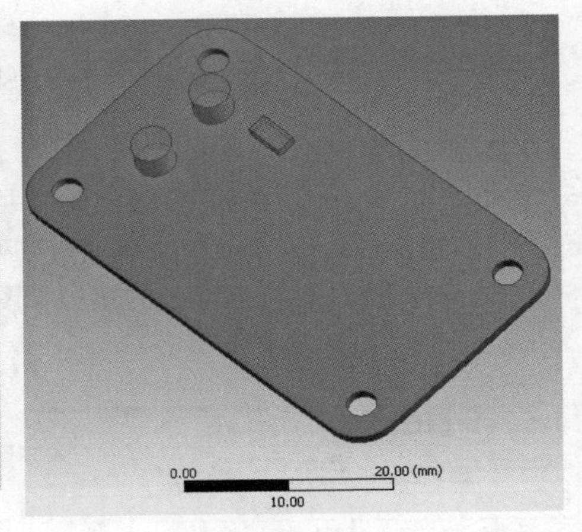

(b) Extrude3的最终效果图

图 9-32　Sketch3 的拉伸

(3)矩形阵列新拉伸的矩形块

①在 Create 菜单中选择 Pattern 菜单以，在建模历史树中增加一个 Pattern1 分支。

②选择 Pattern1 分支，在其属性详细窗口中指定 Pattern Type 为 Rectangular，Geometry；域选择需要阵列的矩形块，然后点 Apply；选择阵列方向为两个垂直的边，Offset 距离为长边方向 5 mm，短边方向 3 mm，如图 9-33(a)所示，阵列效果图如图 9-33(b)所示。

7. 创建两个大矩形电路块

(1)创建草绘

Details of Pattern1	
Pattern	Pattern1
Pattern Type	Rectangular
Geometry	1 Body
Direction	3D Edge
FD1, Offset	5 mm
FD3, Copies (>0)	2
Direction 2	3D Edge
FD4, Offset 2	3 mm
FD5, Copies 2 (>0)	2

(a) Pattern1的详细窗口列表

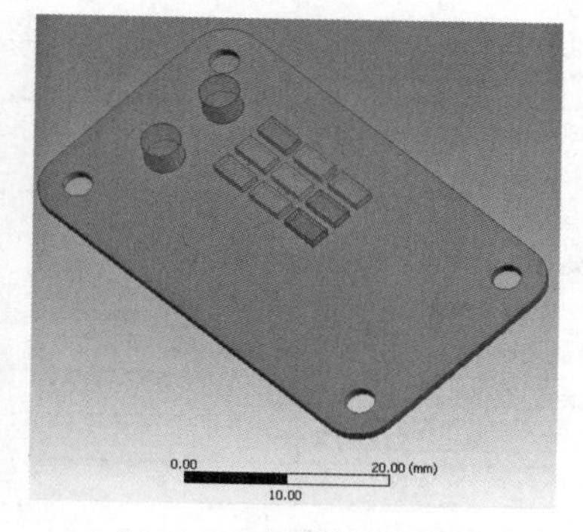

(b) Pattern1的最终效果图

图 9-33　阵列选项及结果

①绘制草图形状

基于 Plane4 创建 Sketch4，分别绘制横放和竖放的矩形块，如图 9-34 所示。

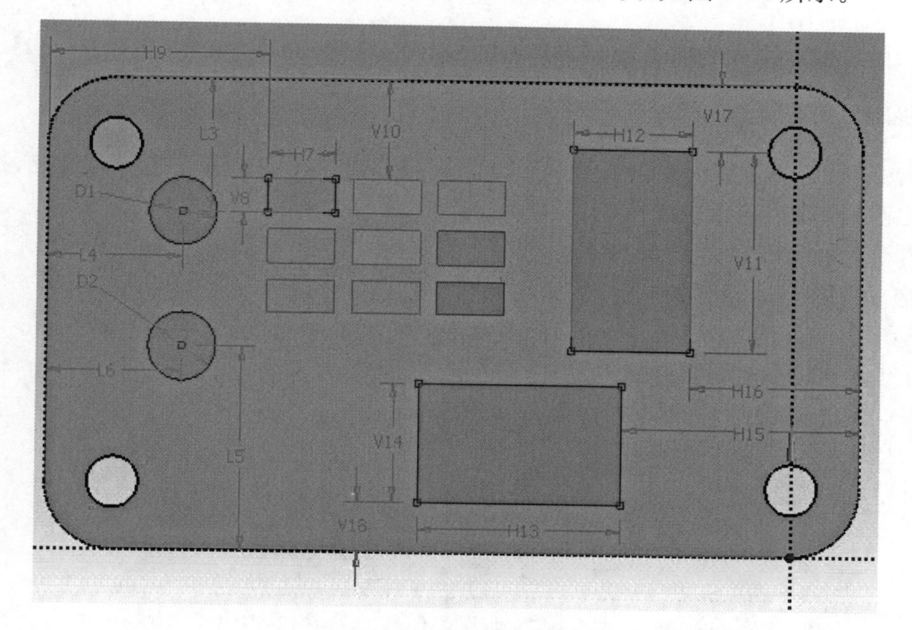

图 9-34　Sketch4 草图

②草图尺寸标注

横放的矩形块长 12 mm、宽 7 mm，矩形块底边到基底薄板底边的距离为 3 mm，矩形块右边到基底薄板右边的距离为 14 mm；竖放的矩形块高 12 mm、宽 7 mm，矩形块顶边到基底薄板顶边的距离为 4 mm，矩形块右边到基底薄板右边的距离为 10 mm，标注后的草图 Sketch4 如图 9-34 所示。

(2)拉伸形成大矩形块

①切换至 3D 模式，通过 Extrude 按钮增加一个新的 Extrude 分支。

②选择新加入的 Extrude 分支，在其 Details 属性中选择 Geometry 为 Sketch4，Operation 为 Add Frozen 拉伸距离为 2 mm，其拉伸操作的详细窗口列表如图 9-35(a)所示。

③点 Generate 按钮完成拉伸操作,形成的模型如图 9-35(b)所示。

Details of Extrude4	
Extrude	Extrude4
Geometry	Sketch4
Operation	Add Frozen
Direction Vector	None (Normal)
Direction	Normal
Extent Type	Fixed
FD1, Depth (>0)	2 mm
As Thin/Surface?	No
Merge Topology?	Yes
Geometry Selection: 1	
Sketch	Sketch4

(a)

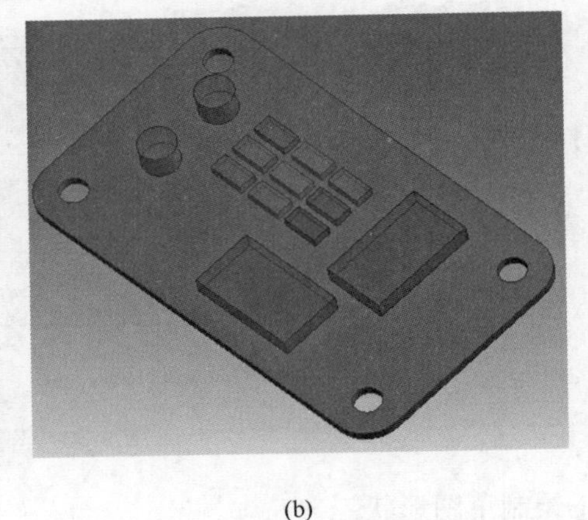

(b)

图 9-35 Sketch4 的拉伸

至此,已经全部完成建模操作,关闭 DM 返回 Workbench 界面。

9.3.3 稳态热传导计算

稳态热传导计算主要用于分析第一个电路块持续发热下的稳态温度分布情况,按照如下操作步骤完成稳态热传导计算。

1. 启动 Mechanical 并设置单位系统

(1)启动 Mechanical 组件

在 Workbench 的 Project Schematic 中双击 B4(Model)单元格,启动 Mechanical 组件,导入几何模型,如图 9-36 所示。

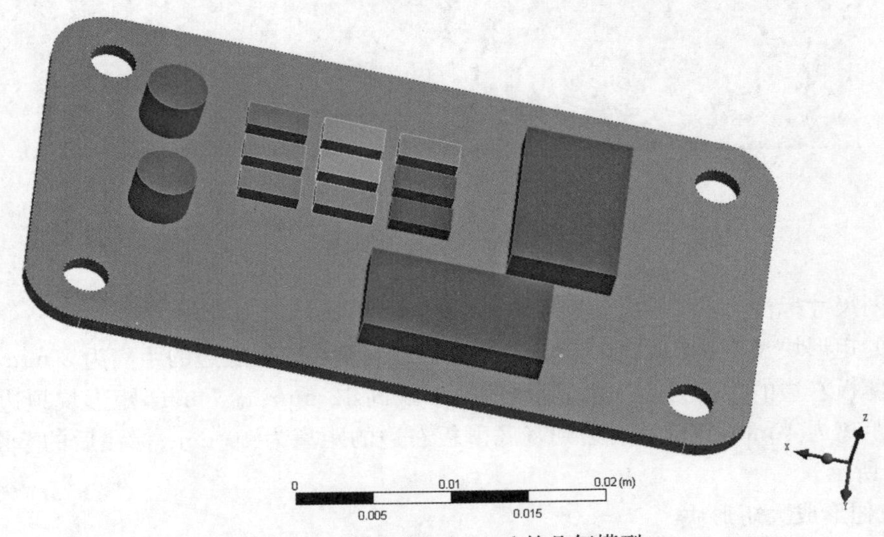

图 9-36 导入 Mechanical 的几何模型

(2)设置单位系统

通过 Mechanical 的 Units 菜单,选择单位系统为 Units>Metric(m,kg,N,s,V,A)。

2. 材料特性确认

选择 Geometry 分支下的第一个 SOLID body，然后按住 Shift 键选择 Geometry 分支下的最后一个 SOLID body，全部选择列表中的 SOLID 体，在 Details 属性中确认其材料均为 Structural Steel，如图 9-37 所示。

Details of "Multiple Selection"	
Graphics Properties	
Definition	
Suppressed	No
Stiffness Behavior	Flexible
Coordinate System	Default Coordinate System
Reference Temperature	By Environment
Material	
Assignment	Structural Steel
Nonlinear Effects	Yes
Thermal Strain Effects	Yes
Bounding Box	
Properties	
Statistics	

图 9-37　确认实体的材料

3. 网格划分

按照如下步骤进行网格划分。

(1)选择网格划分方法

在 Mesh 分支的右键菜单中选择 Insert>Method，在 Mesh 分支下出现一个 Method 分支。

选择 Method 分支，在工具栏中选择实体选择过滤按钮，通过菜单栏中的 Edit>Select All 功能选择所有的实体，然后在 Method 的详细窗口列表中点击 Apply，在详细窗口列表中设置 Method 为 Hex Dominant；设置 Free Face Mesh Type 为 All Quad；如图 9-38 所示。

Scope	
Scoping Method	Geometry Selection
Geometry	14 Bodies
Definition	
Suppressed	No
Method	Hex Dominant
Element Midside Nodes	Use Global Setting
Free Face Mesh Type	All Quad
Control Messages	Yes, Click To Display…

图 9-38　网格划分方法控制

(2)单元尺寸控制

1)板上各电路块的单元尺寸控制

①在 Mesh 分支的右键菜单中选择 Insert>Sizing，在 Mesh 分支下出现一个 Sizing 分支。

②选择 Sizing 分支，选择除基底薄板外的所有的实体，设置单元尺寸为 0.000 5 m，如图 9-39(a)所示。注意到此时 Sizing 分支名称自动改变为 Body Sizing。

2)电路板基板的尺寸控制

①在 Mesh 分支的右键菜单中选择 Insert>Sizing，在 Mesh 分支下出现另一个 Sizing2 分支。

②选择 Sizing 分支，选择基底薄板体，设置单元尺寸为 0.001 m，如图 9-39(b)所示。注意到此时 Sizing2 分支名称自动改变为 Body Sizing2。

Scope	
Scoping Method	Geometry Selection
Geometry	13 Bodies
Definition	
Suppressed	No
Type	Element Size
Element Size	5.e-004 m
Behavior	Soft

(a)元件的尺寸控制

Scope	
Scoping Method	Geometry Selection
Geometry	1 Body
Definition	
Suppressed	No
Type	Element Size
Element Size	1.e-003 m
Behavior	Soft

(b)电路板的尺寸控制

图 9-39 网格划分尺寸控制

(3)划分网格

在 Mesh 分支的右键菜单上,选择 Generate Mesh,划分单元后的模型如图 9-40 所示。

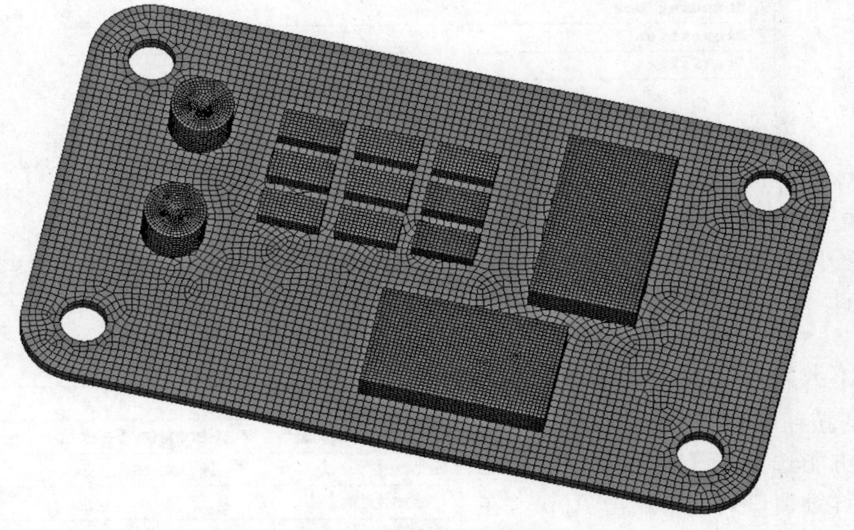

图 9-40 网格划分后的模型

选择 Mesh 分支,查看其 Statistics 统计信息,可以看到共产生节点(Nodes)43 680 个,单元(Elements)9 498 个。

4. 稳态热分析加载

(1)设置热源

①在模型树中选择 Steady-State Thermal(B5)分支,在工具栏上按下选择几何体(Body)的过滤按钮,在模型中选中如图 9-41(a)中高亮度显示的电路板元件,在图形区域点右键菜单,选择 Insert>Internal Heat Generation,在模型树中出现一个 Internal Heat Generation 分支。

②在模型树中选择新插入的 Internal Heat Generation 分支,在其 Details 属性中,设置大小设置为 1e7 W/m^3,如图 9-41(b)所示。

(2)设置对流边界

①在模型树中选择 Steady-State Thermal(B5)分支,在工具栏上按下选择几何体(Body)的过滤按钮,使用 Edit>Select All 功能选择所有实体,在图形显示区域点右键菜单,选择 Insert>Convection,在模型树中出现一个 Convection 分支。

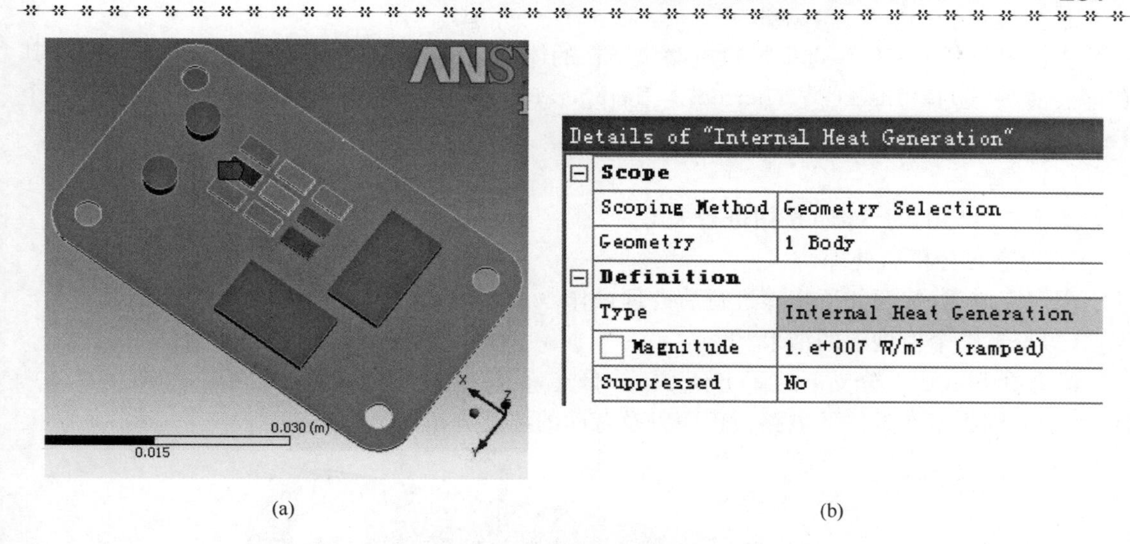

(a)　　(b)

图 9-41　稳态热分析加载

②在模型树中选择新插入的 Convection 分支，其 Details 属性如图 9-42(a)所示，在其中点选 Film Coefficient 后面的按钮，选择 import，在弹出的对话框中点选 Stagnant Air-Simplified Case，如图 9-42(b)所示，然后点击 ok。

③设置 Ambient Temperature(对流环境温度)为 22 摄氏度。

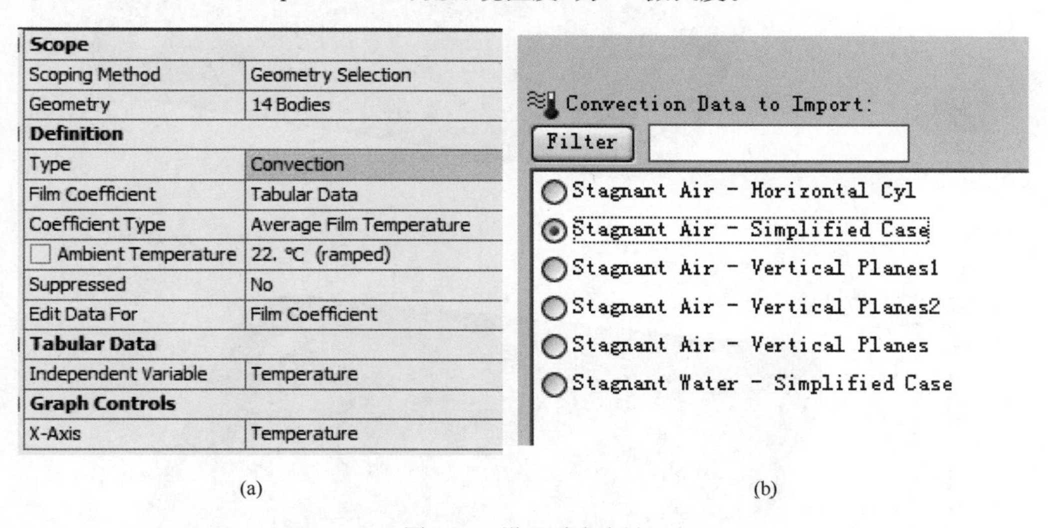

(a)　　(b)

图 9-42　设置对流边界

5. 稳态热分析求解

按照如下步骤完成求解过程。

(1)添加结果项目

①在模型树中选择 Solution 分支，在其右键菜单中选择 Insert>Thermal>Temperature 项目，在 Solution 分支下出现一个 Temperature 分支。

②在模型树中选择 Solution 分支，在其右键菜单中选择 Insert>Thermal>Total Heat Flux 项目，在 Solution 分支下出现一个 Total Heat Flux 分支。

③在图形显示窗口中选择加热电路块所在的体,然后在模型树中选择 Solution 分支,在其右键菜单中选择 Insert > Thermal > Temperature 项目,在 Solution 分支下出现一个 Temperature2 分支。

(2)求解

按下工具栏上的 Solve 按钮进行求解。

6. 稳态热分析后处理

求解完成后,按照如下步骤进行后处理操作。

(1)查看整个模型上的结果

①选择 Solution 分支下的 Temperature 分支,旋转模型查看温度分布结果,如图 9-43(a)、(b)所示分别为稳态条件下电路板正面以及背面的温度分布情况。

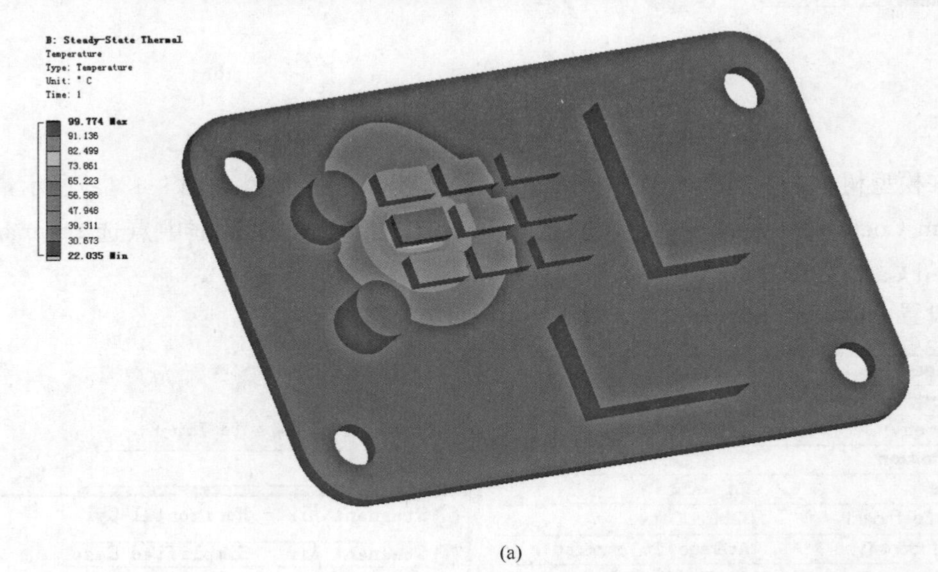

(a)

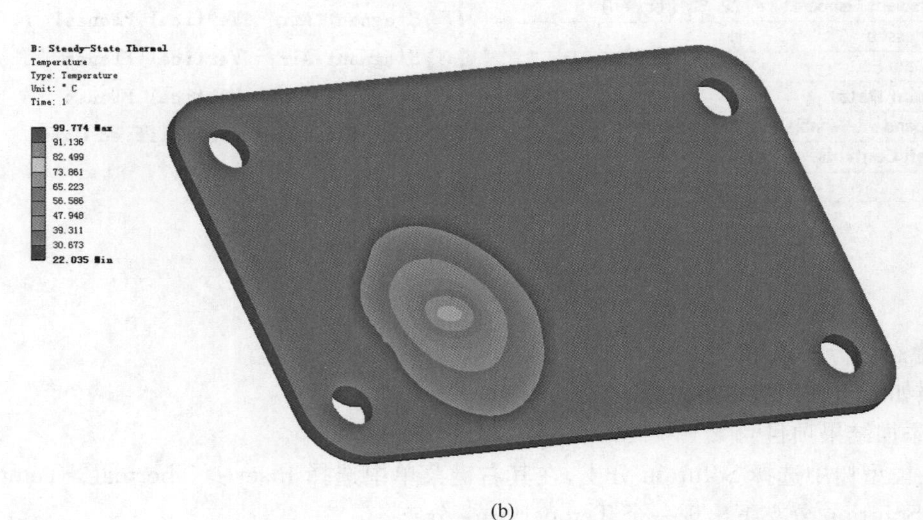

(b)

图 9-43　总体的温度场分布

②选择 Solution 分支下的 Total Heat Flux 分支，在工具条上选择 Vector Display，查看模型中的热通量分布矢量图，如图 9-44 所示。

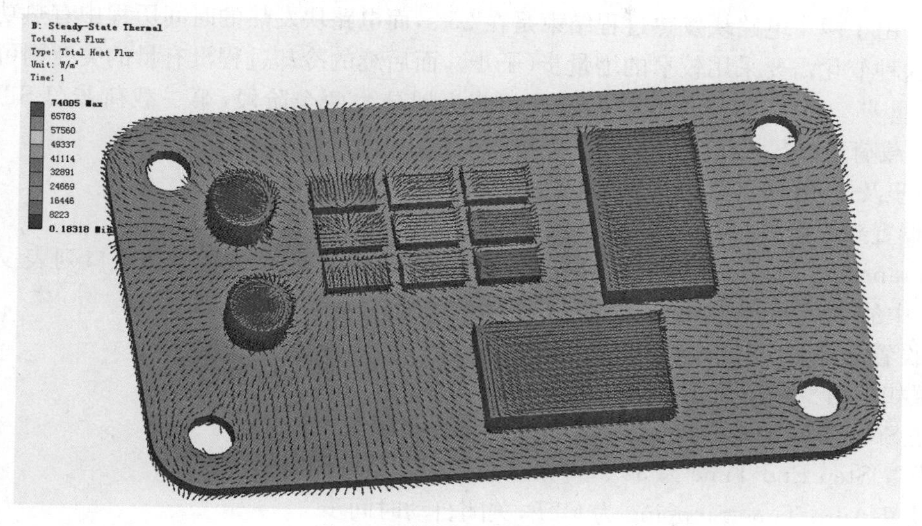

图 9-44 热通量分布矢量图

(2)查看局部发热电路块上的结果

选择 Solution 分支下的 Temperature2 分支，用图形缩放功能放大显示发热电路块上的温度分布情况，如图 9-45 所示，图中模型的其他部分被自动半透明显示。

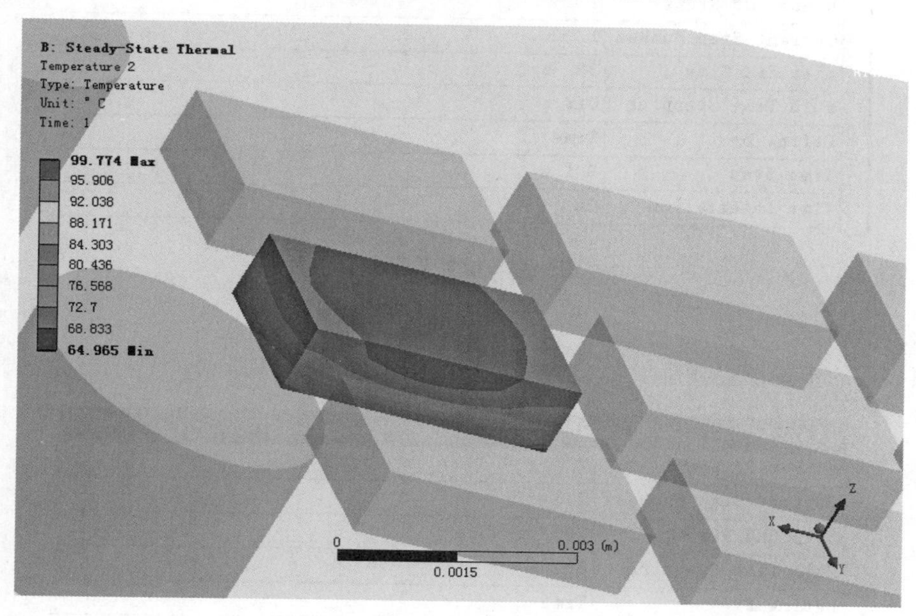

图 9-45 发热块的温度分布情况

9.3.4 瞬态热传导计算

瞬态热传导计算用于分析达到上述热稳态后，另外两个电路块在给定时间发热，随后整个电路板在对流中冷却的瞬态过程温度变化及分布情况。按照如下的步骤完成瞬态热传导计算过程。

1. 设置载荷步

为了模拟电路板上两个电路块工作发热直至冷却的整个过程的温度场,计算结束时间取为 200 s。由于两个电路块发热过程结束是在 25 s,而电路块发热的时间历程中有热功率的突变,捕捉这种变化需要采用较窄的增量步(子步),而后续的冷却过程没有量的突变则可以采用较宽的增量步。为此,整个分析过程通过载荷步划分为两个阶段,第一载荷步(LS1)为 0～30 s;第二载荷步(LS2)为 30～200 s。

载荷步及子步的具体设置过程如下。

(1)设置载荷步数

在 Transient Thermal(C5)下,高亮显示 Analysis Settings,在其详细窗口列表设置 Step Controls 中的 Number of Steps 为 2。

(2)设置载荷步 1

按照如下的步骤设置载荷步 1,设置完成后的结果如图 9-46 所示。

①在 Step Controls 中的 Current Step Number 域输入 1。

②设置 Step End Time 为 30 s,即第一个载荷步结束的时间。

③设置 Auto Time Stepping 为 OFF,关闭自动时间步。

④设置 Define By 为 Time,设置 Time Step 为 0.1 s,即第一个载荷步的增量步长。

⑤设置 Time Integration 为 On,打开积分效应。

Step Controls	
Number Of Steps	1.
Current Step Number	1.
Step End Time	30. s
Auto Time Stepping	Off
Define By	Time
Time Step	0.1 s
Time Integration	On

图 9-46 设置载荷步 1

(3)设置载荷步 2

按照如下的步骤设置载荷步 2,设置完成后的结果如图 9-47 所示。

Step Controls	
Number Of Steps	2.
Current Step Number	2.
Step End Time	200. s
Auto Time Stepping	On
Define By	Time
Carry Over Time Step	On
Minimum Time Step	0.1 s
Maximum Time Step	20. s
Time Integration	On

图 9-47 设置载荷步 2

①在 Step Controls 中的 Current Step Number 域输入 2。

②设置 Step End Time 为 200 s，即第二个载荷步结束的时间。

③设置 Auto Time Stepping 为 ON，打开自动时间步。

④设置 Define By 为 Time，设置 Carry Over Time Step 为 On，设置 Minimum Time Step 及 Maximum Time Step 分别为 0.1 s 和 20 s，即第二个载荷步的增量步长变化范围。

⑤设置 Time Integration 为 On，打开积分效应。

两个载荷步设置完成后，可以在 Graph 视图中看到载荷步的划分情况，如图 9-48 所示。

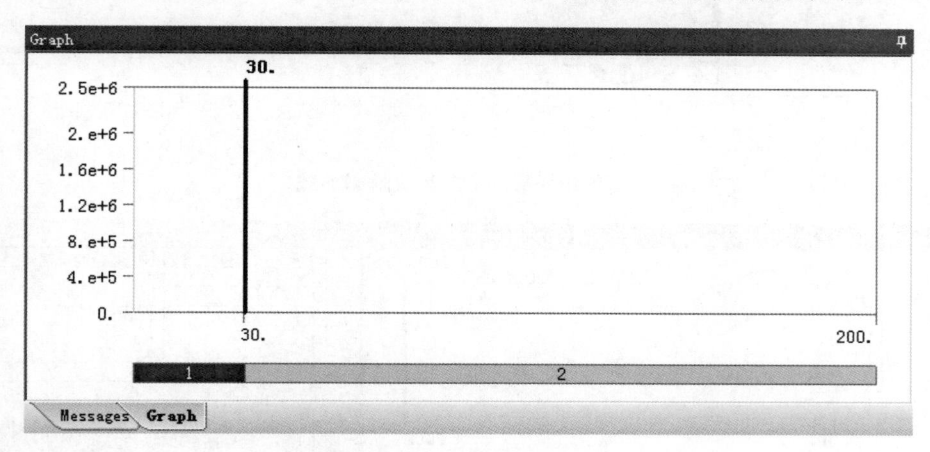

图 9-48　载荷步划分情况

2. 瞬态热分析加载

瞬态发热过程中先后有两块电路块阶段性工作发热，需分别指定其发热功率时间函数。此外还需指定对流边界条件。

(1)第 1 个电路块发热过程指定

①在模型树中选择 Transient Thermal(C5)分支，在工具栏上按下选择几何体(Body)的过滤按钮，在模型中选中如图 9-49(a)中高亮度显示的电路板元件，在图形显示区域点右键菜单，选择 Insert>Internal Heat Generation，在模型树中出现一个 Internal Heat Generation 分支。

②在模型树中选择新插入的 Internal Heat Generation 分支，在其 Details 属性中，点 Magnitude 右边的三角形，在弹出的列表中选择 Tabular(Time)，如图 9-49(b)所示。

③在 Mechanical 界面右下侧的 Tabular Data 中输入以下的热功率时间历程数值，其加载图形与列表如图 9-50 所示。

Time=0；Internal Heat Generation=0

Time=10；Internal Heat Generation=0

Time=10.1；Internal Heat Generation=1e7

Time=15；Internal Heat Generation=1e7

Time=15.1；Internal Heat Generation=0

Time=30；Internal Heat Generation=0

Time=200；Internal Heat Generation=0

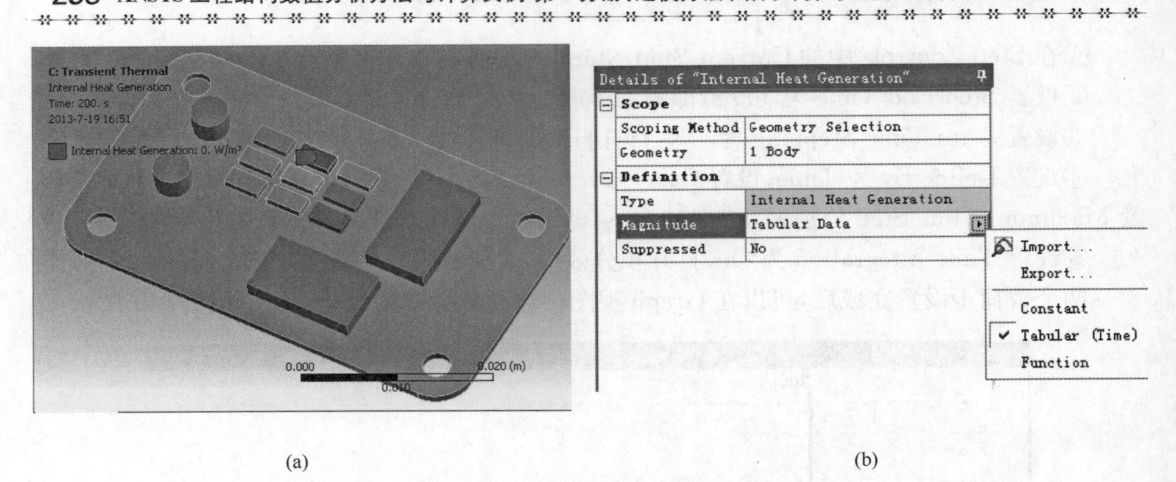

(a) (b)

图 9-49 第 1 个发热块瞬态加载

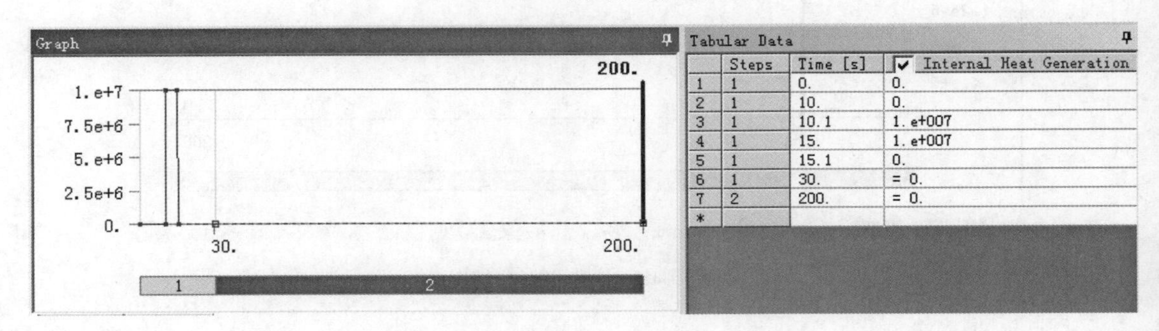

	Steps	Time [s]	Internal Heat Generation
1	1	0.	0.
2	1	10.	0.
3	1	10. 1	1. e+007
4	1	15.	1. e+007
5	1	15. 1	0.
6	1	30.	= 0.
7	2	200.	= 0.
*			

图 9-50 第 1 个发热块的功率时间函数

(2)第 2 个电路块发热过程指定

①在模型树中选择 Transient Thermal(C5)分支,在工具栏上按下选择几何体(Body)的过滤按钮,在模型中选中如图 9-51(a)中高亮度显示的电路板元件,在图形显示区域点右键菜单,选择 Insert>Internal Heat Generation,在模型树中出现一个 Internal Heat Generation 2 分支。

②在模型树中选择新插入的 Internal Heat Generation 2 分支,在其 Details 属性中,点 Magnitude 右边的三角形,在弹出的列表中选择 Tabular(Time),如图 9-51(b)所示。

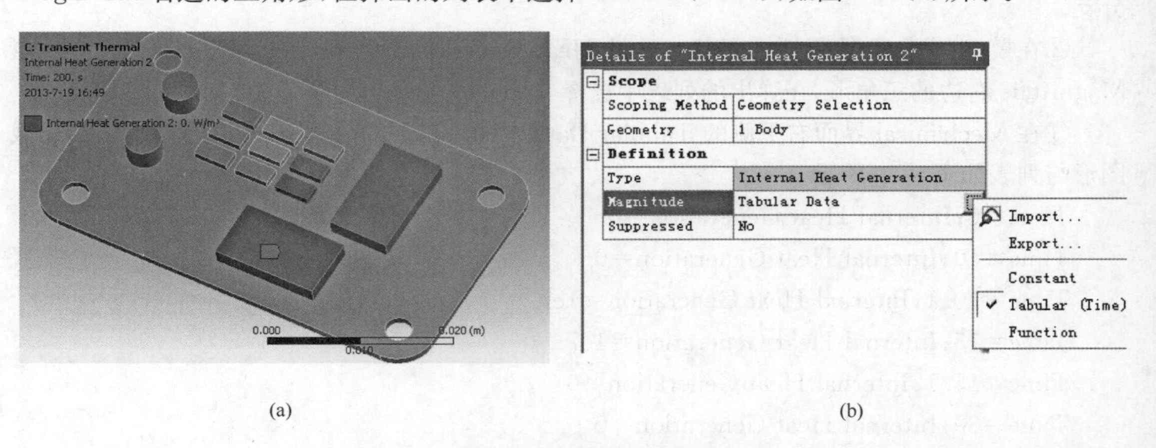

(a) (b)

图 9-51 第 2 个发热块瞬态加载

③在 Mechanical 界面右下侧的 Tabular Data 中输入以下的热功率时间历程数值，其加载图形与列表如图 9-52 所示。

Time＝0；Internal Heat Generation＝0

Time＝20；Internal Heat Generation＝0

Time＝20.1；Internal Heat Generation＝2.5e6

Time＝25；Internal Heat Generation＝2.5e6

Time＝25.1；Internal Heat Generation＝0

Time＝30；Internal Heat Generation＝0

Time＝200；Internal Heat Generation＝0

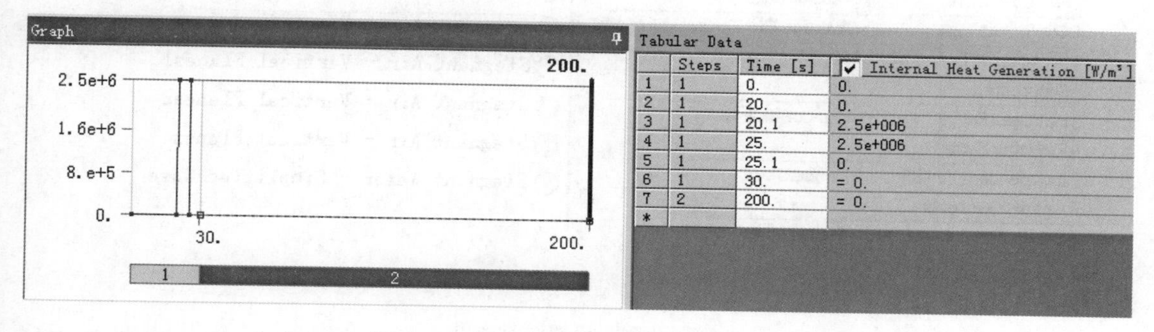

图 9-52　第 2 个发热块的功率时间函数

两个发热块功率时间历程函数指定后，Graph 视图中显示出载荷步划分及载荷时间函数，如图 9-53 所示。

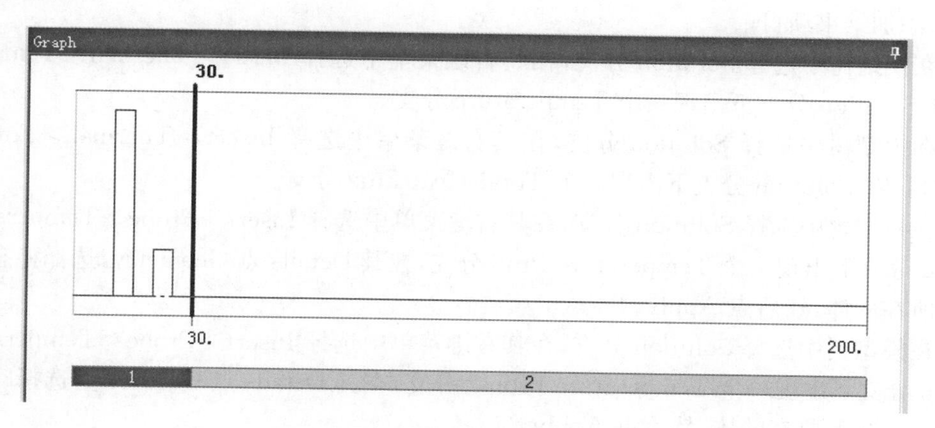

图 9-53　载荷步及载荷时间历程

(3)对流边界条件的指定

按照如下步骤定义空气对流边界。

①加入对流边界分支

在模型树中选择 Transient Thermal(C5)分支，在工具栏上按下选择几何体(Body)的过滤按钮，使用 Edit>Select All 功能选择所有实体，在图形显示区域点右键菜单，选择 Insert>Convection，在模型树中出现一个 Convection 分支。

②设置对流换热系数

在模型树中选择新插入的 Convection 分支，其 Details 如图 9-54(a)所示，点选 Film Coefficient 后面的 ▸ 按钮，选择 import，在弹出的对话框中点选 Stagnant Air-Simplified Case，如图 9-54(b)所示，然后点击 ok。

③设置 Ambient Temperature(对流环境温度)为 22 摄氏度。

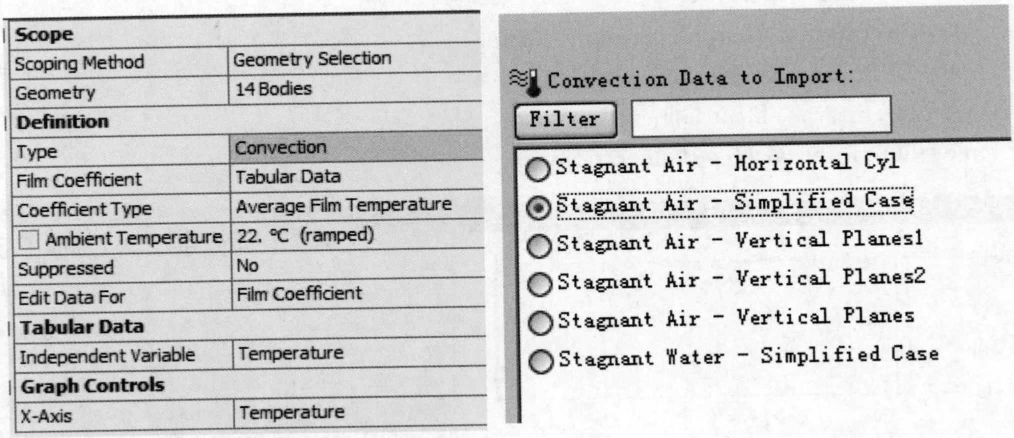

Scope	
Scoping Method	Geometry Selection
Geometry	14 Bodies
Definition	
Type	Convection
Film Coefficient	Tabular Data
Coefficient Type	Average Film Temperature
Ambient Temperature	22. ℃ (ramped)
Suppressed	No
Edit Data For	Film Coefficient
Tabular Data	
Independent Variable	Temperature
Graph Controls	
X-Axis	Temperature

(a)

Convection Data to Import:

Filter

- Stagnant Air - Horizontal Cyl
- Stagnant Air - Simplified Case
- Stagnant Air - Vertical Planes1
- Stagnant Air - Vertical Planes2
- Stagnant Air - Vertical Planes
- Stagnant Water - Simplified Case

(b)

图 9-54　设置对流边界

3. 求解及计算结果后处理

按照如下的步骤进行求解并查看计算结果。

(1)添加结果项目

①在模型树中选择 Solution 分支，在其右键菜单中选择 Insert>Thermal>Temperature 项目，在 Solution 分支下出现一个 Temperature 分支。

②在模型树中选择 Solution 分支，在其右键菜单中选择 Insert>Thermal>Total Heat Flux 项目，在 Solution 分支下出现一个 Total Heat Flux 分支。

③在模型树中选择 Solution 分支，在其右键菜单中选择 Insert>Probe>Temperature，在 Solution 分支下出现一个 Temperature Prob 分支，在其 Details 点 Geometry，选择稳态分析中的热源所在的体，然后点 Apply。

④在模型树中选择 Solution 分支，在其右键菜单中选择 Insert>Probe>Temperature，在 Solution 分支下出现一个 Temperature Prob 2 分支，在其 Details 点 Geometry，选择瞬态分析中的第一个热源所在的体，然后点 Apply。

⑤在模型树中选择 Solution 分支，在其右键菜单中选择 Insert>Probe>Temperature，在 Solution 分支下出现一个 Temperature Prob 3 分支，在其 Details 点 Geometry，选择瞬态分析中的后面一个热源所在的体，然后点 Apply。

(2)求解

点击工具栏上的 Solve 按钮进行求解。

(3)查看总体温度分布变化情况

①选择 Solution 下面的 Temperature，在 Graph 中可以看到整个模型最高温度、最低温度结果的时间历程如图 9-55 所示。上面曲线为模型最高温度随时间的变化，下面几乎水平的线

为不同时刻模型的最低温度。

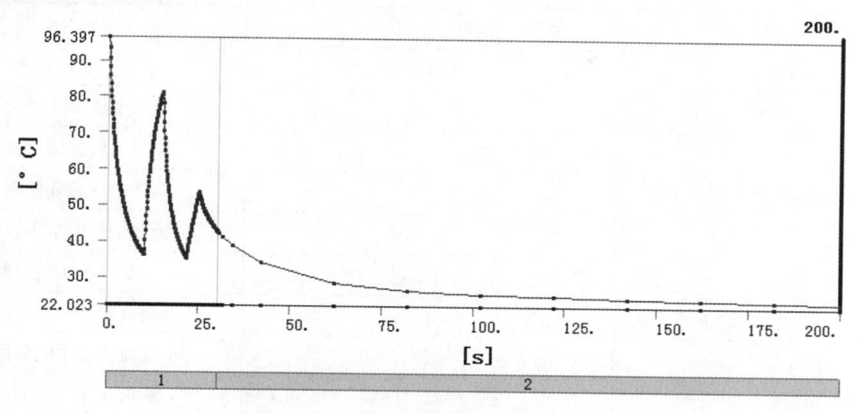

图 9-55　模型中的最高、最低温度时间历程

②在 Graph 右侧的 Tabular Data 中，列出了各增量步结束时刻的最高、最低温度。如图 9-56 所示。

Tabular Data

	Time [s]	Minimum [° C]	Maximum [° C]
1	0.1	22.035	96.397
2	0.2	22.035	93.284
3	0.3	22.035	90.453
4	0.4	22.035	87.882
5	0.5	22.035	85.541
6	0.6	22.035	83.397
7	0.7	22.035	81.423
8	0.8	22.035	79.597
9	0.9	22.035	77.9
10	1.	22.035	76.314
11	1.1	22.035	74.827
12	1.2	22.035	73.428
13	1.3	22.035	72.107
14	1.4	22.035	70.857
15	1.5	22.035	69.67

图 9-56　Tabular 显示的计算结果

(4)查看温度分布等值线图

在 Tabular Data 列表中选取一系列有代表性的时间节点所在的行，点鼠标右键，选择 Retrieve This Result，如图 9-57 所示，以查看模型中对应时刻的温度分布情况。

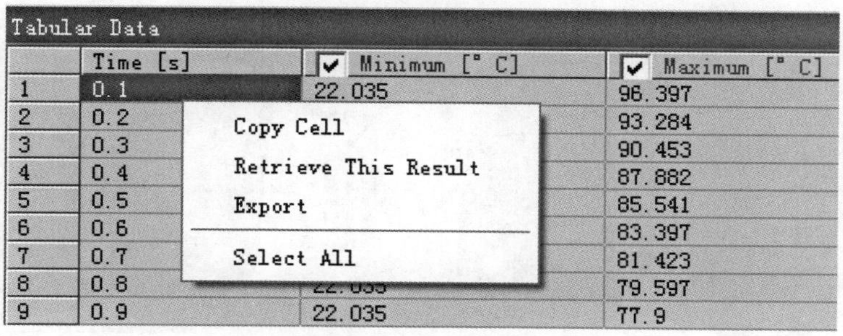

Tabular Data

	Time [s]	Minimum [° C]	Maximum [° C]
1	0.1	22.035	96.397
2	0.2		93.284
3	0.3		90.453
4	0.4		87.882
5	0.5		85.541
6	0.6		83.397
7	0.7		81.423
8	0.8		79.597
9	0.9	22.035	77.9

Copy Cell
Retrieve This Result
Export
Select All

图 9-57　选择后处理结果的时刻

在此处选择的时间节点列于表 9-2 中。

表 9-2　后处理查看的时间节点

时　　刻	载 荷 步	时间节点意义
0.1	1	起始时刻
10.1	1	第 1 个热源开始发热时刻
15.1	1	第 1 个热源结束发热时刻
20.1	1	第 2 个热源开始发热时刻
25.1	1	第 2 个热源结束发热时刻
30.0	1-2	载荷步 1 结束时刻
62.2	2	载荷步 2 中间时间节点
122.2	2	载荷步 2 中间时间节点
162.2	2	载荷步 2 中间时间节点
200	2	计算结束时刻

一系列不同时刻的温度场分布如图 9-58 所示。

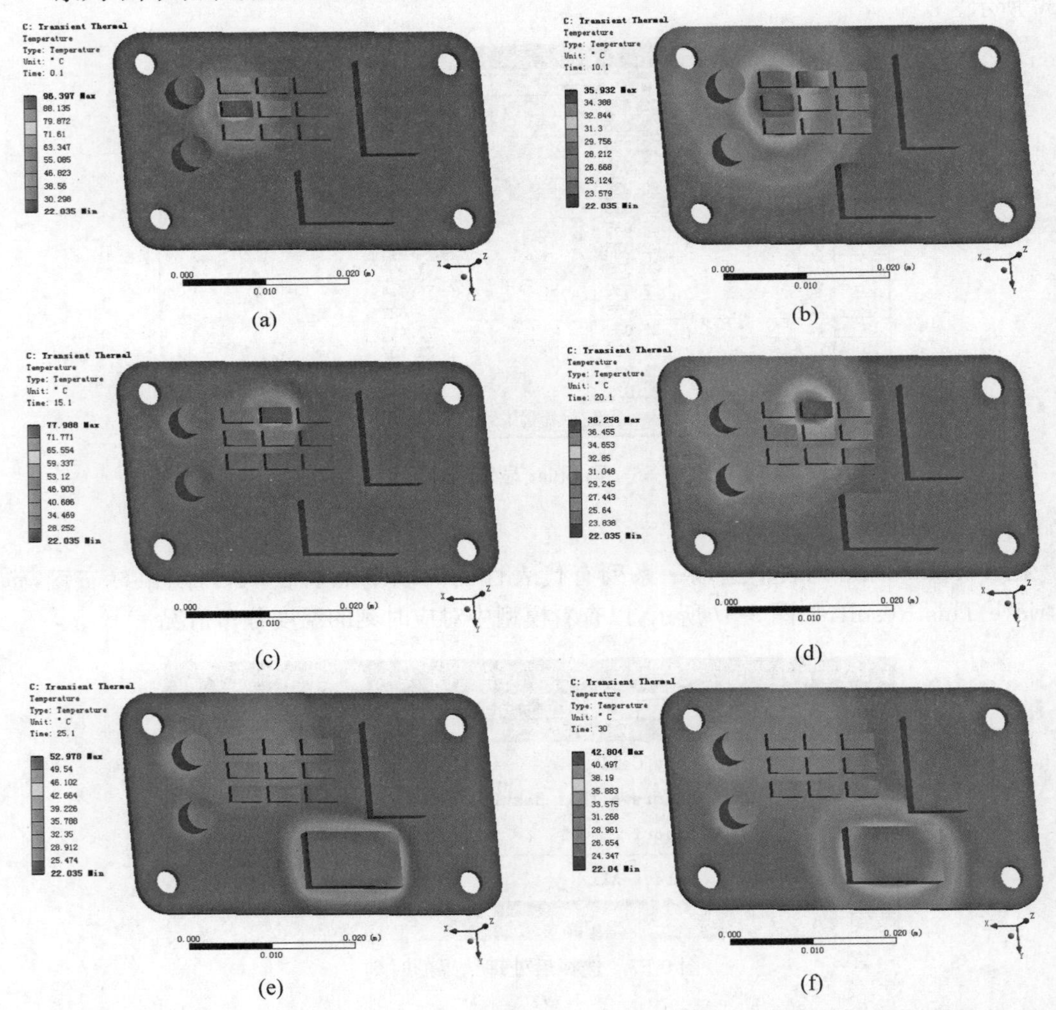

(a)　(b)　(c)　(d)　(e)　(f)

图　9-58

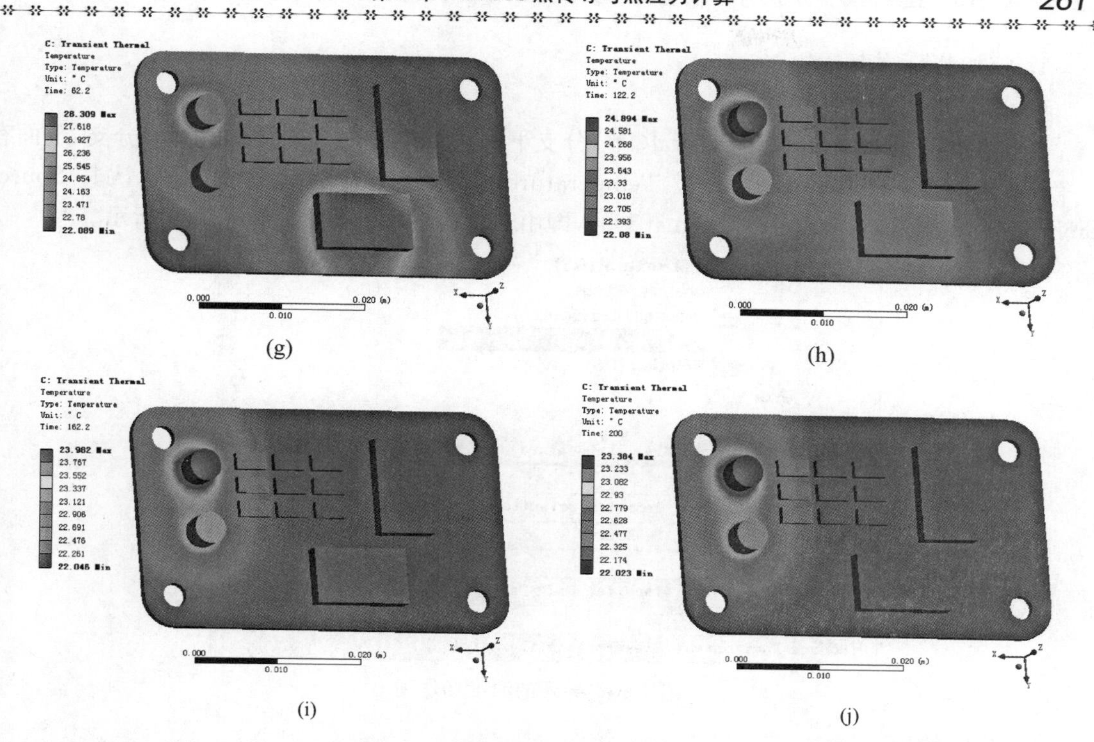

图 9-58 不同时刻的温度分布等值线结果

(5)查看 Prob 结果

选中模型树中的三个 Temperature Probe 分支,点击工具条中的 New Chart and Table 按钮( ),在模型树的最下面出现一个 Chart,选择此 Chart,在 Graph 中得到三个热源的温度时间历程,在 Graph 空白处右键选择 Show Legend,则可显示图例标记,如图 9-59 所示。

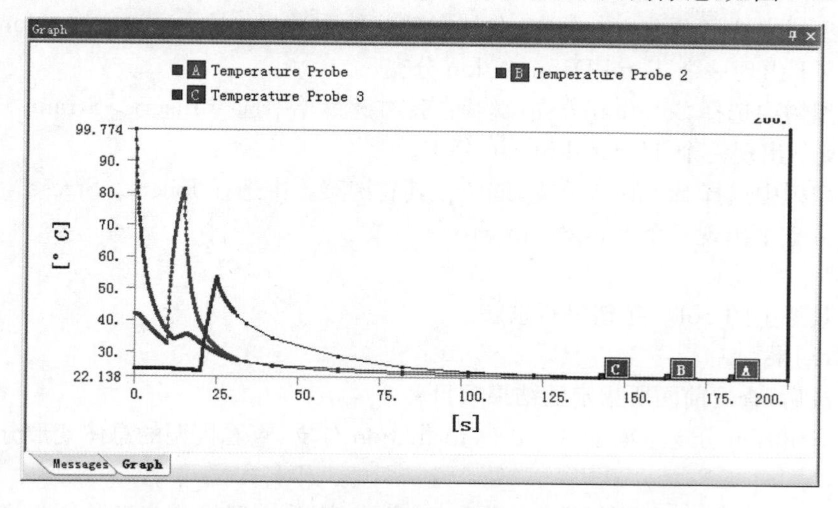

图 9-59 三个发热源的温度时间历程 Chart 图示

9.3.5 热应力计算

本节计算热稳态时约束四个安装孔引起的热应力,具体计算过程如下。

1. 施加载荷约束

(1)确认温度场作用

在模型树中选择 Static Structural(D5)分支下面的 Imported Load(Solution)分支，下面有一个自动被导入的 Imported Body Temperature，点此分支查看其 Details，确认其 Source Environment 为 Steady-State Thermal(B5)，即由热稳态分析所导入，如图 9-60 所示。

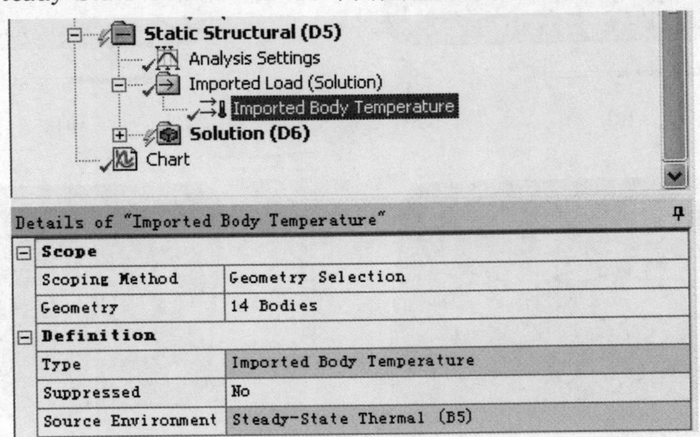

图 9-60　导入的温度场作用

(2)指定约束

在模型树中选择 Static Structural(D5)分支，在工具栏上切换选择过滤按钮为选择面(Face)，在图形显示窗口中选择四个安装孔圆柱面，鼠标右键菜单中选择 Insert＞Fixed Support，在模型树中出现一个 Fixed Support 分支。

2. 求解并查看结果

(1)加入计算结果项目

①在模型树中选择 Solution 分支，在其右键菜单中选择 Insert＞Deformation＞Total，在 Solution 分支下出现一个 Total Deformation 分支。

②在模型树中选择 Solution 分支，继续在其右键菜单中选择 Insert＞Strain＞Thermal，在 Solution 分支下出现一个 Thermal Strain 分支。

③在模型树中选择 Solution 分支，继续在其右键菜单中选择 Insert＞Stress＞Equivalent，在 Solution 分支下出现一个 Equivalent Stress 分支。

(2)求解

按下工具栏上的 Solve 按钮进行求解。

(3)查看结果

计算完成后，查看前面所指定的结果项目。

①选择 Solution 分支下面的 Total Deformation 分支，查看模型的总体变形分布情况如图 9-61 所示。

②选择 Solution 分支下面的 Thermal Strain 分支，查看模型的总体变形分布情况如图 9-62 所示，可以看到热应变主要集中于热源附近。

③选择 Solution 分支下面的 Equivalent Stress 分支，查看模型的等效应力分布情况如图 9-63 所示。

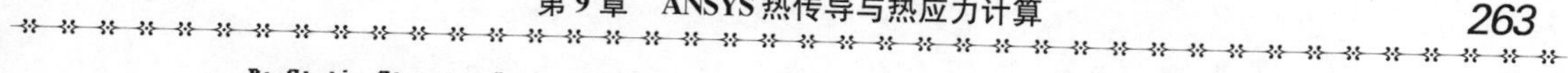

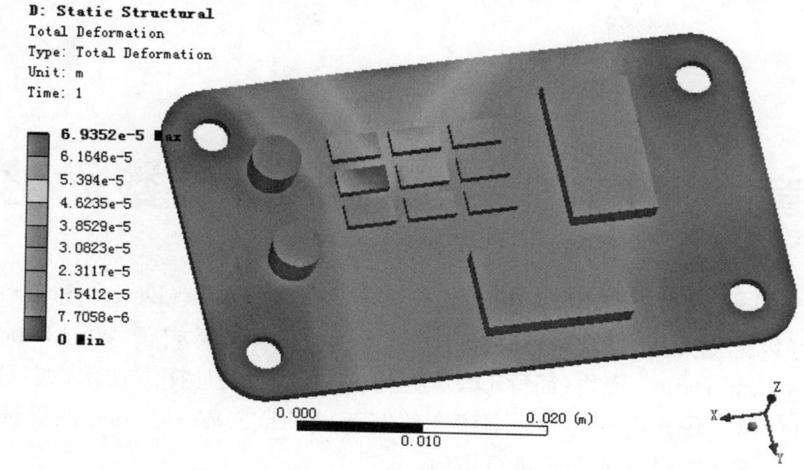

图 9-61　变形分布等值线图

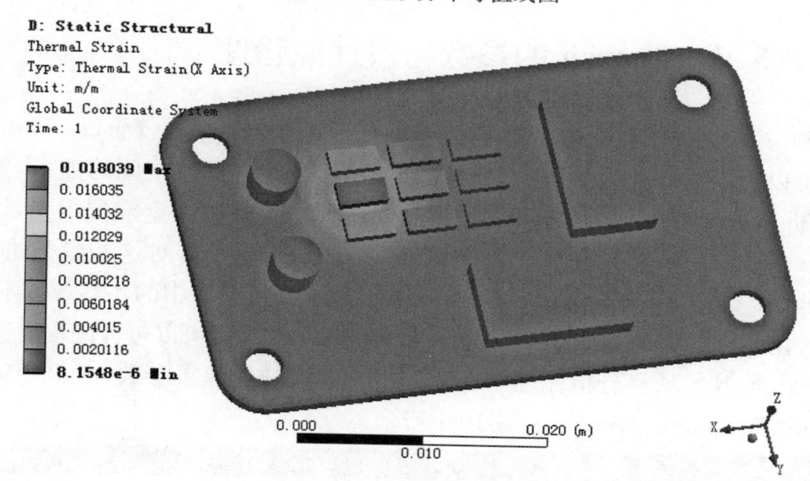

图 9-62　热应变分布情况

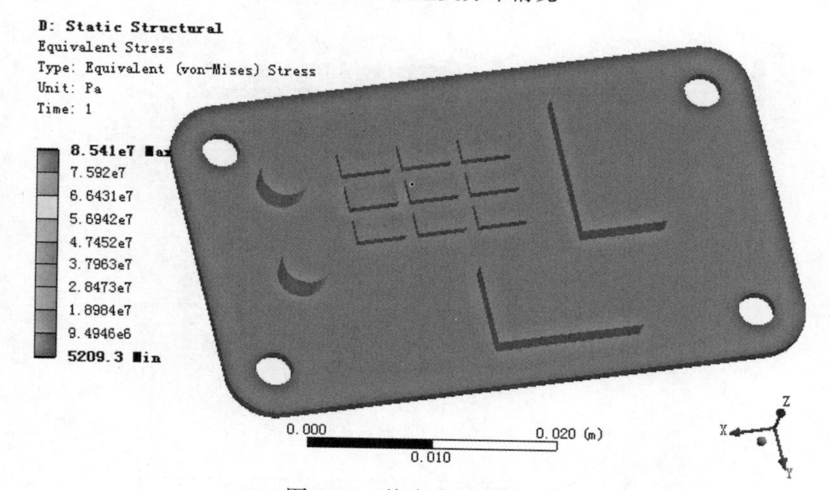

图 9-63　热应力计算结果

第 10 章　ANSYS Workbench 参数优化技术

ANSYS Workbench 环境提供了参数(Parameter)以及设计点(Design Point)的管理功能和界面,用户可以通过此界面进行 what-if 型的设计探索。集成于 Workbench 环境中的 ANSYS Design Exploration 模块(简称 DX)则提供进一步的设计探索技术(如:DOE 技术、响应面技术)及目标驱动优化设计功能。本章介绍基于 ANSYS Workbench 的设计探索及参数优化方法,结合分析例题对有关问题进行讲解。

10.1　ANSYS Workbench 的参数与设计点管理

ANSYS Workbench 环境提供了参数(Parameter)以及设计点(Design Point)的管理功能,这些功能可以帮助用户研究和探索结构的性能响应与设计参数之间的关系,并进行 what-if 型问题的分析。进行参数及设计点研究,首先要在分析过程中指定或提取参数。这些参数来源于 Project Schematic 项目流程的各个组件,Workbench 负责对这些参数进行统一的管理。Workbench 的参数分为 Input 参数以及 Output 参数,分析项目中的各参数取不同数值形成一个组合方案,在 Workbench 被称作一个设计点,Workbench 项目可以包含任意数量的设计点。

只要 Workbench 的项目分析流程中有程序组件定义或提取了参数,在 Project Schematic 中就会出现一个 Parameter Set 条,如图 10-1 所示。

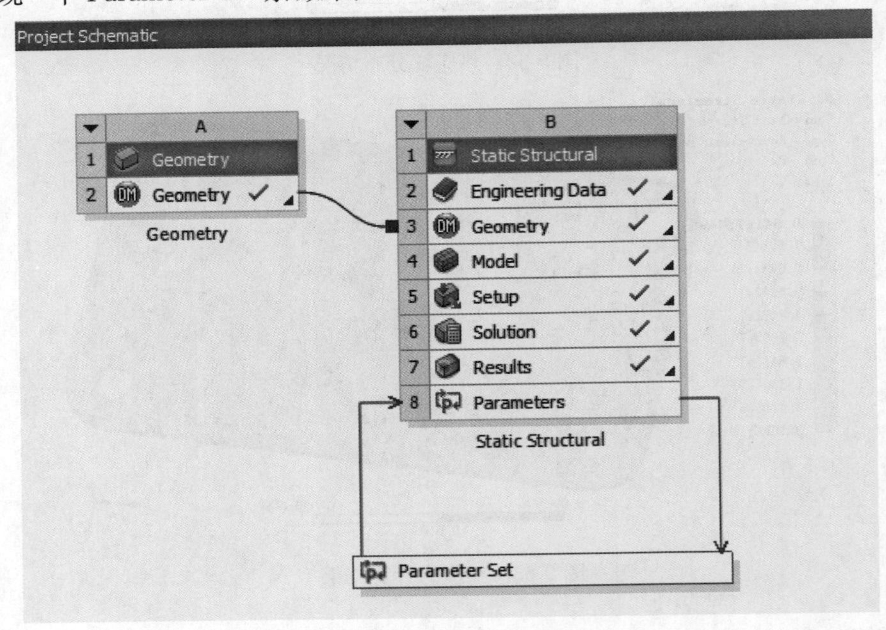

图 10-1　Parameter Set

在 Project Schematic 中双击 Parameter Set 条，进入如图 10-2 所示的参数管理界面。

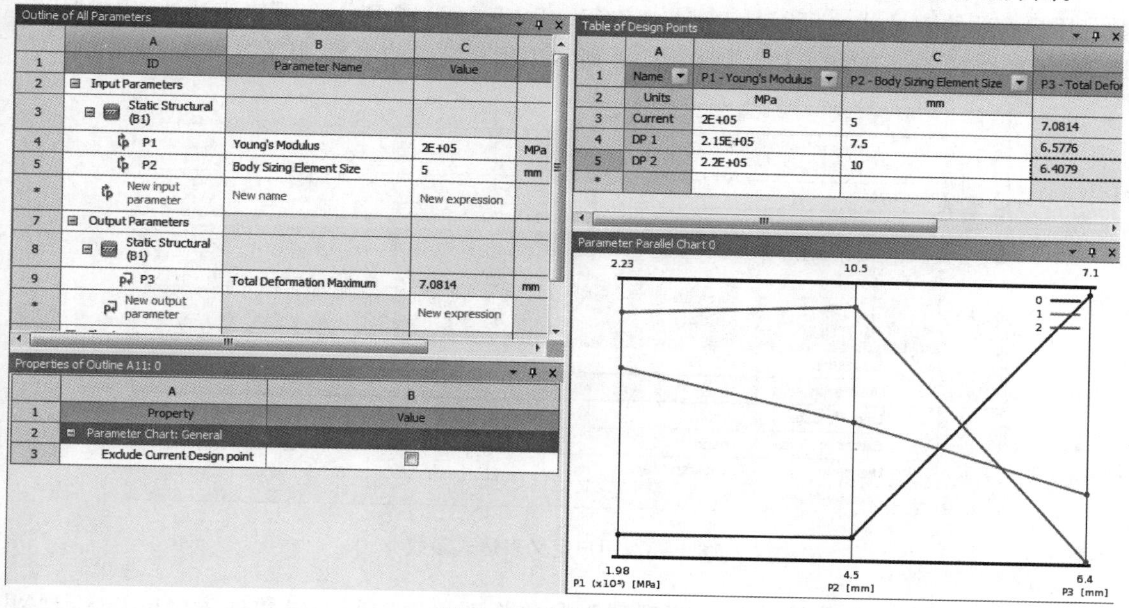

图 10-2　参数管理界面

基于此界面可以实现统一分析项目中所有参数的管理，参数包括输入参数、输出参数以及用户定义表达式参数等三种类型，下面简单介绍各类参数的特点。

1. 输入参数

Workbench 的输入参数通常是一些几何设计参数，如：几何模型的长度、直径、厚度等尺寸参数，也可以是荷载或边界条件参数，如：施加力的数值、强迫位移数值等。输入参数可以分为连续型、离散型。连续型参数的取值范围是一个连续的介于上、下限之间的实数区间，而离散型参数的取值范围被限定为若干个整数，如：开孔的个数、点焊的个数等都是典型的离散型参数。对于连续型输入参数，还可以指定 Manufacturable Values 过滤器。Manufacturable Values 代表着实际制造或生产的限制条件，如钻头的尺寸、钢板厚度或可用的螺栓直径等。应用了 Manufacturable Values 过滤器的连续型参数，只有实际存在的参数取值才会被用于计算结果的后处理。

2. 输出参数

狭义的输出参数是结构分析得出的响应参数，常见的响应参数包括但不限于频率、变形、应力、温度、热通量等。此外在 DX 中，一些从几何模型或有限元模型中计算统计出来的参数（如：总体积、总表面积、总质量、计算模型的总单元数等）也被归入输出参数中。

3. 导出参数

导出参数是一类特殊的输出参数，导出参数由包含一系列输入参数和（或）输出参数的表达式定义和计算得出，比如：结构总造价就是一个典型的导出参数。导出参数一般为用户自定义并作为输出参数传递给 Workbench。

Workbench 允许用户通过表达式定义新的参数，用户可以在变量的 Properties 区域的 Expression 一栏中输入参数表达式来定义导出参数，也可以直接在 Outline 区域的 Value 一栏中输入表达式。导出参数一经添加，其值在 Outline 的 Value 栏中只能读不能写，而在该参数的 Properties 一栏中总是可以进行编辑。在参数表达式中支持一些常用的函数类型，如：abs、 sqrt、sinh、cosh、tanh、log10、loge、sin、cos、tan、asin、acos、atan、exp、max、min 等，还支持 pi、e 等常数。用户参数的表达式也可以是 Python 值“True”、“False”，或 Python 逻辑表达式，比如“P1>P2”、“P1==10 and P2==10”。如图 10-3 所示为用户定义的参数，其表达式为 P2/1000。

9	P3	Output Parameter		m
*	New output parameter		New expression	
11	Charts			

Properties of Outline A8: P3

	A	B
1	Property	Value
2	General	
3	Expression	P2/1000
4	Description	
5	Error Message	
6	Expression Type	Derived
7	Usage	Expression Output
8	Quantity Name	Length

图 10-3　用户定义表达式参数

上述各种类型的参数及其当前值都列于参数管理界面中间的参数列表(Outline of All Parameters)，参数 Outline 下方为 Properties 区域。

在参数管理界面的右侧为设计点列表以及参数变量绘图区域。“Table of Design Points”表列出了一系列输入变量的不同取值组合及其对应的输出变量的取值表，此表被称为设计点列表。所谓设计点(Design Points)，就是一组给定的输入参数值的组合及其相对应的输出参数取值，一个设计点实际上代表了一种设计方案。输入参数在其取值范围内变化和组合，可以有很多的设计点，这些设计点就构成了一个设计空间。在设计点的列表的下方，可以绘制各种参数平行图 Parameter Parallel Chart(All)或参数变量关系曲线图 Parameter Chart。要绘制这些图，在界面最左侧的 Toolbox 中选择相应的 Chart 类型然后双击，在 Outline 区域的 Chart 目录下即出现新增的 Chart 分支。如图 10-4 所示为一个变量关于设计点变化的曲线。

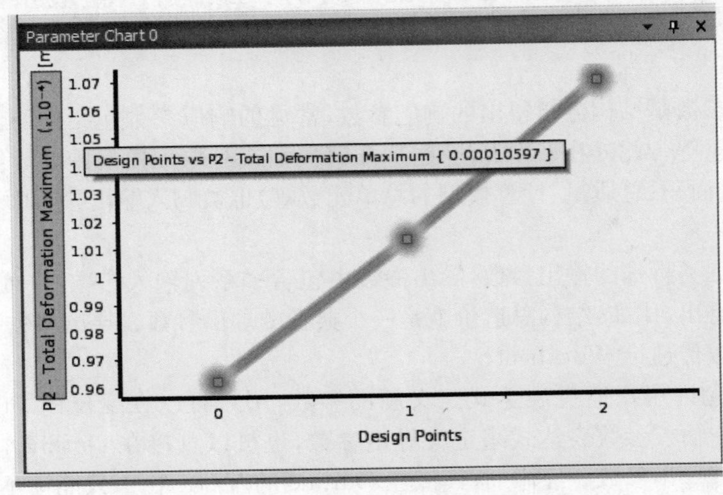

图 10-4　变量关于设计点变化关系曲线

在设计点列表中可以通过右键菜单"Update Selected Design Points"选择更新设计点，或者将某个设计点通过右键菜单"Copy inputs to Current"复制成为当前设计方案，在当前设计点更新后可进入后处理界面查看响应结果。设计点的右键菜单如图 10-5 所示。

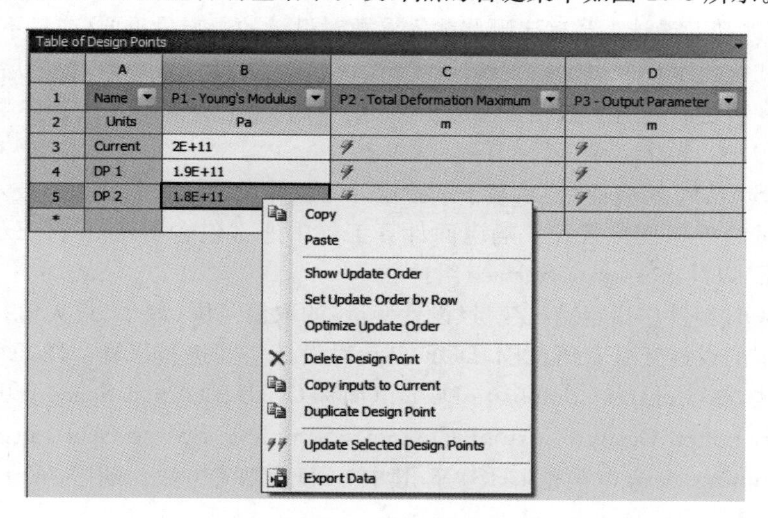

图 10-5　设计点的右键菜单

10.2　ANSYS Design Exploration 优化分析技术

与 Workbench 的参数管理功能相比，集成于 Workbench 环境的 Design EXploreration 模块（以下简称 DX）则向用户提供了更为全面的设计空间探索工具和优化合计功能，可分析在满足特定约束条件前提下的最优化设计方案。本节介绍基于 DX 的参数优化技术和实现方法。

10.2.1　DX 参数优化技术概述

ANSYS DX 是一个基于参数的设计探索及优化模块，其功能通过 Workbench 界面左侧 Toolbox 中的 Design Exploration 工具来调用，包括：Direct Optimization、Parameters Correlation、Response Surface、Response Surface Optimization、Six Sigma Analysis 等功能，如图 10-6 所示。

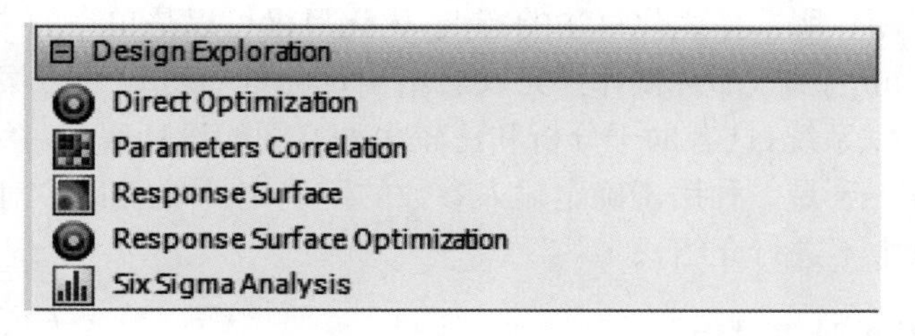

图 10-6　DX 工具箱

DX 提供的各种分析工具都是基于 Workbench 参数而展开的。

Parameters Correlation(参数相关性)分析用于研究哪些输入变量对输出变量影响最大,对于结构中的输入参数较多的情况,可以帮助用户筛选用于优化设计或可靠度分析的参数。参数相关性分析系统能提供变量之间的相关性矩阵以及输出变量关于输入变量的敏感性矩阵,这些指标可以帮助设计人员确定哪些输入参数对设计的影响最重要(或最不重要),以便在后续设计探索和优化过程中识别出关键输入变量,以减少设计变量个数,提高后续响应面和优化计算的效率和精度。通过参数相关性分析确定了对响应最为重要的设计参数后,即可进行响应面计算。

Response Surface(响应面)技术基于试验设计的设计点采样和曲面拟合技术,得到输出变量关于输入变量的近似变化规律。响应面计算工具中通常包含 Design of Experiment 组件(以下简称 DOE)以及 Response Surface 组件。

首先,在 DOE 组件中指定输入变量(设计变量)的取值范围(最小、最大值)以定义设计空间。基于所指定的设计变量取值范围,DOE 自动对设计空间进行采样。DOE 包含了一系列设计点采样方法,如:Central Composite Design(简称 CCD)、Optimal Space-Filling Design(简称 OSF)、Box-Behnken Design、Custom、Custom+Sampling、Sparse Grid Initialization、Latin Hypercube Sampling Design(简称 LHS)等,其中 CCD 为缺省方法。随后,Workbench 会逐一计算 DOE 中形成的所有设计点。

基于 DOE 中的设计点,每一个输出参数关于输入参数的响应面可通过参数回归得到。DX 提供的响应面拟合方法有 Standard Response Surface(完全二次响应面)、Kriging、Non-Parametric Regression、Neural Network 及 Sparse Grid,其中 Standard Response Surface 为缺省方法。对于设计参数变化较为平缓的情况,Standard Response Surface 能给出较为满意的近似结果;对设计参数变化剧烈的问题,则建议使用 Kriging 响应面。响应面是输出参数关于输入参数的近似函数,其精度依赖于输出量变化的复杂程度、DOE 中样本设计点数量以及响应面算法类型的选择等因素。借助于响应面,可以对设计空间进行全面的探索。响应面组件提供了一系列图形和数值分析工具展现响应面分析的结果,响应图给出每一个输出变量关于任意一个或两个输入变量的变化曲线或曲面。

Direct Optimization(直接优化)以及 Response Surface Optimization(响应面优化)是两种目标驱动参数优化技术(Goal Driven Optimization,简称 GDO),其区别在于响应面优化包含一个响应面组件;而直接优化与响应面无关,是直接搜索设计域。两种优化系统分别如图 10-7 中的 C 和 D。系统 C 为一个响应面优化系统,包含 DOE、Response Surface 以及 Optimization 三个组件;而直接优化系统 D 仅包含一个 Optimization 组件。Optimization 组件提供了一系列的优化算法,根据用户所选择优化算法的特点,优化目标可以是单一的,也可以是多目标的。无论是哪一种优化分析系统,都会在计算完成后给出优化的备选设计方案。在一个分析项目中可以包含多个 GDO 系统,这有助于分析和比较多种不同的设计假定对结果的影响。

Six Sigma Analysis 是一种用于确定输入参数的不确定性(随机性)对输出参数影响的可靠度分析工具(本章中不进行介绍)。

10.2.2 响应面优化的计算过程

本节介绍响应面参数优化分析的计算过程。一般地,响应面优化分析主要包括下列关键步骤:

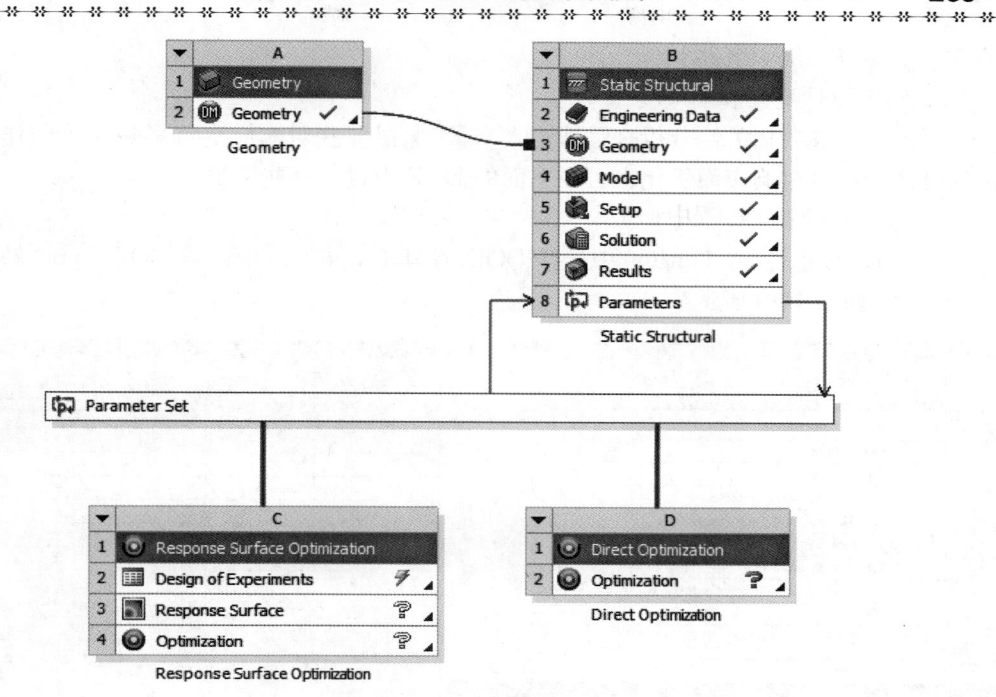

图 10-7　响应面优化及直接优化

✓　建立参数化的分析
✓　确定设计变量和响应变量
✓　建立一个响应面分析系统
✓　形成和计算 DOE 样本点
✓　形成响应面
✓　指定优化方法及选项
✓　指定优化目标和约束条件
✓　指定优化域
✓　优化求解
✓　优化结果的查看与分析

下面对以上步骤的实现方法和注意事项进行简单的介绍。

1. 建立参数化的分析

DX 的优化分析必须基于参数，因此在 Workbench 中首先建立参数化的分析流程。DX 中的分析流程可以是单一物理场问题，也可以是涉及到多场耦合的问题。为了实现参数化，分析模型中的各种参数(如:几何设计参数)需提取为输入变量。在进行有关的分析后，提取关心的结果(如:变形、等效应力、频率、温度、重量等)作为输出变量，这样就建立了参数化的分析。用户还可以按照上节介绍的方法自定义参数作为输出变量(如:结构的建造成本)。可以通过 Workbench 的参数管理界面来查看参数或比较不同的设计点。

2. 建立一个响应面分析系统

通过鼠标左键拖动添加 Response Surface Optimization 系统至 Project Schematic 的 Parameter Set 条下方；也可以通过鼠标左键拖动 Response Surface Optimization 到任意系统

的 Response Surface 组件上。

3. 确定设计变量和响应变量

可以通过参数相关性分析来筛选输入变量，保留那些对响应变量影响显著的作为后续优化的设计变量。对响应面优化也可在下面的 DOE 中过滤一些变量。

4. 形成和计算 DOE 样本点

打开 DOE 组件，在 Outline 中选择 DOE，在其 Properties 中设置 DOE Type，缺省选择为 CCD 方法，如图 10-8 所示。

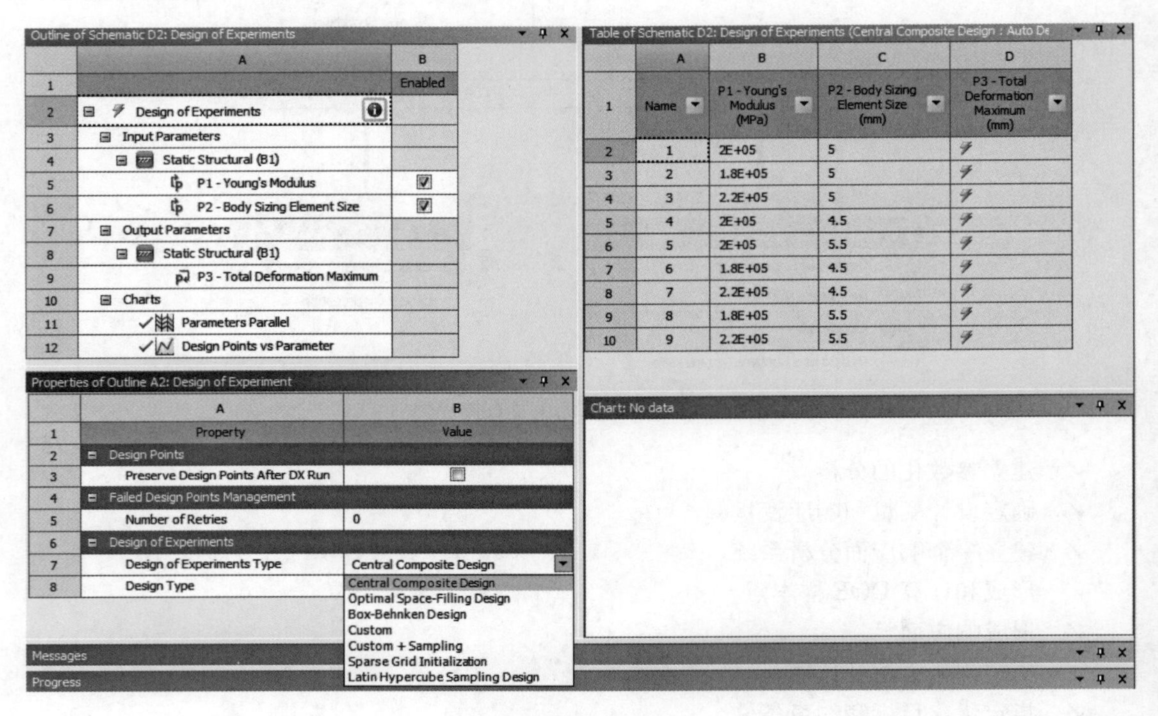

图 10-8　DOE 组件

随后对每一个 Input Parameters 进行设置，先确定是否勾选 Enabled 列，如果不勾选则在后续分析中不考虑此变量。对每个在分析中考虑的 Input Parameter，分别在其 Properties 中设置其类型以及变化的范围 Lower 及 Upper Bound，如图 10-9 所示。

Properties of Outline A7: P3 - A3

	A	B
1	Property	Value
2	⊟ General	
3	Units	
4	Type	Design Variable
5	Classification	Continuous
6	⊟ Values	Continuous
7	Value	Discrete
8	Lower Bound	8E-05
9	Upper Bound	0.0005
10	Use Manufacturable Values	☐

图 10-9　变量类型指定

变量类型包括连续型变量(Continuous)、离散型(Discrete)以及带 Manufacturable Value 的连续变量。对于第三种变量,需要勾选 Use Manufacturable Value 选项,同时在界面右侧的 Table 区域为此变量指定 Manufacturable Values 的 Level,如图 10-10 所示。

Table of Outline A9: P5 - A5

	A	B
1	Name	Manufacturable Values
2	Level 1	0.0001
3	Level 2	0.0005
4	Level 3	0.0025
*	New Level	

图 10-10 指定 Manufacturable Values 的 Level

参数设置完成后,按下工具栏上的 Preview 按钮,预览形成的 DOE 点,最后点 Update 更新全部 DOE 点。在 DOE 中的样本点更新完成后,可以通过参数平行图(Parameters Parallel Chart)以及设计点参数图(Design Points vs Parameter Chart)查看 DOE 计算结果。计算完成后返回 Workbench 的 Project Schematic 界面。

5. 形成响应面

双击 Response Surface 组件,打开 Response Surface 界面。选择 Outline 中的 Response Surface,在其 Properties 中设置 Response Surface Type,缺省为 Standard Response Surface 完全二次多项式响应面,另有 Kriging、Non-Parametric Regression、Neural Network、Sparse Grid 类型可选择,如图 10-11 所示。

Properties of Schematic B3: Response Surface

	A	B
1	Property	Value
2	Design Points	
3	Preserve Design Points After DX Run	☐
4	Failed Design Points Management	
5	Number of Retries	0
6	Meta Model	
7	Response Surface Type	Standard Response Surface - Full 2nd Order Polynomials
8	Refinement	Standard Response Surface - Full 2nd Order Polynomials
9	Refinement Type	Kriging
10	Verification Points	Non-Parametric Regression Neural Network
11	Generate Verification Points	Sparse Grid
12	Number of Verification Points	5

图 10-11 Response Surface 组件

如需要,还可以选择生成验证点(Generate Verification Points)并指定验证点个数(Number of Verification Points)以提高响应面的精度。

点工具栏上的 Update 按钮生成响应面,计算完成后通过查看 Goodness of fit 以及 Predicted Vs Observed 以检查响应图的质量。如图 10-12 所示为样本点 Predicted Vs Observed 图。

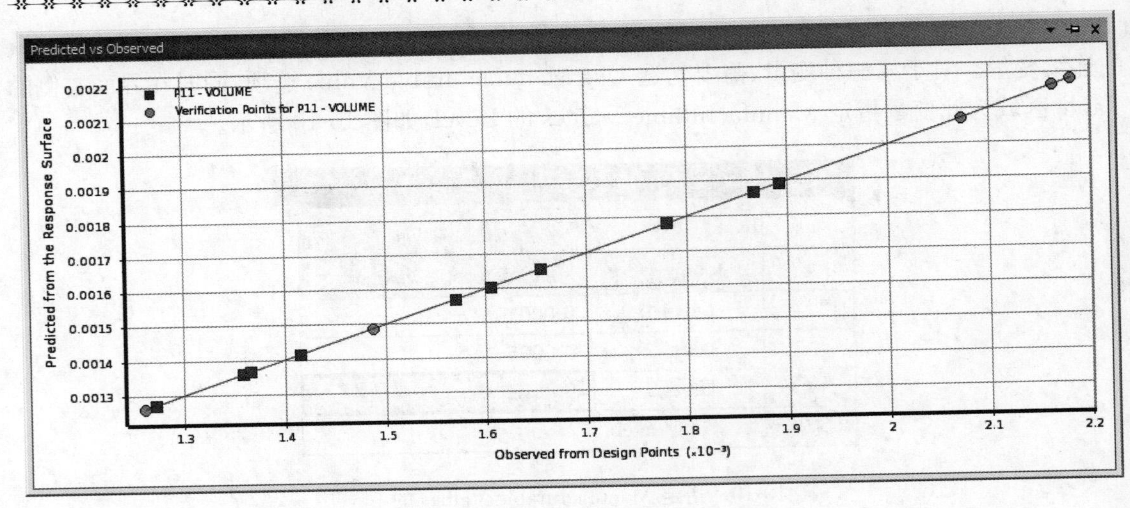

图 10-12 Predicted Vs Observed 图

可以通过指定变量查看各变量关于设计参数的响应图,如图 10-13 所示为变量 P6 关于设计参数 P1 和 P3 的响应面。

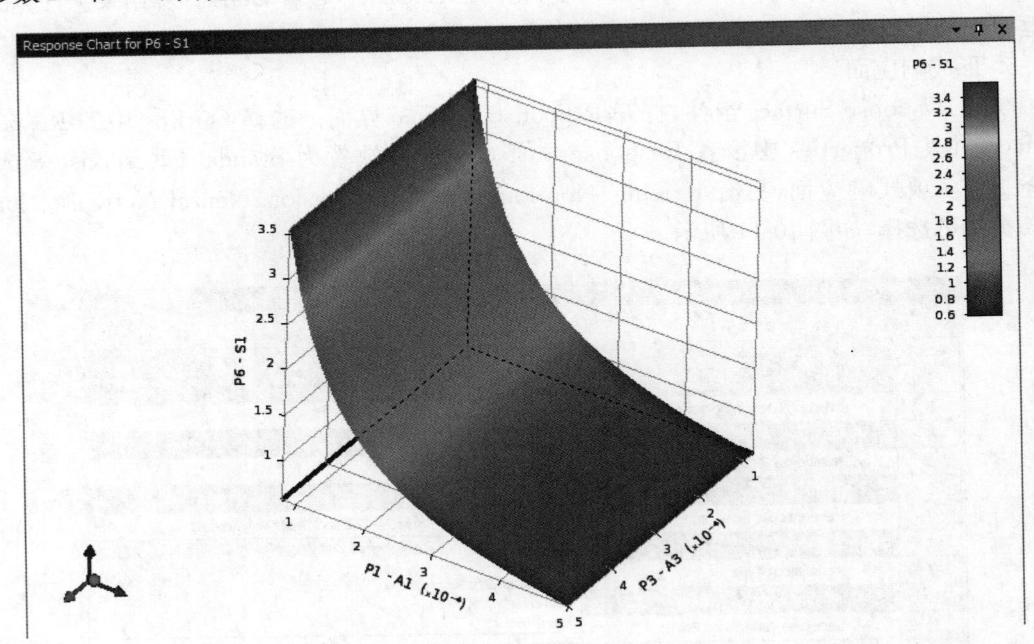

图 10-13 P6 关于 P1 及 P3 的响应面显示

响应面计算完成,返回 Workbench 的 Project Schematic 界面。

6. 指定优化方法及选项

下面就是进行 GDO 了,双击 Optimization 组件,进入目标驱动优化 Optimization 界面。

在 Optimization 界面的 Outline 中选择 Optimization,在其 Properties 的 Method Name 中选择优化方法,在响应面优化中可选择的优化方法包括 Screening、MOGA、NLPQL 及 MISQP,如图 10-14 所示。

	A	B
1	Property	Value
2	⊟ Design Points	
3	Preserve Design Points After DX Run	☐
4	⊟ Failed Design Points Management	
5	Number of Retries	0
6	⊟ Optimization	
7	Method Name	NLPQL
8	Verify Candidate Points	Screening
9	Allowable Convergence Percentage	MOGA
10	Maximum Number of Iterations	NLPQL MISQP
11	Derivative Approximation	Central Difference
12	Maximum Number of Candidates	3

图 10-14　选择优化方法

下面对这几种优化算法及其选项进行简单的介绍。

(1)Screening 方法

Screening 方法是一种直接采样方法,可用于 Response Surface Optimization 系统以及 Direct Optimization 系统。此方法仅适合于初步的优化设计,精度较低。在此方法优化后可再使用其他方法作进一步的优化。Screening 优化方法的选项如图 10-15 所示。

6	⊟ Optimization	
7	Method Name	Screening
8	Verify Candidate Points	☑
9	Number of Samples	1000
10	Maximum Number of Candidates	3

图 10-15　Screening 优化方法的选项

其中,Number of Samples 为生成优化搜索的样本数量,不能小于参数总数且不少于 2,不大于 10 000,对 Response Surface Optimization 系统缺省为 1 000 个;对 Direct Optimization 系统缺省为 100 个。Maximum Number of Candidates 为形成备选设计的最大可能个数,一般为 3 个;Verify Candidate Points 为验证点选项,如勾选此选项,在 Response Surface Optimization 计算结束后自动对形成的备选方案进行设计点验证;在 Direct Optimization 系统中此选项不起作用。

(2)MOGA 方法

MOGA 方法全称为 Multi-Objective Genetic Algorithm,即:多目标遗传算法。MOGA 方法可以用于 Response Surface Optimization 系统以及 Direct Optimization 系统,此方法的选项如图 10-16 所示。

其中的各选项,Number of Initial Samples 指定使用的初始样本个数。最小值推荐为 10 倍的连续型输入参数个数;初始样本越多,找到包含最优解的输入参数空间的机会越大。不能小于参与优化的输入参数及输出参数总个数以及 2,不大于 10 000,对响应面优化和直接优化缺省均为 100 个。如果是由 Screening 方法转向 MOGA 方法,MOGA 会形成一个新的样本集,为了保持一致性,可指定与 Screening 法相同的初始样本个数。

6	⊟ Optimization	
7	Method Name	MOGA
8	Verify Candidate Points	☑
9	Number of Initial Samples	100
10	Number of Samples Per Iteration	100
11	Maximum Allowable Pareto Percentage	70
12	Convergence Stability Percentage	2
13	Maximum Number of Iterations	20
14	Maximum Number of Candidates	3
15	⊞ Optimization Status	

图 10-16 MOGA 优化方法的选项

Number of Samples Per Iteration 指定每次迭代的样本数,不能小于参与优化的输入参数和输出参数总个数以及 2 个,但也不能大于前面所指定的"number of initial samples"及 10 000。对响应面优化缺省为 100 个,对直接优化缺省为 50 个。

Maximum Allowable Pareto Percentage 为要得到的 Pareto 前沿个数与"Number of Samples Per Iteration"的百分比。例如,输入 75 并指定 Number of Samples Per Iteration 为 200 将意味着一旦 MOGA 方法优化形成的前沿点包含 150 个样本点时优化将停止(优化也有可能在达到下面的"Maximum Number of Iterations"时停止)。此百分比过低(低于 30%)会导致过早的收敛,过高(高于 80%)则可能导致收敛缓慢,通常选择 55～75 可满足大部分问题的求解。

Maximum Number of Iterations:指定 MOGA 方法的最大可能迭代次数。MOGA 可能评估的最大样本点数＝Number of Initial Samples＋Number of Samples Per Iteration×(Maximum Number of Iterations-1)。实际上,算法可能在达到最大迭代次数之前已经收敛而停止。

Maximum Number of Candidates:形成备选设计的最大个数。

Verify Candidate Points:在响应面优化计算结束后自动通过有限元分析对形成的备选设计点进行验证的选项。

NLPQL 方法全称为 Nonlinear Programming by Quadratic Lagrangian 方法,是一种基于梯度的单目标优化方法,其基础为准牛顿法。该方法能同时用于响应面优化系统以及直接优化系统。NLPQL 方法选项设置如图 10-17 所示。

6	⊟ Optimization	
7	Method Name	NLPQL
8	Verify Candidate Points	☑
9	Allowable Convergence Percentage	1E-06
10	Maximum Number of Iterations	20
11	Derivative Approximation	Central Difference
12	Maximum Number of Candidates	3

图 10-17 NLPQL 优化方法的选项

图 10-17 中的各选项中,Allowable Convergence Percentage: NLPQL 算法相对于 Karush-Kuhn-Tucker(KKT)最佳性准则的容差。指定一个较小的值意味着更多的迭代次数和较精确但更慢的求解,而指定一个较大的值则意味着较少的迭代次数和较不精确但相对较

快的求解。典型缺省值为 1.0e-06。

Derivative Approximation 为 NLPQL 计算目标函数导数的近似数值方法选项，可选择 Central Difference(中心差分)或 Forward Difference(向前差分)。

如选择了 Central Difference 选项，导数计算将采用中心差分近似。中心差分有助于提高梯度计算的精度，但样本点评估的工作量倍增。中心差分法是新建响应面优化系统的缺省选项。如选择了 Forward Difference 选项，则计算导数时将采用向前差分近似，向前差分使用较少的样本点评估，但导数计算的精度不高，是新建直接优化系统的缺省选项。

Maximum Number of Iterations：指定 NLPQL 方法的最大可能迭代次数。实际上，优化迭代可能在到达此最大迭代次数之前就已经达到收敛而停止计算。NLPQL 方法的最大可能评估样本点个数可根据梯度计算方法和此参数进行估计。对于中心差分方法，最大评估样本点数为 number of iterations ×(2×number of inputs+1)；对向前差分方法，最大评估样本点数为 number of iterations×(number of inputs+1)。

Maximum Number of Candidates 指定形成备选设计的最大个数。

Verify Candidate Points 为响应面优化计算结束后自动通过有限元分析对形成的备选设计点进行验证的选项。

MISQP 方法即 Mixed Integer Sequential Quadratic Programming，是一种基于梯度的单目标优化方法，此方法能用于响应面优化系统以及直接优化系统，此算法的选项如图 10-18 所示。

6	⊟ Optimization	
7	Method Name	MISQP
8	Verify Candidate Points	☑
9	Allowable Convergence Percentage	1E-06
10	Maximum Number of Iterations	20
11	Derivative Approximation	Central Difference
12	Maximum Number of Candidates	3

图 10-18　MISQP 优化方法的选项

图 10-18 所示的选项中，Allowable Convergence Percentage：MISQP 算法相对于 Karush-Kuhn-Tucker(KKT)最佳性准则的容差。指定一个较小的值意味着更多的迭代次数和较精确但更慢的求解，而指定一个较大的值则意味着较少的迭代次数和较不精确但相对较快的求解。

Derivative Approximation 为 NLPQL 计算目标函数导数的近似数值方法选项，可选择 Central Difference(中心差分)或 Forward Difference(向前差分)。

如选择 Central Difference 选项，导数计算将采用中心差分近似。中心差分有助于提高梯度计算的精度，但样本点评估的工作量倍增。中心差分法是响应面优化系统的缺省选项。如选择了 Forward Difference 选项，则计算导数时将采用向前差分近似，向前差分使用较少的样本点评估，但导数计算的精度不高，是直接优化系统的缺省选项。

Maximum Number of Iterations：指定 NLPQL 方法的最大可能迭代次数。实际上，优化迭代可能在到达此最大迭代次数之前就已经达到收敛而停止计算。NLPQL 方法的最大可能评估样本点个数可根据梯度计算方法和此参数进行估计：对于中心差分方法，最大评估样本点数为 number of iterations ×(2×number of inputs+1)；对向前差分方法，最大评估样本点数为 number of iterations×(number of inputs+1)。

Maximum Number of Candidates 为算法形成备选设计的最大可能个数。

Verify Candidate Points 为响应面优化计算结束后自动通过有限元分析对形成的备选设计点进行验证的选项。

7. 指定优化的目标和约束条件

在 Optimization 界面的 Outline 中选择 Objectives and Constraints,在界面右侧的列表中对各变量逐个指定优化目标和约束条件,如图 10-19 所示。具体操作时,可以根据需要增加 Table 的行数,每一行中在变量列表中选择一个变量,并为其指定优化目标或约束条件。

Table of Schematic B4: Optimization

	A	B	C	D	E	F	G
1	Name	Parameter	Objective		Constraint		
2			Type	Target	Type	Lower Bound	Upper Bound
3	P8 <= 1	P8 - S3	No Objective		Values <= Upper Bound		1
4	P9 <= 1	P9 - S4	No Objective		Values <= Upper Bound		1
5	P10 <= 1	P10 - S5	No Objective		Values <= Upper Bound		1
6	Minimize P11	P11 - VOLUME	Minimize		No Constraint		
*		Select a Parameter	No Objective Minimize Maximize Seek Target				

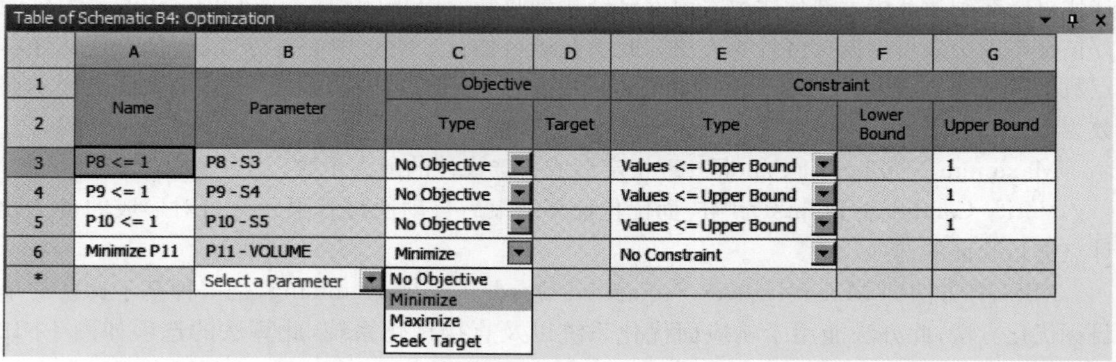

图 10-19 Objectives and Constraints 列表

对于输入变量、输出变量可指定优化目标或约束条件,DX 对各类参数提供的优化目标或约束条件选项列于表 10-1 中。

表 10-1 优化目标及约束条件

变量类型	优化目标	约束条件
连续型的输入变量	No Objective,即不设置目标,输入变量在指定的优化域(后面介绍)范围内变化	
连续型的输入变量	Minimize,使输入变量在优化域指定范围内的取值尽可能小	
连续型的输入变量	Maximize,使输入变量在优化域指定范围内的取值尽可能大	
连续型的输入变量	Seek Target,即寻找目标值,使输入变量在优化域取值范围内尽量靠近用户所指定的目标值(Target)	
离散型或带有 Manufacturable 过滤器的连续型输入变量		No Constraint,即对此变量不设置任何约束条件
离散型或带有 Manufacturable 过滤器的连续型输入变量		Value=Bound,即设置约束条件为使得此变量尽量靠近优化域取值范围的下限 Lower Bound
离散型或带有 Manufacturable 过滤器的连续型输入变量		Value≥Lower Bound,即设置约束条件为输入变量大于等于优化域取值范围的下限 Lower Bound

续上表

变量类型	优化目标	约束条件
离散型或带有 Manufacturable 过滤器的连续型输入变量		Value≤Upper Bound，即设置约束条件为输入变量小于等于优化域取值范围的上限 Upper Bound
输出变量	No Objective，即不设置输出参数的优化目标	
输出变量	Minimize，即设置此输出变量优化目标为最小化	
输出变量	Maximize，即设置此输出变量优化目标为最大化	
输出变量	Seek Target，即设置此输出变量的优化目标为接近一个用户所指定的目标值	
输出变量		No Constraint，即对此输出变量不设置任何约束条件
输出变量		Value≥Lower Bound，即设置此输出变量大于等于指定的下限值 Lower Bound
输出变量		Value≤Upper Bound，即设置此输出变量小于等于指定的上限值 Upper Bound
输出变量		Lower Bound≤Value≤Upper Bound，即设置此输出变量介于指定的上限值 Upper Bound 及下限值 Lower Bound 之间

每一个加入优化目标或约束条件列表的变量，都可以在左侧 Properties 视图中进行决策支持过程的设置，对于设置了 Objective 的变量，可设置其重要性程度 Objective Importance 为 Default、Lower 或 Higher，如图 10-20 所示。

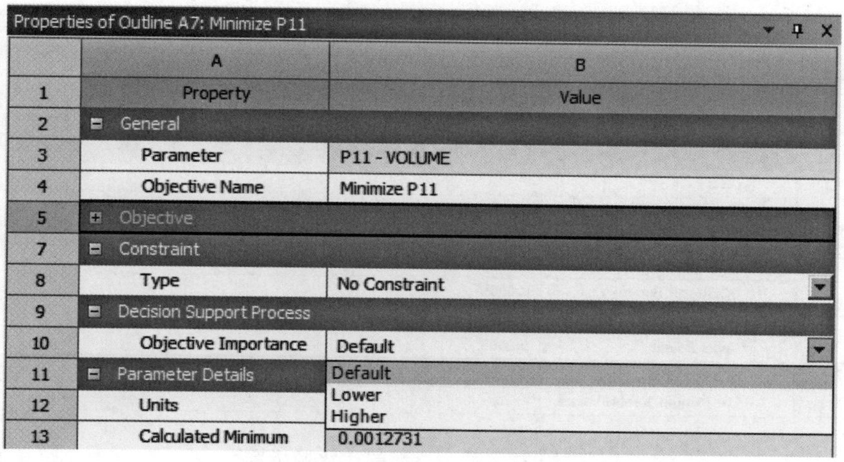

Properties of Outline A7: Minimize P11

	A	B
1	Property	Value
2	⊟ General	
3	Parameter	P11 - VOLUME
4	Objective Name	Minimize P11
5	⊞ Objective	
7	⊟ Constraint	
8	Type	No Constraint
9	⊟ Decision Support Process	
10	Objective Importance	Default
11	⊟ Parameter Details	Default
12	Units	Lower Higher
13	Calculated Minimum	0.0012731

图 10-20 优化目标函数的重要性程度

对于设置了 Constraint 的变量，同样可以设置其 Constraint Importance 为 Default、Lower 或 Higher。此外，对约束条件还提供了 Constraint Handling 选项，如图 10-21 所示。如果此

选项被设为 Strict 时此约束条件必须严格满足，被设置为 Relaxed 时，则允许不满足约束条件。

Properties of Outline A6: P10 <= 1

	A	B
1	Property	Value
2	⊟ General	
3	Parameter	P10 - S5
4	Objective Name	P10 <= 1
5	⊞ Objective	
7	⊟ Constraint	
8	Type	Values <= Upper Bound
9	Upper Bound	1
10	⊟ Decision Support Process	
11	Constraint Importance	Default
12	Constraint Handling	Relaxed
13	⊟ Parameter Details	Relaxed
14	Units	Strict
15	Calculated Minimum	0.80812
16	Calculated Maximum	5.0508

图 10-21　约束条件的 Decision Support Process 选项

8. 指定优化域

在 Optimization 界面的 Outline 列表中选择 Domain，在 Domain 下包含各设计参数的列表。分别选择每一个参数，在其 Properties 中指定各参数的取值范围的上下限 Lower Bound 以及 Upper Bound，如图 10-22 所示。对于离散型参数或带有 Manufacturable Values 过滤器的参数，指定其 Level 上下限。在此处的上下限应在 DOE 中取值上下限的范围以内，这样可以缩小优化搜索域、提高优化效率，后续优化中形成的样本点将全部位于此处所指定的缩减后的优化域中。

Properties of Outline A12: P1

	A	B
1	Property	Value
2	⊟ General	
3	Units	
4	Classification	Continuous
5	⊟ Values	
6	DOE Lower Bound	8E-05
7	DOE Upper Bound	0.0005
8	Lower Bound	0.0001
9	Upper Bound	0.0005
10	Starting Value	0.00025
11	Use Manufacturable Values	☐

图 10-22　某个参数的优化域指定

如果选择了 NLPQL 以及 MISQP 优化方法，在 Domain 中还可以指定各输入变量的 Starting Value，这个参数初始值一定要介于 Lower Bound 以及 Upper Bound 之间。

9. 优化求解

上述优化选项设置完成后，通过单击工具栏上的 Update 按钮开始优化求解过程。求解过程中，Objectives and Constraints 以及 Domain 的 Monitoring 列以及 History Chart 提供了优化过程参数迭代监控功能，如图 10-23 以及图 10-24 所示。Monitoring 列相当于 History Chart 的缩略图。通过这些功能可以观察优化参数的迭代过程变化曲线，如果关心的变量已经满足了要求的优化目标，可提前中断优化计算。

Outline of Schematic B4: Optimization

	A	B	C
1		Enabled	Monitoring
2	⊟ ✓ Optimization		
3	⊟ Objectives and Constraints		
4	P6 <= 1		
5	P7 <= 1		
6	P8 <= 1		
7	P9 <= 1		
8	P10 <= 1		
9	Minimize P11		

图 10-23　参数优化过程的 Monitoring 列

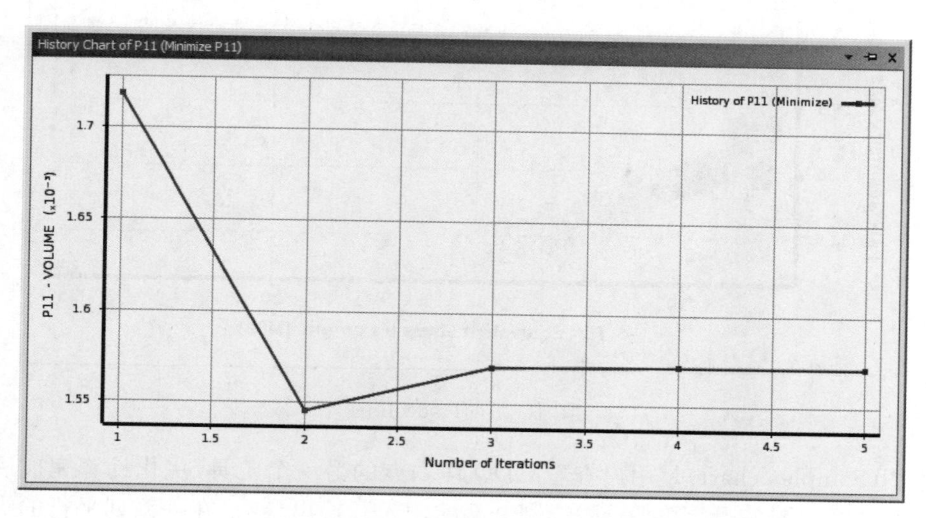

图 10-24　某一个参数优化迭代的 History Chart

10. 优化结果的查看与分析

优化计算完成后，在 Optimization 界面的 Outline 中选择 Result，各种图表工具对优化结果进行查看或进行进一步的分析，这些工具包括查看 Candidate Points、查看 Tradeoff 图、查看 Samples 图。

Candidate Points 是根据用户指定数量计算得到的多个备选设计方案信息一览表，如图

10-25 所示。这些 Candidate Points 基于参数值与优化目标之间的差来评分，三个红色的 X 表示最差，而三个红色的五角星表示最佳。

Table of Schematic B4: Optimization , Candidate Points

	A	B	C	D	E	F	G	H	I	J
1	Reference	Name	P1 - Height	P3 - Number	P4 - Geometry Mass (kg)		P5 - Equivalent Stress Maximum (MPa)		P6 - Total Deformation Maximum (mm)	
2					Parameter Value	Variation from Reference	Parameter Value	Variation from Reference	Parameter Value	Variation from Reference
3	◉	Candidate Point 1	197.34	7	14.874	0.00%	9.998	0.00%	19.192	0.00%
4	○	Candidate Point 2	202.66	7	14.924	0.33%	9.481	-5.17%	18.643	-2.86%
5	○	Candidate Point 3	150.02	11	14.93	0.37%	8.0303	-19.68%	16.669	-13.15%
6	○	Candidate Point 4	203.3	7	14.93	0.37%	9.4213	-5.77%	18.586	-3.16%
7	○	Candidate Point 5	150.06	11	14.93	0.38%	8.03	-19.68%	16.666	-13.16%

图 10-25　备选设计方案

优化求解结束后，在 Optimization 界面的 Results 下出现 Tradeoff 图。Tradeoff 图是一个散点图，这些散点代表 GDO 样本点，其颜色代表它们所属的帕累托前沿，由红色向蓝色过渡，红色表示最差，蓝色表示最好，如图 10-26 所示。如果没有生成足够数量的 Pareto Front，用户可以在 Tradeoff 图的属性中拖动滑块，以便增加前沿点，也可以在 Tradeoff chart 中选择帕累托前沿点作为设计点插入，作为备用的设计方案。

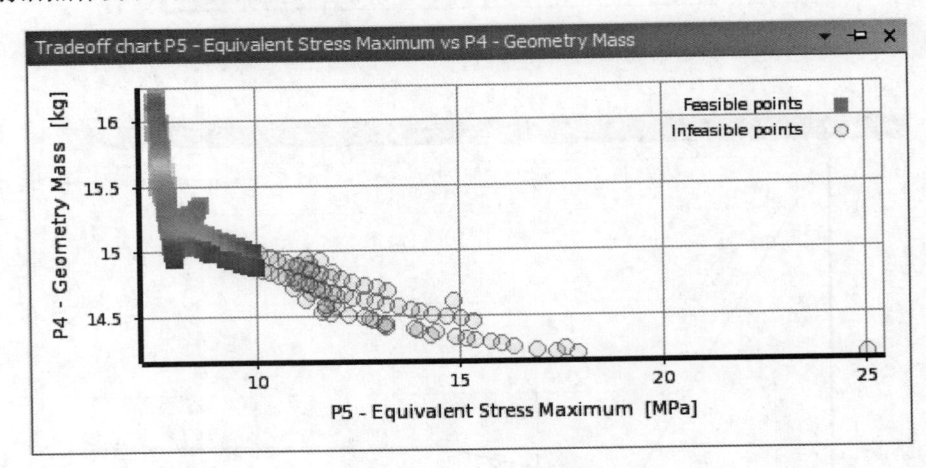

图 10-26　Tradeoff 图

样本图(Samples chart)是用户查看 GDO 样本点的另一个工具，优化计算完成后会自动形成样本图。样本图采用参数平行图绘制全部的输入及输出参数，在一系列平行的纵轴上分别显示出不同的输入和输出参数值，各参数值连成一条折线表示一个样本点。样本图的优势是可以同时显示出所有的参数。样本图提供了两种颜色显示方法，即 by Samples 或 by Pareto Fronts，分别如图 10-27 及图 10-28 所示。在 Samples 模式下，会区分显示优化备选方案样本点及其他样本点的颜色；在 Pareto 前沿模式下，各样本点的折线按照此点所属的 Pareto front 来显示颜色，从蓝色到红色表示其所属的帕累托前沿。

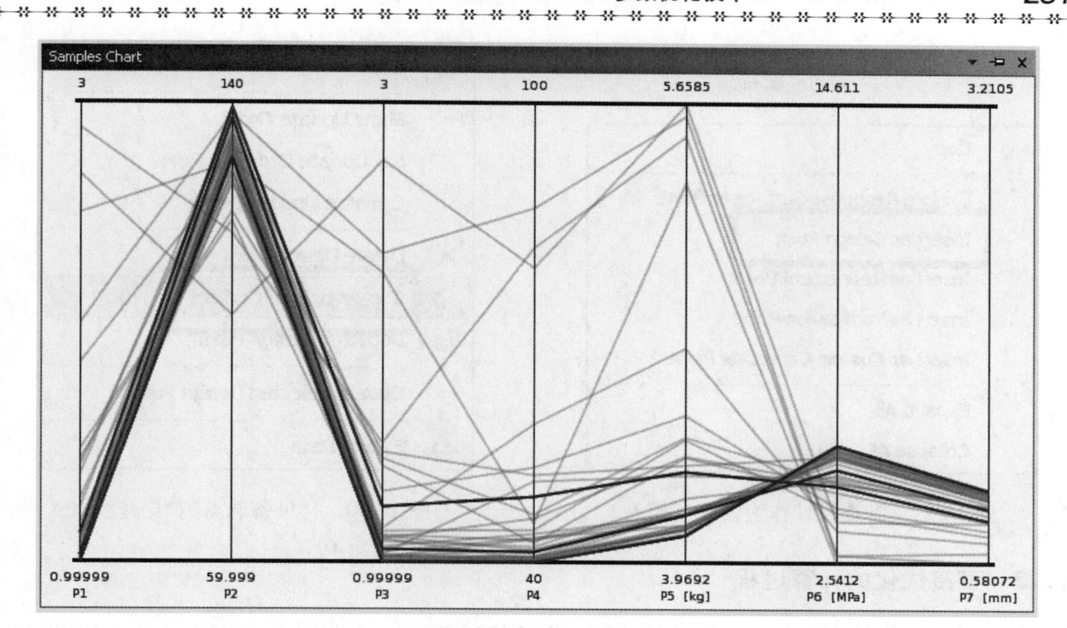

图 10-27 Candidate 模式显示的样本参数平行图

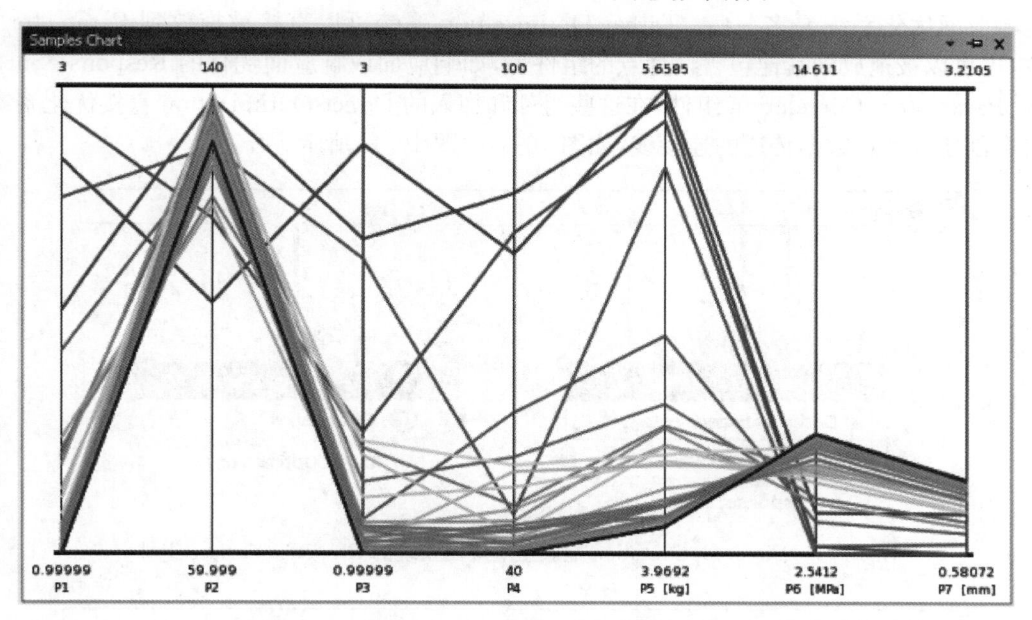

图 10-28 Pareto Front 模式显示的样本参数平行图

Response Surface Optimization 计算完成后，由于计算得到的设计备选点 Candidate Point 是响应点(Response Point)，即通过响应面计算的近似点，不能作为设计依据，必须进一步求解验证。要验证备选点，在列表选择要验证的 Candidate Point，在右键菜单中选择 Insert as Design Point，如图 10-29 所示，随后在 Workbench 的参数管理界面设计点列表中即可看到增加了设计点，选择此增加的设计点，在右键菜单中选择 Copy Inputs to Current，如图 10-30 所示，这样优化设计方案就被复制到当前设计。选择更新当前设计点，即可在项目流程的各组件中(如:几何、Mechanical 等)全面查看优化后的当前设计方案的各种数据。

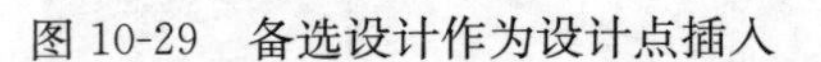

图 10-29 备选设计作为设计点插入

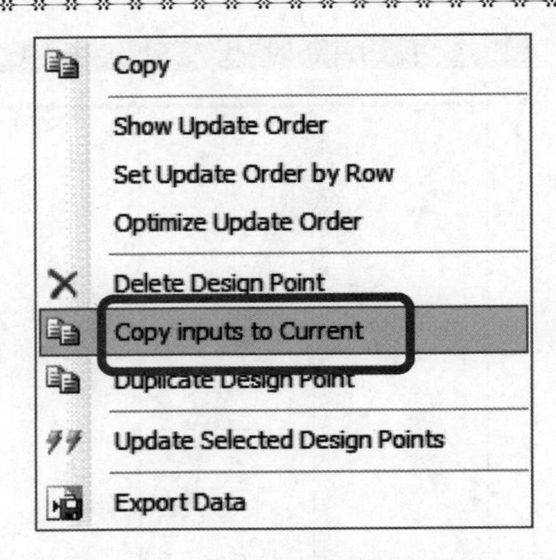

图 10-30 拷贝备选点到当前设计

10.2.3 直接优化的计算过程

直接优化方法通过实际的结构分析获取优化设计点,而不是通过响应面近似,因此计算时间比响应面优化系统要多一些。Direct Optimization 系统可以直接被拖放到 Parameter Set 下方,也可以被拖放到其他包含设计点的组件上,如响应面或响应面优化的 Response Surface 组件、Parameters Correlation 组件,在这些组件和加入的 Direct Optimization 直接优化系统之间将会创建设计点数据传递的连接线,如图 10-31～图 10-33 所示。

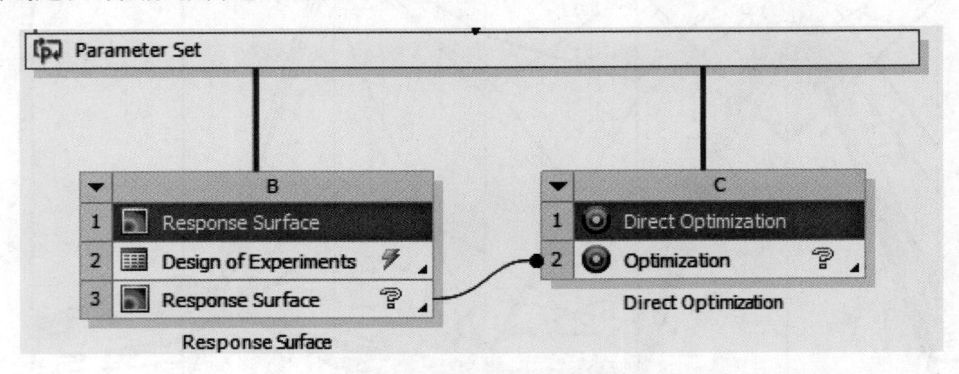

图 10-31 Direct Optimization 拖放至响应面系统的 Response Surface 组件

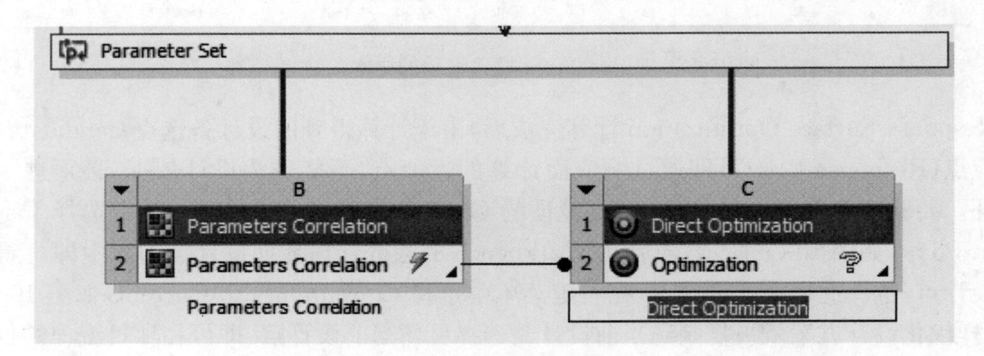

图 10-32 Direct Optimization 拖放至 Parameters Correlation 组件

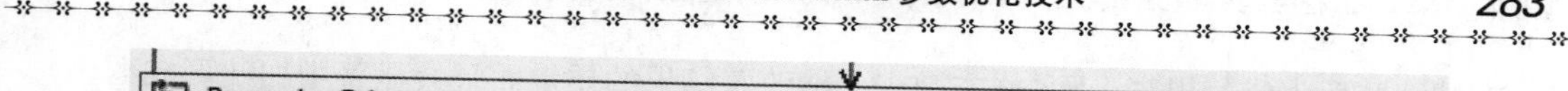

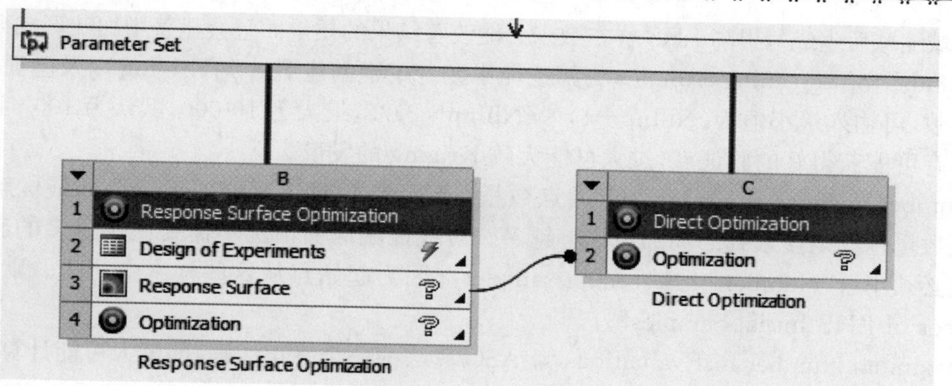

图 10-33　Direct Optimization 拖放至响应面优化系统的 Response Surface 组件

通常情况下，一个 Direct Optimization 直接优化的计算过程主要包括如下的关键步骤：

✓ 建立参数化的分析
✓ 确定设计变量和响应变量
✓ 建立一个直接优化分析系统
✓ 指定优化方法及选项
✓ 指定优化目标和约束条件
✓ 指定优化域
✓ 优化求解
✓ 优化结果的查看与分析

上述各步骤与响应面优化基本类似，主要的区别在于直接优化方法不需要形成响应面的几个步骤。此外，由于计算得到的备选设计方案已经是经过实际计算得到的点，因此不再需要进行设计点验证。

在优化方法的选择上，Direct Optimization 除了上一节介绍的 Screening、MOGA、NLPQL、MISQP 等几种方法以外，还可选择 ASO 以及 AMO 方法，下面对这两种方法及其选项进行简单的介绍。

ASO 方法全称为 Adaptive Single-Objective Optimization，是基于梯度的单目标优化方法，ASO 优化方法的选项如图 10-34 所示。

6	⊟ Optimization	
7	Method Name	Adaptive Single-Objective
8	Number of Initial Samples	5
9	Maximum Number of Evaluations	40
10	Convergence Tolerance	1E-06
11	Maximum Number of Candidates	3
12	⊞ Optimization Status	

图 10-34　ASO 优化方法的选项

图 10-34 各选项中，Number of LHS Initial Samples：为形成初始 Kriging 或为后续缩减优化域形成 Kriging 所生成的样本数。最小为(NbInp＋1)×(NbInp＋2)/2(缺省值，也是形成克里格所需的最少 LHS 样本数)，最大为 10 000。由于 ASO 工作流程(其中一个新的 LHS 样本集是在

每一次域缩减后生成),提高 LHS 样本数未必能改善结果的质量而且会显著增加计算成本。

Number of Screening Samples 为筛选样本数。用于创建下一次 Kriging 以及验证备选点的样本数,可输入最小值为(NbInp+1)×(NbInp+2)/2,最大为 10 000,默认为 100×NbInp。越大越有可能获得好的验证点,过大可能大致 Kriging 的发散。

Number of Starting Points 为起始点数量。起始点数量决定要搜索的局部最优解数量,起始点数量越大则搜索到的局部最优解越多。对线性响应面情况不需要使用过多的起始点。此参数必须小于"Number of Screening samples",因为起始点从这些样本中产生。默认值为"Number of LHS Initial Samples"。

Maximum Number of Evaluations 为 ASO 算法的一个终止法则,即最大可能计算的设计点数量。默认值为 20×(NbInp+1)。

Maximum Number of Domain Reductions 为 ASO 算法的另一个终止法则,即最大可能的优化域缩减次数,默认为 20 次。

Percentage of Domain Reductions 也是 ASO 算法的一个终止法则,即当前域相对于初始域的最小百分数,默认为 0.1。比如,某输入参数变化区间为[0,100](初始域),当此百分比设为 1%时,当前域的区间宽度不得小于 1(比如在 0.1 到 1.1 之间变化)。

Maximum Number of Candidates 为算法形成备选设计的最大个数。

AMO 方法全称为 Adaptive Multiple-Objective Optimization,是一种迭代的多目标优化方法。AMO 优化方法的选项如图 10-35 所示。

6	⊟ Optimization	
7	Method Name	Adaptive Multiple-Objective
8	Number of Initial Samples	100
9	Number of Samples Per Iteration	50
10	Maximum Allowable Pareto Percentage	70
11	Convergence Stability Percentage	2
12	Maximum Number of Iterations	20
13	Maximum Number of Candidates	3

图 10-35 AMO 优化方法的选项

AMO 算法的选项中,Number of Initial Samples 是指定使用的初始样本个数,其最小值建议为 10 倍的连续型输入参数个数;初始样本越多,找到包含最优解的输入参数空间的机会越大。初始样本个数不得小于激活的输入参数及输出参数总个数且不小于 2,激活输入参数个数也是形成敏感性图结果所需的最小样本个数。初始样本个数也不能大于 10 000,对响应面优化和直接优化默认均为 100 个。如果是由 Screening 方法转向 MOGA 方法,MOGA 会形成一个新的样本集,为了保持一致性,可输入与 Screening 相同的初始样本个数。

Number of Samples Per Iteration 选项用于指定每一次迭代并更新的样本数,默认为 100 个且不能大于初始样本数。

Maximum Allowable Pareto Percentage 是要得到的 Pareto 前沿个数与"Number of Samples Per Iteration"之百分比。例如,输入 75 并指定 Number of Samples Per Iteration 为 200 将意味着一旦 MOGA 方法优化形成的前沿点包含 150 个样本点时优化将停止(优化也有可能在达到下面的"Maximum Number of Iterations"时停止)。此百分比过低(如:低于 30%)

会导致优化过早的收敛，过高（高于 80%）则可能导致收敛缓慢。此参数依赖于参数个数以及设计空间自身的性质，通常选择 55～75 可满足大部分问题的求解。

Maximum Number of Iterations 选项用于指定优化方法的最大可能迭代次数。AMO 方法可能评估的最大样本点数＝Number of Initial Samples＋Number of Samples Per Iteration ×（Maximum Number of Iterations-1），这给出了优化方法可能耗用时间的一个粗略估计。不过，算法可能在达到最大迭代次数之前已经收敛而停止。

Maximum Number of Candidates 是算法形成备选设计的最大个数。

10.3　参数优化例题

本节给出一个基于 DX 的结构优化分析例题。

10.3.1　问题描述

薄钢板制成的圆形敞口杯形容器，底圆半径 R 初始值为 2.5 cm，高 H 初始值为 5 cm，假设容器的表面积不超过 200 cm^2，R 取值范围是 2 cm 到 5 cm，H 取值范围是 5 cm 到 10 cm 选择合适的尺寸，使得材料尽可能少用且容器的容积最大。

为了分析此问题，编写如下文本文件，并另存名为 container.inp 的文件。

```
R=2.5
H=5
pi=acos(-1)
S=2*pi*R*H+pi*R**2
V=pi*R**2*H
```

以上问题的实质是一个优化设计问题，其相关的要素如下。

1. 设计参数

2.0 cm≤R≤5.0 cm；5.0 cm≤H≤10.0 cm。

2. 约束条件

S≤200 cm^2。

3. 优化目标

S→min；V→max。

对于上述优化问题，拟采用 Workbench 的 Direct Optimization 系统进行分析，具体的计算过程见下面一节。

10.3.2　优化计算过程

容器优化问题的计算过程包括建立参数分析系统、建立直接优化系统、指定优化方法及选项、指定优化目标和约束条件、指定优化域、优化求解及查看优化结果等步骤。

1. 建立参数化的分析系统

在 Workbench 界面中，选择左侧 Toolbox 的 Component Systems 中的 Mechanical APDL 组件，双击以添加该组件到 Project Schematic 中，如图 10-36 所示；选择 Mechanical APDL 组件的“Analysis”单元格，打开如图 10-37 所示右键菜单，在其中选择“Add Input File”，然后浏览选择打开前面保存的文件 container.inp。

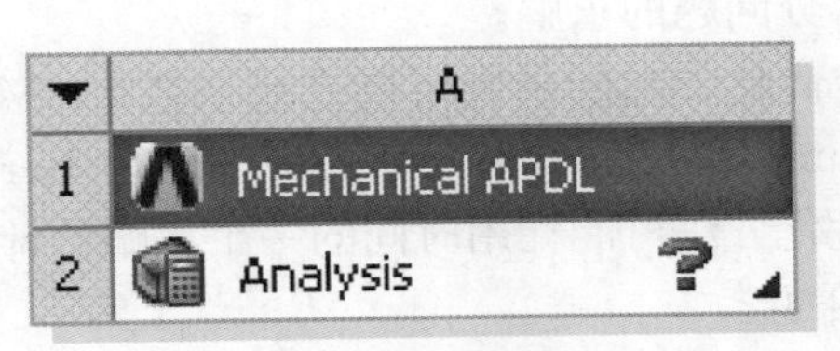

图 10-36 Mechanical APDL

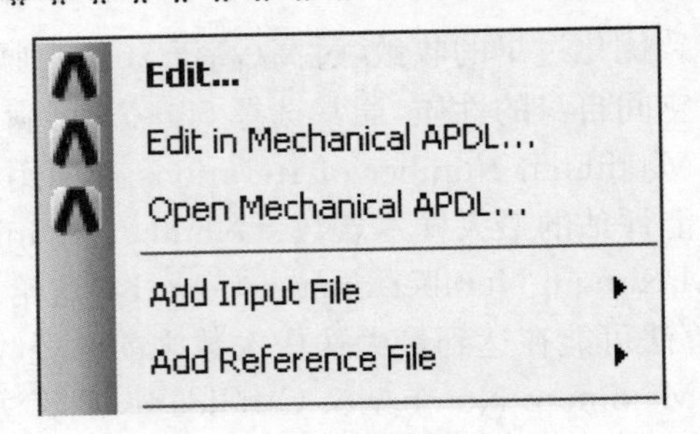

图 10-37 右键菜单添加输入文件

双击 Project Schematic 窗口中的“Analysis”单元格，进入其工作空间，在其 Outline 视图中选择 Process“container. inp”，在 Properties 视图中通过参数解析选择 R 和 H 为 Input，选择 S 和 V 为 Output，如图 10-38(a)、(b)所示。

Outline of Schematic A2 : Mechanical APDL

	A	B
1		Step
2	Launch ANSYS	1
3	Process "container.inp"	2

(a) 处理container.inp文件

Properties: No data

	A	B	C	D
1	APDL Parameter	Initial Value	Input	Output
2	R	2.5	☑	☐
3	H	5	☑	☐
4	PI	0	☐	☐
5	S		☐	☑
6	V		☐	☑

(b)指定参数类型

图 10-38 输入输出参数的解析

设置完成后，返回 Workbench 界面，在 Mechanical APDL 系统下方出现了“Parameter Set”，双击“Parameter Set”进入参数管理界面，在此界面下，可以看到已经定义的 Input 和 Output 参数列表，如图 10-39 所示。

Outline of All Parameters

	A	B	C	D
1	ID	Parameter Name	Value	Unit
2	⊟ Input Parameters			
3	⊟ Mechanical APDL (A1)			
4	P1	R	2.5	
5	P2	H	5	
*	New input parameter	New name	New expression	
7	⊟ Output Parameters			
8	⊟ Mechanical APDL (A1)			
9	P3	S	⚡	
10	P4	V	⚡	
*	New output parameter		New expression	
12	Charts			

图 10-39 参数管理器中的参数列表

2. 建立直接优化系统

确认这些参数设置后，返回 Workbench 界面，在 Toolbox 中选择 Design Exploration 下的"Direct Optimization"直接优化系统，拖动此系统到 Project Schematic 视图的 Parameter Set 下方，如图 10-40 所示。

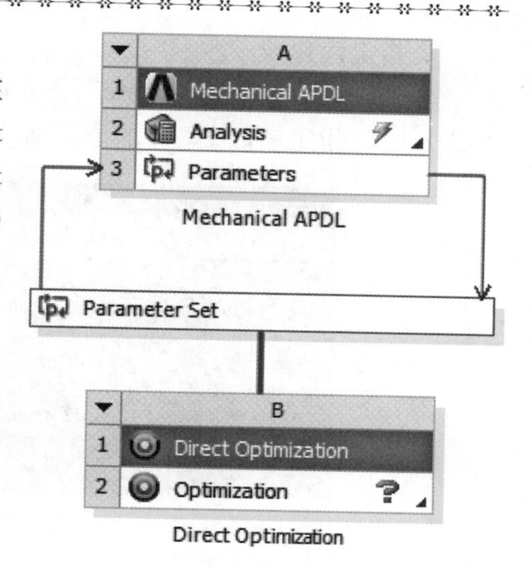

图 10-40　直接优化系统

3. 指定优化方法及选项

双击 Direct Optimization 系统的 Optimization 单元格，进入 Optimization 工作界面。在此界面的 Outline 中选择"Optimization"，在 Properties 中选择优化方法为"Adaptive Multiple-Objective"，设置相关参数如图 10-41 所示。

4. 指定优化目标和约束条件

选择 Outline 中的"Objectives and Constraints"，在右侧的 Table 中指定 P3-S 的 Constraint 为 Values<=Upper Bound，Upper Bound 为 200；指定 P4-V 的 Objective 为"Maximize"，如图 10-42 所示。

Properties of Outline A2: Method

	A	B
1	Property	Value
2	Design Points	
3	Preserve Design Points After DX Run	☐
4	Failed Design Points Management	
5	Number of Retries	0
6	Optimization	
7	Method Name	Adaptive Multiple-Objective
8	Number of Initial Samples	100
9	Number of Samples Per Iteration	50
10	Maximum Allowable Pareto Percentage	70
11	Convergence Stability Percentage	2
12	Maximum Number of Iterations	20
13	Maximum Number of Candidates	3

图 10-41　选择优化方法为 AMO 方法

Table of Schematic B2: Optimization

	A	B	C	D	E	F	G
1	Name	Parameter	Objective		Constraint		
2			Type	Target	Type	Lower Bound	Upper Bound
3	P3 <= 200	P3 - S	No Ob...		Values <= Upper Bound		200
4	Maximize P4	P4 - V	Maximize		No Constraint		
*		Select a ...					

图 10-42　设置优化目标及约束条件

5. 指定优化域

选择 Outline 中的“Domain”,在右侧的 Table 中指定参数 P1-R 取值范围的下限和上限分别是 2 和 5;指定参数 P2-H 取值范围的下限和上限分别是 5 和 10,如图 10-43 所示。

Table of Schematic B2: Optimization

	A	B	C	D
1	⊟ Input Parameters			
2	Name	Lower Bound	Upper Bound	
3	P1-R	2	5	
4	P2-H	5	10	
5	⊟ Parameter Relationships			
6	Name	Left Expression	Operator	Right Expression
*	New Parameter Relationship	New Expression	<=	New Expression

图 10-43 指定优化域

6. 优化求解

设置完成后,点工具栏上的“Update”按钮开始优化分析,参数 P1、P2、P3、P4 的迭代过程如图 10-44 所示。

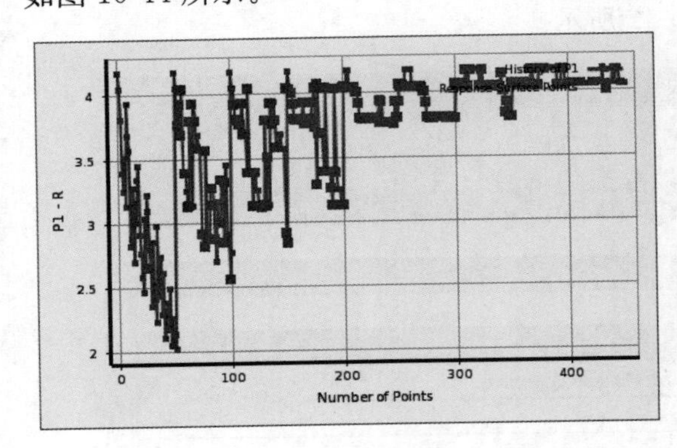

(a) P1优化迭代过程曲线

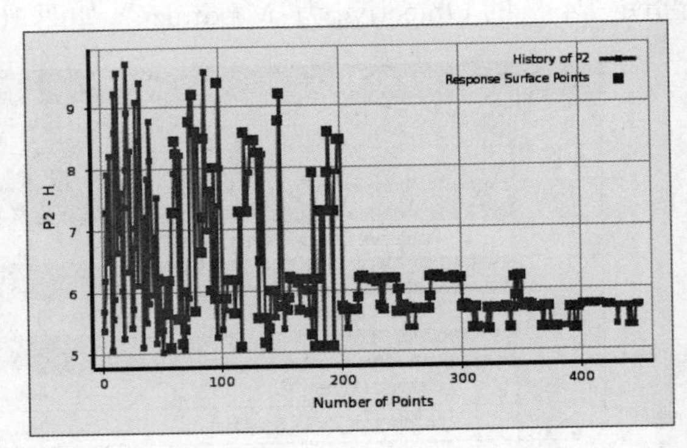

(b) P2优化迭代过程曲线

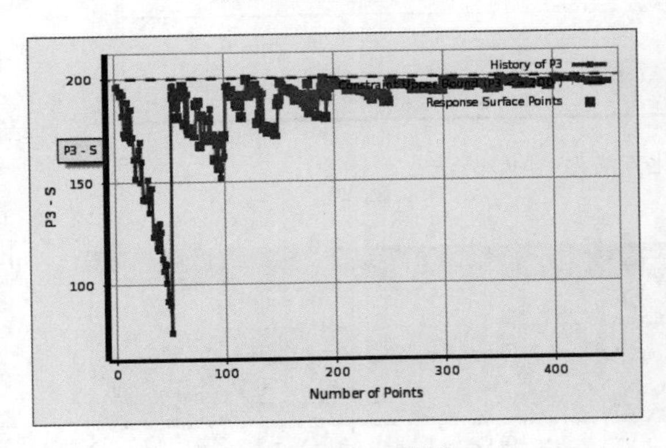

(c) P3优化迭代过程曲线

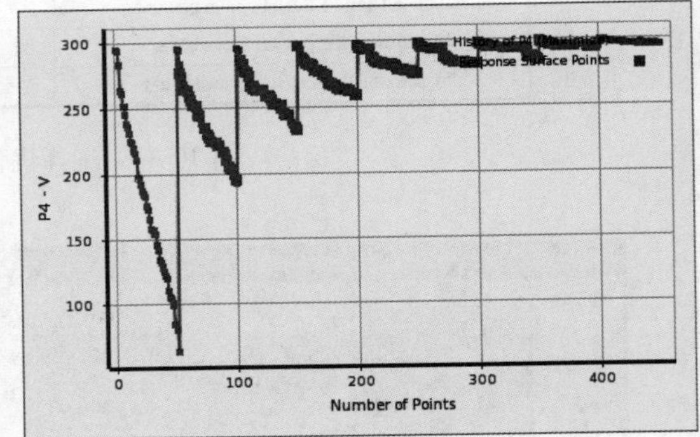

(d) P4优化迭代过程曲线

图 10-44 变量优化迭代过程曲线

7. 查看优化结果

优化搜索后,Outline 的“Results”下给出三个“Candidate Points”,如图 10-45 所示。

Table of Schematic B2: Optimization , Candidate Points								
	A	B	C	D	E	F	G	H
1	Reference	Name	P1 - R	P2 - H	P3 - S		P4 - V	
2					Parameter Value	Variation from Reference	Parameter Value	on from Refe
3	○	Candidate Point 1	4.0697	5.7418	★★★ 198.86	1.38%	★★★ 298.77	1.22%
4	○	Candidate Point 2	4.0743	5.7005	★★★ 198.08	0.98%	★ 297.28	0.72%
5	◉	Candidate Point 3	4.175	5.3902	★★★ 196.16	0.00%	×× 295.17	0.00%

图 10-45　优化备选设计列表

通过“Results”下的“Samples”可以查看 Samples Chart，在 Properties 中可以设置 Samples Chart 的两种 Mode，即：Candidates 以及 Pareto Fronts，如图 10-46 所示。

13	⊟ Results		
14	✓ Candidate Points		
15	✓ Tradeoff		
16	✓ Samples		
17	✓ Sensitivities		

Properties of Outline A16: Samples		
	A	B
1	Property	Value
2	⊟ Chart	
3	Display Parameter Full Name	☐
4	Mode	Pareto Fronts
5	Number of Pareto Fronts to Show	Candidates Pareto Fronts

图 10-46　设置 Samples 参数平行图模式

图 10-47 以及图 10-48 分别为以上两种模式的 Samples 参数平行图。

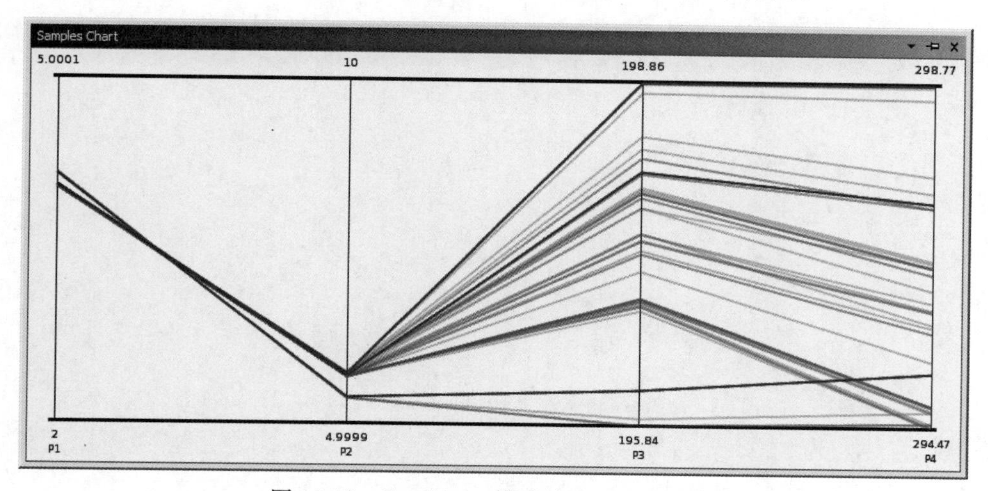

图 10-47　Candidates 模式的 Samples Chart

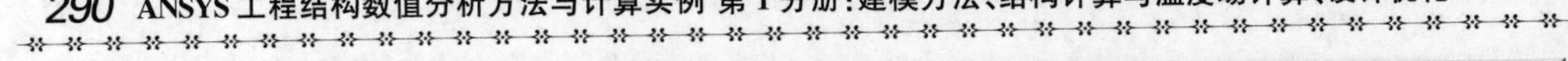

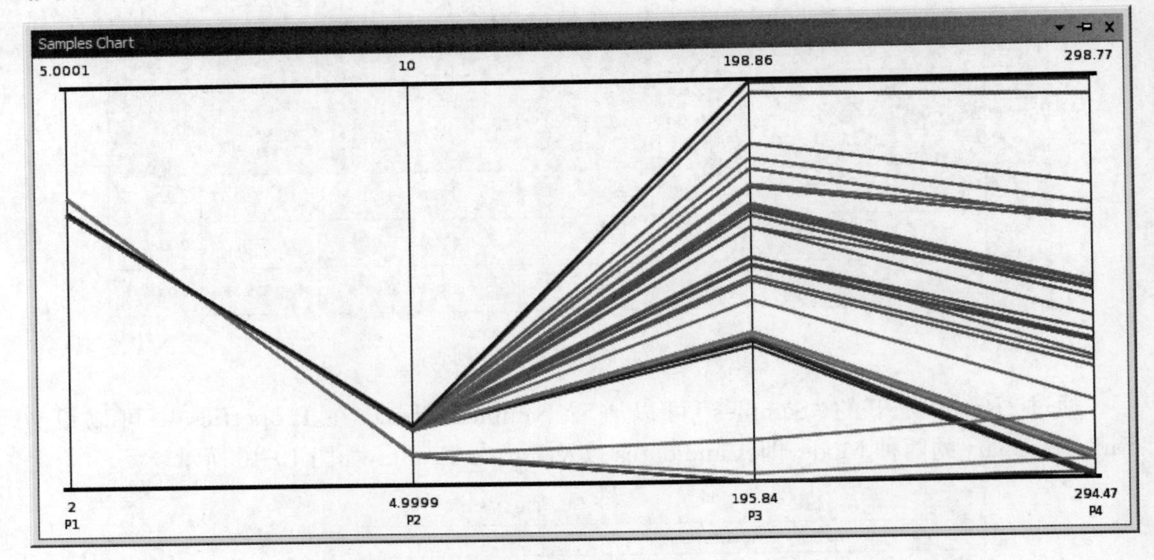

图 10-48 Pareto Fronts 模式的 Samples Chart

第11章　子模型技术

子模型技术是一种获取大结构局部精确应力的有效技术，本章介绍子模型分析技术的基本概念及其在 Workbench 中的实现过程。本章提供了一个典型的分析例题对具体的操作方法进行讲解，在此例题中还使用了网格收敛性控制方法进行计算，并与子模型结果作了比较。

11.1　子模型技术简介

所谓子模型技术，是用较粗或较为简化的模型进行整体计算，然后对关注应力集中的局部从整体结构模型中切割出来，划分为比较精细的网格，再将整体模型的位移映射到切割边界上作为切割出来的局部模型（子模型）的边界条件，对局部进行分析得到精确应力解。这一求解过程成功的关键在于切割边界的选择。切割边界必须远离应力集中的区域，不论是总体粗糙模型的分析还是局部精细模型的分析，切割边界上的应力应当大致相等。在 Mechanical APDL 以及 Workbench 的 Mechanical 中均可实现子模型分析过程，前者步骤较为繁琐，推荐在 Workbench 环境下进行。

在 Workbench 中子模型分析的实现过程按如下步骤进行：

第 1 步：建立全模型分析系统

在 Workbench 的 Project Schematic 中创建一个 Static Structural 静力分析系统 A，将其命名为 Full。

第 2 步：全模型分析

导入整体的几何模型，划分较粗的网格，施加边界约束条件及荷载并求解全模型。

第 3 步：建立子模型分析系统

在 Workbench 的 Project Schematic 中创建一个 Static Structural 静力分析系统 B，将其命名为 Sub。

第 4 步：建立数据的传递

在全模型分析系统 A 和子模型分析 B 之间连接 A6 和 B5，实现切割边界位移的传递，如图 11-1 所示。

第 5 步：子模型分析

在 Sub 系统中导入由整体几何模型切割出来的子模型，划分较为精细的网格，施加约束条件和载荷。

在 Submodeling 分支右键加入 Imported Cut Boundary Constraint，在 Details 中选择切割边界面，右键菜单选择 Import load，完成切割边界位移的映射，如图 11-2 所示。

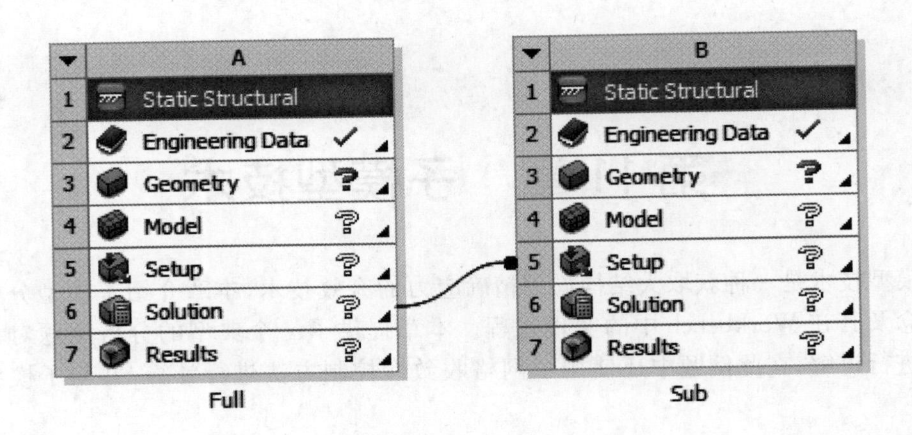

图 11-1 子模型分析流程

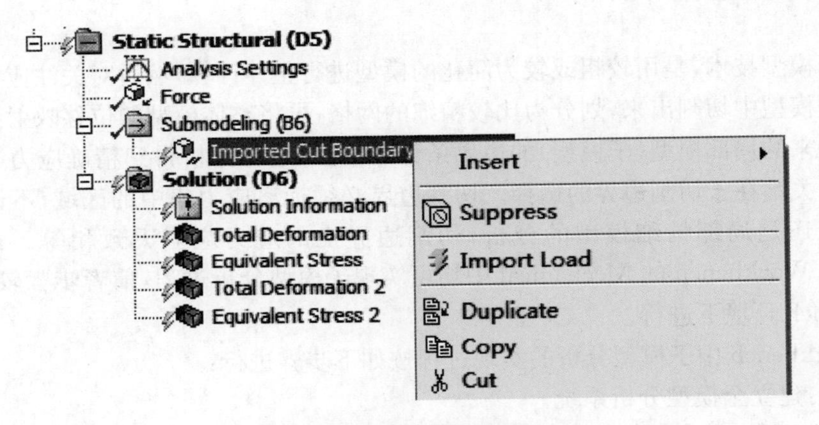

图 11-2 切割边界位移映射

设置完成后,求解子模型。

第 6 步:后处理及验证切割边界的有效性

计算完成后,可以查看子模型的应力计算结果。

此外,通常还需要验证切割边界是否远离应力集中区域。一个直观的方式是,比较 Full 以及 Sub 分析模型的在切割边界的应力值,如果两个模型在切割边界应力大体一致,则表明切割边界已经远离了应力集中的区域。

以上就是在 Workbench 环境下实现子模型分析的具体操作步骤。下一节给出一个在 Workbench 环境中的 Submodeling(子模型分析)的计算例题,并与网格 Convergence 技术的分析结果进行比较。

11.2 子模型计算例题

11.2.1 问题描述

如图 11-3 所示的矩形悬臂板,靠近自由端位置有一带有倒圆角的矩形小孔,悬臂梁自由端受到 3 000 N 轴向力的作用，分析其受力和变形情况。要求：(1)采用子模型分析孔周边的应力集中情况；(2)总体模型中采用应力收敛控制进行分析，并与子模型的结果进行对比。

图 11-3　带有小孔的悬臂板

本例题涉及到的操作要点包括：

✓ Mechanical 中网格划分的控制
✓ Mechanical 中 Submodeling 的定义
✓ Mechanical 中 Convergence 的定义
✓ Mechanical 路径定义
✓ Mechanical 后处理技术

11.2.2　子模型分析

前已述及，子模型分析包括全模型分析和子模型分析两个阶段，下面介绍其分析过程。

1. 全模型的建模计算过程

全模型的建模计算过程包含创建项目文件、建立结构静力分析系统、创建几何模型、前处理、加载以及求解、结果查看等环节。

(1)创建项目文件

第 1 步：启动 ANSYS Workbench。

第 2 步：进入 Workbench 之后，单击 Save As 按钮，选择存储路径并将文件另存为“Submodeling”，如图 11-4 所示。

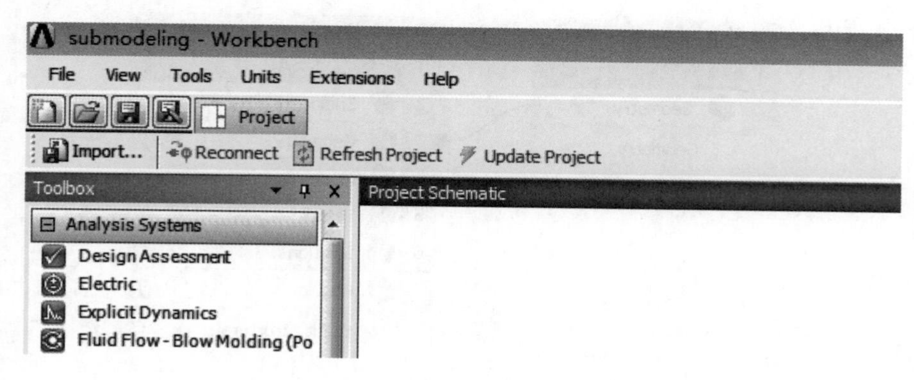

图 11-4　保存项目文件

第 3 步：设置工作单位系统。

通过菜单 Units，选择工作单位系统为 Metric (kg，mm，s，℃，mA，N，mV)，选择 Display Values in Project Units，如图 11-5 所示。

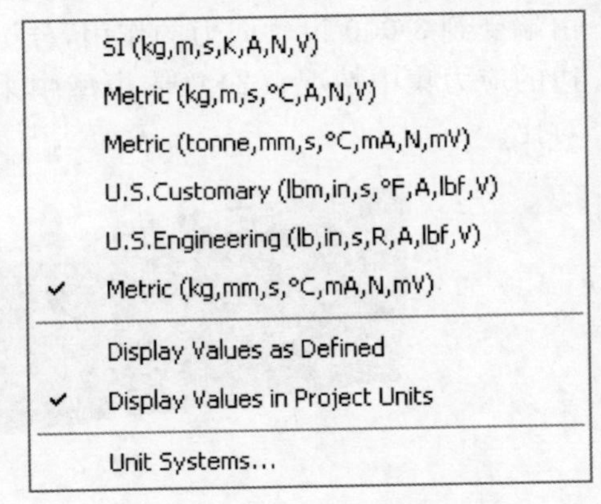

图 11-5 选择单位系统

(2)建立结构静力分析系统

第 1 步：创建几何组件

在 Workbench 工具箱的组件系统中，选择 Geometry 组件，将其用鼠标左键拖拽到 Project Schematic 窗口内(或者直接双击 Geometry 组件)。在 Project Schematic 内会出现名为 A 的 Geometry 组件，如图 11-6 所示。

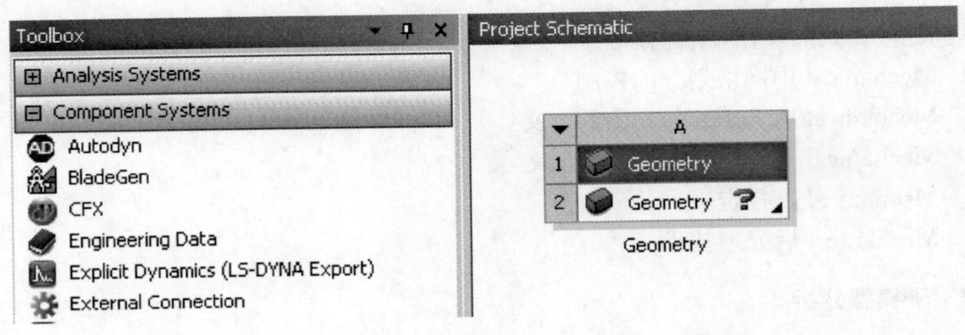

图 11-6 创建 Geometry 组件

第 2 步：建立静力分析系统

在 Workbench 左侧工具箱的分析系统中选择 Static Structural(ANSYS)，用鼠标左键将其拖拽至 A2(Geometry)单元格中，形成静力分析系统 B，该系统的几何模型来源于几何组件 A，如图 11-7 所示。

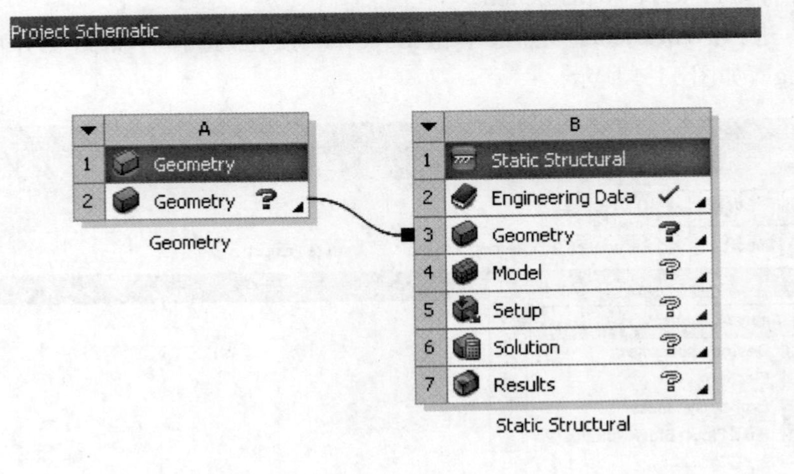

图 11-7 建立静力分析系统

(3)创建几何模型

第 1 步:启动 DM 组件

用鼠标点选 A2(Geometry)组件单元格,在其右键菜单中选择“New Geometry”,启动 DM 建模组件,如图 11-8 所示。

第 2 步:设置建模单位系统

在 DesignModeler 启动后,在 Unite 菜单中选择单位为 Millimeter(mm),如图 11-9 所示。

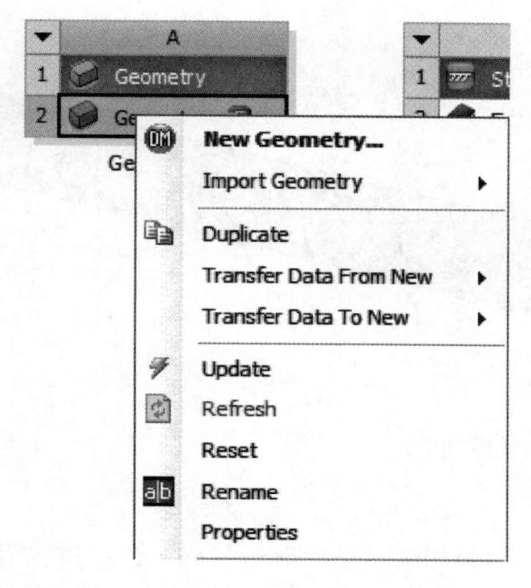

图 11-8　启动 DM

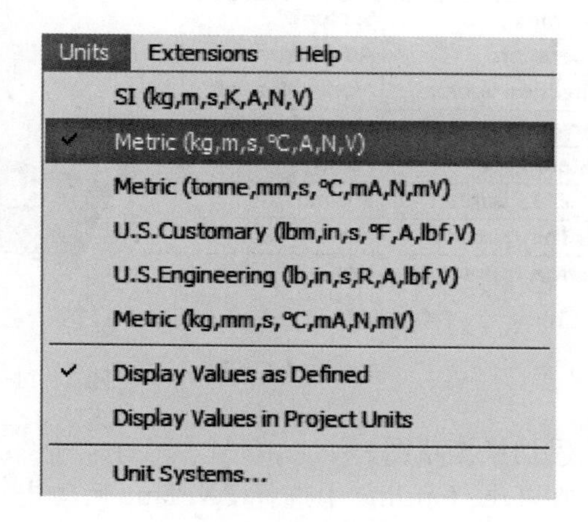

图 11-9　建模单位选择

第 3 步:草绘建模

按照如下步骤完成实体建模。

①切换至草绘模式。

在 Tree Outline 中选择 XYPlane 后单击 Tree Outline 下的 Sketching 标签,切换至草绘模式下。

②绘制草图。

单击 Draw 工具栏的绘图工具绘制如图 11-10(a)所示的草图,并用 Dimension 下的尺寸标注工具标注如图 11-10(b)所示的尺寸。

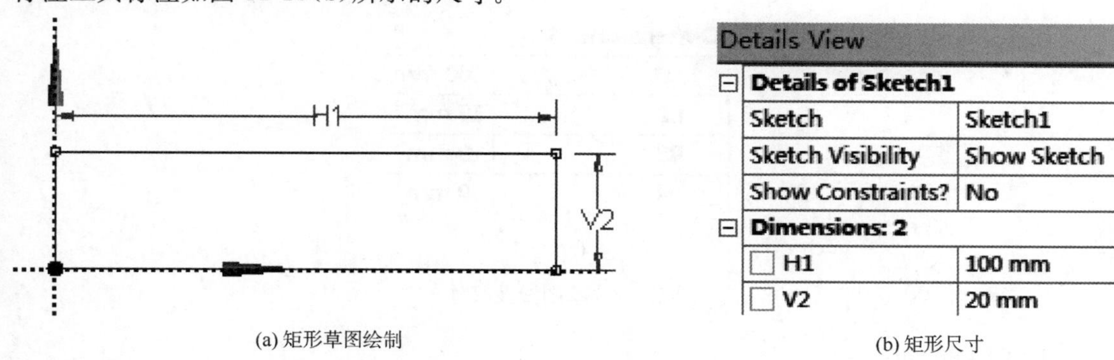

(a) 矩形草图绘制　(b) 矩形尺寸

图 11-10　矩形草图及尺寸

③创建拉伸对象。

单击工具栏上的 Extrude 按钮,自动跳转到三维建模界面进行拉伸操作。在 Extrude1 的 Details 中将 Geometry 选择为刚才创建的 Sketch1,并单击 Apply,设置 Operation 为 Add Material,将 Extent Type 改为 Fixed,在 FD1,Depth(>0)中输入拉伸厚度 500 mm,如图 11-11(a)所示。单击工具栏上的 Generate 按钮形成三维模型,如图 11-11(b)所示。

Details View

Details of Extrude1	
Extrude	Extrude1
Geometry	Sketch1
Operation	Add Material
Direction Vector	None (Normal)
Direction	Normal
Extent Type	Fixed
FD1, Depth (>0)	500 mm
As Thin/Surface?	No
Merge Topology?	Yes

(a)

(b)

图 11-11　三维模型

④切换至草图。

在 Tree Outline 中选择 ZXPlane 后单击 Tree Outline 下的 Sketching 标签,进入草绘环境下,用 Draw 工具栏的绘图工具绘制如图 11-12(a)所示的草图,并用 Dimension 下的尺寸标注工具标注如图 11-12(b)所示的尺寸。

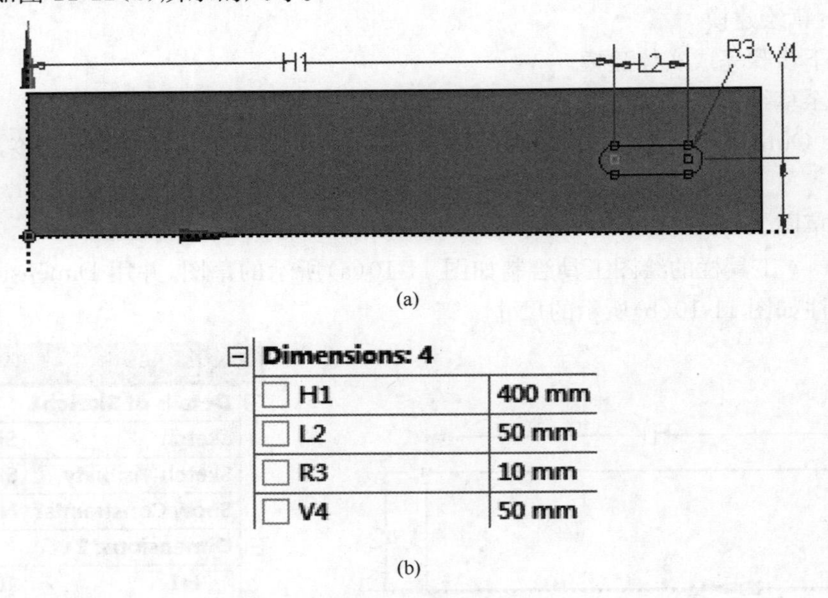

(a)

Dimensions: 4	
H1	400 mm
L2	50 mm
R3	10 mm
V4	50 mm

(b)

图 11-12　草图 2 及尺寸

⑤Cut Material。

单击工具栏上的 Extrude 按钮,自动跳转到三维建模界面进行拉伸操作。在 Extrude2 的

Details 中将 Geometry 选择为刚才创建的草图，并单击 Apply，设置 Operation 为 Cut Material，将 Extent Type 改为 Fixed，在 FD1，Depth(>0)中输入拉伸厚度 20mm。如图 11-13(a)所示。单击工具栏上的 Generate 按钮形成三维模型，如图 11-13(b)所示。

Details View

Details of Extrude2	
Extrude	Extrude2
Geometry	Sketch2
Operation	Cut Material
Direction Vector	None (Normal)
Direction	Normal
Extent Type	Fixed
FD1, Depth (>0)	20 mm

(a)

(b)

图 11-13　Cut Material 得到的模型

(4)前处理

按照如下步骤进行前处理操作。

第 1 步:启动 Mechanical 组件

在 Workbench 的 Project Schematic 中双击 B4(Model)单元格，启动 Mechanical 组件。

第 2 步:设置单位系统

通过 Mechanical 的 Units 菜单，选择单位系统为 Metric(mm，kg，N，s，mV，mA)，如图 11-14 所示。

第 3 步:确认材料

在 Details of"Solid"中确认 Solid 的材料为默认的 Structural Steel，如图 11-15 所示。

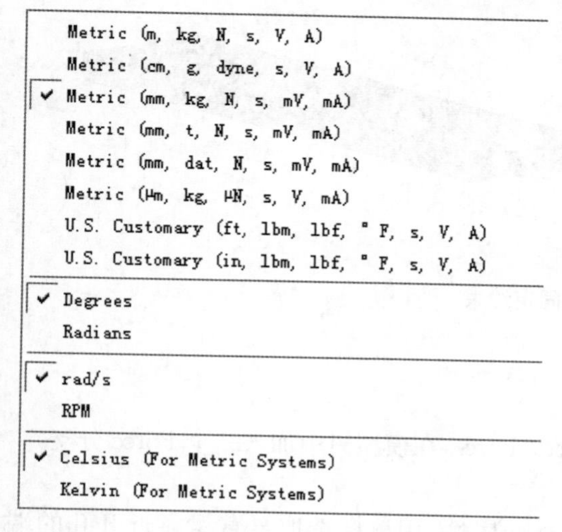

图 11-14　单位制

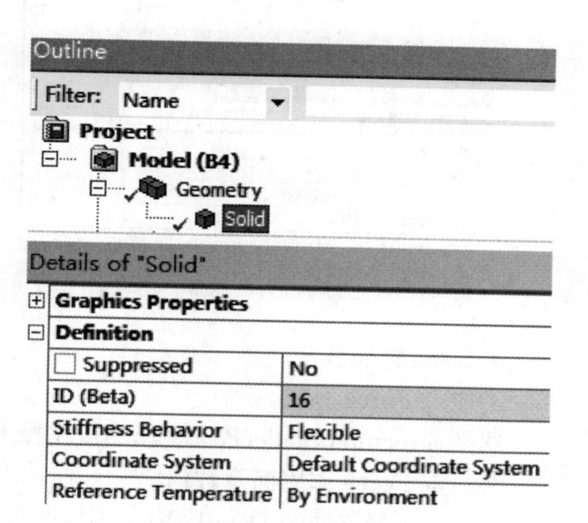

图 11-15　材料的确认

第 4 步：网格划分

选择 Mesh 分支，在其右键菜单中选择 Generate Mesh，采用默认方式划分网格，完成后的网格模型如图 11-16 所示。

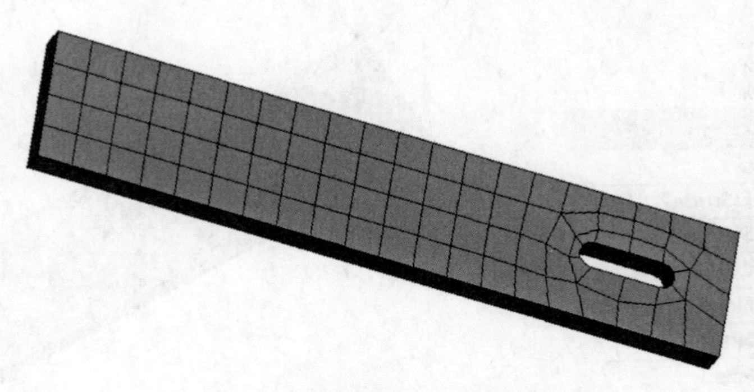

图 11-16　划分网格后的模型

(5)加载以及求解全模型

按照如下步骤完成全模型的加载以及求解过程。

第 1 步：施加约束

①加入 Fix Support 分支。

选择 Structural Static(B5)分支，在图形区域右键菜单，选择 Insert>Fixed Support，插入 Fixed Support 分支。

②指定模型固定面。

在 Fixed Support 分支的 Details View 中，点 Geometry 属性，在工具面板的选择过滤栏中按下选择面按钮，选取如图 11-17 所示远离开孔的端面，然后在 Geometry 属性中点 Apply 按钮完成施加固定约束。

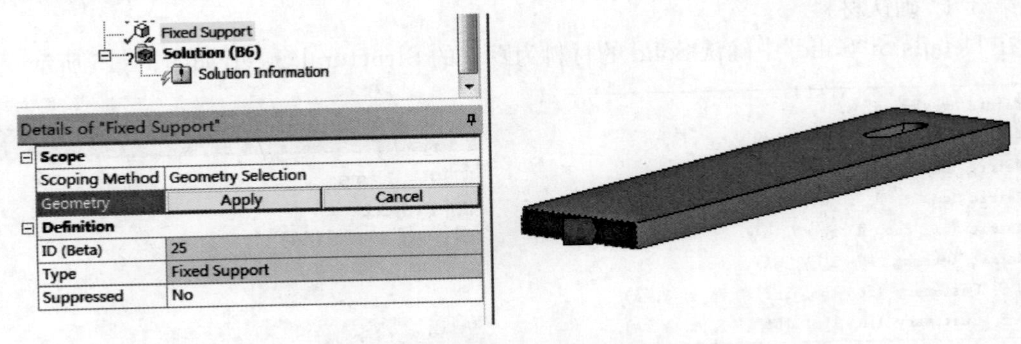

图 11-17　添加固定约束

第 2 步：施加载荷

①加入 Force 分支。

选择 Structural Static(B5)分支，右键选择 Insert>Force，在模型树中加入一个 Force 分支。

②指定 Force 作用面及数值。

在 Force 分支的的 Details View 中，点 Geometry 属性，用鼠标选取悬臂梁靠近开孔的端面，单击 Apply，如图 11-18(a)所示，在幅值 Magnitude 中输入 3 000 N，如图 11-18(b)所示。

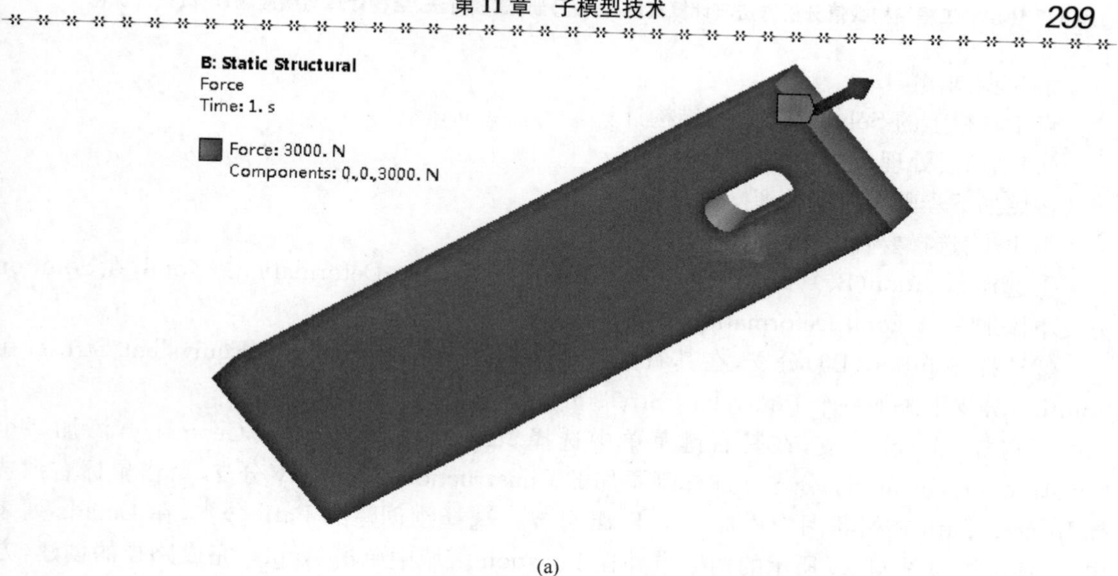

(a)

Details of "Force"

Scope	
Scoping Method	Geometry Selection
Geometry	1 Face
Definition	
Type	Force
Define By	Vector
Magnitude	3000. N (ramped)
Direction	Click to Change
Suppressed	No

(b)

图 11-18　定义 Force

③选择 Static Structural(B5)，查看全部施加的载荷及约束如图 11-19 所示。

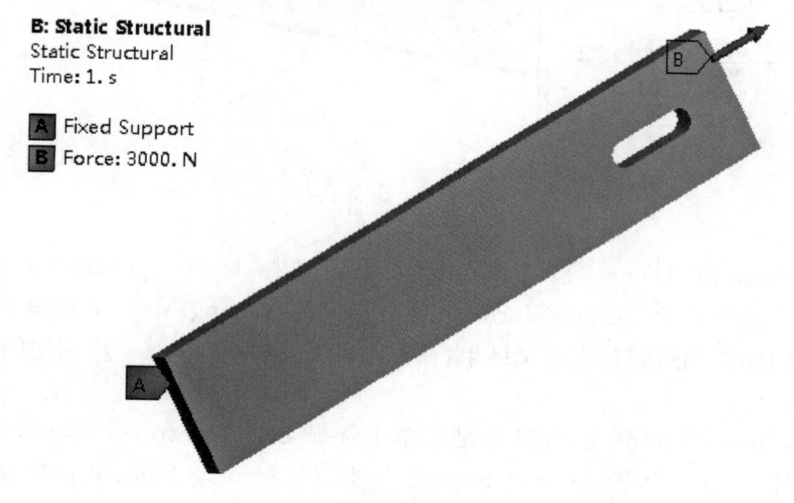

图 11-19　模型约束及加载情况

第3步:求解

点工具栏上的Solve按钮进行结构计算。

(6)结果后处理

按照如下步骤完成后处理操作。

第1步:选择要查看的结果

①选择Solution(B6)分支,在其右键菜单中选择Insert>Deformation>Total,在Solution分支下添加一个Total Deformation分支。

②选择Solution(B6)分支,在其右键菜单中选择Insert>Stress>Equivalent Stress,在Solution分支下添加一个Equivalent Stress分支。

③选择Model分支,在其右键菜单中选择Insert>Construction Geometry,添加一个Construction Geometry分支。选择刚添加的Construction Geometry分支,单击鼠标右键选择Insert>Path在树状图中添加一个Path分支。选择刚创建的Path分支,在Details列表中,分别选择如图11-20所示的两个点并在Location区域中单击Apply,完成路径的创建,方便后面查看结果。

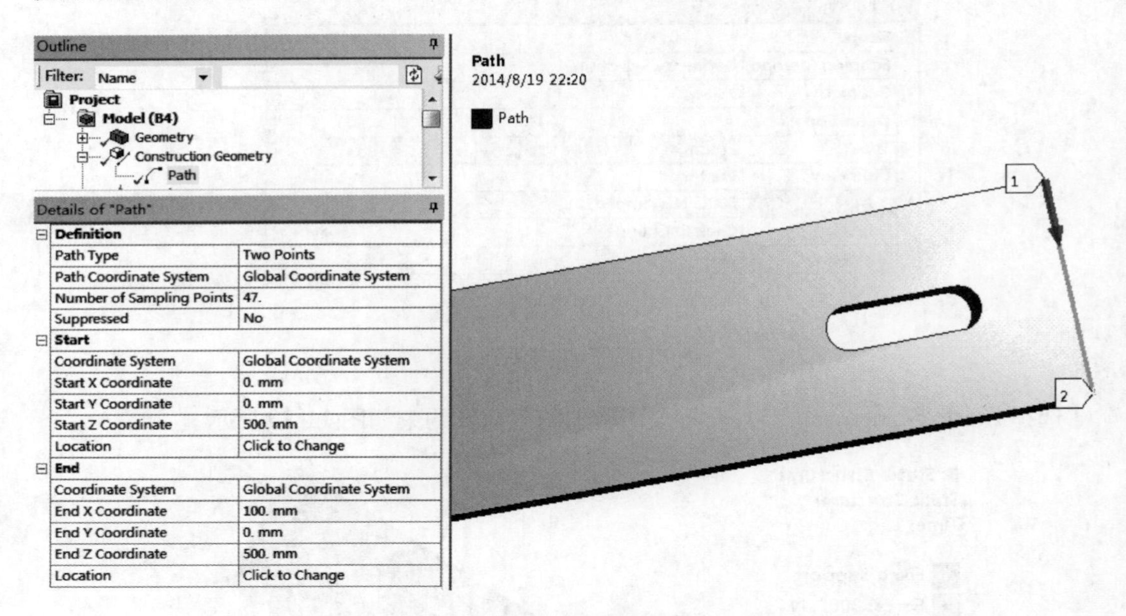

图11-20 定义Path

④选择Solution(D6)分支,在其右键菜单中选择Insert>Deformation>Total,在Solution分支下添加一个Total Deformation2分支,将Scoping Method由默认的Geometry Selection改成Path,通过路径来定义结果,在下面的Path中选择上一步创建的路径Path,如图11-21所示。

⑤选择Solution(D6)分支,在其右键菜单中选择Insert>Stress>Equivalent Stress,在Solution分支下添加一个Equivalent Stress2分支,将Scoping Method由默认的Geometry Selection改成Path,通过路径来定义结果,在下面的Path中选择上一步创建的路径Path,如图11-22所示。

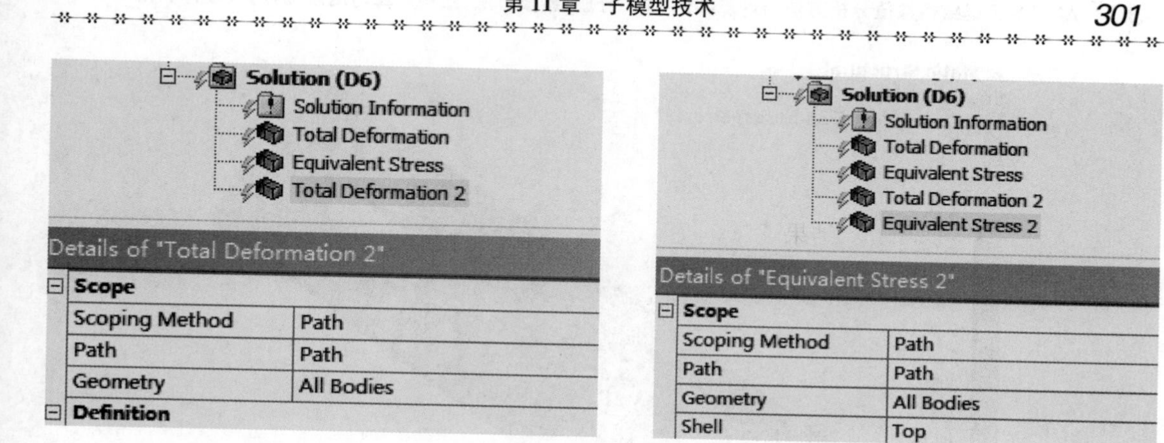

图 11-21　定义沿路径变化的变形结果　　图 11-22　定义沿路径变化的应力结果

第 2 步：评估待查看的结果项目

按下工具栏上的 Solve 按钮，评估上述加入的结果项目。

第 3 步：查看结果

①选择变形结果分支 Total Deformation。结构的总体变形如图 11-23 所示，其中最大变形约为 4.0e-3 mm，位于悬臂梁自由端。

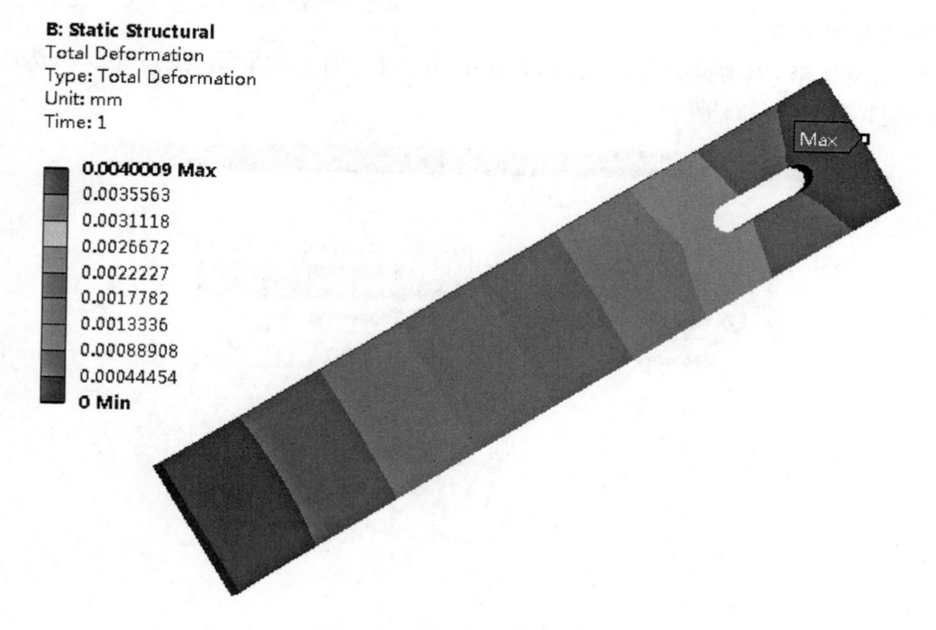

图 11-23　结构变形分布云图

②选择应力结果分支 Equivalent Stress。结构的总体应力分布如图 11-24 所示，其中最大应力约为 2.97 MPa，位于开孔圆弧过渡位置。

2. 子模型分析过程

子模型分析的过程同样包含创建项目文件、建立结构静力分析系统、创建几何模型、前处理、加载以及求解、结果查看等环节。

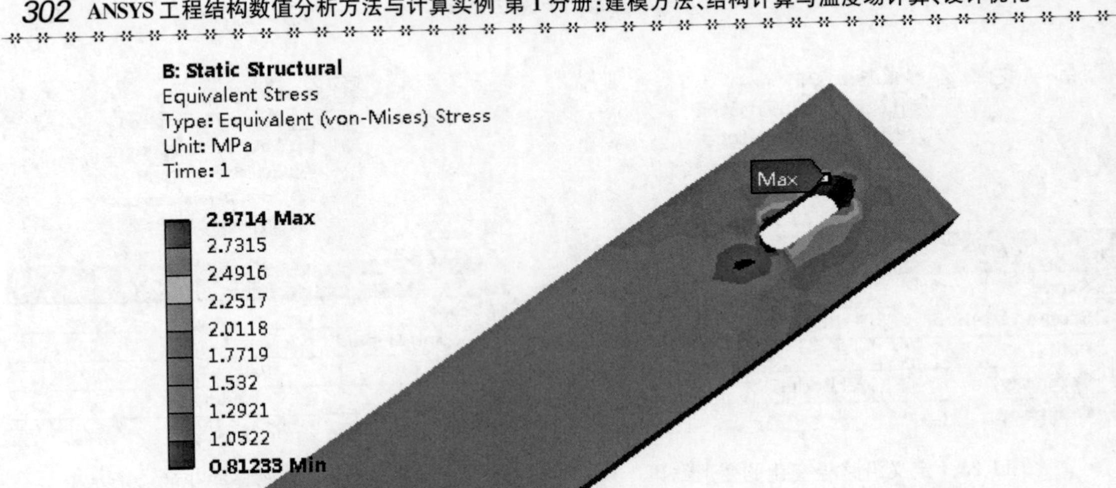

图 11-24 结构应力分布云图

(1)创建几何组件

选择A2单元格,单击鼠标右键,选择Duplicate,将之前创的模型复制一份,生成名为C的几何模型组件,如图11-25所示。

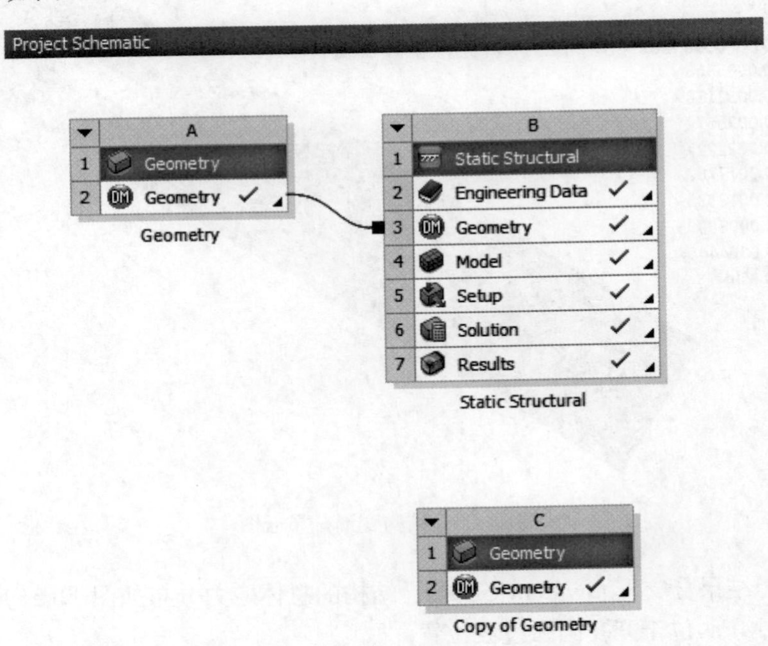

图 11-25 建立子模型几何组件

(2)建立结构静力分析系统

在Workbench左侧工具箱的分析系统中选择Static Structural(ANSYS),用鼠标左键将其拖拽至项目视图区域,形成新的静力学分析系统 D,如图 11-26 所示。

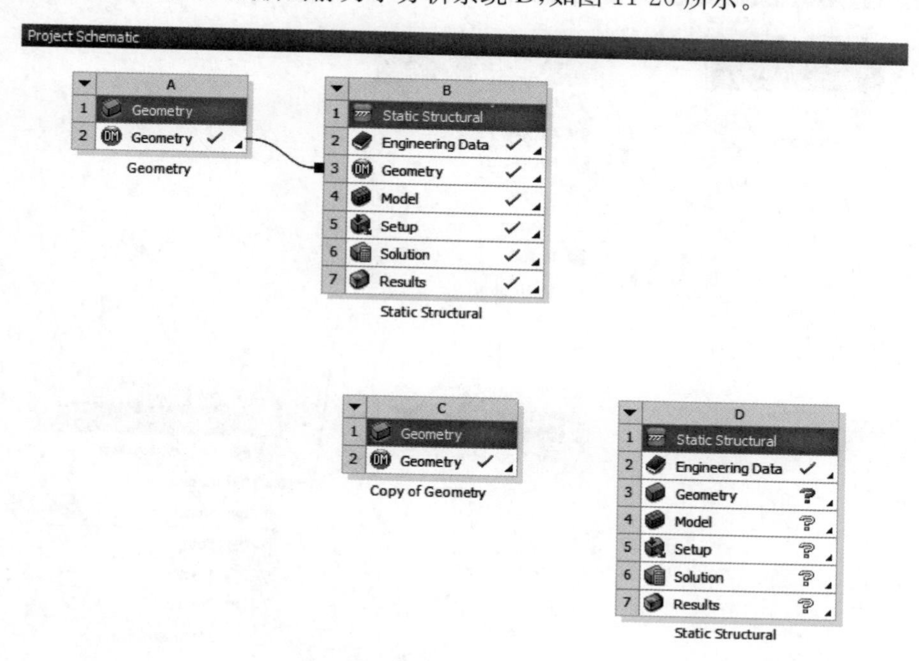

图 11-26　建立静力分析系统

(3)创建子模型分析系统

按照如下步骤创建子模型分析系统。

第 1 步:链接几何模型

选择 C2(Geometry)组件单元格并拖动鼠标将其拖放到 D2 Geometry 单元格中,如图 11-27 所示。

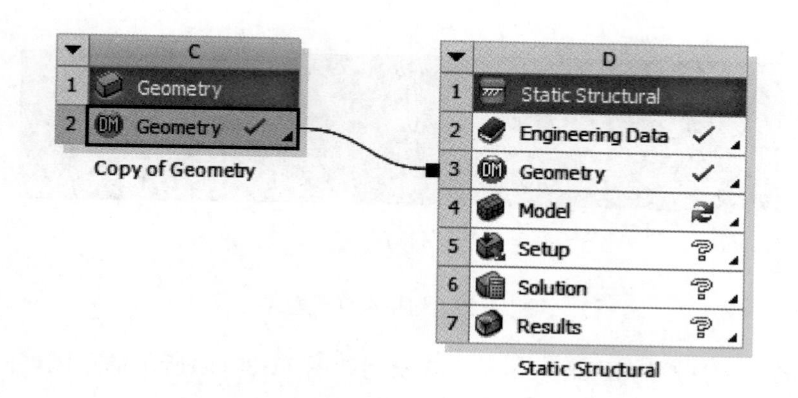

图 11-27　链接子结构几何模型

第 2 步:创建子模型分析系统

选择 B6(Solution)组件单元格并拖动鼠标将其拖放到 D5 Setup 单元格中,如图 11-28 所示。

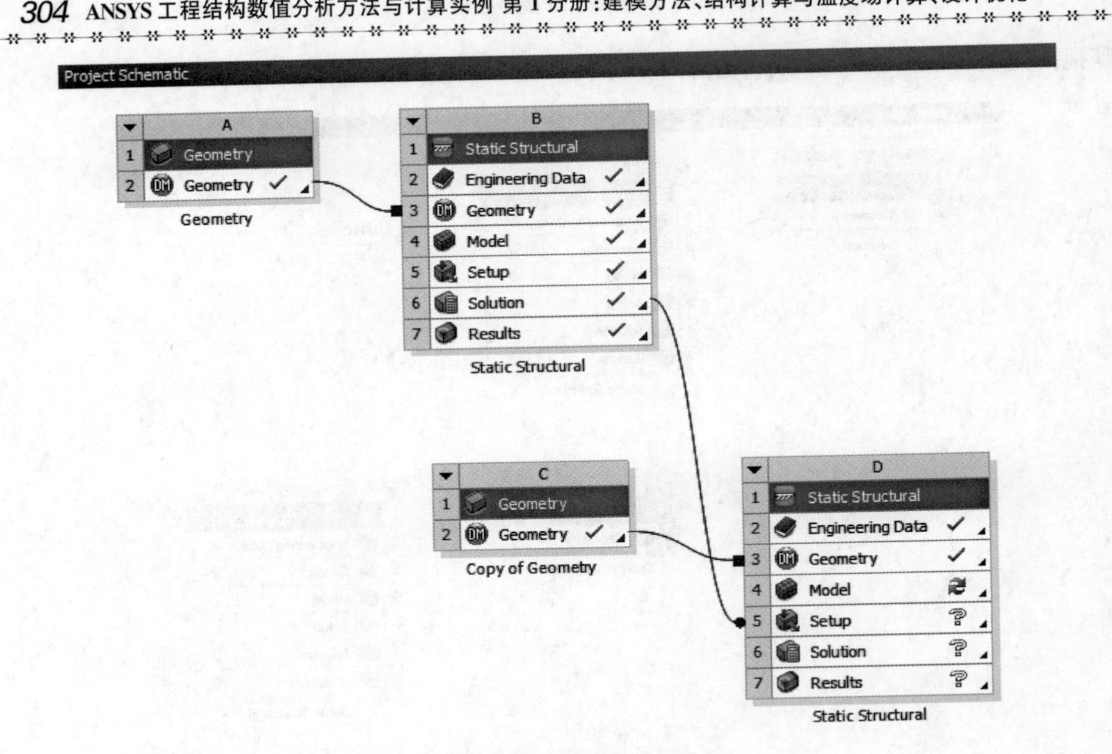

图 11-28 创建子模型分析系统

第 3 步:子模型建模

①双击 C2 单元格进入 DM 界面,在 Tree Outline 中选择 ZXPlane 后选择工具栏上的新建草图按钮,单击 Tree Outline 下的 Sketching 标签,切换到草绘模式,如图 11-29 所示。

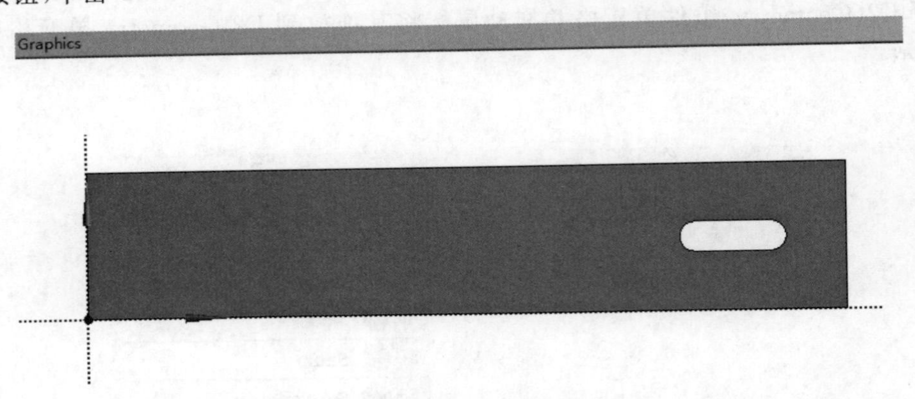

图 11-29 切换至草图模式

②单击 Draw 工具栏的 Rectangular 工具绘制如图 11-30(a)所示的草图,并用 Dimension 下的尺寸标注工具标注如图 11-30(b)所示的尺寸。

③单击工具栏上的 Extrude 按钮直接跳转到三维建模界面进行拉伸操作,选择 Geometry 为刚才创建的草图并单击 Apply,更改 Operation 为 Cut material,在切除深度中输入 20mm,如图 11-31(a)所示。单击工具栏上的 Generate 按钮生成如图 11-31(b)所示的模型。

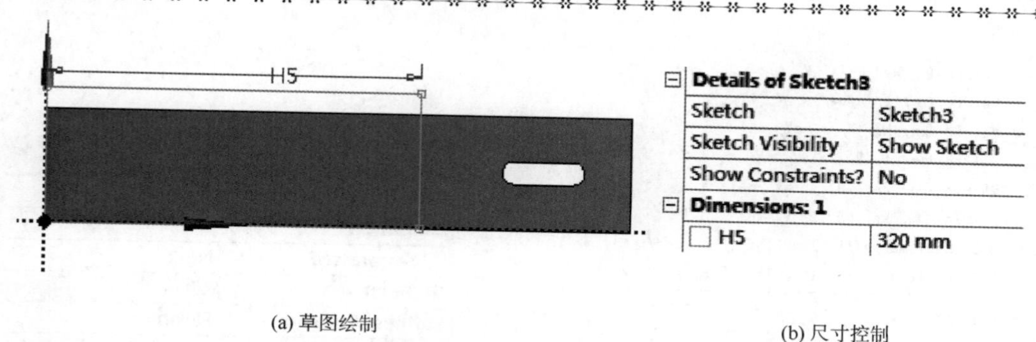

(a) 草图绘制　　(b) 尺寸控制

图 11-30　建立切割模型用的草图

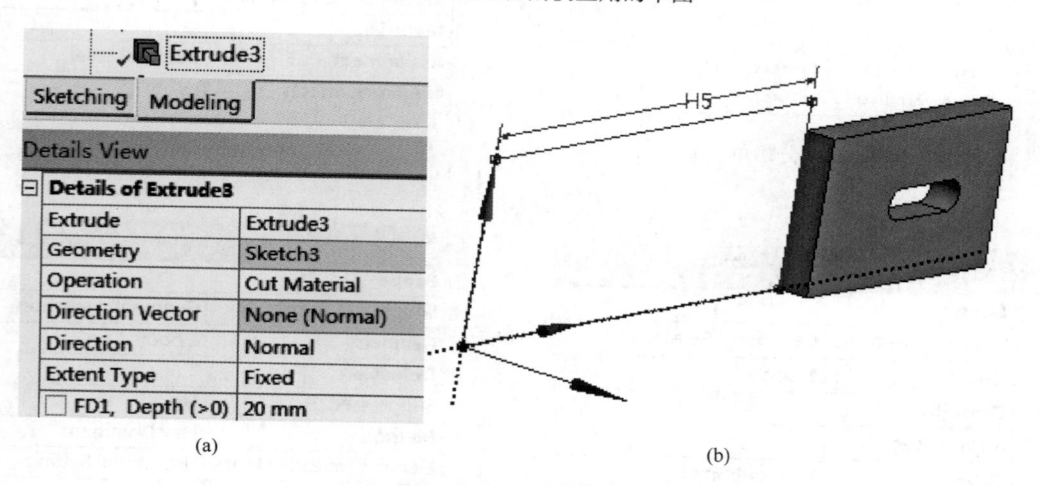

(a)　　(b)

图 11-31　创建子模型

至此子模型的几何已经创建完毕。关闭 DesignModeler，返回 Workbench 界面。

(4)前处理

第 1 步：启动 Mechanical 组件

在 Workbench 的 Project Schematic 中双击 D4(Model)单元格，启动 Mechanical 组件。

第 2 步：设置单位系统

通过 Mechanical 的 Units 菜单，选择单位系统为 Metric(mm，kg，N，s，mV，mA)，如图 11-32 所示。

第 3 步：确认 Solid 的材料

在 Details of“Solid”中确认 Solid 的材料为默认的 Structural Steel 如图 11-33 所示。

第 4 步：网格划分

①选择 Mesh 分支，在其右键菜单中选择 Insert>Sizing，选择 Sizing 分支，将 Details 列表中 Geometry 选为子模型整体并单击 Apply。在 Element Size 中输入网格大小 2mm，如图 11-34 所示。

②选择 Mesh 分支，在其右键菜单中选择 Insert>Method，选择 Method 分支，将 Details 列表中 Geometry 选为子模型实体并单击 Apply。将默认的 Automatic 改成 Hex Dominate，如图 11-35 所示。采用六面体主导的方式划分网格。

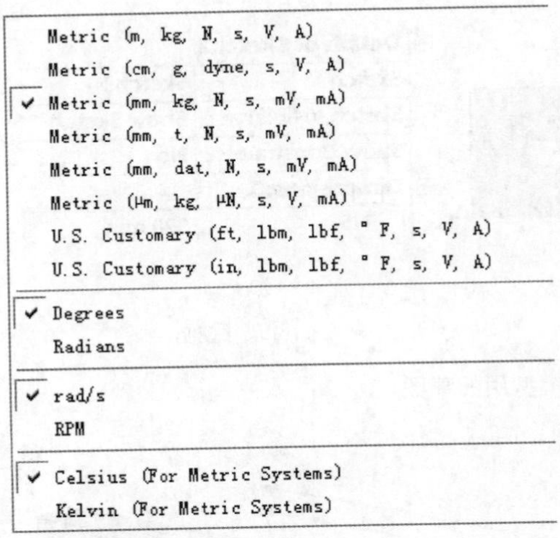

Metric (m, kg, N, s, V, A)
Metric (cm, g, dyne, s, V, A)
✓ Metric (mm, kg, N, s, mV, mA)
Metric (mm, t, N, s, mV, mA)
Metric (mm, dat, N, s, mV, mA)
Metric (μm, kg, μN, s, V, mA)
U.S. Customary (ft, lbm, lbf, °F, s, V, A)
U.S. Customary (in, lbm, lbf, °F, s, V, A)

✓ Degrees
Radians

✓ rad/s
RPM

✓ Celsius (For Metric Systems)
Kelvin (For Metric Systems)

图 11-32　分析单位制

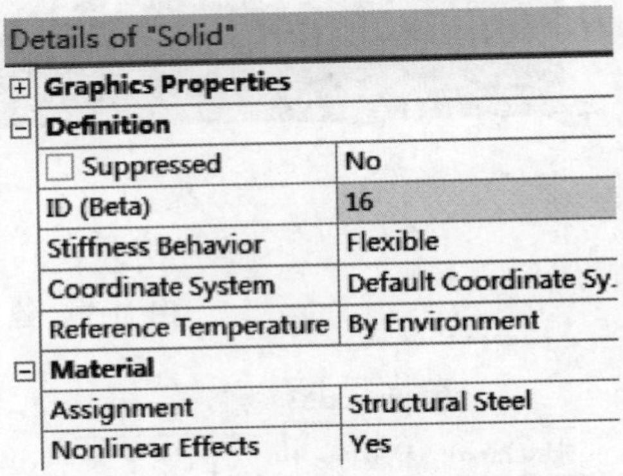

Details of "Solid"

⊞ **Graphics Properties**	
⊟ **Definition**	
Suppressed	No
ID (Beta)	16
Stiffness Behavior	Flexible
Coordinate System	Default Coordinate Sy.
Reference Temperature	By Environment
⊟ **Material**	
Assignment	Structural Steel
Nonlinear Effects	Yes

图 11-33　材料的确认

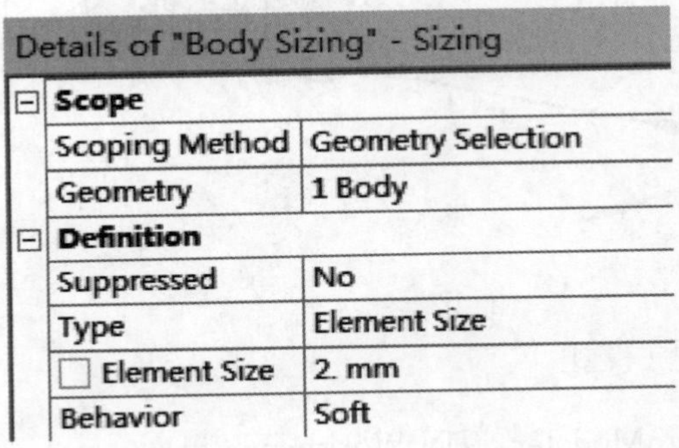

Details of "Body Sizing" - Sizing

⊟ **Scope**	
Scoping Method	Geometry Selection
Geometry	1 Body
⊟ **Definition**	
Suppressed	No
Type	Element Size
Element Size	2. mm
Behavior	Soft

图 11-34　网格大小控制

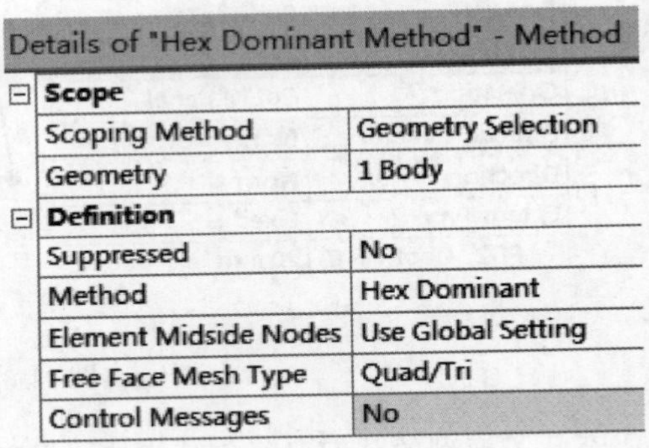

Details of "Hex Dominant Method" - Method

⊟ **Scope**	
Scoping Method	Geometry Selection
Geometry	1 Body
⊟ **Definition**	
Suppressed	No
Method	Hex Dominant
Element Midside Nodes	Use Global Setting
Free Face Mesh Type	Quad/Tri
Control Messages	No

图 11-35　网格划分方法

③选择 Mesh 分支，单击鼠标右键选择 Generate Mesh，生成网格如图 11-36 所示。

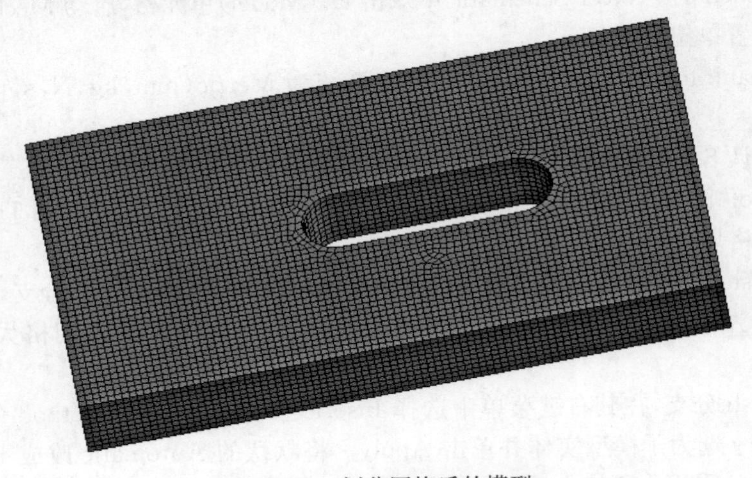

图 11-36　划分网格后的模型

(5)加载以及求解

第 1 步:施加载荷

①选择 Structural Static(D5)分支,在图形区域右键菜单,选择 Insert>Force,插入 Force 分支。

②在 Force 分支的 Details View 中,点 Geometry 属性,在工具面板的选择过滤栏中按下选择面按钮,选取悬臂梁自由端端面,然后在 Geometry 属性中点 Apply 按钮,在载荷幅值一栏中输入大小为 3 000 N,载荷施加后的子结构如图 11-37 所示。

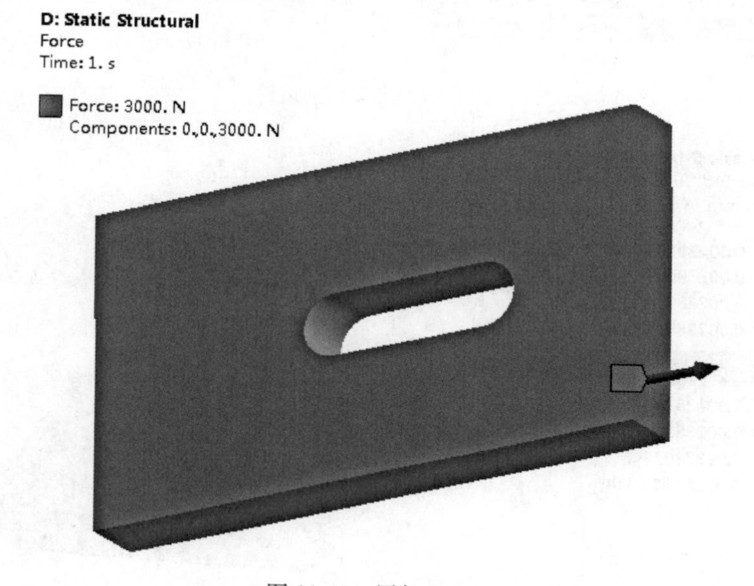

图 11-37　添加 Force

第 2 步:导入外部边界条件

①选择 Structural Static(D5)下的 Submodeling 分支,右键选择 Insert>Cut Boundary Constraint,在子模型树状图中加入一个 Cut Boundary Constraint 分支,如图 11-38 所示。

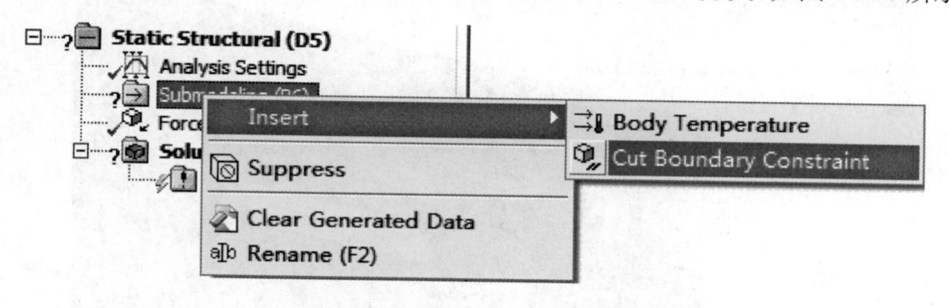

图 11-38　插入边界条件

②选择刚插入的 Import Cut Boundary Constraint,在 Geometry 中选择模型切割边界,并单击 Apply,如图 11-39 所示。

在 Import Cut Boundary Constraint 分支的右键菜单中选择 Import Load,导入切割边界条件,如图 11-40 所示。

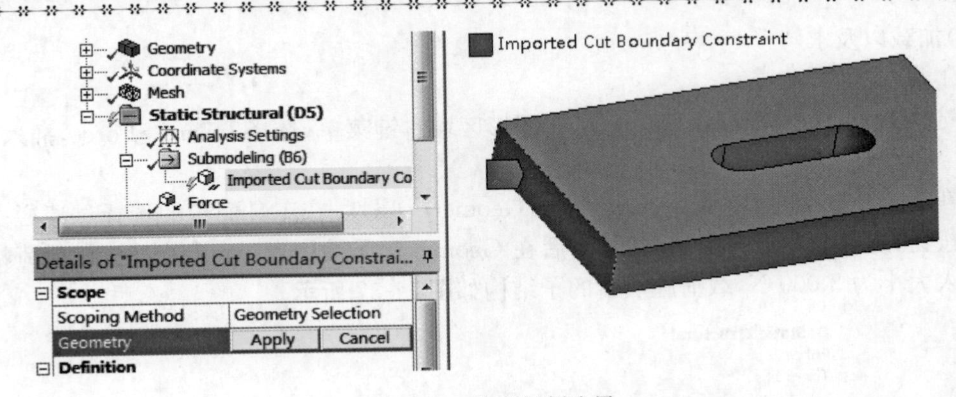

图 11-39　定义切割边界

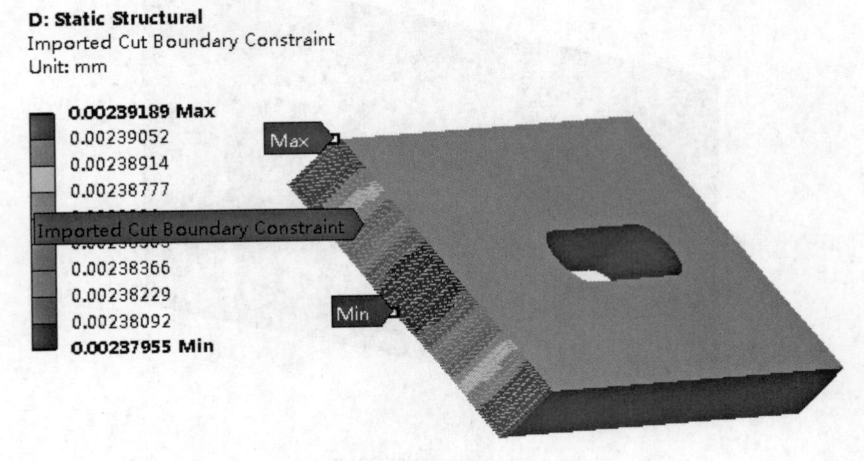

图 11-40　导入切割边界位移

③选择 Static Structural(D5)，查看全部施加的载荷及约束，如图 11-41 所示。

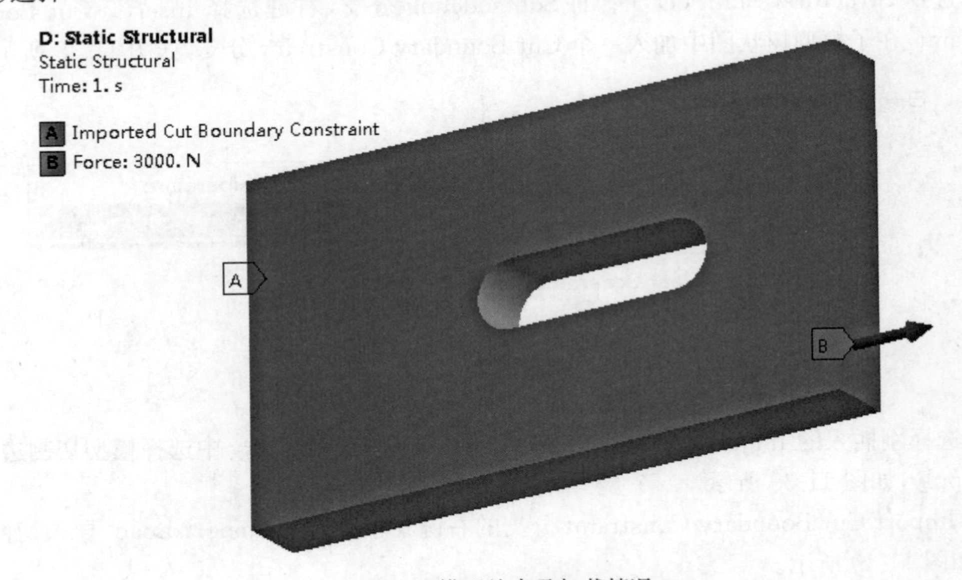

图 11-41　模型约束及加载情况

第3步:求解

点工具栏上的Solve按钮进行结构计算。

(6)结果后处理

第1步:选择要查看的结果

①选择Solution(D6)分支,在其右键菜单中选择Insert>Deformation>Total,在Solution分支下添加一个Total Deformation分支。

②选择Solution(D6)分支,在其右键菜单中选择Insert>Stress>Equivalent Stress,在Solution分支下添加一个Equivalent Stress分支。

③选择Model分支,在其右键菜单中选择Insert>Construction Geometry,添加一个Construction Geometry分支。选择刚添加的Construction Geometry分支,单击鼠标右键选择Insert>Path在树状图中添加一个Path分支。选择刚创建的Path分支,在Details列表中,分别选择如图11-42所示的两个点,在Start Location以及End Location区域并单击Apply,完成路径的创建,方便后面查看结果。

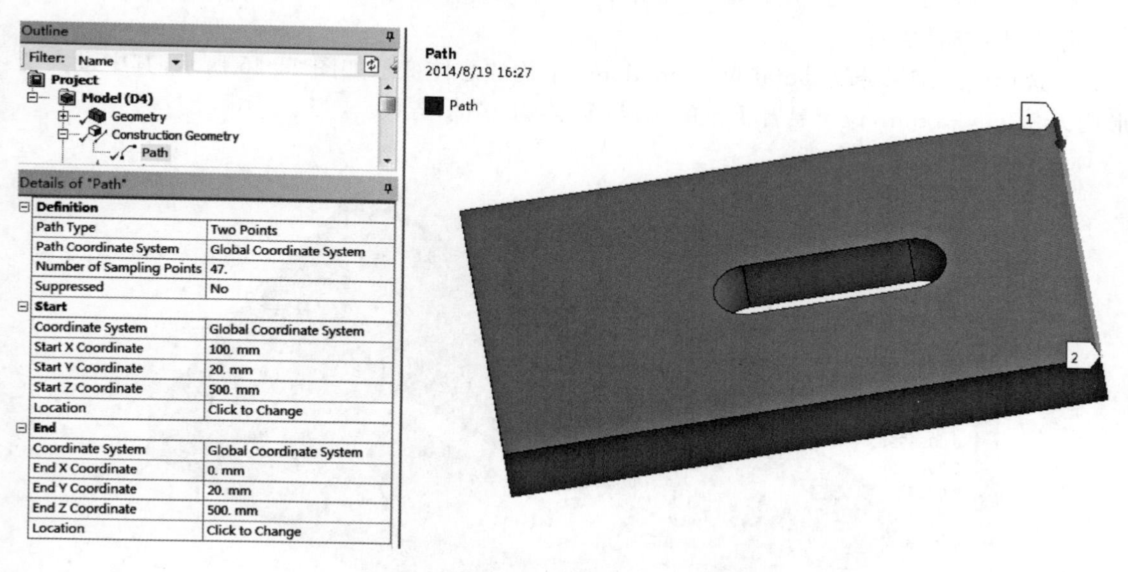

图11-42 定义Path

④选择Solution(D6)分支,在其右键菜单中选择Insert>Deformation>Total,在Solution分支下添加一个Total Deformation2分支,将Scoping Method由默认的Geometry Selection改成Path,通过路径来定义结果,在下面的Path中选择上一步创建的路径Path,如图11-43所示。

⑤选择Solution(D6)分支,在其右键菜单中选择Insert>Stress>Equivalent Stress,在Solution分支下添加一个Equivalent Stress2分支,将Scoping Method由默认的Geometry Selection改成Path,通过路径来定义结果,在下面的Path中选择上一步创建的路径Path,如图11-44所示。

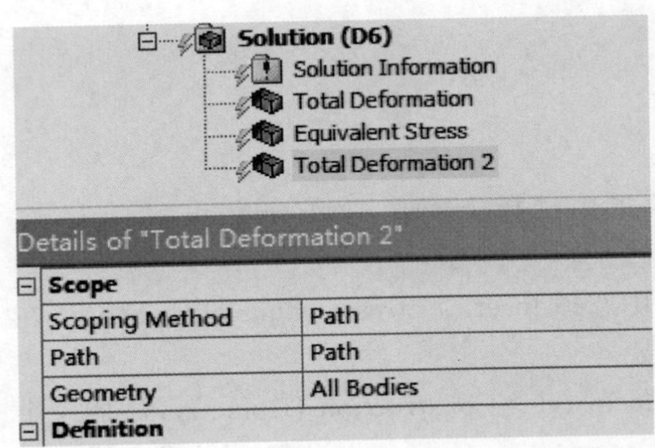

图 11-43 定义沿路径变化的变形结果

Solution (D6)
Solution Information
Total Deformation
Equivalent Stress
Total Deformation 2
Equivalent Stress 2

Details of "Equivalent Stress 2"

Scope	
Scoping Method	Path
Path	Path
Geometry	All Bodies
Shell	Top

图 11-44 定义沿路径变化的应力结果

第 2 步:评估待查看的结果项目

按下工具栏上的 Solve 按钮,评估上述加入的结果项目。

第 3 步:查看结果

①选择变形结果分支 Total Deformation。结构的总体变形如图 11-45 所示,其中最大变形约为 3.999e-3 mm,位于悬臂梁自由端,与全模型的结果一致。

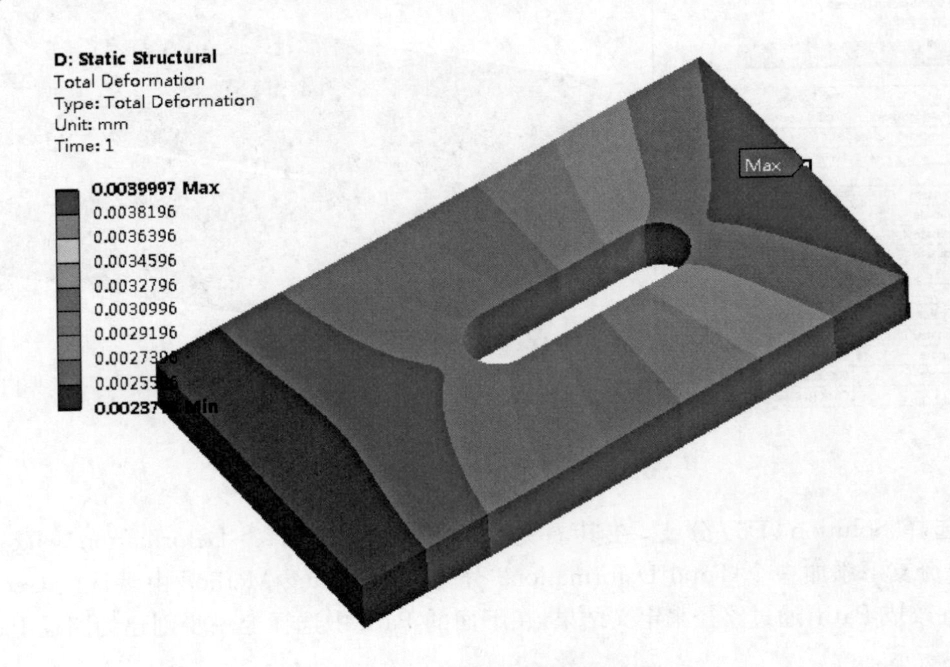

图 11-45 子模型变形分布云图

②选择变形结果分支 Equivalent Stress。子结构的应力分布如图 11-46 所示,其中最大应力约为 3.739 MPa,位于开孔处过渡圆角位置,数值大于全模型的最大应力,表示子模型分析更有效地捕捉到了应力集中现象。

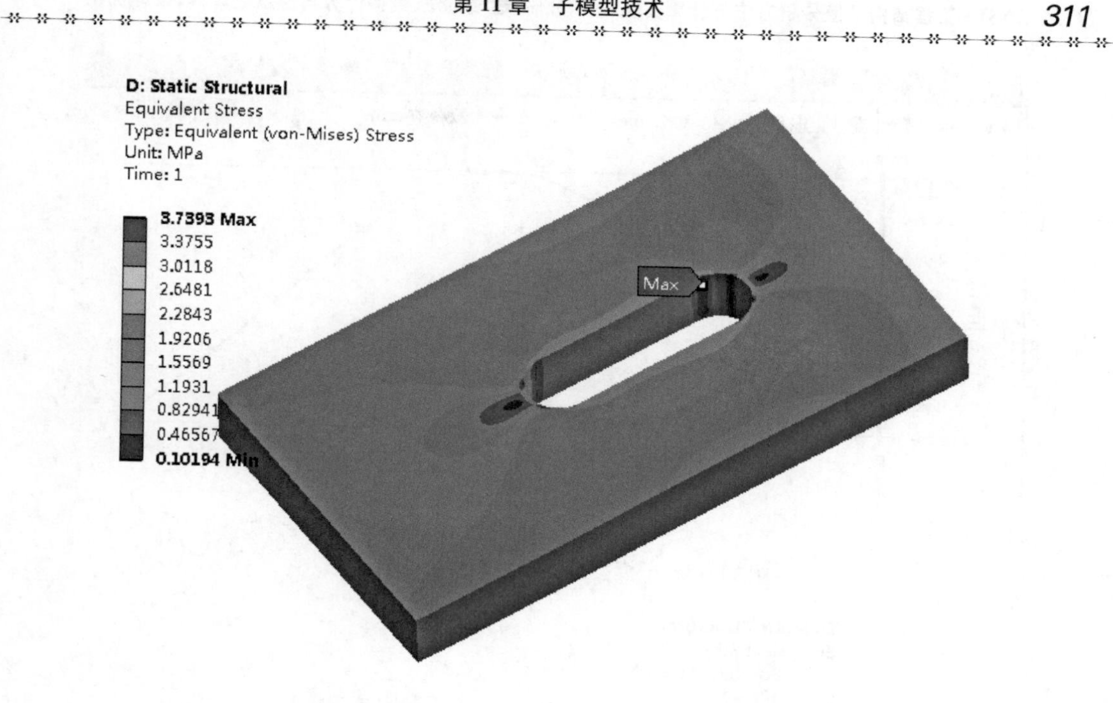

图 11-46　子模型应力分布云图

③选择变形结果分支 Total Deformation2。结构沿固定路径的变形分布如图 11-47 所示，其中最大变形 3. 999e-3 mm，沿路径的变形曲线如图 11-48 所示。

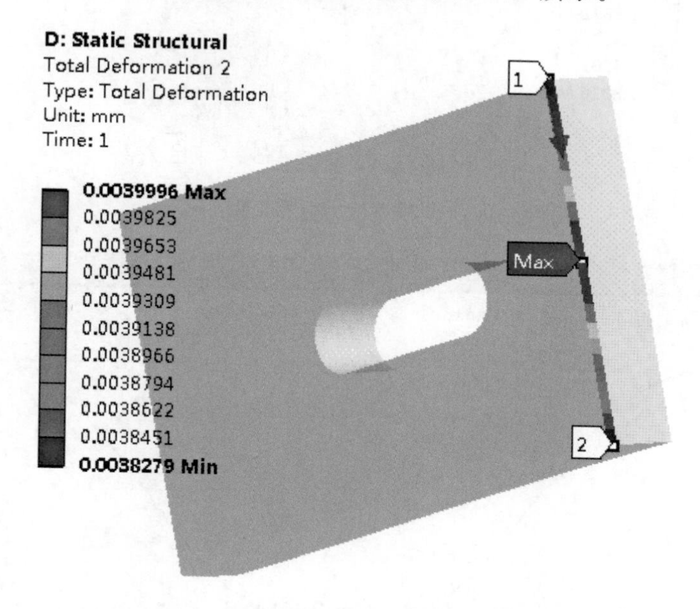

图 11-47　子模型沿固定路径变形分布云图

④选择应力结果分支 Equivalent Stress2。结构沿固定路径的应力分布如图 11-49 所示，路径上的最大应力约为 1. 5 MPa，应力沿着路径的变化曲线如图 11-50 所示。

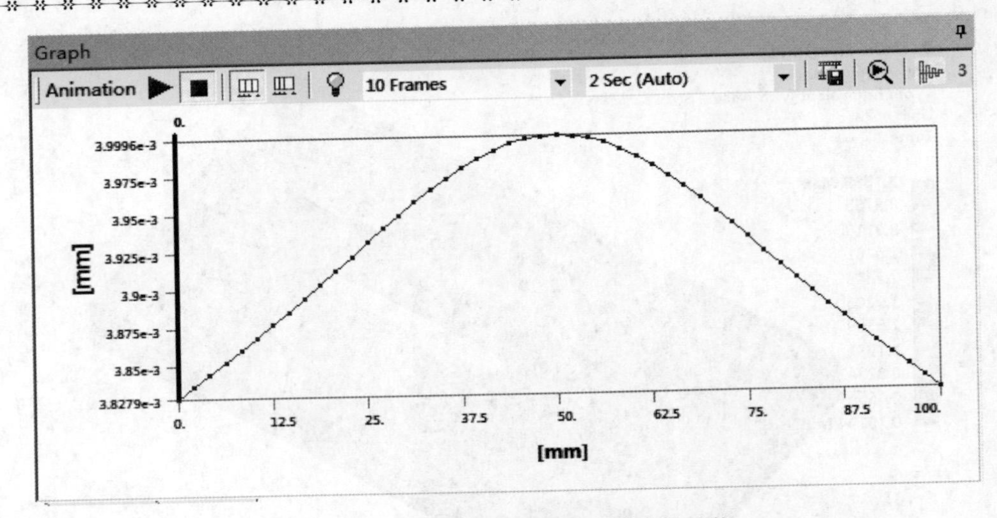

图 11-48 子模型沿固定路径变形变化趋势

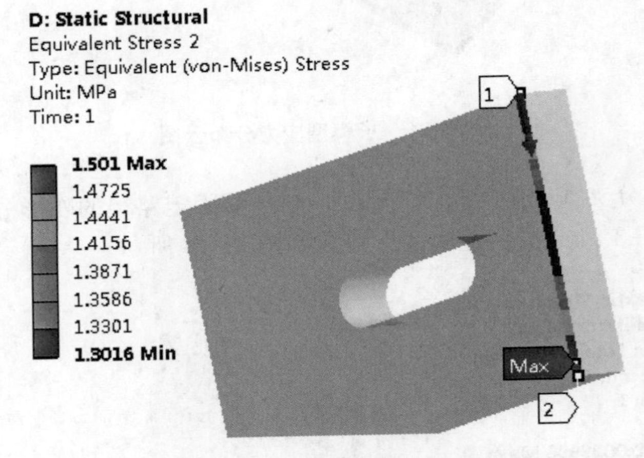

图 11-49 子模型应力分布云图

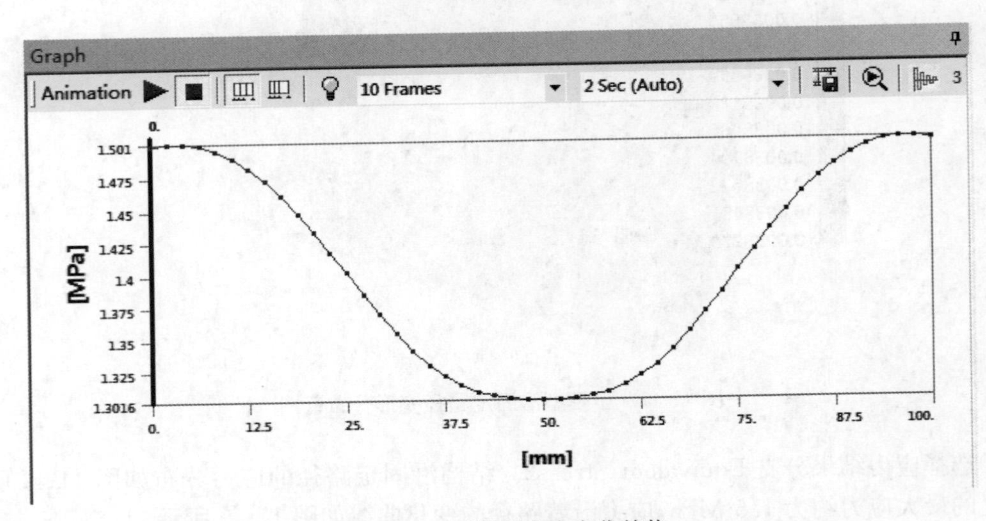

图 11-50 子模型应力变化趋势

⑤切割边界应力比较。在两个分析中分别选择应力结果分支 Equivalent Stress2，然后用工具栏上的 Probe 工具在模型切割边界位置附近点几个探测点，如图 11-51(a)、(b)所示，两者应力结果十分相似，从而证明了子模型切割边界的有效性。

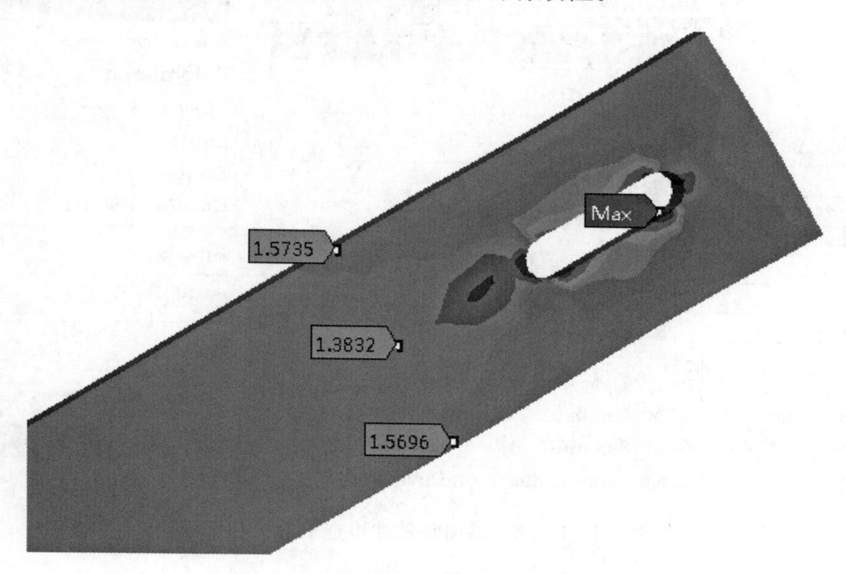

(a)全模型切割边界附近应力

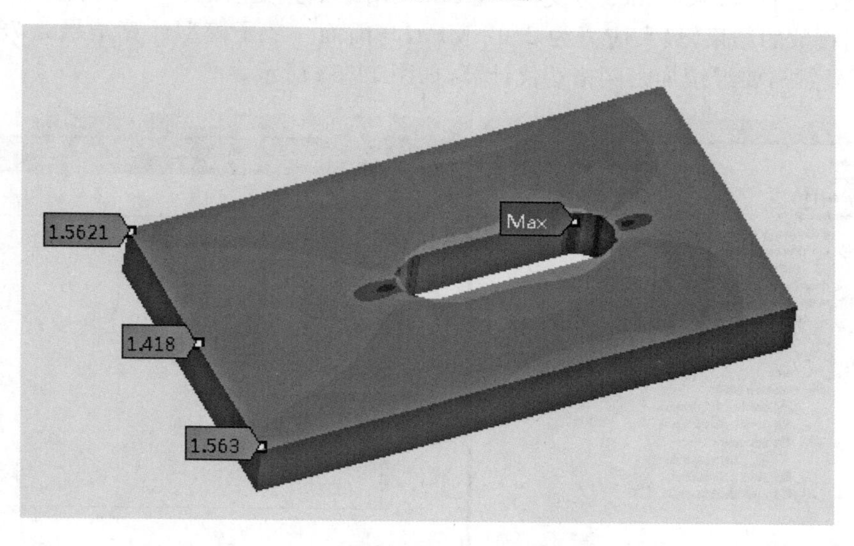

(b) 子模型切割边界应力

图 11-51　切割边界验证

11.2.3　应用收敛性控制

下面采用在全模型中应用收敛性控制方法重新求解全模型，并与子模型的结果进行比较，按如下的步骤进行操作。

1. 添加计算结果的 Convergence 分支

选择应力结果分支 Equivalent Stress,单击鼠标右键选择 Insert>Convergence,插入一个结果收敛控制分支 convergence,如图 11-52 所示。

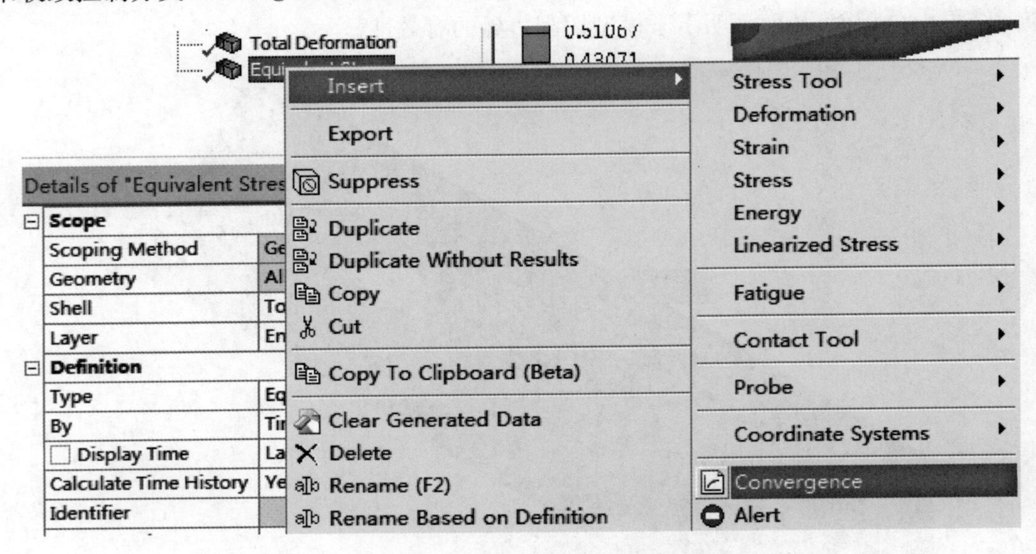

图 11-52　添加收敛性检查工具

选择刚建立的 convergence 分支,发现 Convergence 分支前面有一红色感叹号,表示结构应力未得到收敛的结果,最大应力为 2.97 MPa,与前面一节子模型计算结果 3.73 MPa 相差超过 20%,显然需要继续加密网格迭代计算,如图 11-53 所示。

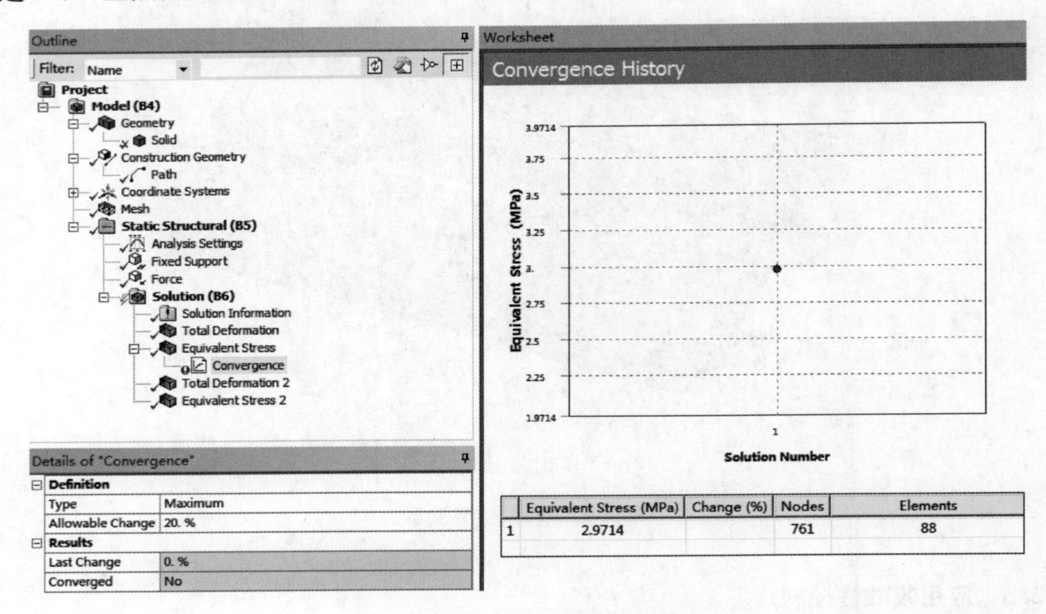

图 11-53　结果收敛性查看

2. 修改 Convergence 设置并计算

按照如下步骤完成 Convergence 分析。

(1)Convergence 分支设置

在 Details of “Convergence”中,修改 Allowable Change 为 1%,如图 11-54 所示。

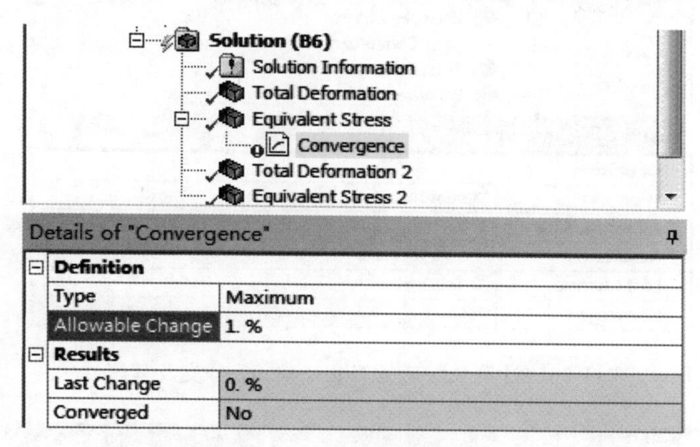

图 11-54　修改收敛容差

(2)Solution 分支设置

选择 Solution 分支,在其 Details 列表中将 Max Refinement Loops 设置成 6(一般设置成 2~4 即可,此处由于收敛容差设置成 1%,因此需要增加加密循环的次数),如图 11-55 所示。

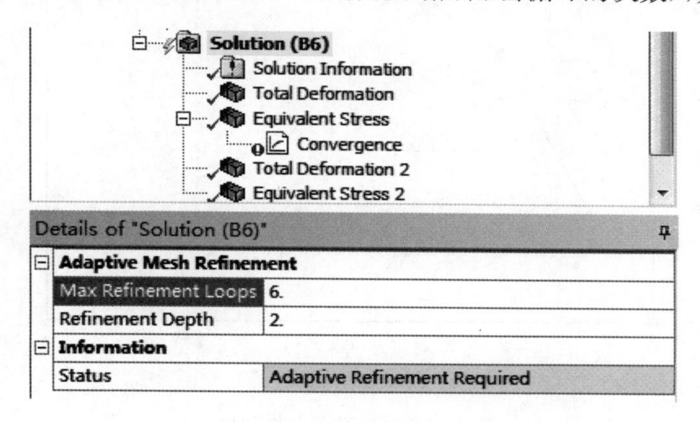

图 11-55　收敛性控制

(3)求解

设置完成后,选择 Solution 分支,选择 Solve 按钮开始收敛性求解。

3. 查看收敛后的计算结果

计算完成后,查看之前加入的各项分析结果。

(1)查看 Convergence 分支的信息

选择 Equivalent Stress 分支下的 Convergence 分支,发现此分支前面的状态图标变成绿色的√,即:已经收敛,其 Details 中最后一次迭代的相对变化量不到 1%,Converged 属性显示为 Yes,如图 11-56 所示。

在 Worksheet 区域中,可以看到 Convergence History 收敛过程曲线,最大等效应力经过 4 次迭代后收敛,迭代过程如图 11-57 所示。

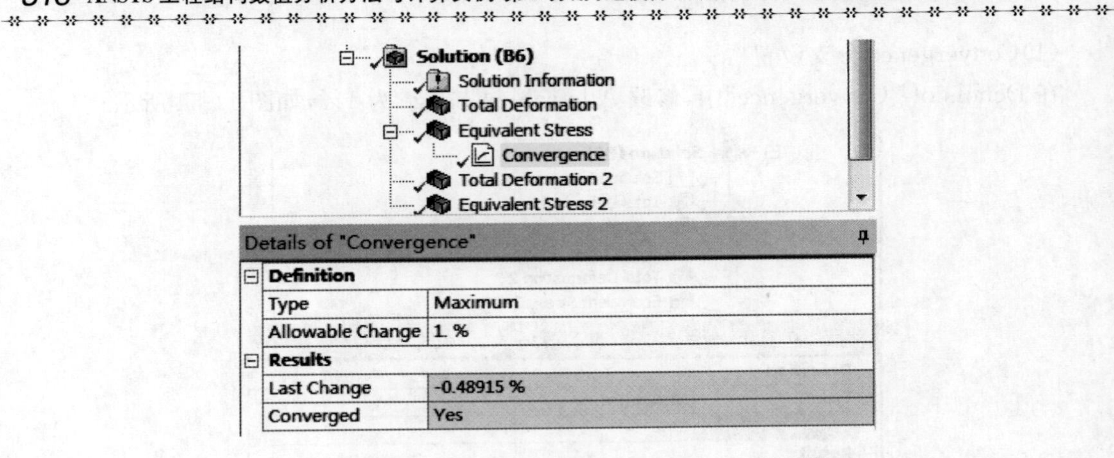

图 11-56　计算收敛后的 Convergence 分支及其属性

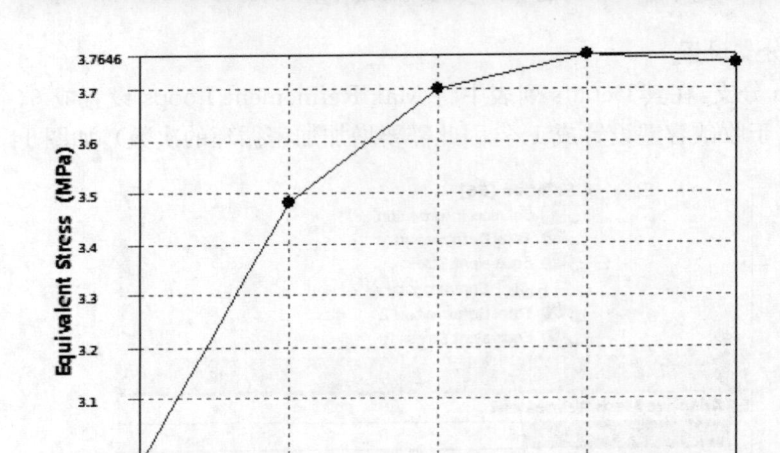

图 11-57　模型应力收敛性

(2)查看总体变形和应力

①查看总体变形

选择变形结果分支 Total Deformation。结构的总体变形如图 11-58 所示，其中最大变形约为 4e-3 mm，位于悬臂梁自由端。

②查看总体应力

选择等效应力计算结果分支 Equivalent Stress。结构的总体应力分布如图 11-59 所示，其中最大应力约为 3. 75 MPa，位于开孔处过渡圆角位置，与子结构计算结果一致，两者仅相差不到 0. 2%。

(3)查看路径结果

按照如下方法查看收敛后的路径结果。

①查看变形路径分布

图 11-58　模型变形分布云图

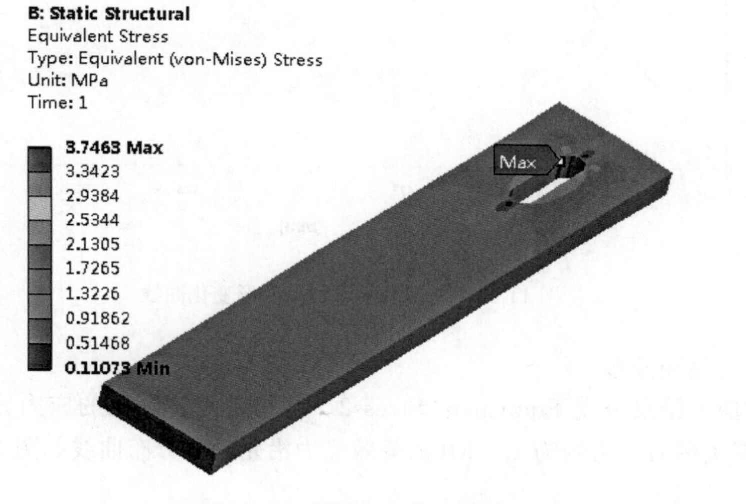

图 11-59　模型应力分布云图

选择变形结果分支 Total Deformation2。结构沿着路径的变形分布如图 11-60 所示，其中最大变形 4.0e-3 mm，变形分布曲线如图 11-61 所示。

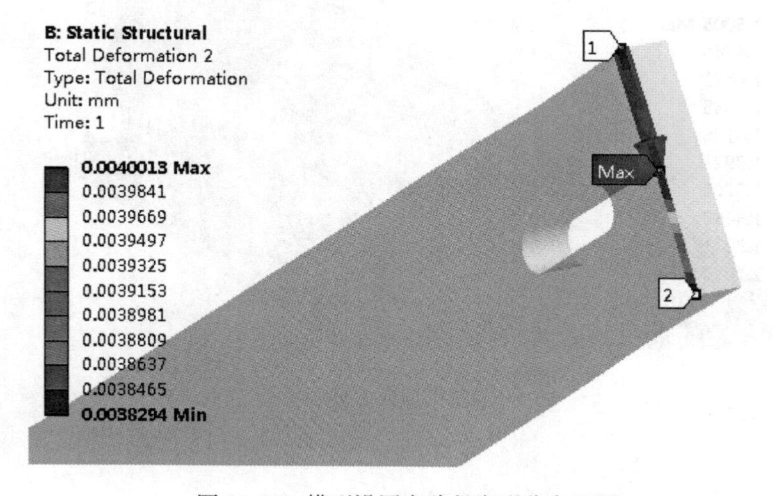

图 11-60　模型沿固定路径变形分布云图

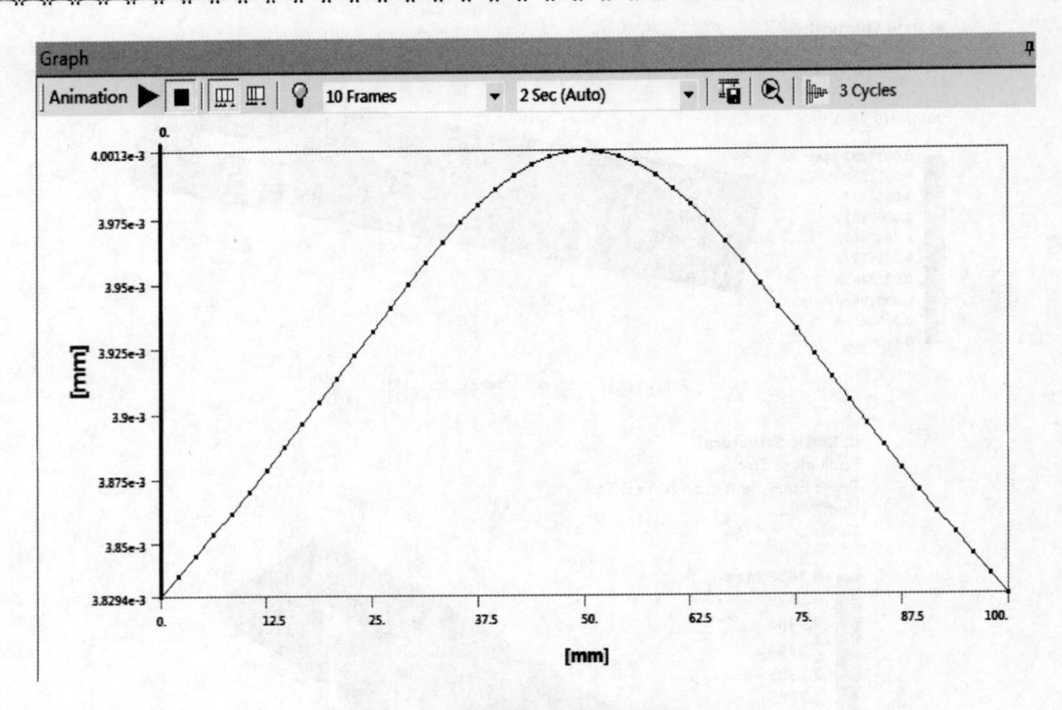

图 11-61　模型沿固定路径变形变化曲线

②查看应力路径分布

选择等效应力结果分支 Equivalent Stress2。结构沿固定路径的应力分布如图 11-62 所示，路径上的最大等效应力约为 1.5 MPa，等效应力沿路径的分布曲线如图 11-63 所示。

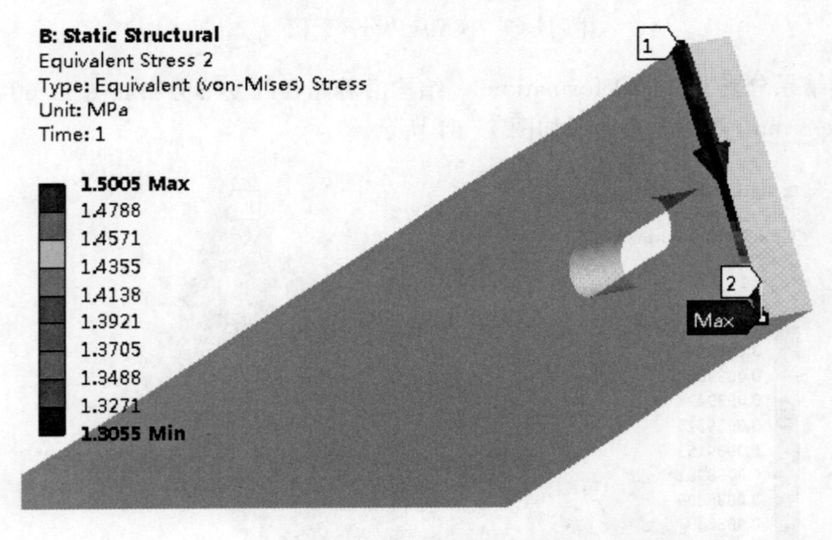

图 11-62　模型应力分布云图

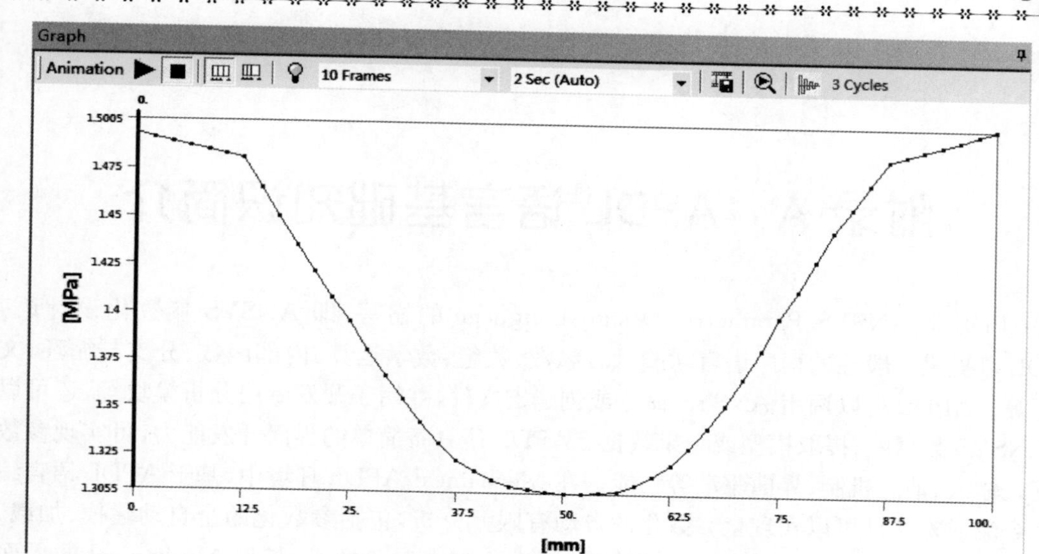

图 11-63　模型应力变化趋势

附录A　APDL 语言基础知识简介

APDL 是 ANSYS Parametric Design Language 的缩写，即 ANSYS 参数化设计语言。APDL 可提供一般性的程序语言功能，如：参数、数组、数学运算、内部函数、分支与循环、文件读写等。APDL 可以调用 ANSYS 命令或创建宏文件，并用于开发专用分析模块等，还可以访问 ANSYS 数据库，提取模型或结果数据。APDL 还具备简单的界面开发能力，可实现参数的交互式输入、消息机制、界面驱动等功能。在 Mechanical APDL 环境中，基于 APDL 语言编写的命令流或宏文件可以实现全参数化的自动有限元分析，包括参数化的全自动建模、加载、分析以及后处理过程；在 Workbench 环境中，可作为脚本对象插入，扩展 Mechanical 的界面功能；或作为优化分析的参数化分析文件，在 Design Exploration 中进行参数优化时读取和迭代。

本附录简单介绍 APDL 的主要功能及应用领域，主要内容包括：

✓ 标量参数与数组参数
✓ 循环与分支
✓ 访问 ANSYS 数据库
✓ 创建和使用宏
✓ 简单界面开发

A.1　标量参数与数组参数

APDL 语言提供标量参数和数组参数等一般程序语言功能，ANSYS 命令可以调用 APDL 定义的参数完成参数化的有限元分析。

A.1.1　标量参数

APDL 通过 * SET 命令定义标量参数，* SET 命令的形式为：

* SET，Par，Value

上述命令的意义是定义一个标量参数 Par，值为 Value。

标量参数的也可以赋值语句来定义，语句的形式为：

Par＝Value

上述的赋值语句作用等同于 * SET 命令。

比如，定义一个名称为 pi 的标量参数，可通过以下两种方式之一：

* SET，pi，3.14159

pi＝3.14159

注意：ANSYS 不区分参数名称的大小写，如输入的是小写自动转换为大写。

标量参数还可以通过表达式赋值，表达式由参数、数字以及加、减、乘、除、乘方、内部函数等组成，可以是以下的形式：

MM=NN+LL

r0=R1-TCK

Distance=SQRT((x2-x1)**2+(y2-y1)**2)

PI=ACOS(-1)

Z=LOG10(Y)

在通过一些内部函数给标量参数赋值时，要注意三角函数的角度单位，这可以通过选择菜单 Utility Menu>Parameters>Angular Units 或者 *AFUN 命令设置角度的单位，如图 A-1 所示。

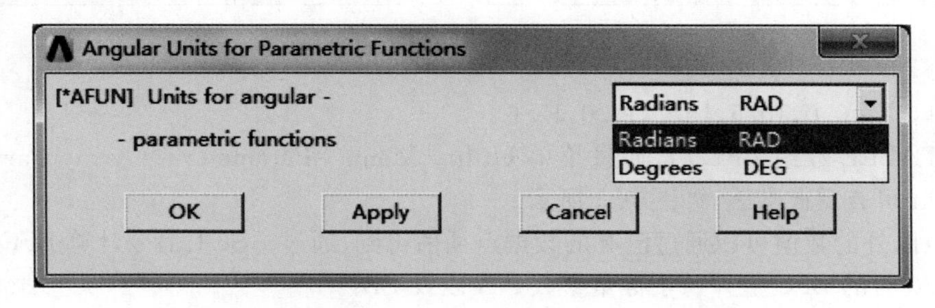

图 A-1 Angular Units

A.1.2 数组参数

APDL 通过 *DIM 命令定义数组参数，命令格式为：

*DIM,Par,Type,IMAX,JMAX,KMAX,Var1,Var2,Var3

其中，Par 是要定义的数组参数名；Type 是数组类型，可以是 ARRAY（数值数组）、TABLE（需指定 0 行 0 列的数表，可插值）、CHAR（字符型数组）、STRING（字符串数组）；IMAX,JMAX,KMAX 是数组各维的维数（数组元素下标的最大值）；Var1，Var2，Var3 是对于 TABLE 类型，与行、列、页对应的变量名。

定义了数组参数之后，通过 *SET 命令或直接赋值语句为数组的各元素赋值，在直接赋值语句中为按列输入元素。

例如，通过 *DIM 定义一个 3×3 的 ARRAY 型的数组参数 MM 并赋值，命令如下：

*DIM,MM,ARRAY,3,3

MM(1,1)=11,21,31

MM(1,2)=12,22,32

MM(1,3)=13,23,33

通过选择菜单 Utility Menu>Parameters>Array Parameters>Define/ Edit，可查看数组 MM 的元素，如图 A-2 所示。

又比如，通过 *DIM 定义一个 5×1 的 TABLE 数组 BFC 并赋值：

*DIM,BFC,TABLE,5,1,1

BFC(1,0)=0.0,1.5,3.0,4.0,5.5

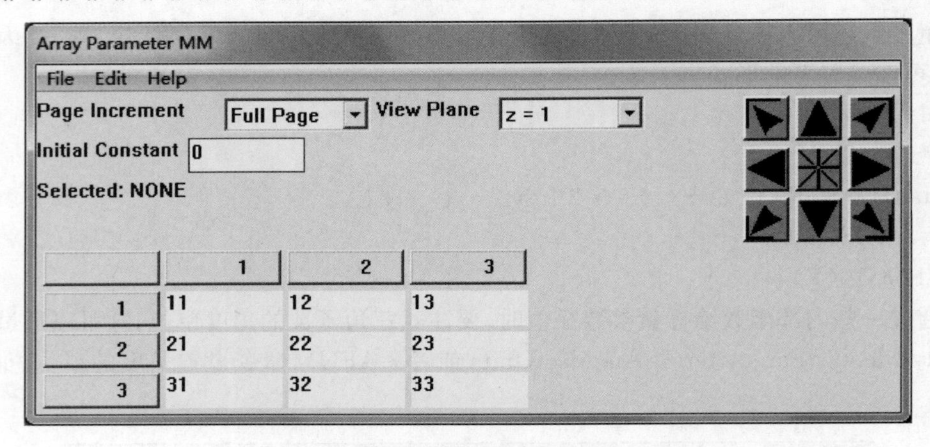

图 A-2 数组 MM 的元素

BFC(1,1)=0.0,10.5,15.7,17.0,15.6

定义 TABLE 数组 BFC 后,通过菜单 Utility Menu>Parameters>Array Parameters>Define/ Edit 可查看此数表,如图 A-3 所示。

数据点以外的数值可以通过已有的数据点插值得到,通过 * SET 命令计算 BFC 第 0 列为 1.0 以及 5.0 时的 BFC 值并赋予标量参数 AA 以及 BB:

```
*SET,AA,BFC(1.0)
*SET,BB,BFC(5.0)
```

选择菜单 Utility Menu>Parameters>Scalar Parameters 查看显示的 AA 及 BB,如图 A-4 所示。

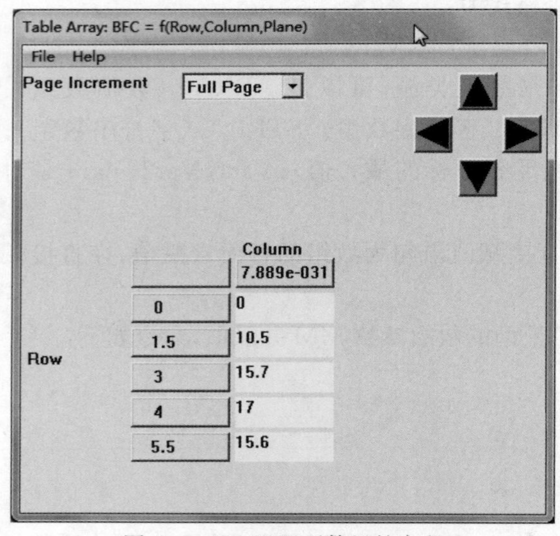

图 A-3 TABLE 型数组的定义

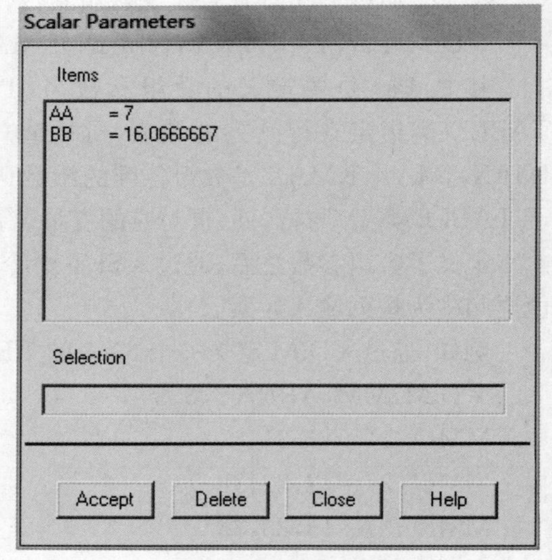

图 A-4 TABLE 数组的插值计算

A.2 循环与分支

APDL 的循环用于重复性的操作,分支用于控制程序执行。

对于大量重复性的操作，可以通过定义循环的方式。APDL 采用 * DO 命令和 * ENDDO 命令定义一个循环体，一般形式为：

```
*DO,Par,IVAL,FVAL,INC
……(循环操作的命令，要引用循环变量 Par)
*ENDDO
```

Par 为循环变量，IVAL、FVAL、INC 为决定循环次数的参量，分别表示循环变量的初值、终值以及增量，增量 INC 可正可负也可为小数(分数)。如果 IVAL 比 FVAL 的值大，且 INC 为正，则程序会终止循环语句的执行。

循环体中可以嵌入下一级的循环体形成多重循环。

APDL 的分支控制命令的一般形式如下：

```
*IF,VAL1,Oper,VAL2,THEN
……(需要执行的命令)
*ELSEIF,VAL1,Oper,VAL2,
……(需要执行的命令)
*ELSEIF,VAL1,Oper,VAL2,
……(需要执行的命令)
*ELSE
……(需要执行的命令)
*ENDIF
```

其中，Oper 为操作符，常见的操作符列于表 A-1 中。

表 A-1 条件语句的操作符

操 作 符	含 义
EQ	等于
NE	不等于
LT	小于
GT	大于
LE	小于等于
GE	大于等于
ABLT	绝对值小于
ABGT	绝对值大于

更一般形式的 * IF 语句可以由两组操作符连接在一起的形式：

```
*IF,VAL1,Oper1,VAL2,Base1,VAL3,Oper2,VAL4,Base2
```

其中，Base1 是连接操作符 Oper1 和 Oper2 的运算为真的条件，Base1＝AND 表示两个操作符 Oper1 和 Oper2 同时为真；Base1＝OR 表示两个操作符 Oper1 和 Oper2 中间任何一个为真；Base1＝XOR 表示两个操作符 Oper1 和 Oper2 中间有一个为真(不是两个同时为真)。

A.3 访问ANSYS数据库

A.3.1 *GET及*VGET获取数据库信息

*GET命令用于从ANSYS数据库中提取标量参数，其一般格式为：

*GET,Par,Entity,ENTNUM,Item1,IT1NUM,Item2,IT2NUM

其中，Par为提取的标量参数名称；Entity为提取参数信息的实体项目类型，比如：NODE、ELEM、KP、LINE、VOLU等；ENTNUM为实体编号；Item1，IT1NUM为提取的信息类型及其编号；Item2，IT2NUM是提取的第2组信息类型及其编号。

表A-2给出一些通过*GET命令从数据库中提取标量参数的举例。

表A-2 *GET命令的举例

命　令	含　义
*GET,MAT100,ELEM,100,ATTR,MAT	MAT100=100号单元的材料类型号
*GET,Y10,NODE,10,LOC,Y	Y10=节点10的Y坐标
*GET,NMAX,NODE,NUM,,NMAX	NMAX=当前选择节点的最大ID号
*GET,V101,ELEM,101,VOLU	V101=101号单元的体积
/POST1 *GET,sx103,node,103,s,x	进入POST1 SX103=节点103的X方向应力分量

*VGET命令用于从ANSYS数据库中提取数组参数，其一般形式如下：

*VGET,ParR,Entity,ENTNUM,Item1,IT1NUM,Item2,IT2NUM,KLOOP

其中，Par为提取的数组参数名称；Entity为提取参数信息的实体项目类型，比如：NODE、ELEM、KP、LINE、VOLU等；ENTNUM为实体编号；Item1，IT1NUM为提取的信息类型及其编号；Item2，IT2NUM是提取的第2组信息类型及其编号；KLOOP为循环指示位置。

下面举一个例子说明*vget的使用，以下命令流用于提取节点坐标值放入Node_loc数组中，操作完成后得到Node_loc数组，如图A-5所示。

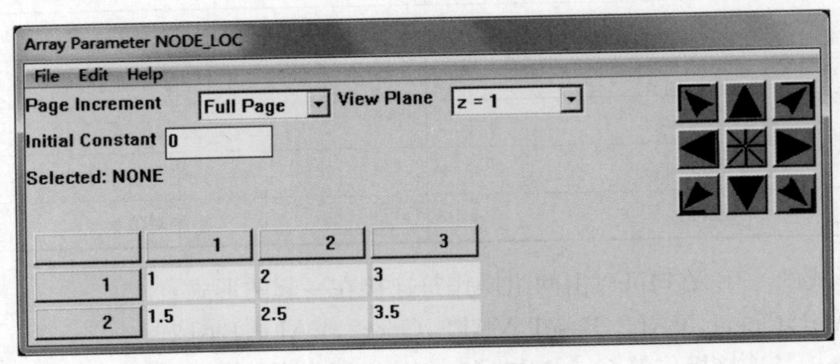

图A-5 Node_Loc数组

```
/prep7
n,1,1.0,2.0,3.0
n,2,1.5,2.5,3.5
```

```
*dim,Node_loc,array,2,3
*vget,Node_loc(1,1),node,1,loc,x
*vget,Node_loc(1,2),node,1,loc,y
*vget,Node_loc(1,3),node,1,loc,z
```

A.3.2　内部函数获取数据库信息

作为 *GET 命令以及 *VGET 命令的替代做法，也可以使用内部函数快速获取数据库信息。利用表 A-3 所列函数可获取各类位置坐标。

表 A-3　位置坐标获取函数

CENTRX(E)	单元 E 的质心在总体笛卡儿坐标系中的 x 坐标
CENTRY(E)	单元 E 的质心在总体笛卡儿坐标系中的 y 坐标
CENTRZ(E)	单元 E 的质心在总体笛卡儿坐标系中的 z 坐标
NX(N)	节点 N 在当前激活坐标系中的 x 坐标
NY(N)	节点 N 在当前激活坐标系中的 y 坐标
NZ(N)	节点 N 在当前激活坐标系中的 z 坐标
KX(K)	关键点 K 在当前激活坐标系中的 x 坐标
KY(K)	关键点 K 在当前激活坐标系中的 y 坐标
KZ(K)	关键点 K 在当前激活坐标系中的 z 坐标
NODE(X,Y,Z)	获取距点 X,Y,Z 最近的被选择的节点的编号(在当前激活坐标系中)
KP(X,Y,Z)	获取距点 X,Y,Z 最近的被选择的关键点的编号(在当前激活坐标系中)

利用表 A-4 所列的函数可以计算距离、面积、面的法向等一些几何量。

表 A-4　计算几何量的内部函数

DISTND(N1,N2)	节点 N1 和节点 N2 之间的距离
DISTKP(K1,K2)	关键点 K1 和关键点 K2 之间的距离
DISTEN(E,N)	单元 E 的质心和节点 N 之间的距离
ANGLEN(N1,N2,N3)	以 N1 为顶点的夹角，单位缺省为弧度
ANGLEK(K1,K2,K3)	以 K1 为顶点的夹角，单位缺省为弧度
AREAND(N1,N2,N3)	节点 N1,N2,N3 围成的三角形的面积
AREAKP(K1,K2,K3)	关键点 K1,K2,K3 围成的三角形的面积
NORMNX(N1,N2,N3)	节点 N1,N2,N3 所确定平面的法线与 X 轴夹角的余弦
NORMNY(N1,N2,N3)	节点 N1,N2,N3 所确定平面的法线与 Y 轴夹角的余弦
NORMNZ(N1,N2,N3)	节点 N1,N2,N3 所确定平面的法线与 Z 轴夹角的余弦
NORMKX(K1,K2,K3)	关键点 K1,K2,K3 确定平面的法线与 X 轴夹角的余弦
NORMKY(K1,K2,K3)	关键点 K1,K2,K3 确定平面的法线与 Y 轴夹角的余弦
NORMKZ(K1,K2,K3)	关键点 K1,K2,K3 确定平面的法线与 Z 轴夹角的余弦

在通用后处理器中，利用表 A-5 所列的函数可以获取当前结果 Set 中的节点自由度解，如：结构分析的位移，热分析的温度等。

表 A-5 用于获取自由度解的内部函数

自由度结果:	
UX(N)	节点 N 在 X 向的结构位移
UY(N)	节点 N 在 Y 向的结构位移
UZ(N)	节点 N 在 Z 向的结构位移
ROTX(N)	节点 N 绕 X 向的结构转角
ROTY(N)	节点 N 绕 Y 向的结构转角
ROTZ(N)	节点 N 绕 Z 向的结构转角
TEMP(N)	节点 N 上的温度

对于字符型变量,利用表 A-6 所示的操作函数可以进行字符编辑。

表 A-6 字符串操作内部函数

StrOut=STRSUB(Str1,nLoc,nChar)	获取 nChar 子字符串,起始于 Str1 的 nLoc 位置
StrOut=STRCAT(Str1,Str2)	添加 Str2 到 Str1 的末尾
StrOut=STRFILL(Str1,Str2,nLoc)	添加 Str2 到 Str1 的 nLoc 字符位置
StrOut=STRCOMP(Str1)	删除 Str1 字符串中的全部空格
StrOut=STRLEFT(Str1)	左对齐 Str1
nLoc=STRPOS(Str1,Str2)	获取 Str1 中 Str2 的起始字符位置
nLoc=STRLENG(Str1)	Str1 中最后一个非空格字符位置
StrOut=UPCASE(Str1)	转化 Str1 为大写
StrOut=LWCASE(Str1)	转化 Str1 为小写

A. 3. 3 对单元或节点信息统计排序

NSORT、ESORT 命令用于对当前所选择节点或单元关于某一量(如:应力)的排序和列表。比如下面的命令:

```
NSEL,…                    ! 选择进行排序统计的节点
NSORT,S,X                 ! 节点按照应力 SX 数值进行排序
PRNSOL,S,COMP             ! 列出排序后的应力分量
```

可以选择按升序或降序,也可选择按绝对值还是原始值参加排序。排序后列表显示单元或节点量时,第一列的节点号或单元号是按统计后的排序。对应菜单位置为:

Main Menu>General Postproc>List Results>Sorted Listing>Sort Nodes

Main Menu>General Postproc>List Results>Sorted Listing>Sort Elems

使用命令 NUSORT 或 EUSORT 可取消排序,恢复到原来的节点或单元顺序(默认为编号由小到大的顺序),对应菜单位置为:

Main Menu>General Postproc>List Results>Sorted Listing>Unsort Nodes

Main Menu>General Postproc>List Results>Sorted Listing>Unsort Elems

A.4　创建和使用 ANSYS 宏

宏是一系列 ANSYS 命令集合形成的文件，通常宏的扩展名取为 mac，如 Mac01.mac 就是一个名为 Mac01 的宏文件。在搜索路径中的宏可以通过 * USE 命令来执行，例如：

* use，Mac01

或直接在命令输入窗口中输入宏的文件名 Mac01。

宏的搜索路径包括/ansys_inc/v150/ansys/apdl 目录、由环境变量 ANSYS_MACROLIB 所指定的路径、由 $HOME 环境变量指定的路径以及工作路径。宏中可以包含参数，宏还可以嵌套其他的宏。

后缀名为 mac 的宏文件实际上也可当作 ANSYS 命令直接调用，即在 ANSYS 的命令窗口中直接输入宏文件名也可执行宏命令。

宏文件的创建可通过 * Create 命令、* CFWRITE 命令(结合 * CFOPEN 和 * CFCLOS)、/TEE 命令等方式创建，但最为直接的方法是通过文本编辑器创建并保存为 *.Mac 文件。

A.5　简单的界面定制开发能力

A.5.1　工具条按钮定制

通过菜单项 Utility Menu > Macro > Edit Abbreviations 或者 Utility Menu > MenuCtrls > Edit Toolbar，可以将分析中常用的 ANSYS 菜单项(对应的指令)定制成按钮，添加到工具条中，这样可以提高工作效率。

例如：在建模过程中要频繁的用到重新绘图的命令/REPLOT(对应菜单项为 Utility Menu > Plot > Replot)，为了在使用过程中快速调用这一功能，只需选择 Utility Menu > Macro > Edit Abbreviations 菜单，弹出 Edit Toolbar/Abbreviations 对话框，如图 A-6 所示，在其中输入 * ABBR，REPLOT，/REPLOT，选择 Accept 按钮，这一功能的快速调用按钮就出现在 ANSYS 的工具条中，如图 A-7 所示。

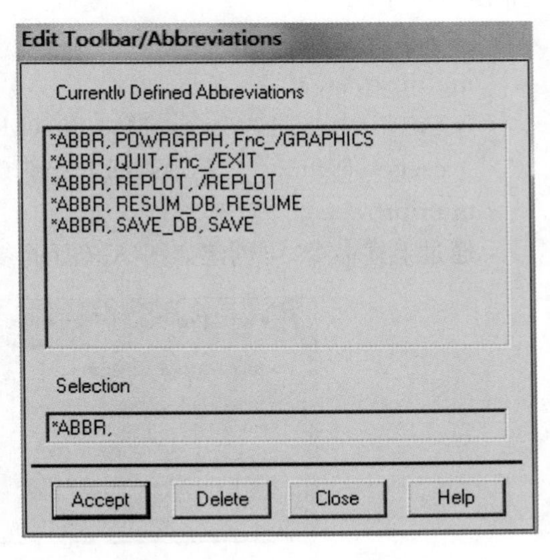

图 A-6　定制工具条按钮

图 A-7　工具条增加 REPLOT

其中,REPLOT 为新建的工具条按钮名称,/REPLOT 为这一按钮所调用的 ANSYS 命令。读者可以根据需要,添加各种常用命令的快速调用按钮到工具条中。

A.5.2 *ASK 参数提示框

用户可以通过*ASK 命令提示参数的输入,当在命令行中输入如下指令时,将弹出关于参数 length 的提示框,如图 A-8 所示,其缺省的值为 1。

```
*ask,AA,Density,7800
```

图 A-8 *ASK 提示信息框

A.5.3 创建参数输入提示对话框

对于带参数的宏命令,其多个参数还可通过 multipro 命令创建对话框来提示输入,这里列举一个例子。

```
/Prep7
multipro,'start',2
*cset,1,3,ex_1,'YoungsModulus(MPa)',2.06E5
*cset,4,6,nuxy_1,'Poissons Ratio',0.3
multipro,'end'
```

通过上述命令,可创建如图 A-9 所示参数提示框,为参数 Ex_1 和 NUXY_1 赋值。

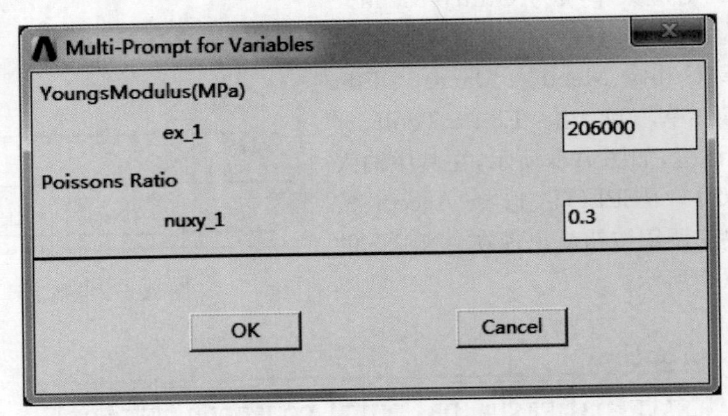

图 A-9 参数提示框